JN106352

エネルギーと経済

最終需要部門別エネルギー需要

エネルギー源別需給

世界のエネルギー・経済指標

超長期統計

参考資料

THE ENERGY DATA AND MODELLING CENTER

EDMC

エネルギー・経済統計要覧

日本エネルギー経済研究所 計量分析ユニット 編

2023

理工図書

序　文

一般財団法人　日本エネルギー経済研究所　計量分析ユニット(The Energy Data and Modelling Center, IEEJ)は、1984年 10 月に当研究所の付置機関エネルギー計量分析センターとして発足し、1999 年 7 月 1 日に組織改編され、現在の体制となりました。当ユニットは、設立以来、エネルギーデータベースの確立、各種エネルギーモデルの構築および計量分析などを通じて、わが国のエネルギー政策およびエネルギー関連企業の経営方針決定などに資する情報を提供してまいりました。このような活動の結果、加工データを含め、多くのエネルギーデータが蓄積されました。この「EDMC エネルギー・経済統計要覧」はこれらのデータをもとに作成したものですが、1992 年発刊以来、お陰様で好評をいただいております。

エネルギー種別の専門的な統計集はこれまでにもいくつか出されていますが、需給予測や需給構造の分析、原単位などの国際比較などに役立つことを目的として、エネルギー全体にわたって基本的な統計データを利用しやすい形でまとめたものは多くはないのが現状です。ここに集められたデータの多くは、当ユニットで計量分析作業をするために作成し、日常業務に利用しているものですが、エネルギー関連産業界に従事される方はもとより、エネルギー問題に関心のある皆様にとって便利な一冊であると確信しております。エネルギー問題の分析の座右の統計集としてご活用いただければ幸いです。

2023 年 3 月

一般財団法人　日本エネルギー経済研究所
計量分析ユニット

解　説

1. 統計表で「－」は該当なし、「N.A.」は不詳、「0」は単位未満を表します。

2. 各統計表の個々の数値の合計と合計欄の数値とは、四捨五入の関係で一致しない場合もあります。

3. 発刊以来、関係各位の貴重なご意見をもとに一部補正・改廃を加えています。

4. エネルギーバランス表関連については2000年度までは、資源エネルギー庁『総合エネルギー統計』を出所としております。2001年度に『総合エネルギー統計』作成方法の変更があったため、同年度以降は、日本エネルギー経済研究所計量分析ユニットの独自推計値を出所としております。本推計値は、従来の推計方法を踏襲し、過去系列との整合性を重視したものですので、長期の時系列データとして変わりなくご利用いただけます。なお、2021年度分は速報値です。

5. 国内のエネルギーバランス表関連の統計表は総発熱量で、IEAによる海外のエネルギーバランス表関連の統計表は真発熱量で表されています。そのため、計算に使用している各エネルギーの発熱量が異なります。
　また、一次電力の発電効率の仮定にも違いがあります。国内統計表では、地熱、水力、原子力は火力の発電効率（42.05%）を用いて2020年度の発熱量を2,045kcal/kWhとしていますが、IEA統計表では、原子力は0.26Mtoe/TWh（発電効率33%）、水力他は0.086Mtoe/TWh（同100%）、地熱は実効率に基づいた値もしくは0.86Mtoe/TWh（同10%）で計算しています。
　主としてこれらのため、日本に関するデータでも両者の数値は一致しません。

6. 非エネルギー消費とは、土木用アスファルトなど、エネルギー用途以外で消費した量をさします。資源エネルギー庁及びIEAのエネルギーバランス表では、さらに石油化学原料用ナフサなども含みます。

7. 資源エネルギー庁『総合エネルギー統計』は1999年度版から単位がジュール(J)に変更されましたが、本書はキロカロリー(kcal)を使用しています。両者の関係は次の通りです。

10^{10}kcal＝0.0418605 PJ　　1PJ＝23.8889 ×10^{10}kcal

8. 国内のCO_2発生量（p.46～48）では、EDMC推計のエネルギーバランス表を元に環境省の排出係数（参考資料Ⅳ-2）を参考に計算を行っています。ただし、非エネルギーの全量、産業部門の石油化学用ナフサ・LPG等を控除しています。高炉・転炉ガス及び都市ガスの排出係数は、それぞれの製造工程における炭素収支に基づき、毎年度設定しています。

2021年度の排出係数 Mt-CO_2/10^{13}kcal（総発熱量ベース）
高炉・転炉ガス　4.586　　都市ガス　2.081

一方、世界のCO_2排出量（p.235）では、IEAのCO_2 emissions from fuel combustionとWorld Energy Balancesから算出した各国の最新年のエネルギー源別排出係数(Mt-CO_2/Mtoe)に毎年のエネルギー消費量を乗じて計算を行っています。ただし、非エネルギーの全量を控除しています。

主としてこれらのため、両者の数値は一致しません。

9. 我が国の国民経済計算体系は、2020年12月に2015年基準に移行しています。1979年度以前のデータはEDMC推計です。

10. 出所がIEA（国際エネルギー機関）の表(IEA資料)については、IEAとの合意に基づいて提供されます。IEA資料の使用には、https://www.iea.org/terms/rights にあるIEAの利用規約が適用されます。IEAの利用規約で許可されていないIEA資料の使用について、IEAから個別の許可を取得したい場合は、IEAの rights@iea.org までご連絡ください。

11. 出版後に改定・訂正が行われた場合、該当部分はEDMCのホームページhttps://edmc.ieej.or.jp/に掲載されますのでご利用ください。

本書の編集は、以下の日本エネルギー経済研究所計量分析ユニットの研究員及び事務職員が担当した。

碇井　良平、伊藤　浩吉、江藤　諒、江幡　美希、
遠藤　聖也、尾羽　秀晃、恩田　知代子、末広　茂、
杣田　裕子、森本　大樹、柳澤　明

なお、本要覧についてご意見・ご質問などがございましたら、発行元の理工図書株式会社へお知らせいただければ幸いです。ただし、EDMC 推計データに関するご質問は、未公表資料などに基づく推計データも数多くありますのでご容赦ください。

2023年度版
EDMC／エネルギー・経済統計要覧
●目次

I. エネルギーと経済

1. 主要経済指標

2. エネルギー需給の概要

3．一次エネルギー供給と最終エネルギー消費

4．エネルギー価格

II．最終需要部門別エネルギー需要

1．産業部門

2．家庭部門

3．業務部門

4. 運輸部門（旅客・貨物）

III. エネルギー源別需給

1. 石炭需給

2. 石油需給

3．都市ガス・天然ガス需給

4．電力需給

5. 新エネルギー等

IV. 世界のエネルギー・経済指標

V. 超長期統計

参考資料

I．エネルギーと経済

1．主要経済指標

1．主要経済指標

(1)GDPとエネルギー関連主要指標

年度	1965	1970	1980	1990	2000	2010	2020	2021	年平均伸び率(%) 1970/1965	1980/1970	1990/1980	2000/1990	2010/2000	2021/2010
名目GDP (兆円)	35.4	80.1	261.7	470.9	537.6	504.9	537.6	550.6	17.7	12.6	6.1	1.3	-0.6	0.8
実質GDP(連鎖方式) (2015年価格兆円)	103.4	174.5	276.2	430.9	485.6	512.1	527.4	540.9	11.0	4.7	4.5	1.2	0.5	0.5
同一人当たり (万円/人)	105.2	168.3	235.9	348.6	382.6	399.9	418.1	431.0	9.8	3.4	4.0	0.9	0.4	0.7
人口(百万人)	98.3	103.7	117.1	123.6	126.9	128.1	126.1	125.5	1.1	1.2	0.5	0.3	0.1	-0.2
世帯数(百万世帯)	25.5	30.0	36.3	41.8	48.0	53.8	59.5	59.8	3.3	1.9	1.4	1.4	1.1	1.0
一次エネルギー国内供給 (石油換算百万トン)	168.9	319.7	397.2	486.3	558.7	547.6	432.2	455.0	13.6	2.2	2.0	1.4	-0.2	-1.7
同一人当たり (石油換算トン/人)	1.7	3.1	3.4	3.9	4.4	4.3	3.4	3.6	12.4	1.0	1.5	1.1	-0.3	-1.5
最終エネルギー消費 (石油換算百万トン)	108.5	211.2	264.5	322.9	375.7	338.2	280.2	287.4	14.2	2.3	2.0	1.5	-1.0	-1.5
鉱工業生産指数 (2015年=100)	24.0	49.5	72.7	109.1	107.7	101.2	90.3	95.5	15.6	3.9	4.1	-0.1	-0.6	-0.5
粗鋼生産 (百万トン)	41.3	92.4	107.4	111.7	106.9	110.8	82.8	95.6	17.5	1.5	0.4	-0.4	0.4	-1.3
自動車保有台数 (万台)	724	1,816	3,792	5,767	7,237	7,500	7,813	6,697	20.2	7.6	4.3	2.3	0.4	-1.0

1. 主要経済指標

(2)国内総支出（2015年基準国民経済計算：連鎖方式）

年度	実質					
	国内総生産(GDP)	伸び率(%)	民間最終消費支出	政府最終消費支出	民間住宅投資	民間企業設備投資
1965	103,431	-	63,973	22,953	8,992	10,715
1970	174,524	8.1	99,231	28,434	17,834	29,888
1973	214,623	5.2	122,313	32,569	25,305	34,036
1975	225,410	5.2	128,492	37,043	23,989	30,252
1980	276,175	2.8	155,468	45,188	25,740	38,855
1985	339,278	5.4	186,373	53,907	25,156	49,825
1990	430,862	5.6	232,746	63,821	33,484	82,112
1991	441,678	2.5	238,273	66,071	30,509	83,215
1992	444,297	0.6	241,711	67,958	29,674	77,408
1993	440,842	-0.8	245,598	70,091	30,280	67,015
1994	447,937	1.6	250,796	73,112	32,051	66,987
1995	462,177	3.2	256,869	75,596	30,565	72,629
1996	475,806	2.9	263,038	77,203	34,246	76,894
1997	475,217	-0.1	260,140	78,169	28,751	78,748
1998	470,507	-1.0	260,946	79,695	25,853	75,981
1999	473,320	0.6	264,492	82,667	26,580	74,766
2000	485,623	2.6	268,318	85,652	26,834	79,309
2001	482,114	-0.7	273,494	87,612	25,378	76,229
2002	486,546	0.9	276,853	89,102	25,049	73,928
2003	495,923	1.9	278,839	90,906	25,187	76,196
2004	504,269	1.7	282,155	91,622	25,829	79,260
2005	515,134	2.2	287,363	92,007	25,838	85,280
2006	521,785	1.3	289,039	92,547	25,758	87,220
2007	527,272	1.1	290,927	94,057	22,343	86,602
2008	508,262	-3.6	284,681	93,481	21,775	81,563
2009	495,876	-2.4	286,677	95,875	17,347	72,235
2010	512,065	3.3	290,498	98,058	18,188	73,694
2011	514,687	0.5	292,327	99,968	18,984	76,623
2012	517,919	0.6	297,292	101,258	19,834	77,758
2013	532,072	2.7	305,995	103,088	21,550	81,953
2014	530,195	-0.4	297,942	103,988	19,798	84,202
2015	539,414	1.7	299,998	106,262	20,415	87,090
2016	543,479	0.8	299,130	107,188	21,295	87,792
2017	553,174	1.8	302,186	107,494	20,912	90,286
2018	554,546	0.2	302,359	108,680	19,903	91,687
2019	550,131	-0.8	299,547	110,974	20,405	90,612
2020	527,388	-4.1	284,373	113,938	18,853	85,424
2021	540,796	2.5	288,614	117,823	18,650	87,178

出所：内閣府「国民経済計算」、EDMC推計

(2015年連鎖十億円)				名目(十億円)国内総生産(GDP)	GDPデフレータ 2015年=100	(参考)国民総所得(10億円)	年度
公的固定資本形成	在庫品増加	財貨等の輸出	財貨等の輸入				
9,986	526	3,604	6,746	35,425	34.2	35,358	1965
17,698	1,744	7,953	15,028	80,095	45.9	80,003	1970
22,463	1,716	9,976	21,699	124,561	58.0	124,606	1973
23,723	303	12,233	19,773	162,593	72.1	162,567	1975
29,152	991	19,257	24,303	261,681	94.8	261,758	1980
29,584	1,749	27,347	25,496	345,766	101.9	347,406	1985
37,701	1,099	33,505	44,603	470,874	109.3	474,185	1990
39,173	2,025	35,325	44,381	496,059	112.3	499,391	1991
44,972	-265	36,726	43,605	505,821	113.8	510,424	1992
47,603	-649	36,710	43,858	504,510	114.4	508,677	1993
45,721	-73	38,686	48,021	511,959	114.3	516,158	1994
49,000	1,693	40,287	55,039	525,300	113.7	530,239	1995
48,218	1,746	42,904	60,034	538,660	113.2	545,465	1996
45,051	3,694	46,745	58,835	542,508	114.2	549,674	1997
46,027	-229	44,992	54,978	534,564	113.6	540,741	1998
45,735	-3,200	47,751	58,614	530,299	112.0	537,145	1999
42,393	634	52,403	64,668	537,614	110.7	545,845	2000
40,138	-1,262	48,405	62,626	527,411	109.4	535,637	2001
38,203	-1,027	54,319	65,644	523,466	107.6	531,006	2002
35,414	741	59,758	67,248	526,220	106.1	535,128	2003
32,557	1,836	66,784	73,286	529,638	105.0	540,195	2004
29,998	723	73,090	77,709	534,106	103.7	546,986	2005
28,111	1,019	79,433	80,486	537,258	103.0	552,343	2006
26,932	2,005	86,992	82,531	538,486	102.1	555,059	2007
25,794	1,983	78,099	78,965	516,175	101.6	528,857	2008
28,191	-4,791	71,091	70,640	497,364	100.3	510,168	2009
26,174	1,256	83,833	79,161	504,874	98.6	518,661	2010
25,593	1,693	82,634	83,257	500,046	97.2	514,194	2011
25,874	414	81,505	86,437	499,421	96.4	513,710	2012
28,071	-1,326	85,086	92,485	512,678	96.4	530,801	2013
27,425	314	92,643	96,071	523,423	98.7	543,356	2014
27,081	1,350	93,617	96,500	540,741	100.2	561,902	2015
27,219	47	96,832	96,054	544,830	100.2	563,984	2016
27,395	1,941	102,965	99,688	555,713	100.5	576,033	2017
27,628	2,154	104,999	102,699	556,571	100.4	578,282	2018
28,081	885	102,600	102,953	556,836	101.2	578,683	2019
29,462	-858	92,347	96,460	537,562	101.9	557,200	2020
27,563	1,113	103,732	103,302	550,530	101.8	579,781	2021

注：(1)開差の分、内訳の和と合計が合わない。
(2)GNP(国民総生産)についてはⅤ-(3)GNPと一次エネルギー消費を参照。
(3)1979年度以前のデータは、EDMC推計。

1. 主要経済指標

(3)消費

年度	一世帯・一ヶ月当たり全国勤労者世帯消費支出 (千円)	伸び率 (%)	光熱費 (円)	伸び率 (%)	大型小売店販売額 (十億円)	伸び率 (%)	第三次産業活動指数 (2015年=100)	伸び率 (%)
1965	50.3	8.2	-	-	N.A.	N.A.	N.A.	N.A.
1970	84.8	13.5	3,031	12.8	N.A.	N.A.	32.9	N.A.
1973	121.4	18.5	3,994	15.0	5,645	30.5	40.6	5.6
1975	170.2	13.9	6,160	24.2	7,782	12.6	42.6	5.5
1980	241.9	6.8	11,138	32.3	12,398	9.5	53.5	3.2
1985	290.0	1.8	14,378	-1.0	15,459	4.0	63.7	4.2
1990	334.6	4.4	13,702	8.5	21,266	8.3	83.8	5.6
1991	349.1	4.3	14,216	3.8	22,355	5.1	86.6	3.4
1992	354.2	1.5	14,572	2.5	21,998	-1.6	86.1	-0.6
1993	353.7	-0.2	14,962	2.7	21,444	-2.5	87.1	1.2
1994	351.7	-0.6	15,112	1.0	21,962	2.4	88.7	1.8
1995	351.7	0.0	15,759	4.3	22,604	2.9	90.8	2.4
1996	355.2	1.0	15,996	1.5	23,397	3.5	93.1	2.5
1997	354.6	-0.2	16,316	2.0	23,125	-1.2	92.7	-0.4
1998	351.9	-0.8	16,013	-1.9	23,154	0.1	92.8	0.1
1999	345.1	-1.9	16,068	0.3	23,109	-0.2	93.3	0.6
2000	342.5	-0.8	16,585	3.2	22,595	-2.2	95.2	2.0
2001	333.7	-2.6	16,171	-2.5	22,221	-1.7	95.5	0.4
2002	329.2	-1.3	15,986	-1.1	22,041	-0.8	95.9	0.4
2003	329.2	0.0	15,733	-1.6	21,734	-1.4	97.0	1.1
2004	331.2	0.6	15,950	1.4	21,380	-1.6	98.5	1.6
2005	327.2	-1.2	16,622	4.2	21,258	-0.6	100.7	2.2
2006	319.7	-2.3	16,439	-1.1	21,174	-0.4	102.0	1.3
2007	325.4	1.8	17,101	4.0	21,253	0.4	103.0	0.9
2008	323.2	-0.7	17,191	0.5	20,659	-2.8	99.8	-3.1
2009	318.9	-1.3	16,026	-6.8	19,568	-5.3	96.6	-3.2
2010	314.6	-1.3	16,831	5.0	19,579	0.1	97.6	1.0
2011	310.2	-1.4	16,823	-0.1	19,701	0.6	98.3	0.8
2012	317.1	2.2	17,486	3.9	19,555	-0.7	99.6	1.3
2013	322.0	1.6	18,100	3.5	20,144	3.0	100.8	1.2
2014	315.3	-2.1	18,273	1.0	19,995	-0.7	99.2	-1.6
2015	313.8	-0.5	16,543	-9.5	19,940	-0.3	100.3	1.1
2016	309.4	-1.4	15,267	-7.7	19,526	-2.1	100.5	0.2
2017	313.0	1.2	16,480	8.0	19,625	0.5	101.9	1.4
2018	318.3	1.7	16,406	-0.5	19,548	-0.4	103.0	1.1
2019	320.6	0.7	16,271	-0.8	19,346	-1.0	102.3	-0.7
2020	304.5	-5.0	16,126	-0.9	19,630	1.5	95.3	-6.8
2021	311.2	2.2	16,772	4.0	19,998	1.9	97.5	2.3

出所：総務省「家計調査年報」、経済産業省「商業販売統計年報」、「第三次産業活動指数」

1．主要経済指標

(4)投資

年度	機械受注総額 (十億円)	伸び率 (%)	船舶・電力を除く民需 (十億円)	伸び率 (%)	建築着工床面積 (千m²)	伸び率 (%)	新設住宅着工戸数 (千戸)	伸び率 (%)
1965	1,745	6.0	670	-11.4	101,370	-0.9	845	10.5
1970	6,644	25.1	2,923	5.5	204,412	7.0	1,491	5.9
1973	10,130	42.8	4,114	37.0	266,923	5.4	1,763	-5.0
1975	8,605	0.0	3,259	-18.3	202,111	5.7	1,428	13.2
1980	13,641	5.6	5,517	15.7	213,734	-13.4	1,214	-18.3
1985	15,958	-2.5	6,700	5.1	200,413	0.7	1,251	3.6
1990	28,395	8.3	14,576	8.7	279,116	2.3	1,665	-0.4
1991	28,268	-0.4	13,851	-5.0	252,001	-9.7	1,343	-19.4
1992	25,424	-10.1	11,564	-16.5	240,140	-4.7	1,420	5.7
1993	24,532	-3.5	10,425	-9.9	230,848	-3.9	1,510	6.3
1994	24,857	1.3	10,780	3.4	238,587	3.4	1,561	3.4
1995	25,781	3.7	11,596	7.6	232,392	-2.6	1,485	-4.9
1996	28,093	9.0	12,700	9.5	258,361	11.2	1,630	9.8
1997	27,980	-0.4	12,162	-4.2	220,580	-14.6	1,341	-17.7
1998	22,983	-17.9	9,709	-20.2	193,353	-12.3	1,180	-12.1
1999	22,783	-0.9	9,643	-0.7	197,017	1.9	1,226	4.0
2000	25,283	11.0	10,970	13.8	194,481	-1.3	1,213	-1.1
2001	22,182	-12.3	9,592	-12.6	178,903	-8.0	1,173	-3.3
2002	21,683	-2.2	9,145	-4.7	171,030	-4.4	1,146	-2.4
2003	24,001	10.7	9,683	5.9	176,533	3.2	1,174	2.5
2004	25,241	5.2	10,598	9.5	182,774	3.5	1,193	1.7
2005	27,678	9.7	11,234	6.0	185,681	1.6	1,249	4.7
2006	29,115	5.2	11,630	3.5	187,614	1.0	1,285	2.9
2007	30,264	3.9	11,184	-3.8	157,222	-16.2	1,036	-19.4
2008	24,705	-18.4	9,722	-13.1	151,393	-3.7	1,039	0.3
2009	20,080	-18.7	7,740	-20.4	113,196	-25.2	775	-25.4
2010	24,365	21.3	8,448	9.1	122,283	8.0	819	5.6
2011	25,023	2.7	8,974	6.2	127,292	4.1	841	2.7
2012	23,334	-6.7	8,703	-3.0	135,454	6.4	893	6.2
2013	26,370	13.0	9,703	11.5	148,636	9.7	987	10.6
2014	28,576	8.4	9,781	0.8	130,791	-12.0	880	-10.8
2015	28,396	-0.6	10,184	4.1	129,424	-1.0	921	4.6
2016	26,796	-5.6	10,231	0.5	134,187	3.7	974	5.8
2017	28,477	6.3	10,148	-0.8	133,029	-0.9	946	-2.8
2018	29,032	1.9	10,436	2.8	131,079	-1.5	953	0.7
2019	27,391	-5.7	10,404	-0.3	124,933	-4.7	884	-7.3
2020	26,485	-3.3	9,487	-8.8	114,300	-8.5	812	-8.1
2021	31,801	20.1	10,373	9.3	122,468	7.1	866	6.6

出所：国土交通省「建築統計年報」、内閣府「機械受注統計調査年報」
注：機械受注の1968年度までは127社分、1969年度以降は178社分、1987年度以降は280社分。

1. 主要経済指標

(5)鉱工業生産・出荷指数

(2015年=100)

年度	生産	出荷				期末製品在庫	製品在庫率
		総合	投資財	消費財	生産財		
1965	24.0	23.1	25.4	24.2	21.2	31.4	-
1970	49.5	46.9	58.4	44.7	42.3	65.3	76.0
1973	62.5	59.7	76.5	54.3	54.2	72.0	66.2
1975	53.9	53.2	64.7	54.4	47.1	83.3	96.2
1980	72.7	68.9	87.0	76.9	57.6	96.9	87.7
1985	86.6	80.3	99.2	93.0	66.6	101.2	86.5
1990	109.1	102.3	132.5	111.0	85.9	109.9	78.6
1991	108.3	102.1	130.7	111.8	85.7	117.5	86.8
1992	101.9	96.9	120.8	107.9	81.8	113.6	93.4
1993	98.2	93.9	113.1	104.3	80.6	111.2	93.7
1994	101.2	96.7	116.7	103.6	84.7	111.7	88.7
1995	103.3	98.5	120.7	102.4	87.2	115.5	92.5
1996	106.8	102.4	130.9	106.5	88.5	110.8	90.4
1997	108.1	103.6	130.0	107.2	90.7	120.3	95.0
1998	100.6	98.2	117.8	105.4	86.2	108.3	99.5
1999	103.3	101.2	116.3	107.1	91.8	105.2	90.7
2000	107.7	105.7	121.8	109.3	97.0	107.6	90.7
2001	97.8	96.9	109.1	105.9	87.0	101.0	99.5
2002	100.7	100.4	104.8	107.6	94.7	95.4	88.7
2003	103.6	103.7	107.9	108.6	99.7	93.7	85.3
2004	107.6	107.4	114.6	110.2	103.2	96.5	83.7
2005	109.3	109.8	117.1	111.9	106.0	98.9	85.5
2006	114.3	114.4	121.8	117.0	110.4	100.6	85.0
2007	117.5	118.0	122.9	121.0	114.5	101.3	86.0
2008	102.8	102.4	105.5	108.3	97.7	97.4	105.9
2009	93.0	93.0	84.4	102.2	92.3	87.2	101.2
2010	101.2	100.8	95.1	106.3	100.6	85.5	88.9
2011	100.5	99.3	98.5	103.0	97.5	95.8	96.5
2012	97.8	97.9	96.2	100.6	97.3	94.2	101.4
2013	101.1	102.3	101.0	104.4	101.8	90.3	93.4
2014	100.5	100.6	101.5	99.8	100.7	95.0	99.3
2015	99.8	99.6	99.1	100.3	99.5	95.2	100.2
2016	100.6	100.2	98.0	101.0	100.6	93.9	100.7
2017	103.5	102.4	102.2	101.8	102.8	98.7	101.9
2018	103.8	102.6	102.8	102.0	102.8	98.9	105.0
2019	99.9	98.9	99.2	99.6	98.4	101.7	112.5
2020	90.3	89.2	89.2	90.7	88.5	91.5	122.9
2021	95.5	93.3	96.2	88.5	94.4	97.7	114.3

出所：経済産業省「鉱工業指数年報」

注：1977年度以前の出荷のうち、投資財、消費財、生産財はEDMCで接続。

1. 主要経済指標
(6)金融

年度	外国為替相場 (円/ドル)	日銀券平均発行高 (十億円)	伸び率 (%)	マネーストック M2 (十億円)	伸び率 (%)	基準割引率及び貸付利率 (年利、%)	市中金利 (年利、%)
1965	362.10	19,262	-	25,687	18.5	5.48	7.70
1970	357.40	41,871	17.6	55,002	18.0	5.75	7.68
1973	273.88	73,668	25.5	98,236	15.1	9.00	7.68
1975	299.06	98,291	11.7	126,235	15.4	6.50	8.84
1980	217.25	153,468	5.2	208,097	6.9	6.25	8.52
1985	221.68	200,019	5.8	313,893	7.6	4.00	6.56
1990	141.52	316,114	7.1	504,897	6.9	6.00	7.23
1991	133.31	320,822	1.5	508,414	0.7	4.50	7.27
1992	122.63	328,464	2.4	514,470	1.2	2.50	5.79
1993	107.84	342,262	4.2	523,718	1.8	1.75	4.41
1994	99.39	358,910	4.9	540,699	3.2	1.75	4.08
1995	96.45	382,099	6.5	558,779	3.3	0.50	3.18
1996	112.65	415,314	8.7	569,828	2.0	0.50	2.60
1997	122.70	451,637	8.7	589,798	3.5	0.50	2.41
1998	128.02	486,865	7.8	614,675	4.2	0.50	2.29
1999	111.54	521,659	7.1	633,988	3.1	0.50	2.12
2000	110.52	555,679	6.5	652,137	2.9	0.25	2.07
2001	125.13	605,200	8.9	673,917	3.3	0.10	1.92
2002	121.90	677,485	11.9	681,901	1.2	0.10	1.85
2003	113.03	705,175	4.1	682,592	0.1	0.10	1.81
2004	107.49	720,220	2.1	696,512	2.0	0.10	1.75
2005	113.26	739,773	2.7	706,120	1.4	0.10	1.65
2006	116.94	746,049	0.8	713,842	1.1	0.75	1.71
2007	114.20	756,541	1.4	729,947	2.3	0.75	1.91
2008	100.46	761,734	0.7	746,285	2.2	0.30	1.88
2009	92.80	764,818	0.4	766,219	2.7	0.30	1.68
2010	85.69	776,759	1.6	786,081	2.6	0.30	1.57
2011	79.05	796,414	2.5	809,271	3.0	0.30	1.48
2012	83.08	815,658	2.4	833,874	3.0	0.30	1.38
2013	100.23	844,086	3.5	863,444	3.5	0.30	1.28
2014	109.92	873,924	3.5	894,313	3.6	0.30	1.20
2015	120.13	922,911	5.6	921,435	3.0	0.30	1.12
2016	108.37	971,981	5.3	959,763	4.2	0.30	1.02
2017	110.80	1,015,889	4.5	989,090	3.1	0.30	0.96
2018	110.88	1,053,901	3.7	1,012,505	2.4	0.30	0.91
2019	108.68	1,082,700	2.7	1,044,315	3.1	0.30	0.87
2020	106.04	1,138,193	5.1	1,143,669	9.5	0.30	0.82
2021	112.36	1,176,086	3.3	1,183,332	3.5	0.30	0.80

出所:日本銀行「金融経済統計月報」
注:(1)外国為替相場は東京市場、月中平均。
(2)マネーストック(2003年度以降)は、2008年5月より統計が変更になった。
M2の3月平均残高の値。また、2002年度以前のデータは、旧マネーサプライの
M2+CD、3月末残高の値。
(3)公定歩合が名称変更になり、基準割引率及び基準貸付利率となった。年度末の値。
(4)市中金利の1992年4月以降は当座貸越を含むベースで、年度平均の値。

1．主要経済指標

(7)人口・労働・物価

年度	人口 10月1日 (千人)	世帯数 年度末 (千世帯)	労働力 人口 (千人)	完全 失業者数 (千人)	完全 失業率 (%)	一人当たり 賃金 (千円/人)
1965	98,275	25,520	48,163	623	1.29	513
1970	103,720	30,027	51,709	612	1.18	994
1973	109,104	32,628	53,236	678	1.28	1,583
1975	111,940	33,911	53,442	1,044	1.97	2,292
1980	117,060	36,347	56,708	1,183	2.08	3,286
1985	121,049	38,988	59,748	1,582	2.64	3,992
1990	123,611	41,797	64,144	1,342	2.10	4,734
1991	124,101	42,458	65,322	1,371	2.09	4,912
1992	124,567	43,077	65,833	1,461	2.22	4,927
1993	124,938	43,666	66,291	1,747	2.63	4,960
1994	125,265	44,236	66,494	1,943	2.93	5,020
1995	125,570	44,831	66,720	2,156	3.23	5,075
1996	125,859	45,498	67,368	2,253	3.34	5,129
1997	126,157	46,157	67,938	2,365	3.49	5,176
1998	126,472	46,812	67,891	2,944	4.34	5,093
1999	126,667	47,420	67,750	3,200	4.73	5,050
2000	126,926	48,015	67,723	3,193	4.71	5,055
2001	127,316	48,638	67,370	3,479	5.18	4,928
2002	127,486	49,261	66,773	3,598	5.39	4,816
2003	127,694	49,838	66,618	3,418	5.13	4,754
2004	127,787	50,456	66,393	3,077	4.64	4,789
2005	127,768	51,102	66,553	2,895	4.35	4,852
2006	127,901	51,713	66,693	2,715	4.08	4,852
2007	128,033	52,325	66,859	2,548	3.83	4,827
2008	128,084	52,878	66,740	2,751	4.14	4,788
2009	128,032	53,363	66,430	3,428	5.18	4,603
2010	128,057	53,783	66,308	3,284	4.98	4,567
2011	127,834	54,171	65,836	2,978	4.53	4,571
2012	127,593	55,578	65,674	2,800	4.28	4,561
2013	127,414	55,952	65,953	2,556	3.89	4,558
2014	127,237	56,412	66,164	2,333	3.54	4,604
2015	127,095	56,951	66,334	2,182	3.31	4,626
2016	127,042	57,477	66,885	2,024	3.03	4,661
2017	126,919	58,008	67,637	1,834	2.71	4,695
2018	126,749	58,527	68,682	1,673	2.43	4,744
2019	126,555	59,072	69,227	1,625	2.35	4,777
2020	126,146	59,497	69,013	1,993	2.88	4,722
2021	125,502	59,761	68,973	1,914	2.78	4,812

出所:総務省統計局「人口推計」、「労働力調査報告」、「住民基本台帳」、「消費者物価指数年報」、日本銀行「物価指数年報」

注:(1)世帯数の2012年度以降は、住民基本台帳法の適用対象となった外国人が含まれる。2013年度以降のデータは基準日が変更され、年度内1月1日時点値。

企業物価指数 (2020年=100)				消費者物価指数 (2020年=100)		年度
国内企業物価	伸び率 (%)	輸出物価	輸入物価		伸び率 (%)	
49.2	1.1	124.0	49.8	N.A.	N.A.	1965
54.6	2.1	133.2	53.0	31.4	N.A.	1970
68.7	21.7	151.7	70.1	40.7	15.6	1973
84.3	2.3	178.7	112.4	54.2	10.4	1975
111.1	12.5	189.2	168.2	74.4	7.7	1980
109.2	-1.7	180.5	152.0	84.2	1.9	1985
105.0	1.2	155.5	106.6	90.4	3.1	1990
105.5	0.4	148.0	95.2	92.9	2.8	1991
104.4	-1.0	142.4	91.2	94.5	1.7	1992
102.6	-1.8	131.0	79.9	95.6	1.2	1993
101.2	-1.3	127.5	78.6	96.0	0.4	1994
100.1	-1.1	128.0	78.6	95.8	-0.2	1995
98.6	-1.5	132.6	88.2	96.2	0.4	1996
99.6	1.0	134.6	90.4	98.1	2.0	1997
97.5	-2.2	133.4	84.5	98.3	0.2	1998
96.7	-0.7	121.0	80.5	97.8	-0.5	1999
96.2	-0.6	117.7	83.8	97.2	-0.6	2000
93.8	-2.5	120.9	84.6	96.3	-0.9	2001
92.2	-1.7	117.2	83.9	95.7	-0.6	2002
91.7	-0.6	113.1	82.5	95.5	-0.2	2003
93.2	1.7	113.2	88.3	95.4	-0.1	2004
94.8	1.7	115.8	102.2	95.2	-0.2	2005
96.8	2.0	119.5	113.2	95.4	0.2	2006
99.0	2.3	119.2	122.2	95.8	0.4	2007
102.1	3.2	110.3	122.7	96.8	1.0	2008
96.9	-5.1	101.9	99.5	95.2	-1.7	2009
97.3	0.4	98.6	105.2	94.7	-0.5	2010
98.6	1.3	96.4	112.7	94.6	-0.1	2011
97.6	-1.0	97.2	114.5	94.4	-0.2	2012
99.4	1.8	107.3	130.1	95.2	0.8	2013
102.2	2.8	110.3	130.2	98.0	2.9	2014
98.8	-3.3	108.8	112.8	98.2	0.2	2015
96.4	-2.4	101.2	100.9	98.2	0.0	2016
99.0	2.7	106.1	110.5	98.9	0.7	2017
101.2	2.2	106.9	117.7	99.6	0.7	2018
101.3	0.1	102.5	110.5	100.1	0.5	2019
99.9	-1.5	100.2	99.5	99.9	-0.2	2020
107.0	7.1	111.5	130.6	100.0	0.1	2021

(2)1972年度以前の労働力人口、完全失業者数は、沖縄県を除く。
(3)一人当り賃金の1989年度以前はEDMC推計。
(4)2010、2011年度の労働力人口、完全失業者数は、東日本大震災で被災した岩手、宮城、福島の3県の補完推計を含む。

1．主要経済指標

(8)貿易・国際収支

年度	貿								
	通	関							
	(億円)					(百万米ドル)			
	輸出	伸び率(%)	輸入	伸び率(%)	鉱物性燃料	輸出	伸び率(%)	輸入	伸び率(%)
1965	31,406	21.4	30,300	6.3	6,083	8,724	21.4	8,417	6.3
1970	54,724	-9.5	52,130	-9.5	14,978	20,250	20.6	19,353	20.9
1973	78,711	13.9	83,071	49.4	32,148	39,679	32.3	44,948	77.2
1975	170,262	-0.3	173,963	-4.8	78,100	56,982	-2.4	58,225	-7.0
1980	300,588	22.8	314,771	14.0	157,822	138,058	29.0	143,967	19.5
1985	407,312	-1.1	290,797	-11.0	123,223	182,634	7.7	130,031	-3.4
1990	418,750	7.7	341,711	12.4	85,518	296,581	8.4	242,285	13.2
1991	426,966	2.0	309,704	-9.4	66,414	320,610	8.1	232,376	-4.1
1992	430,529	0.8	292,250	-5.6	66,765	344,000	7.3	233,107	0.3
1993	396,132	-8.0	264,499	-9.5	50,653	366,227	6.5	244,345	4.8
1994	407,503	2.9	289,888	9.6	50,368	408,465	11.5	290,520	18.9
1995	420,694	3.2	329,530	13.7	52,619	440,057	7.7	343,959	18.4
1996	460,406	9.4	396,717	20.4	71,311	410,878	-6.6	354,451	3.1
1997	514,112	11.7	399,615	0.7	70,269	420,390	2.3	326,765	-7.8
1998	494,493	-3.8	353,938	-11.4	51,357	385,987	-8.2	276,259	-15.5
1999	485,476	-1.8	364,516	3.0	64,767	435,482	12.8	327,410	18.5
2000	520,452	7.2	424,494	16.5	86,308	473,832	8.8	386,168	17.9
2001	485,928	-6.6	415,091	-2.2	81,075	389,745	-17.7	333,202	-13.7
2002	527,271	8.5	430,671	3.8	89,541	431,466	10.7	352,364	5.8
2003	560,603	6.3	448,552	4.2	90,785	495,637	14.9	396,063	12.4
2004	617,194	10.1	503,858	12.3	112,216	574,531	15.9	469,307	18.5
2005	682,902	10.6	605,113	20.1	163,081	605,105	5.3	535,898	14.2
2006	774,606	13.4	684,473	13.1	184,466	662,494	9.5	585,477	9.3
2007	851,134	9.9	749,581	9.5	222,441	743,487	12.2	654,658	11.8
2008	711,456	-16.4	719,104	-4.1	244,822	699,640	-5.9	708,535	8.2
2009	590,079	-17.1	538,209	-25.2	152,595	636,866	-9.0	580,335	-18.1
2010	677,888	14.9	624,567	16.0	181,438	789,072	23.9	727,570	25.4
2011	652,885	-3.7	697,106	11.6	231,321	827,315	4.8	883,341	21.4
2012	639,400	-2.1	720,978	3.4	246,682	774,920	-6.3	873,669	-1.1
2013	708,565	10.8	846,129	17.4	284,131	709,156	-8.5	846,197	-3.1
2014	746,670	5.4	837,948	-1.0	250,988	684,824	-3.4	770,371	-9.0
2015	741,151	-0.7	752,204	-10.2	160,607	616,059	-10.0	624,536	-18.9
2016	715,222	-3.5	675,488	-10.2	131,385	660,127	7.2	622,878	-0.3
2017	792,212	10.8	768,105	13.7	162,508	713,749	8.1	691,684	11.0
2018	807,099	1.9	823,190	7.2	190,944	729,322	2.2	743,634	7.5
2019	758,788	-6.0	771,724	-6.3	165,655	697,896	-4.3	709,554	-4.6
2020	694,854	-8.4	684,868	-11.3	105,890	656,018	-6.0	646,185	-8.9
2021	858,777	23.6	913,685	33.4	198,446	766,879	16.9	814,155	26.0

出所：財務省「貿易統計」等よりEDMC推計、同「国際収支状況」

易				国際収支 (億円)				
数量指数 (2015年=100)								
輸出	伸び率 (%)	輸入	伸び率 (%)	貿易・サービス収支	一次所得収支	経常収支	金融収支	年度
8.7	23.0	9.2	3.9	N.A.	N.A.	N.A.	N.A.	1965
17.5	15.6	19.9	16.7	N.A.	N.A.	N.A.	N.A.	1970
23.4	4.9	26.9	19.7	N.A.	N.A.	N.A.	N.A.	1973
28.4	4.0	23.0	-7.1	N.A.	N.A.	N.A.	N.A.	1975
44.9	18.9	28.8	-3.5	N.A.	N.A.	N.A.	N.A.	1980
62.8	3.9	32.3	1.3	N.A.	N.A.	N.A.	N.A.	1985
73.4	6.1	49.5	6.6	N.A.	N.A.	N.A.	N.A.	1990
75.1	2.2	50.1	1.2	N.A.	N.A.	N.A.	N.A.	1991
74.7	-0.5	50.1	0.0	N.A.	N.A.	N.A.	N.A.	1992
73.8	-1.2	53.1	6.0	N.A.	N.A.	N.A.	N.A.	1993
75.9	3.0	61.2	15.2	N.A.	N.A.	N.A.	N.A.	1994
77.5	2.1	67.4	10.2	N.A.	N.A.	N.A.	N.A.	1995
79.5	2.6	69.6	3.3	19,208	65,047	73,709	98,545	1996
85.5	7.5	62.5	-10.1	72,769	69,207	131,632	153,992	1997
86.0	0.6	68.2	9.1	95,630	62,454	143,495	135,387	1998
91.3	6.1	76.0	11.4	78,494	68,392	136,050	135,703	1999
95.9	5.0	83.1	9.3	63,573	81,604	135,804	132,932	2000
87.1	-9.2	79.4	-4.4	38,567	81,626	113,998	127,151	2001
96.3	10.6	83.7	5.5	63,607	77,782	131,449	126,426	2002
101.6	5.5	89.7	7.1	96,053	90,453	178,305	137,128	2003
108.4	6.7	94.5	5.4	95,624	106,686	192,342	169,630	2004
112.2	3.5	97.6	3.2	74,072	128,989	194,128	163,246	2005
119.4	6.3	100.5	3.0	81,860	149,811	218,865	193,171	2006
126.7	6.2	100.5	0.0	90,902	165,476	243,376	255,221	2007
108.6	-14.3	94.8	-5.7	-8,878	129,053	106,885	168,446	2008
97.7	-10.0	88.1	-7.1	48,437	129,868	167,551	168,599	2009
112.2	14.8	98.4	11.7	55,176	139,260	182,687	208,412	2010
106.2	-5.3	100.5	2.2	-50,306	143,085	81,852	87,080	2011
100.1	-5.8	101.5	1.0	-92,753	144,825	42,495	14,719	2012
100.6	0.6	103.9	2.3	-144,785	183,191	23,929	-9,830	2013
101.9	1.2	101.6	-2.2	-94,116	200,488	87,031	142,128	2014
99.2	-2.6	99.6	-2.0	-10,141	213,195	182,957	242,833	2015
101.8	2.7	99.4	-0.2	44,084	193,732	216,771	249,964	2016
106.9	5.0	103.8	4.4	40,397	205,331	223,995	208,173	2017
106.3	-0.6	105.3	1.4	-6,514	217,704	193,837	216,213	2018
101.6	-4.4	102.9	-2.3	-13,548	214,651	186,286	204,142	2019
92.1	-9.4	99.3	-3.5	2,364	193,071	167,492	143,095	2020
101.7	10.4	103.1	3.8	-64,620	292,304	202,747	173,169	2021

1．主要経済指標

(9)エネルギー輸入

年度	鉱物性燃料		原油及び粗油			石油製品	
	価額		価額		数量	価額	
	(十億円)	(百万ドル)	(十億円)	(百万ドル)	(千kL)	(十億円)	(百万ドル)
1965	601	1,690	396	1,099	88,486	112	311
1970	1,495	4,163	853	2,371	205,260	249	691
1973	3,207	11,567	2,416	8,673	290,096	368	1,321
1975	7,792	26,123	5,906	19,757	260,690	726	2,423
1980	15,766	72,193	11,790	54,025	248,163	1,852	8,424
1985	12,284	55,031	7,446	33,400	194,570	2,042	9,147
1990	8,552	61,455	4,873	35,255	240,096	1,751	12,501
1991	6,641	49,936	3,518	26,518	223,125	1,293	9,696
1992	6,677	53,270	3,876	30,946	255,103	1,125	8,963
1993	5,065	46,753	2,888	26,651	253,193	789	7,279
1994	5,037	50,517	2,928	29,389	269,756	804	8,057
1995	5,262	54,666	2,902	30,153	262,426	945	9,780
1996	7,131	63,434	3,961	35,225	258,952	1,341	11,921
1997	7,027	57,367	3,871	31,592	266,909	1,159	9,470
1998	5,136	40,040	2,618	20,365	253,691	825	6,492
1999	6,477	58,614	3,644	33,035	251,010	1,160	10,529
2000	8,631	78,442	4,931	44,847	251,349	1,561	14,166
2001	8,107	65,128	4,435	35,663	237,848	1,304	10,469
2002	8,954	73,413	5,150	42,223	244,861	1,455	11,938
2003	9,079	80,168	5,132	45,334	244,903	1,492	13,201
2004	11,222	104,614	6,362	59,313	243,209	1,837	17,141
2005	16,308	144,092	9,989	88,246	251,371	2,462	21,723
2006	18,447	157,860	11,364	97,280	243,561	2,699	23,082
2007	22,244	195,330	13,693	120,358	243,068	3,215	28,202
2008	24,482	239,640	13,640	132,652	232,989	2,996	29,188
2009	15,260	164,853	8,587	92,851	212,698	1,981	21,421
2010	18,144	211,615	9,756	113,814	215,013	2,536	29,592
2011	23,132	293,261	11,894	150,700	209,839	3,275	41,495
2012	24,668	297,904	12,526	151,164	211,021	3,671	44,269
2013	28,413	283,940	14,826	148,203	214,182	3,831	38,240
2014	25,099	231,563	11,860	110,014	193,548	3,357	30,993
2015	16,061	133,159	7,368	61,021	198,993	2,221	18,422
2016	13,139	120,623	6,181	56,817	190,060	1,655	15,143
2017	16,251	146,421	7,283	65,609	182,857	2,287	20,615
2018	19,094	172,386	8,721	78,726	173,477	2,605	23,504
2019	16,566	152,251	7,980	73,324	172,033	2,093	19,231
2020	10,589	100,037	4,058	38,335	140,532	1,699	16,064
2021	19,845	176,472	8,017	71,377	147,056	3,146	28,029

出所:財務省「貿易統計」、「外国貿易概況」

液化天然ガス			石炭			年度
価額		数量	価額		数量	
(十億円)	(百万ドル)	(千トン)	(十億円)	(百万ドル)	(千トン)	
-	-	-	93	278	17,675	1965
10	27	977	383	1,094	51,665	1970
24	86	2,364	399	1,483	57,832	1973
133	444	5,005	1,028	3,485	62,446	1975
1,063	4,878	16,965	1,057	4,854	73,131	1980
1,619	7,255	27,831	1,175	5,217	93,937	1985
1,036	7,411	36,077	883	6,229	107,634	1990
971	7,282	37,952	850	6,370	113,026	1991
914	7,299	38,976	754	6,008	110,947	1992
757	7,001	40,076	622	5,742	112,326	1993
710	7,118	42,374	585	5,857	121,237	1994
753	7,829	43,689	652	6,794	127,093	1995
1,038	9,225	46,445	776	6,935	130,008	1996
1,138	9,293	48,349	836	6,825	135,853	1997
936	7,298	49,478	744	5,782	129,649	1998
1,058	9,559	52,112	596	5,322	138,125	1999
1,498	13,596	54,157	615	5,591	150,773	2000
1,556	12,482	54,421	791	6,341	155,098	2001
1,546	12,684	55,018	773	6,315	162,669	2002
1,640	14,442	58,538	758	6,693	168,373	2003
1,726	16,088	58,018	1,196	11,138	183,569	2004
2,166	19,135	57,917	1,625	14,384	177,793	2005
2,730	23,348	63,309	1,608	13,759	179,339	2006
3,475	30,523	68,306	1,784	15,569	187,588	2007
4,498	44,637	68,135	3,255	32,263	185,514	2008
2,855	30,884	66,354	1,816	19,477	164,775	2009
3,549	41,392	70,562	2,262	26,335	186,637	2010
5,404	68,616	83,183	2,525	32,025	175,379	2011
6,214	75,023	86,865	2,223	27,028	183,769	2012
7,342	73,346	87,731	2,343	23,455	195,589	2013
7,755	71,038	89,071	2,040	18,725	187,692	2014
4,545	37,729	83,571	1,864	15,472	191,550	2015
3,336	30,640	84,749	1,915	17,541	189,415	2016
4,076	36,748	83,888	2,553	22,988	191,084	2017
4,862	43,903	80,553	2,841	25,662	188,527	2018
4,095	37,662	76,498	2,367	21,762	186,875	2019
3,150	29,769	76,357	1,644	15,504	172,999	2020
5,004	44,402	71,459	3,548	31,497	183,818	2021

注:(1) 1965年度～1975年度の鉱物性燃料は、原油及び粗油、石油製品、液化天然ガス、石炭の合計値。
(2) 1965年度～1975年度の石炭は、原料炭と一般炭の合計値。

2．エネルギー需給の概要

2．エネルギー需給の概要

(1) エネルギー需要とGDPの推移

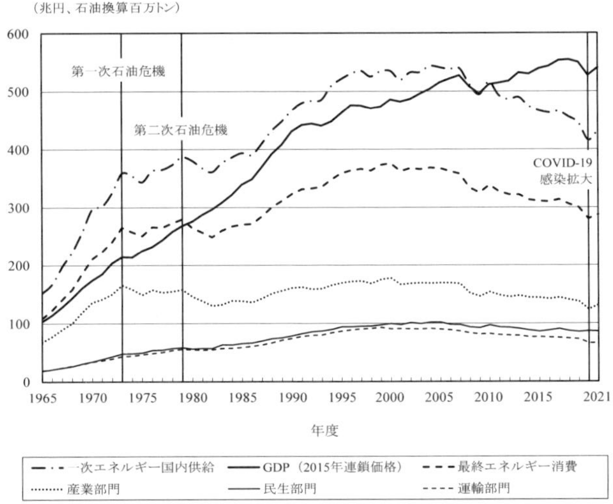

(2) エネルギー需要のGDP弾性値

年度	1965-70	70-80	80-90	90-00	00-10	10-21
GDP (2015年連鎖価格)	11.0%	4.7%	4.5%	1.2%	0.5%	0.5%
一次エネルギー国内供給	14.3%	2.5%	2.1%	1.4%	-0.4%	-1.6%
最終エネルギー消費	14.2%	2.3%	2.0%	1.5%	-1.0%	-1.5%
一次エネルギー国内供給弾性値	1.29	0.54	0.45	1.15	-0.69	-3.22
最終エネルギー消費弾性値	1.29	0.48	0.44	1.27	-1.97	-2.96

2．エネルギー需給の概要

(3)2020年度エネルギーバランス簡約表

	NO.	1	2	3	4
		石 炭	コークス等	原 油	石油製品
一次エネルギー供給					
国 内 生 産	1	433		469	
輸 入	2	111,021	565	124,582	45,981
一次エネルギー総供給	3	111,454	565	125,051	45,981
輸 出	4		-2,217		-18,528
在 庫 変 動	5	920		2,371	491
一次エネルギー国内供給	6	112,374	-1,652	127,422	27,944
エネルギー転換および自家消費					
電 気 事 業 者	7	-65,934	-2,833	-288	-3,459
自 家 発	8	-9,468	-1,735		-8,367
熱 供 給 事 業 者	9				-3
都 市 ガ ス	10				-1,448
コ ー ク ス	11	-31,401	27,377		-553
石 油 精 製	12			-127,146	125,208
石 油 化 学	13				
そ の 他	14	-6	6		
自 家 消 費・ロ ス	15	-312	-2,739		-7,992
統 計 誤 差	16	6,474	-2,730	12	7,417
最終エネルギー消費計	17	11,727	15,694		138,747
産 業 部 門 計	18	11,727	15,131		50,437
農林水産業	19				3,572
鉱 業	20				250
建 設 業	21				1,823
製 造 業 計	22	11,727	15,131		44,792
食 料 品	23				42
繊 維	24	28			321
紙・パルプ	25	310			415
化 学 工 業	26	929	45		32,372
窯 業 土 石	27	2,860	245		910
鉄 鋼	28	7,441	14,380		860
非 鉄 金 属	29	42	122		435
金 属 機 械	30		78		120
そ の 他	31	117	261		9,317
民 生 部 門 計	32		563		20,358
家 庭 用	33		6		13,351
業 務 用	34		557		7,007
運 輸 部 門 計	35				64,620
旅 客 用	36				38,923
貨 物 用	37				25,697
非 エ ネ ル ギ ー	38				3,332

出所:EDMC推計

(10^{10} kcal)

5	6	7	8	9	10	11	12
天然ガス	都市ガス	水力発電	原子力発電	地 熱	新エネルギー等	電力計	合 計
2,322		16,219	7,926	732	22,152		50,253
99,777							381,926
102,099		16,219	7,926	732	22,152		432,179
							-20,745
416							4,198
102,515		16,219	7,926	732	22,152		415,632
-63,549	-5,625	-15,847	-7,926	-447	-6,805	74,608	-98,105
	-3,324	-372		-143	-14,267	14,764	-22,912
	-334				613	-77	199
-37,087	39,806						1,271
							-4,577
							-1,938
							0
							0
-6,607	-804					-8,585	-27,039
5,846	-359				830	153	17,643
1,118	29,360			142	2,523	80,863	280,174
1,105	12,669			61	1,828	31,035	123,993
				61		287	3,920
						144	394
						89	1,912
1,105	12,669				1,828	30,515	117,767
	2,371					2,560	4,973
	611				46	494	1,500
	506				1,782	2,093	5,106
585	2,073					4,966	40,970
	879					1,432	6,326
	1,479					5,349	29,509
	450					1,569	2,618
	1,311					6,857	8,366
520	2,989					5,195	18,399
13	16,659			81	695	48,300	86,669
	10,016				195	24,202	47,770
13	6,643			81	500	24,098	38,899
	32					1,528	66,180
	13					1,458	40,394
	19					70	25,786
							3,332

2．エネルギー需給の概要

(4)2021年度エネルギーバランス簡約表

	NO.	1	2	3	4
		石 炭	コークス等	原 油	石油製品
一次エネルギー供給					
国内生産	1	382		433	
輸入	2	117,832	1,497	136,060	46,648
一次エネルギー総供給	3	118,214	1,497	136,493	46,648
輸出	4		-1,579		-23,429
在庫変動	5	718		-78	403
一次エネルギー国内供給	6	118,932	-82	136,415	23,622
エネルギー転換および自家消費					
電気事業者	7	-67,798	-3,160	-217	-4,909
自家発	8	-9,541	-1,853		-8,815
熱供給事業者	9				-3
都市ガス	10				-1,709
コークス	11	-32,585	28,228		-519
石油精製	12			-134,773	132,912
石油化学	13			-103	103
その他	14	-6	6		
自家消費・ロス	15	-312	-2,846		-8,662
統計誤差	16	5,414	-3,815	-1,322	6,966
最終エネルギー消費計	17	14,104	16,478		138,986
産業部門計	18	14,104	15,946		51,842
農林水産業	19				3,649
鉱業	20				249
建設業	21				1,853
製造業計	22	14,104	15,946		46,091
食料品	23				42
繊維	24	28			320
紙・パルプ	25	295			437
化学工業	26	905	47		33,034
窯業土石	27	2,831	266		943
鉄鋼	28	9,885	15,190		872
非鉄金属	29	33	123		444
金属機械	30		78		119
その他	31	127	242		9,880
民生部門計	32		532		19,443
家庭用	33		6		12,494
業務用	34		526		6,949
運輸部門計	35				64,549
旅客用	36				38,686
貨物用	37				25,863
非エネルギー	38				3,152

出所:EDMC推計

(10^{10} kcal)

5	6	7	8	9	10	11	12
天然ガス	都市ガス	水力発電	原子力発電	地 熱	新エネルギー等	電力計	合 計
2,293		16,320	14,482	739	24,959		59,608
93,378							395,415
95,671		16,320	14,482	739	24,959		455,023
							-25,008
881							1,924
96,552		16,320	14,482	739	24,959		431,939
-56,871	-5,738	-15,949	-14,482	-442	-7,546	76,354	-100,758
	-3,494	-371		-157	-16,376	15,913	-24,694
	-334				613	-77	199
-38,509	41,449						1,231
							-4,876
							-1,861
							0
							0
-6,609	-706					-8,799	-27,934
6,638	-358				1,048	-450	14,121
1,201	30,819			140	2,698	82,941	287,367
1,189	14,072			60	2,018	32,678	131,909
				60		287	3,996
						153	402
						89	1,942
1,189	14,072				2,018	32,149	125,569
	2,781					2,556	5,379
	710				46	498	1,602
	529				1,972	2,233	5,466
652	2,506					5,075	42,219
	974					1,485	6,499
	1,662					6,089	33,698
	486					1,628	2,714
	1,349					7,182	8,728
537	3,075					5,403	19,264
12	16,721			80	680	48,662	86,130
	9,914				181	24,232	46,827
12	6,807			80	499	24,430	39,303
	26					1,601	66,176
	12					1,528	40,226
	14					73	25,950
							3,152

2．エネルギー需給の概要

(5) 2021年度エネルギーバランス詳細表（その1）

	NO.	1	2	3	4	5	6
		石炭	原料炭	一般炭	無煙炭等	コークス	コークス炉ガス
一次エネルギー供給							
国内生産	1	382		382			
輸入	2	117,832	33,117	80,670	4,045	1,497	
一次エネルギー総供給	3	118,214	33,117	81,052	4,045	1,497	
輸出	4					-1,579	
在庫変動	5	718	17	701			
一次エネルギー国内供給	6	118,932	33,134	81,753	4,045	-82	
エネルギー転換および自家消費							
電気事業者	7	-67,798		-67,798			-842
揚水発電	8						
自家発	9	-9,541		-9,537	-4		-434
熱供給事業者	10						
都市ガス	11						
ガスコークス	12						
鉄鋼コークス	13	-32,585	-32,585			21,792	6,436
専業コークス	14						
鉄鋼系ガス	15					-9,942	
石油精製	16						
石油化学	17						
その他	18	-6			-6		
エネルギー転換部門計	19	-109,930	-32,585	-77,335	-10	11,850	5,160
エネルギー部門自家消費	20	-312		-308	-4		-1,389
送配電ロス	21						
統計誤差	22	5,414	8,876	-16	-3,446	-1,467	-784
最終エネルギー消費計	23	14,104	9,425	4,094	585	10,301	2,987
産業部門計	24	14,104	9,425	4,094	585	9,775	2,987
農林業	25						
水産業	26						
鉱業	27						
建設業	28						
製造業計	29	14,104	9,425	4,094	585	9,775	2,987
食料品	30						
繊維	31	28		28			
紙・パルプ	32	295		295			
化学工業	33	905		758	147	29	12
窯業土石	34	2,831		2,393	438	98	130
鉄鋼	35	9,885	9,425	460		9,281	2,769
非鉄金属	36	33		33		123	
金属機械	37					2	76
その他	38	127		127		242	
民生部門計	39					526	
家庭用	40						
業務用	41					526	
運輸部門計	42						
旅客用	43						
貨物用	44						
非エネルギー	45						

出所：EDMC推計

(10^{10} kcal)

7	8	9	10	11	12	13	14
高炉ガス 転炉ガス	練豆炭	原油	NGL	石油製品	燃料油		
						ガソリン	ナフサ
		433					
		135,698	362	46,648	30,656	2,232	23,356
		136,131	362	46,648	30,656	2,232	23,356
				-23,429	-22,418	-3,175	
		-78		403	437	-52	15
		136,053	362	23,622	8,675	-995	23,371
-2,318		-217		-4,909	-4,823		
-1,419				-8,815	-7,625		-2,220
				-3	-3		
				-1,709			
				-519			
9,942							
		-134,514	-259	132,912	123,287	36,230	10,778
			-103	103	33		33
	6						
6,205	6	-134,731	-362	117,060	110,869	36,230	8,591
-1,457				-8,662	-850		-26
-1,564		-1,322		6,966	-322	235	-1,780
3,184	6			138,986	118,372	35,470	30,156
3,184				51,842	42,127	36	30,156
				2,328	2,328		
				1,321	1,321		
				249	249		
				1,853	1,853		
3,184				46,091	36,376	36	30,156
				42	42		
				320	153		
				437	366		
6				33,034	29,922		29,313
38				943	333		
3,140				872	318		
				444	335		
				119	23		
				9,880	4,884	36	843
	6			19,443	12,013		
	6			12,494	7,768		
				6,949	4,245		
				64,549	64,232	35,434	
				38,686	38,369	32,410	
				25,863	25,863	3,024	
				3,152			

2．エネルギー需給の概要

(5)2021年度エネルギーバランス詳細表（その2）

	NO.	15	16	17	18	19	20
		ジェット燃料油	灯油	軽油	重油	A重油	B/C重油
一次エネルギー供給							
国内生産	1						
輸入	2	784	1,327	1,564	1,393	134	1,259
一次エネルギー総供給	3	784	1,327	1,564	1,393	134	1,259
輸出	4	-5,629	-335	-5,404	-7,875	-416	-7,459
在庫変動	5	-43	302	32	183	62	121
一次エネルギー国内供給	6	-4,888	1,294	-3,808	-6,299	-220	-6,079
エネルギー転換および自家消費							
電気事業者	7		-79	-92	-4,652	-257	-4,395
揚水発電	8						
自家発	9		-12		-5,393	-2,327	-3,066
熱供給事業者	10		-1		-2		-2
都市ガス	11						
ガスコークス	12						
鉄鋼コークス	13						
専業コークス	14						
鉄鋼系ガス	15						
石油精製	16	7,427	10,534	32,877	25,441	9,673	15,768
石油化学	17						
その他	18						
エネルギー転換部門計	19	7,427	10,442	32,785	15,394	7,089	8,305
エネルギー部門自家消費	20		-81	-20	-723	-170	-553
送配電ロス	21						
統計誤差	22	334	40	136	713	648	65
最終エネルギー消費計	23	2,873	11,695	29,093	9,085	7,347	1,738
産業部門計	24		2,830	4,872	4,233	3,351	882
農林業	25		669	775	884	880	4
水産業	26		4	632	685	678	7
鉱業	27		2	119	128	109	19
建設業	28		221	1,391	241	237	4
製造業計	29		1,934	1,955	2,295	1,447	848
食料品	30				42	42	
繊維	31		11		142	142	
紙・パルプ	32		5	3	358	61	297
化学工業	33		192	132	285	99	186
窯業土石	34		14	7	312	120	192
鉄鋼	35		68	20	230	175	55
非鉄金属	36		63	3	269	151	118
金属機械	37		15	8			
その他	38		1,566	1,782	657	657	
民生部門計	39		8,865	394	2,754	2,754	
家庭用	40		7,768				
業務用	41		1,097	394	2,754	2,754	
運輸部門計	42	2,873		23,827	2,098	1,242	856
旅客用	43	2,513		3,095	351	208	143
貨物用	44	360		20,732	1,747	1,034	713
非エネルギー	45						

出所：EDMC推計

(10^{10} kcal)

21	22	23	24	25	26	27	28
潤滑油	その他石油製品	製油所ガス	オイルコークス	LPG	天然ガス	LNG	都市ガス
					2,293		
287	30		3,345	12,329		93,378	
287	30		3,345	12,329	2,293	93,378	
-713	-59		-19	-220			
5	-32			-7		881	
-421	-61		3,326	12,102	2,293	94,259	
				-85	-2,182	-54,689	-5,738
		-876	-165	-149			-3,494
							-334
		-139		-1,570	-1,526	-36,983	41,449
			-519				
1,891	2,282	7,691	991	3,743			
		70					
1,891	2,282	6,746	307	1,939	-3,708	-91,672	31,883
-72	-389	-6,797	-312	-242	-365	-6,244	-706
-11	-67	51	-25	367	2,981	3,657	-358
1,387	1,765		3,296	14,166	1,201		30,819
			3,296	6,419	1,189		14,072
			3,296	6,419	1,189		14,072
							2,781
			23	144			710
			39	32			529
			477	2,635	652		2,506
			583	27			974
			321	233			1,662
				109			486
				96			1,349
			1,853	3,143	537		3,075
				7,430	12		16,721
				4,726			9,914
				2,704	12		6,807
				317			26
				317			12
							14
1,387	1,765						

2．エネルギー需給の概要

(5)2021年度エネルギーバランス詳細表（その3）

	NO.	29 新エネルギー等	30 太陽光	31 風力	32 太陽熱	33 ごみ発電	34 バイオマス他
一次エネルギー供給							
国内生産	1	24,959	14,697	1,684	154	2,087	6,337
輸入	2						
一次エネルギー総供給	3	24,959	14,697	1,684	154	2,087	6,337
輸出	4						
在庫変動	5						
一次エネルギー国内供給	6	24,959	14,697	1,684	154	2,087	6,337
エネルギー転換および自家消費							
電気事業者	7	-7,546	-3,891	-1,521		-804	-1,330
揚水発電	8						
自家発	9	-16,376	-10,806	-163		-1,283	-4,124
熱供給事業者	10						
都市ガス	11						
ガスコークス	12						
鉄鋼コークス	13						
専業コークス	14						
鉄鋼系ガス	15						
石油精製	16						
石油化学	17						
その他	18						
エネルギー転換部門計	19	-23,922	-14,697	-1,684		-2,087	-5,454
エネルギー部門自家消費	20						
送配電ロス	21						
統計誤差	22	1,153					1,153
最終エネルギー消費計	23	2,190			154		2,036
産業部門計	24	2,018					2,018
農林業	25						
水産業	26						
鉱業	27						
建設業	28						
製造業計	29	2,018					2,018
食料品	30						
繊維	31	46					46
紙・パルプ	32	1,972					1,972
化学工業	33						
窯業土石	34						
鉄鋼	35						
非鉄金属	36						
金属機械	37						
その他	38						
民生部門計	39	172			154		18
家庭用	40	155			137		18
業務用	41	17			17		
運輸部門計	42						
旅客用	43						
貨物用	44						
非エネルギー	45						

出所：EDMC推計

(10^10 kcal)

35	36	37	38	39	40	41	42
地熱	水力発電	原子力発電	電力計	電気事業者	自家発	熱	合計
739	16,320	14,482					59,608
							395,415
739	16,320	14,482					455,023
							-25,008
							1,924
739	16,320	14,482					431,939
-442	-16,650	-14,482	77,271	86,501	-9,230		-100,542
	701		-917	-917			-216
-157	-371		15,913		15,913		-24,694
			-77	-77		613	199
							1,231
							0
							-4,876
							0
							0
							-1,861
							0
							0
-599	-16,320	-14,482	92,190	85,507	6,683	613	-130,759
			-4,151	-3,611	-540		-23,286
			-4,648	-3,914	-734		-4,648
			-450	-1,566	1,116	-105	14,121
140			82,941	76,416	6,525	508	287,367
60			32,678	27,271	5,407		131,909
60			287	287			2,675
							1,321
			153	139	14		402
			89	89			1,942
			32,149	26,756	5,393		125,569
			2,556	2,408	148		5,379
			498	475	23		1,602
			2,233	1,181	1,052		5,466
			5,075	3,014	2,061		42,219
			1,485	1,131	354		6,499
			6,089	4,893	1,196		33,698
			1,628	1,544	84		2,714
			7,182	6,808	374		8,728
			5,403	5,302	101		19,264
80			48,662	47,862	800	508	86,130
			24,232	23,887	345	26	46,827
80			24,430	23,975	455	482	39,303
			1,601	1,283	318		66,176
			1,528	1,224	303		40,226
			73	59	15		25,950
							3,152

2．エネルギー需給の概要

(6)一次エネルギー国内供給構成の推移

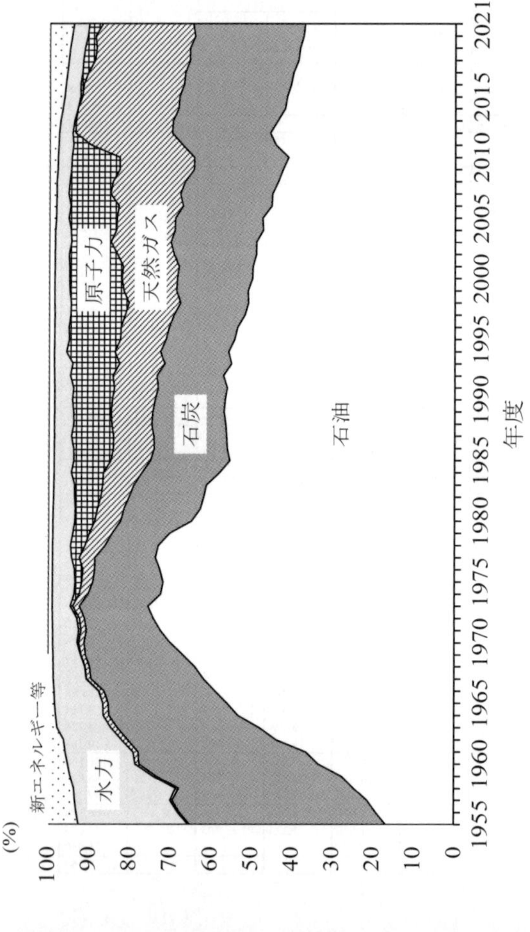

出所：経済産業省/EDMC「総合エネルギー統計」、EDMC推計

2. エネルギー需給の概要

(7)景気循環とエネルギー需要

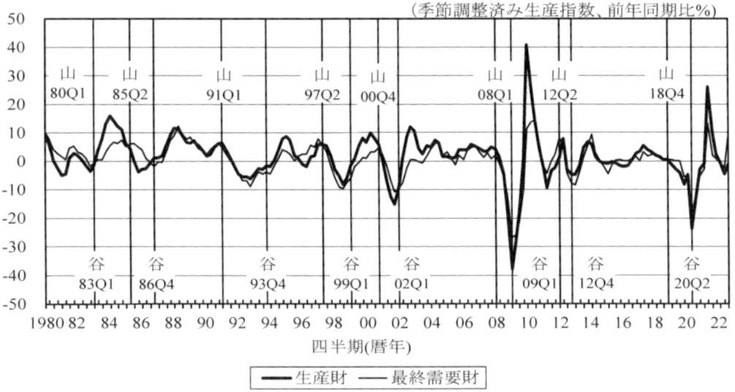

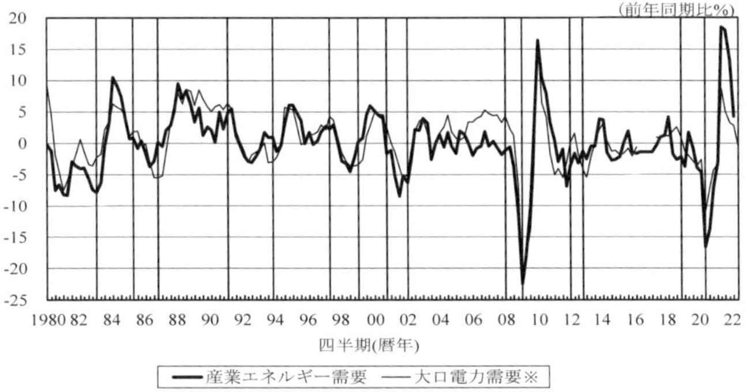

出所: 内閣府「景気基準日付」、経済産業省「経済産業統計」、「電力調査統計月報」、
経済産業省/EDMC「総合エネルギー統計」、EDMC推計

注: 大口電力需要は電気事業者のみ。自家発自家消費を除く。
2016年度以降は統計変更により、大口電力需要の項目が無くなったため、
小売電気事業者の特別高圧需要で2017年度以降の伸び率を計算。

2．エネルギー需給の概要

(8)わが国の経済成長とエネルギー需要の概況

年度	実質GDP (2015年価格 10億円)	伸び率 (%)	人口 (10月1日) (千人)	伸び率 (%)	一次エネルギー国内供給 (石油換算 百万トン)	伸び率 (%)	最終エネルギー消費 (石油換算 百万トン)	実質GDP当たり一次エネルギー国内供給 (石油換算トン/億円)
1965	103,431	-	98,275	1.1	152.3	9.1	108.5	147.2
1970	174,524	8.1	103,720	1.2	296.7	15.3	211.2	170.0
1973	214,623	5.2	109,104	1.4	358.4	10.5	265.2	167.0
1975	225,410	5.2	111,940	1.2	343.5	-3.0	251.1	152.4
1980	276,175	2.8	117,060	0.8	380.3	-1.6	264.5	137.7
1985	339,278	5.4	121,049	0.6	393.4	1.9	270.5	115.9
1990	430,862	5.6	123,611	0.3	466.3	4.2	322.9	108.2
1991	441,678	2.5	124,101	0.4	479.5	2.8	331.4	108.6
1992	444,297	0.6	124,567	0.4	483.5	0.8	332.8	108.8
1993	440,842	-0.8	124,938	0.3	485.1	0.3	335.3	110.0
1994	447,937	1.6	125,265	0.3	509.0	4.9	347.8	113.6
1995	462,177	3.2	125,570	0.2	520.8	2.3	358.8	112.7
1996	475,806	2.9	125,859	0.2	530.0	1.8	363.4	111.4
1997	475,217	-0.1	126,157	0.2	535.5	1.0	366.2	112.7
1998	470,507	-1.0	126,472	0.2	525.4	-1.9	363.0	111.7
1999	473,320	0.6	126,667	0.2	534.2	1.7	373.0	112.9
2000	485,623	2.6	126,926	0.2	535.0	0.2	375.7	110.2
2001	482,114	-0.7	127,316	0.3	519.7	-2.9	362.4	107.8
2002	486,546	0.9	127,486	0.1	532.3	2.4	367.3	109.4
2003	495,923	1.9	127,694	0.2	532.8	0.1	365.4	107.4
2004	504,269	1.7	127,787	0.1	543.5	2.0	368.1	107.8
2005	515,134	2.2	127,768	0.0	541.1	-0.4	367.0	105.0
2006	521,785	1.3	127,901	0.1	538.2	-0.5	362.2	103.1
2007	527,272	1.1	128,033	0.1	539.6	0.3	357.9	102.3
2008	508,262	-3.6	128,084	0.0	512.2	-5.1	333.6	100.8
2009	495,876	-2.4	128,032	0.0	494.1	-3.5	325.3	99.6
2010	512,065	3.3	128,057	0.0	515.9	4.4	338.2	100.7
2011	514,687	0.5	127,834	-0.2	492.9	-4.4	327.0	95.8
2012	517,919	0.6	127,593	-0.2	486.0	-1.4	322.0	93.8
2013	532,072	2.7	127,414	-0.1	489.5	0.7	321.6	92.0
2014	530,195	-0.4	127,237	-0.1	473.7	-3.2	313.0	89.3
2015	539,414	1.7	127,095	-0.1	466.5	-1.5	310.7	86.5
2016	543,479	0.8	127,042	0.0	463.1	-0.7	309.8	85.2
2017	553,174	1.8	126,919	-0.1	465.0	0.4	313.7	84.1
2018	554,546	0.2	126,749	-0.1	455.5	-2.0	305.7	82.1
2019	550,131	-0.8	126,555	-0.2	444.9	-2.3	299.8	80.9
2020	527,388	-4.1	126,146	-0.3	415.6	-6.6	280.2	78.8
2021	540,796	2.5	125,502	-0.5	431.9	3.9	287.4	79.9
年平均伸び率(%)								
70/65		11.0		1.1		14.3	14.2	2.9
80/70		4.7		1.2		2.5	2.3	-2.1
90/80		4.5		0.5		2.1	2.0	-2.4
00/90		1.2		0.3		1.4	1.5	0.2
10/00		0.5		0.1		-0.4	-1.0	-0.9
21/10		0.5		-0.2		-1.6	-1.0	-1.5

出所：経済産業省／EDMC「総合エネルギー統計」、EDMC推計、内閣府「国民経済計算年報」、総務省統計局「人口推計」

注：(1)1979年度以前の実質GDPのデータは、EDMC推計。

1人当たり一次エネルギー国内供給 (石油換算トン/人)	エネルギー起源CO_2排出量 (百万トン)	伸び率 (%)	実質GDP当たりCO_2排出量 (トン/億円)	一次エネルギー当たりCO_2排出量 (トン/石油換算トン)	1人当たりCO_2排出量 (トン/人)	エネルギー自給率 (%)	年度
1.55	387.0	-	374.2	2.54	3.94	36.9	1965
2.86	758.8	14.5	434.8	2.56	7.32	17.1	1970
3.28	909.4	12.9	423.7	2.54	8.34	11.4	1973
3.07	859.3	-3.7	381.2	2.50	7.68	12.9	1975
3.25	916.9	-0.8	332.0	2.41	7.83	15.6	1980
3.25	900.7	-0.2	265.5	2.29	7.44	18.9	1985
3.77	1,046.2	3.6	242.8	2.24	8.46	17.5	1990
3.86	1,065.7	1.9	241.3	2.22	8.59	17.8	1991
3.88	1,077.8	1.1	242.6	2.23	8.65	17.3	1992
3.88	1,056.8	-1.9	239.7	2.18	8.46	18.9	1993
4.06	1,125.1	6.5	251.2	2.21	8.98	17.6	1994
4.15	1,129.6	0.4	244.4	2.17	9.00	18.8	1995
4.21	1,144.5	1.3	240.5	2.16	9.09	18.9	1996
4.24	1,141.6	-0.3	240.2	2.13	9.05	19.8	1997
4.15	1,100.3	-3.6	233.8	2.09	8.70	20.6	1998
4.22	1,138.1	3.4	240.5	2.13	8.99	19.4	1999
4.22	1,149.6	1.0	236.7	2.15	9.06	18.8	2000
4.08	1,114.6	-3.0	231.2	2.14	8.75	19.1	2001
4.18	1,173.0	5.2	241.1	2.20	9.20	17.6	2002
4.17	1,199.1	2.2	241.8	2.25	9.39	16.0	2003
4.25	1,210.1	0.9	240.0	2.23	9.47	17.3	2004
4.23	1,203.6	-0.5	233.7	2.22	9.42	17.5	2005
4.21	1,181.9	-1.8	226.5	2.20	9.24	18.1	2006
4.21	1,218.1	3.1	231.0	2.26	9.51	16.0	2007
4.00	1,155.5	-5.1	227.3	2.26	9.02	16.7	2008
3.86	1,076.0	-6.9	217.0	2.18	8.40	18.3	2009
4.03	1,134.4	5.4	221.5	2.20	8.86	18.2	2010
3.86	1,169.7	3.1	227.3	2.37	9.15	11.2	2011
3.81	1,208.8	3.3	233.4	2.49	9.47	7.3	2012
3.84	1,237.2	2.4	232.5	2.53	9.71	7.4	2013
3.72	1,191.3	-3.7	224.7	2.52	9.36	7.8	2014
3.67	1,158.4	-2.8	214.8	2.48	9.11	8.9	2015
3.64	1,144.9	-1.2	210.7	2.47	9.01	9.3	2016
3.66	1,136.4	-0.7	205.4	2.44	8.95	10.5	2017
3.59	1,092.5	-3.9	197.0	2.40	8.62	12.0	2018
3.52	1,061.5	-2.8	193.0	2.39	8.39	12.4	2019
3.29	984.4	-7.3	186.7	2.37	7.80	12.1	2020
3.44	1,016.9	3.3	188.0	2.35	8.10	13.8	2021
年平均伸び率(%)							
13.0		14.4	3.0	0.1	13.2	-14.2	70/65
1.3		1.9	-2.7	-0.6	0.7	-0.9	80/70
1.5		1.3	-3.1	-0.7	0.8	1.2	90/80
1.1		0.9	-0.3	-0.4	0.7	0.7	00/90
-0.5		-0.1	-0.7	0.2	-0.2	-0.3	10/00
-1.4		-1.0	-1.5	0.6	-0.8	-2.5	21/10

注:(2)CO_2排出量はEDMCで作成したエネルギーバランス表を元に、
エネルギー起源のCO_2排出量を算出したもの。
(3)エネルギー自給率は国内生産/一次エネルギー国内供給により算出。

2．エネルギー需給の概要

(9)主要国のエネルギー消費概況

国名 年	日本 1973	2000	2020	アメリカ 1973	2000	2020	カナダ 1973	2000	2020
GDP (2015年価格十億米ドル)	1,791	3,987	4,381	5,954	13,738	19,294	525	1,047	1,607
人口 (百万人)	109	127	126	212	282	332	22	31	38
一次エネルギー消費 (石油換算百万トン)	320	516	385	1,730	2,273	2,038	159	254	284
最終エネルギー消費 (石油換算百万トン)	234	336	263	1,315	1,546	1,461	131	187	190
同内訳 産業部門	105	103	75	394	332	265	46	55	45
構成比 (%)	(44.8)	(30.8)	(28.6)	(29.9)	(21.5)	(18.1)	(34.8)	(29.5)	(23.6)
運輸部門	41	89	62	414	588	549	34	52	56
構成比 (%)	(17.4)	(26.5)	(23.8)	(31.5)	(38.0)	(37.6)	(25.6)	(27.8)	(29.7)
民生・農業・他部門	51	108	96	419	473	505	45	60	67
構成比 (%)	(22.0)	(32.0)	(36.4)	(31.8)	(30.6)	(34.5)	(34.1)	(32.0)	(35.5)
非エネルギー部門	37	36	30	89	153	143	7	20	21
構成比 (%)	(15.8)	(10.7)	(11.3)	(6.7)	(9.9)	(9.8)	(5.6)	(10.7)	(11.2)
一人当たりGDP (2015年価格米ドル/人)	16,473	31,431	34,813	28,097	48,689	58,203	23,343	34,122	42,259
一人当たり 一次エネルギー消費 (石油換算トン/人)	2.95	4.07	3.06	8.16	8.06	6.15	7.09	8.27	7.46
GDP当たり 一次エネルギー消費 (石油換算トン/ 2015年価格百万米ドル)	179	129	88	291	165	106	304	242	176

出所：IEA「World Energy Balances 2022 Edition」
World Bank「World Development Indicators」等よりEDMC推計

ドイツ			イギリス			フランス			イタリア		
1973	2000	2020	1973	2000	2020	1973	2000	2020	1973	2000	2020
1,577	2,835	3,436	1,258	2,310	2,892	1,066	2,046	2,411	958	1,842	1,745
79	82	83	56	59	67	53	61	67	55	57	59
335	337	278	218	223	154	180	252	218	119	172	137
242	231	214	143	151	114	142	161	138	97	129	107
88 (36.5)	51 (22.2)	54 (25.3)	53 (36.7)	34 (22.5)	20 (17.6)	42 (29.3)	33 (20.4)	26 (18.7)	39 (40.5)	38 (29.7)	24 (22.3)
36 (14.9)	60 (25.7)	51 (24.0)	28 (19.3)	42 (27.8)	33 (29.0)	25 (17.4)	45 (27.8)	38 (27.7)	19 (19.6)	40 (30.8)	29 (27.0)
100 (41.4)	95 (41.3)	87 (40.7)	51 (35.6)	63 (42.1)	54 (47.7)	61 (43.1)	67 (41.8)	61 (44.5)	30 (31.3)	42 (33.0)	48 (44.4)
17 (7.1)	25 (10.8)	21 (9.9)	12 (8.4)	12 (7.7)	7 (5.7)	15 (10.3)	16 (10.0)	13 (9.1)	8 (8.6)	8 (6.5)	7 (6.3)
19,972	34,490	41,315	22,395	39,229	43,020	20,033	33,597	35,786	17,495	32,351	29,360
4.24	4.09	3.35	3.88	3.79	2.29	3.39	4.13	3.24	2.18	3.01	2.31
212	119	81	173	97	53	169	123	91	124	93	79

注：出所がIEA (国際エネルギー機関) の表(IEA資料)については巻頭解説10を参照。

2．エネルギー需給の概要

(10)世界の地域別エネルギー消費概況

地域名	世界			OECD38			非OECD		
年	1973	2000	2020	1973	2000	2020	1973	2000	2020
GDP (2015年価格十億米ドル)	21,170	48,067	81,520	16,830	36,305	48,807	4,340	11,762	32,712
人口 (百万人)	3,908	6,105	7,753	919	1,157	1,317	2,989	4,948	6,436
一次エネルギー消費 (石油換算百万トン)	6,084	10,022	13,963	3,756	5,339	5,026	2,144	4,412	8,645
最終エネルギー消費 (石油換算百万トン)	4,638	7,014	9,573	2,828	3,667	3,539	1,626	3,075	5,741
同内訳									
産業部門	1,534	1,869	2,873	962	926	796	573	944	2,078
構成比 (%)	(33.1)	(26.7)	(30.0)	(34.0)	(25.2)	(22.5)	(35.2)	(30.7)	(36.2)
運輸部門	1,081	1,964	2,507	699	1,158	1,111	199	533	1,101
構成比 (%)	(23.3)	(28.0)	(26.2)	(24.7)	(31.6)	(31.4)	(12.2)	(17.3)	(19.2)
民生・農業・他部門	1,736	2,565	3,248	947	1,216	1,271	789	1,350	1,978
構成比 (%)	(37.4)	(36.6)	(33.9)	(33.5)	(33.2)	(35.9)	(48.5)	(43.9)	(34.5)
非エネルギー部門	286	615	946	221	367	362	66	248	584
構成比 (%)	(6.2)	(8.8)	(9.9)	(7.8)	(10.0)	(10.2)	(4.0)	(8.1)	(10.2)
一人当たりGDP (2015年価格米ドル/人)	5,417	7,873	10,515	18,310	31,372	37,068	1,452	2,377	5,083
一人当たり 一次エネルギー消費 (石油換算トン/人)	1.56	1.64	1.80	4.09	4.61	3.82	0.72	0.89	1.34
GDP当たり 一次エネルギー消費 (石油換算トン/ 2015年価格百万米ドル)	287	209	171	223	147	103	494	375	264

出所：IEA「World Energy Balances 2022 Edition」
World Bank「World Development Indicators」等よりEDMC推計

アジア			EU27			APEC20			ASEAN10		
1973	2000	2020	1973	2000	2020	1973	2000	2020	1973	2000	2020
2,838	10,377	27,854	5,868	11,260	13,890	10,497	26,749	49,766	275	1,160	2,887
2,142	3,437	4,230	386	429	447	1,773	2,549	2,934	304	524	667
1,088	2,861	6,052	N.A.	1,471	1,311	N.A.	5,758	8,397	N.A.	383	687
887	1,973	3,923	N.A.	1,027	963	N.A.	3,922	5,517	N.A.	273	457
299	654	1,650	N.A.	274	232	N.A.	1,119	1,899	N.A.	75	161
(33.7)	(33.1)	(42.1)		(26.7)	(24.1)		(28.5)	(34.4)		(27.5)	(35.1)
89	322	681	N.A.	262	252	N.A.	1,064	1,338	N.A.	62	125
(10.1)	(16.3)	(17.4)		(25.5)	(26.2)		(27.1)	(24.3)		(22.8)	(27.5)
451	817	1,177	N.A.	391	390	N.A.	1,365	1,663	N.A.	115	117
(50.9)	(41.4)	(30.0)		(38.1)	(40.5)		(34.8)	(30.1)		(42.0)	(25.7)
48	181	414	N.A.	100	90	N.A.	374	617	N.A.	21	54
(5.4)	(9.2)	(10.6)		(9.7)	(9.3)		(9.5)	(11.2)		(7.7)	(11.7)
1,325	3,019	6,585	15,185	26,227	31,042	5,920	10,496	16,963	907	2,214	4,328
0.51	0.83	1.43	N.A.	3.43	2.93	N.A.	2.26	2.86	N.A.	0.73	1.03
383	276	217	N.A.	131	94	N.A.	215	169	N.A.	330	238

注：(1) 出所がIEA (国際エネルギー機関) の表(IEA資料)については巻頭解説10を参照。
(2) 地域定義はP.280参照。
(3)バンカーがあるため、OECD38と非OECDの和は世界と一致しない。

3．一次エネルギー供給と最終エネルギー消費

3．一次エネルギー供給と最終エネルギー消費

(1)最終エネルギー消費部門別構成比の推移

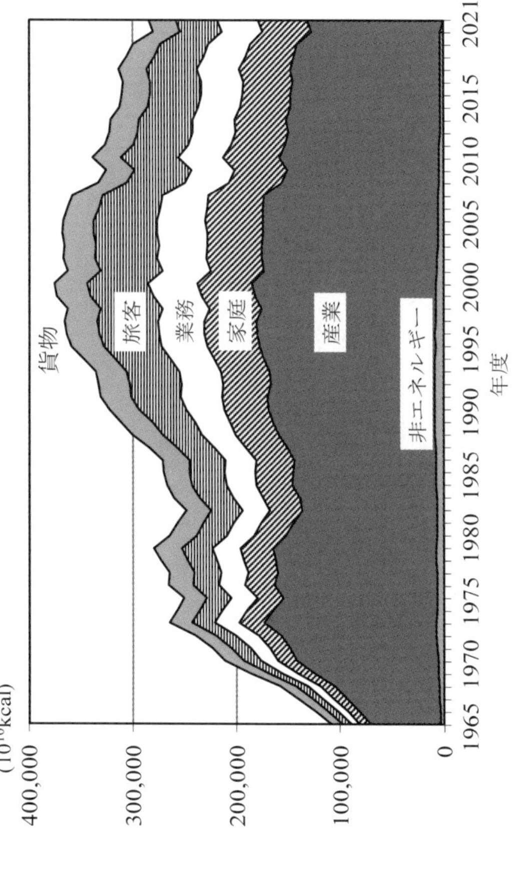

出所：経済産業省/EDMC「総合エネルギー統計」、EDMC推計

3．一次エネルギー供給と最終エネルギー消費

(2)一次エネルギー供給総括

年度	一次エネルギー総供給								輸出・在庫
	石炭	石油	ガス	水力	原子力	新エネルギー等	合計	伸び率(%)	
1965	45,654	100,678	2,027	17,938	8	2,604	168,910	12.2	-16,615
1970	63,571	229,893	3,970	17,894	1,054	3,326	319,708	15.2	-23,036
1973	59,587	298,235	5,914	15,772	2,184	3,717	385,409	11.1	-27,028
1975	59,993	268,642	9,231	19,237	5,653	3,468	366,224	-4.8	-22,741
1980	67,327	262,436	24,164	20,481	18,583	4,208	397,198	-3.4	-16,900
1985	78,810	228,041	38,213	19,081	35,905	5,273	405,323	0.6	-11,953
1990	80,754	283,558	49,284	20,512	45,511	6,691	486,310	5.3	-20,042
1991	83,188	278,521	52,086	22,400	48,028	6,739	490,963	1.0	-11,499
1992	80,787	291,271	52,941	18,938	50,233	6,603	500,772	2.0	-17,273
1993	81,551	286,590	54,160	22,008	56,083	6,373	506,764	1.2	-21,691
1994	87,474	306,570	57,480	15,403	60,554	6,498	533,979	5.4	-25,002
1995	89,899	303,582	58,927	18,888	65,532	7,081	543,908	1.9	-23,100
1996	90,639	304,784	63,026	18,487	67,995	7,320	552,252	1.5	-22,209
1997	94,329	299,454	64,650	20,948	71,815	7,613	558,808	1.2	-23,356
1998	89,278	285,277	66,995	21,447	74,777	7,142	544,915	-2.5	-19,552
1999	95,322	286,036	69,749	19,870	71,239	7,257	549,472	0.8	-15,263
2000	100,222	289,204	73,398	19,253	69,241	7,333	558,651	1.7	-23,629
2001	102,606	271,219	72,002	18,674	68,770	7,251	540,522	-3.2	-20,823
2002	109,187	275,748	74,321	18,367	63,445	7,573	548,641	1.5	-16,333
2003	112,926	278,208	78,964	21,248	51,603	7,937	550,886	0.4	-18,088
2004	123,159	275,169	78,427	20,964	60,725	7,940	566,384	2.8	-22,892
2005	116,670	281,180	78,806	16,417	64,139	9,269	566,481	0.0	-25,425
2006	117,358	268,355	86,119	18,858	63,859	9,410	563,959	-0.4	-25,778
2007	122,593	268,174	92,968	15,880	55,526	9,679	564,820	0.2	-25,172
2008	120,760	258,710	92,721	16,379	54,326	9,335	552,231	-2.2	-40,079
2009	106,364	235,748	90,242	16,605	58,876	9,910	517,745	-6.2	-23,605
2010	120,553	242,466	95,511	17,746	60,661	10,686	547,623	5.8	-31,768
2011	113,027	243,550	111,964	18,015	21,417	10,965	518,938	-5.2	-25,992
2012	118,544	247,714	116,602	16,277	3,355	11,314	513,806	-1.0	-27,826
2013	127,807	240,721	117,297	16,580	1,930	13,161	517,496	0.7	-27,955
2014	123,415	226,191	118,836	17,374	-	15,317	501,133	-3.2	-27,444
2015	125,482	223,822	111,645	18,127	1,958	17,231	498,265	-0.6	-31,752
2016	123,646	217,141	113,225	16,575	3,746	18,653	492,986	-1.1	-29,920
2017	124,081	216,044	112,240	17,488	6,827	20,214	496,894	0.8	-31,926
2018	122,639	207,932	107,954	16,659	13,280	21,128	489,592	-1.5	-34,134
2019	121,021	202,628	102,464	16,479	13,045	22,196	477,833	-2.4	-32,951
2020	112,019	171,032	102,099	16,219	7,926	22,884	432,179	-9.6	-16,547
2021	119,711	183,141	95,671	16,320	14,482	25,698	455,023	5.3	-23,084

出所：経済産業省/EDMC「総合エネルギー統計」、EDMC推計
内閣府「国民経済統計年報」

(10^{10} kcal)

一次エネルギー国内供給					最終エネルギー消費		原単位 (kcal/円)		年度
石炭	石油	ガス	合計	伸び率 (%)		伸び率 (%)	国内供給 /GDP	最終消費 /GDP	
44,618	85,098	2,027	152,295	9.1	108,538	8.2	14.72	10.49	1965
63,166	207,265	3,967	296,672	15.3	211,226	13.3	17.00	12.10	1970
60,460	270,399	5,849	358,381	10.5	265,234	10.4	16.70	12.36	1973
59,803	246,097	9,226	343,483	-3.0	251,083	-2.6	15.24	11.14	1975
66,910	245,951	24,165	380,298	-1.6	264,541	-5.4	13.77	9.58	1980
76,993	217,904	38,215	393,370	1.9	270,545	1.2	11.59	7.97	1985
80,465	263,812	49,276	466,268	4.2	322,870	3.8	10.82	7.49	1990
81,368	268,844	52,085	479,464	2.8	331,364	2.6	10.86	7.50	1991
78,969	275,815	52,941	483,499	0.8	332,840	0.4	10.88	7.49	1992
79,487	266,963	54,160	485,073	0.3	335,251	0.7	11.00	7.60	1993
85,230	283,812	57,480	508,977	4.9	347,799	3.7	11.36	7.76	1994
87,842	282,543	58,923	520,808	2.3	358,795	3.2	11.27	7.76	1995
88,947	284,268	63,026	530,043	1.8	363,409	1.3	11.14	7.64	1996
93,114	277,313	64,649	535,452	1.0	366,199	0.8	11.27	7.71	1997
87,516	267,486	66,995	525,363	-1.9	362,980	-0.9	11.17	7.71	1998
93,687	272,410	69,747	534,209	1.7	373,017	2.8	11.29	7.88	1999
98,606	267,188	73,401	535,022	0.2	375,740	0.7	11.02	7.74	2000
94,292	258,752	71,960	519,699	-2.9	362,380	-3.6	10.78	7.52	2001
107,488	260,819	74,616	532,308	2.4	367,316	1.4	10.94	7.55	2002
112,245	260,860	78,905	532,798	0.1	365,408	-0.5	10.74	7.37	2003
118,515	256,749	78,599	543,492	2.0	368,079	0.7	10.78	7.30	2004
116,398	256,523	78,310	541,056	-0.4	367,037	-0.3	10.50	7.13	2005
116,893	243,334	85,827	538,181	-0.5	362,242	-1.3	10.31	6.94	2006
121,898	243,293	93,372	539,648	0.3	357,904	-1.2	10.23	6.79	2007
117,024	223,543	91,545	512,152	-5.1	333,633	-6.8	10.08	6.56	2008
107,598	209,888	91,263	494,140	-3.5	325,301	-2.5	9.96	6.56	2009
119,150	211,952	95,660	515,855	4.4	338,246	4.0	10.07	6.61	2010
112,821	217,985	111,743	492,946	-4.4	327,035	-3.3	9.58	6.35	2011
117,663	221,557	115,814	485,980	-1.4	322,005	-1.5	9.38	6.22	2012
126,139	214,416	117,315	489,541	0.7	321,633	-0.1	9.20	6.04	2013
124,439	198,772	117,787	473,689	-3.2	312,965	-2.7	8.93	5.90	2014
123,744	193,538	111,915	466,513	-1.5	310,734	-0.7	8.65	5.76	2015
121,868	187,574	114,650	463,066	-0.7	309,833	-0.3	8.52	5.70	2016
123,743	185,463	111,233	464,968	0.4	313,742	1.3	8.41	5.67	2017
121,476	176,195	106,720	455,458	-2.0	305,677	-2.6	8.21	5.51	2018
120,403	170,376	102,383	444,882	-2.3	299,827	-1.9	8.09	5.45	2019
110,722	155,366	102,515	415,632	-6.6	280,174	-6.6	7.88	5.31	2020
118,850	160,037	96,552	431,939	3.9	287,367	2.6	7.99	5.31	2021

注:(1) 原単位のGDPは2015年価格。
(2) 新エネルギー等には、太陽光、風力、太陽熱、ごみ発電、バイオマス他（黒液・廃材・薪・木炭・オガライト・炉頂圧発電・炭化水素油）が含まれる。

3．一次エネルギー供給と最終エネルギー消費

(3)エネルギー需給総括（構成比）

年度	一次エネルギー国内供給 構成比 (%)						最終エネルギー消費		
	石炭	石油	ガス	水力	原子力	新エネルギー等	産業部門	非製造業	製造業
1965	29.3	55.9	1.3	11.8	0.0	1.7	62.5	4.7	57.8
1970	21.3	69.9	1.3	6.0	0.4	1.1	64.5	4.9	59.6
1973	16.9	75.5	1.6	4.4	0.6	1.0	62.5	4.5	57.9
1975	17.4	71.6	2.7	5.6	1.6	1.0	59.3	4.3	55.0
1980	17.6	64.7	6.4	5.4	4.9	1.1	55.2	5.0	50.3
1985	19.6	55.4	9.7	4.9	9.1	1.3	51.2	5.0	46.2
1990	17.3	56.6	10.6	4.4	9.8	1.4	49.8	5.6	44.2
1991	17.0	56.1	10.9	4.7	10.0	1.4	49.0	5.5	43.5
1992	16.3	57.0	10.9	3.9	10.4	1.4	47.7	5.3	42.4
1993	16.4	55.0	11.2	4.5	11.6	1.3	47.7	5.5	42.2
1994	16.7	55.8	11.3	3.0	11.9	1.3	47.7	5.2	42.4
1995	16.9	54.3	11.3	3.6	12.6	1.4	47.3	5.3	42.0
1996	16.8	53.6	11.9	3.5	12.8	1.4	47.3	5.1	42.2
1997	17.4	51.8	12.1	3.9	13.4	1.4	47.2	4.7	42.5
1998	16.7	50.9	12.8	4.1	14.2	1.4	46.4	4.5	42.0
1999	17.5	51.0	13.1	3.7	13.3	1.4	47.1	4.2	42.9
2000	18.4	49.9	13.7	3.6	12.9	1.4	47.4	4.2	43.3
2001	18.1	49.8	13.8	3.6	13.2	1.4	46.0	4.1	41.8
2002	20.2	49.0	14.0	3.5	11.9	1.4	46.0	4.0	42.0
2003	21.1	49.0	14.8	4.0	9.7	1.5	46.4	3.8	42.6
2004	21.8	47.2	14.5	3.9	11.2	1.5	45.9	3.6	42.4
2005	21.5	47.4	14.5	3.0	11.9	1.7	46.3	3.4	42.9
2006	21.7	45.2	15.9	3.5	11.9	1.7	46.9	3.0	43.9
2007	22.6	45.1	17.3	2.9	10.3	1.8	47.0	2.7	44.3
2008	22.8	43.6	17.9	3.2	10.6	1.8	45.6	2.5	43.1
2009	21.8	42.5	18.5	3.4	11.9	2.0	45.1	2.4	42.6
2010	23.1	41.1	18.5	3.4	11.8	2.1	45.6	2.3	43.4
2011	22.9	44.2	22.7	3.7	4.3	2.2	45.5	2.3	43.2
2012	24.2	45.6	23.8	3.3	0.7	2.3	45.2	2.2	42.9
2013	25.8	43.8	24.0	3.4	0.4	2.7	46.0	2.2	43.8
2014	26.3	42.0	24.9	3.7	-	3.2	46.2	2.2	44.0
2015	26.5	41.5	24.0	3.9	0.4	3.7	46.4	2.2	44.2
2016	26.3	40.5	24.8	3.6	0.8	4.0	45.9	2.2	43.7
2017	26.6	39.9	23.9	3.8	1.5	4.3	46.0	2.2	43.9
2018	26.7	38.7	23.4	3.7	2.9	4.6	46.0	2.2	43.9
2019	27.1	38.3	23.0	3.7	2.9	5.0	46.0	2.1	43.9
2020	26.6	37.4	24.7	3.9	1.9	5.5	44.3	2.2	42.0
2021	27.5	37.1	22.4	3.8	3.4	5.9	45.9	2.2	43.7

出所：表Ⅰ-3(2)、表Ⅰ-3(4)、表Ⅰ-3(5)より算出。

部門別構成比 (%)					最終エネルギー消費　エネルギー源別構成比 (%)					年度
民生部門			運輸部門	非エネルギー	石炭	石炭製品	石油	天然ガス・都市ガス	電力	
	家庭	業務								
17.2	9.9	7.4	17.6	2.7	7.6	14.5	59.3	3.6	13.0	1965
16.4	8.7	7.7	16.2	2.9	1.5	14.4	67.2	3.0	12.7	1970
18.1	8.9	9.2	16.4	3.1	0.7	13.4	68.5	2.9	13.4	1973
19.7	10.2	9.6	18.4	2.5	0.7	13.4	67.1	3.4	14.4	1975
21.4	11.4	10.0	20.8	2.6	2.4	12.7	63.2	3.9	16.6	1980
24.3	13.6	10.7	21.8	2.7	3.6	11.5	59.9	4.7	18.8	1985
24.4	13.1	11.3	23.0	2.7	4.2	8.8	60.6	4.9	20.2	1990
25.0	13.1	11.9	23.5	2.6	4.6	8.0	60.6	5.2	20.3	1991
25.8	13.6	12.2	23.9	2.6	4.3	7.5	61.2	5.4	20.4	1992
25.9	14.1	11.8	23.9	2.5	4.4	7.3	60.9	5.8	20.4	1993
25.8	13.6	12.2	24.2	2.4	4.6	6.9	60.8	5.7	21.0	1994
26.2	14.1	12.2	24.1	2.3	4.6	6.6	60.9	5.9	20.9	1995
25.9	13.9	12.0	24.5	2.3	4.7	6.4	60.6	6.0	21.1	1996
26.0	13.8	12.2	24.6	2.2	4.7	6.4	60.1	6.1	21.5	1997
26.3	13.6	12.7	25.1	2.1	4.6	6.0	60.2	6.3	21.8	1998
26.1	13.6	12.4	24.9	2.0	4.5	6.2	60.1	6.4	21.7	1999
26.5	14.0	12.5	24.1	1.9	4.4	6.6	59.1	6.7	22.2	2000
27.0	14.2	12.8	25.1	1.9	4.3	6.1	59.4	6.5	22.7	2001
27.6	14.6	12.9	24.7	1.8	4.1	6.3	59.0	6.7	22.9	2002
27.2	14.2	13.0	24.7	1.7	4.3	6.3	58.6	7.0	23.0	2003
27.7	14.5	13.2	24.8	1.6	3.9	6.2	57.9	7.2	23.7	2004
27.8	15.0	12.8	24.5	1.5	4.3	6.0	57.2	7.8	23.7	2005
27.1	14.6	12.5	24.5	1.5	4.3	6.2	55.8	8.5	24.2	2006
27.3	15.0	12.3	24.2	1.4	4.6	6.2	54.0	9.1	25.2	2007
28.1	15.4	12.7	25.0	1.3	4.2	6.0	53.3	9.5	25.9	2008
28.4	15.7	12.7	25.1	1.4	3.9	6.0	53.7	9.7	25.7	2009
28.7	16.0	12.8	24.4	1.3	4.6	6.2	52.0	10.0	26.1	2010
28.7	15.9	12.7	24.6	1.3	4.8	6.1	51.7	10.6	25.9	2011
28.9	15.9	13.0	24.7	1.2	5.0	5.9	51.5	10.7	26.1	2012
28.3	15.5	12.8	24.6	1.2	5.3	6.0	51.0	10.5	26.1	2013
28.1	15.4	12.7	24.5	1.2	5.3	6.2	50.6	10.7	26.3	2014
27.8	15.1	12.6	24.7	1.1	5.2	6.0	50.8	10.6	26.4	2015
28.5	15.5	13.1	24.5	1.1	4.9	6.0	49.9	11.3	26.9	2016
28.9	15.9	13.0	24.0	1.1	4.9	5.8	49.7	11.6	27.0	2017
28.5	15.3	13.2	24.3	1.2	4.9	5.9	49.3	11.4	27.5	2018
28.5	15.3	13.2	24.4	1.1	4.9	5.9	49.3	11.1	27.8	2019
30.9	17.1	13.9	23.6	1.2	4.9	5.9	49.3	11.1	27.8	2020
30.0	16.3	13.7	23.0	1.1	4.2	5.6	49.5	10.9	28.9	2021

3．一次エネルギー供給と最終エネルギー消費

(4)部門別最終エネルギー消費

年度	最終エネルギー消費						
	産業部門	非製造業	製造業	民生部門	家庭	業務	運輸部門
1965	67,848	5,111	62,737	18,700	10,696	8,004	19,055
1970	136,251	10,414	125,837	34,664	18,329	16,335	34,273
1973	165,663	12,039	153,624	48,030	23,591	24,438	43,425
1975	148,940	10,857	138,083	49,563	25,574	23,989	46,295
1980	146,139	13,161	132,978	56,482	30,120	26,363	55,003
1985	138,561	13,503	125,058	65,796	36,883	28,913	58,880
1990	160,864	18,102	142,762	78,848	42,380	36,466	74,386
1991	162,405	18,107	144,298	82,704	43,327	39,377	77,776
1992	158,882	17,751	141,131	85,900	45,373	40,527	79,482
1993	159,768	18,453	141,315	86,867	47,310	39,557	80,209
1994	165,787	18,238	147,549	89,668	47,367	42,303	84,005
1995	169,837	18,973	150,864	94,181	50,573	43,608	86,640
1996	171,937	18,515	153,422	94,211	50,529	43,682	88,916
1997	172,767	17,176	155,591	95,050	50,437	44,614	90,233
1998	168,572	16,254	152,318	95,520	49,474	46,045	91,261
1999	175,579	15,574	160,005	97,289	50,881	46,408	92,788
2000	178,174	15,622	162,552	99,662	52,688	46,973	90,740
2001	166,605	15,006	151,599	97,901	51,611	46,290	90,993
2002	168,829	14,729	154,100	101,201	53,804	47,397	90,620
2003	169,623	13,867	155,756	99,473	52,035	47,438	90,264
2004	169,104	13,155	155,949	101,856	53,409	48,447	91,291
2005	169,800	12,317	157,483	101,895	54,901	46,994	89,985
2006	169,852	10,713	159,139	98,106	52,936	45,170	88,887
2007	168,357	9,740	158,617	97,590	53,672	43,918	86,777
2008	152,050	8,373	143,677	93,605	51,382	42,223	83,513
2009	146,633	7,935	138,698	92,404	50,955	41,449	81,737
2010	154,338	7,640	146,698	97,094	53,955	43,139	82,434
2011	148,668	7,389	141,279	93,698	52,057	41,641	80,497
2012	145,498	7,212	138,286	92,994	51,168	41,826	79,620
2013	147,915	7,168	140,747	90,930	49,857	41,073	79,059
2014	144,535	6,915	137,620	88,081	48,306	39,775	76,724
2015	144,190	6,860	137,330	86,285	47,043	39,242	76,809
2016	142,182	6,869	135,313	88,359	47,871	40,488	75,912
2017	144,393	6,765	137,628	90,621	49,837	40,784	75,421
2018	140,649	6,603	134,046	87,120	46,679	40,441	74,327
2019	137,847	6,355	131,492	85,548	45,866	39,682	73,126
2020	123,993	6,226	117,767	86,669	47,770	38,899	66,180
2021	131,909	6,340	125,569	86,130	46,827	39,303	66,176

出所:経済産業省/EDMC「総合エネルギー統計」、EDMC推計

(10^10 kcal)

				対前年伸び率 (%)				
旅客	貨物	非エネルギー	合計	産業	民生	運輸	最終エネルギー消費合計	年度
8,797	10,257	2,934	108,538	7.8	10.1	7.9	8.2	1965
17,735	16,538	6,038	211,226	14.0	11.7	12.3	13.3	1970
23,766	19,660	8,116	265,234	10.3	11.0	10.1	10.4	1973
26,246	20,048	6,285	251,083	-6.1	2.7	5.3	-2.6	1975
31,595	23,407	6,917	264,541	-7.5	-3.4	-1.2	-5.4	1980
35,392	23,488	7,308	270,545	-0.3	3.7	2.4	1.2	1985
45,396	28,989	8,772	322,870	3.0	4.6	4.5	3.8	1990
48,310	29,466	8,480	331,364	1.0	4.9	4.6	2.6	1991
49,905	29,577	8,576	332,840	-2.2	3.9	2.2	0.4	1992
50,816	29,393	8,408	335,251	0.6	1.1	0.9	0.7	1993
53,450	30,555	8,339	347,799	3.8	3.2	4.7	3.7	1994
55,275	31,365	8,137	358,795	2.4	5.0	3.1	3.2	1995
57,182	31,734	8,346	363,409	1.2	0.0	2.6	1.3	1996
58,641	31,592	8,149	366,199	0.5	0.9	1.5	0.8	1997
59,731	31,530	7,627	362,980	-2.4	0.5	1.1	-0.9	1998
60,934	31,854	7,361	373,017	4.2	1.9	1.7	2.8	1999
59,301	31,439	7,164	375,740	1.5	2.4	-2.2	0.7	2000
60,030	30,963	6,881	362,380	-6.5	-1.8	0.3	-3.6	2001
60,011	30,609	6,666	367,316	1.3	3.4	-0.4	1.4	2002
60,020	30,244	6,048	365,408	0.5	-1.7	-0.4	-0.5	2003
60,650	30,641	5,828	368,079	-0.3	2.4	1.1	0.7	2004
60,082	29,903	5,357	367,037	0.4	0.0	-1.4	-0.3	2005
58,776	30,111	5,397	362,242	0.0	-3.7	-1.2	-1.3	2006
57,599	29,177	5,180	357,904	-0.9	-0.5	-2.4	-1.2	2007
55,536	27,977	4,465	333,633	-9.7	-4.1	-3.8	-6.8	2008
54,907	26,830	4,527	325,301	-3.6	-1.3	-2.1	-2.5	2009
55,389	27,046	4,380	338,246	5.3	5.1	0.9	4.0	2010
53,514	26,983	4,172	327,035	-3.7	-3.5	-2.3	-3.3	2011
52,499	27,119	3,893	322,005	-2.1	-0.8	-1.1	-1.5	2012
51,399	27,659	3,729	321,633	1.7	-2.2	-0.7	-0.1	2013
49,472	27,251	3,625	312,965	-2.3	-3.1	-3.0	-2.7	2014
49,670	27,139	3,450	310,734	-0.2	-2.0	0.1	-0.7	2015
49,142	26,770	3,380	309,833	-1.4	2.4	-1.2	-0.3	2016
48,510	26,911	3,307	313,742	1.6	2.6	-0.6	1.3	2017
47,640	26,688	3,581	305,677	-2.6	-3.9	-1.5	-2.6	2018
46,680	26,446	3,306	299,827	-2.0	-1.8	-1.6	-1.9	2019
40,394	25,786	3,332	280,174	-10.1	1.3	-9.5	-6.6	2020
40,226	25,950	3,152	287,367	6.4	-0.6	0.0	2.6	2021

3．一次エネルギー供給と最終エネルギー消費

(5)エネルギー源別最終エネルギー消費

年度	最終エネルギー消費						
	石炭	石炭製品	石油	天然ガス・都市ガス	電力	事業者	自家発
1965	8,253	15,721	64,310	3,960	14,097	12,386	1,711
1970	3,159	30,390	141,846	6,345	26,910	23,104	3,805
1973	1,860	35,631	181,580	7,739	35,587	30,852	4,735
1975	1,642	33,544	168,558	8,541	36,130	31,760	4,369
1980	6,282	33,664	167,208	10,253	44,024	39,504	4,520
1985	9,839	31,147	162,115	12,791	50,830	46,147	4,683
1990	13,620	28,287	195,525	15,959	65,076	57,984	7,091
1991	15,183	26,589	200,966	17,199	67,118	59,742	7,376
1992	14,267	24,895	203,686	18,046	67,771	60,276	7,495
1993	14,614	24,623	204,313	19,420	68,310	60,634	7,676
1994	15,873	24,060	211,310	19,687	72,912	64,909	8,002
1995	16,359	23,763	218,653	21,106	74,814	66,416	8,398
1996	17,029	23,380	220,359	21,887	76,637	67,950	8,687
1997	17,191	23,518	220,216	22,498	78,559	69,462	9,097
1998	16,566	21,905	218,686	22,763	79,213	70,116	9,097
1999	16,730	23,216	224,019	24,033	81,109	71,703	9,406
2000	16,471	24,888	221,914	25,150	83,227	73,572	9,655
2001	15,751	22,121	215,134	23,561	82,357	72,391	9,966
2002	15,037	23,090	216,806	24,634	84,262	74,000	10,262
2003	15,545	22,873	214,247	25,461	83,872	73,601	10,271
2004	14,516	22,911	213,258	26,589	87,172	76,780	10,392
2005	15,691	21,942	210,088	28,631	87,075	76,971	10,104
2006	15,679	22,401	202,140	30,887	87,562	77,809	9,753
2007	16,314	22,282	193,214	32,507	90,031	80,569	9,462
2008	14,116	20,122	177,806	31,852	86,501	77,659	8,842
2009	12,836	19,612	174,608	31,569	83,538	75,051	8,487
2010	15,450	21,133	176,010	33,966	88,245	79,767	8,478
2011	15,579	19,809	168,942	34,820	84,834	76,823	8,011
2012	16,029	18,907	165,729	34,464	83,945	75,864	8,081
2013	16,983	19,272	164,048	33,870	84,047	75,930	8,117
2014	16,437	19,290	158,231	33,477	82,252	74,365	7,887
2015	16,289	18,612	157,857	32,784	82,021	74,333	7,688
2016	15,234	18,593	154,643	34,961	83,289	78,090	5,199
2017	15,462	18,142	155,979	36,295	84,743	79,411	5,332
2018	14,883	17,996	150,611	34,987	84,080	78,309	5,771
2019	14,750	17,619	147,894	33,262	83,240	76,770	6,470
2020	11,727	15,694	138,747	30,478	80,863	74,932	5,931
2021	14,104	16,478	138,986	32,020	82,941	76,416	6,525

出所:経済産業省/EDMC「総合エネルギー統計」、EDMC推計

(10^10 kcal)

その他	合計	対前年伸び率(%)						年度
		石炭	石炭製品	石油	天然ガス・都市ガス	電力	合計	
2,197	108,538	-17.9	8.7	13.5	8.3	7.5	8.2	1965
2,576	211,226	-24.3	6.5	16.4	8.6	14.5	13.3	1970
2,837	265,234	-5.8	15.9	9.8	9.6	9.7	10.4	1973
2,668	251,083	-5.4	-5.7	-3.3	3.4	2.9	-2.6	1975
3,110	264,541	105.8	3.1	-10.2	5.2	-1.7	-5.4	1980
3,823	270,545	10.0	-3.6	0.8	3.7	3.2	1.2	1985
4,403	322,870	10.6	-3.6	3.2	4.7	7.3	3.8	1990
4,309	331,364	11.5	-6.0	2.8	7.8	3.1	2.6	1991
4,175	332,840	-6.0	-6.4	1.4	4.9	1.0	0.4	1992
3,971	335,251	2.4	-1.1	0.3	7.6	0.8	0.7	1993
3,957	347,799	8.6	-2.3	3.4	1.4	6.7	3.7	1994
4,100	358,795	3.1	-1.2	3.5	7.2	2.6	3.2	1995
4,117	363,409	4.1	-1.6	0.8	3.7	2.4	1.3	1996
4,217	366,199	1.0	0.6	-0.1	2.8	2.5	0.8	1997
3,847	362,980	-3.6	-6.9	-0.7	1.2	0.8	-0.9	1998
3,910	373,017	1.0	6.0	2.4	5.6	2.4	2.8	1999
4,090	375,740	-1.5	7.2	-0.9	4.6	2.6	0.7	2000
3,456	362,380	-4.4	-11.1	-3.1	-6.3	-1.0	-3.6	2001
3,487	367,316	-4.5	4.4	0.8	4.6	2.3	1.4	2002
3,410	365,408	3.4	-0.9	-1.2	3.4	-0.5	-0.5	2003
3,633	368,079	-6.6	0.2	-0.5	4.4	3.9	0.7	2004
3,610	367,037	8.1	-4.2	-1.5	7.7	-0.1	-0.3	2005
3,573	362,242	-0.1	2.1	-3.8	7.9	0.6	-1.3	2006
3,556	357,904	4.1	-0.5	-4.4	5.2	2.8	-1.2	2007
3,236	333,633	-13.5	-9.7	-8.0	-2.0	-3.9	-6.8	2008
3,138	325,301	-9.1	-2.5	-1.8	-0.9	-3.4	-2.5	2009
3,442	338,246	20.4	7.8	0.8	7.6	5.6	4.0	2010
3,051	327,035	0.8	-6.3	-4.0	2.5	-3.9	-3.3	2011
2,931	322,005	2.9	-4.6	-1.9	-1.0	-1.0	-1.5	2012
3,413	321,633	6.0	1.9	-1.0	-1.7	0.1	-0.1	2013
3,278	312,965	-3.2	0.1	-3.5	-1.2	-2.1	-2.7	2014
3,171	310,734	-0.9	-3.5	-0.2	-2.1	-0.3	-0.7	2015
3,113	309,833	-6.5	-0.1	-2.0	6.6	1.5	-0.3	2016
3,121	313,742	1.5	-2.4	0.9	3.8	1.7	1.3	2017
3,120	305,677	-3.7	-0.8	-3.4	-3.6	-0.8	-2.6	2018
3,062	299,827	-0.9	-2.1	-1.8	-4.9	-1.0	-1.9	2019
2,665	280,174	-20.5	-10.9	-6.2	-8.4	-2.9	-6.6	2020
2,838	287,367	20.3	5.0	0.2	5.1	2.6	2.6	2021

3．一次エネルギー供給と最終エネルギー消費

(6)部門別エネルギー起源CO_2排出量

年度	一次エネルギー国内供給			発電部門	自家消費	最終消費合計（化石燃料起源計）				
		伸び率(%)	2013年度=100				産業部門	民生部門		
									家庭	業務
1965	387.0	7.6	31.3	92.8	23.1	271.1	172.5	43.6	23.3	20.3
1970	758.8	14.5	61.3	196.0	69.3	493.5	320.4	77.5	38.0	39.4
1973	909.4	12.9	73.5	262.4	42.0	605.0	382.1	103.1	45.3	57.8
1975	859.3	-3.7	69.5	241.6	44.7	573.0	345.6	99.7	46.0	53.7
1980	916.9	-0.8	74.1	254.4	71.7	590.7	334.1	104.6	51.0	53.6
1985	900.7	-0.2	72.8	259.4	61.5	579.8	304.6	112.7	60.6	52.1
1990	1,046.2	3.6	84.6	337.4	49.9	658.9	329.9	123.4	63.6	59.8
1991	1,065.7	1.9	86.1	341.0	53.1	671.5	326.9	129.6	64.2	65.5
1992	1,077.8	1.1	87.1	349.9	58.6	669.3	314.4	135.1	68.1	67.0
1993	1,056.8	-1.9	85.4	331.1	51.1	674.6	318.4	134.2	71.9	62.3
1994	1,125.1	6.5	90.9	371.2	65.8	688.1	322.0	133.3	68.4	64.9
1995	1,129.6	0.4	91.3	362.6	59.1	707.9	326.0	141.7	74.7	67.0
1996	1,144.5	1.3	92.5	366.1	66.5	711.9	326.9	138.4	73.7	64.7
1997	1,141.6	-0.3	92.3	362.9	67.4	711.2	323.8	137.2	72.6	64.6
1998	1,100.3	-3.6	88.9	353.4	46.1	700.8	313.2	134.5	68.6	65.8
1999	1,138.1	3.4	92.0	375.3	44.6	718.2	325.6	135.2	70.9	64.3
2000	1,149.6	1.0	92.9	387.1	42.3	720.1	330.5	137.8	74.0	63.8
2001	1,114.6	-3.0	90.1	400.9	21.3	692.4	307.9	132.0	71.8	60.3
2002	1,173.0	5.2	94.8	433.6	42.8	696.6	307.8	137.4	75.7	61.7
2003	1,199.1	2.2	96.9	455.0	53.6	690.4	306.3	133.9	71.7	62.1
2004	1,210.1	0.9	97.8	460.6	64.3	685.3	298.2	133.8	73.0	60.8
2005	1,203.6	-0.5	97.3	469.8	51.0	682.9	296.3	137.4	77.0	60.4
2006	1,181.9	-1.8	95.5	457.6	58.7	665.7	291.5	128.0	72.3	55.7
2007	1,218.1	3.1	98.5	509.5	62.8	645.8	284.0	121.8	71.7	50.2
2008	1,155.5	-5.1	93.4	481.9	73.9	599.7	256.5	112.4	66.8	45.6
2009	1,076.0	-6.9	87.0	442.1	55.1	578.8	242.6	110.6	65.8	44.7
2010	1,134.4	5.4	91.7	461.0	70.2	603.2	260.8	114.7	69.5	45.2
2011	1,169.7	3.1	94.5	522.2	59.3	588.1	253.9	111.8	67.8	44.0
2012	1,208.8	3.3	97.7	569.8	60.4	578.6	248.7	109.8	66.0	43.8
2013	1,237.2	2.4	100.0	582.9	70.5	583.9	255.8	106.2	63.9	42.3
2014	1,191.3	-3.7	96.3	556.9	66.2	568.2	251.1	101.8	61.9	40.0
2015	1,158.4	-2.8	93.6	538.5	60.1	559.8	247.9	96.4	58.7	37.7
2016	1,144.9	-1.2	92.5	551.9	36.3	556.8	245.1	98.7	59.6	39.1
2017	1,136.4	-0.7	91.9	538.9	37.3	560.2	246.4	102.4	63.1	39.3
2018	1,092.5	-3.9	88.3	509.2	42.3	541.0	238.0	94.7	56.7	38.0
2019	1,061.5	-2.8	85.8	499.5	34.9	527.1	230.8	91.5	55.1	36.4
2020	984.4	-7.3	79.6	489.3	15.6	479.5	200.2	93.3	57.5	35.8
2021	1,016.9	3.3	82.2	490.9	31.0	495.0	218.5	90.7	54.8	35.9
					年平均伸び率(%)					
70/65	14.4			16.1	24.6	12.7	13.2	12.2	10.3	14.2
80/70	1.9			2.6	0.3	1.8	0.4	3.0	3.0	3.1
90/80	1.3			2.9	-3.6	1.1	-0.1	1.7	2.2	1.1
00/90	0.9			1.4	-1.6	0.9	0.0	1.1	1.5	0.6
10/00	-0.1			1.8	5.2	-1.8	-2.3	-1.8	-0.6	-3.4
21/10	-1.0			0.6	-7.2	-1.8	-1.6	-2.1	-2.1	-2.1
21/13	-2.4			-2.1	-9.7	-2.0	-2.0	-2.0	-1.9	-2.0

出所:EDMC推計

注:(1)EDMCで作成したエネルギーバランス表を元に、エネルギー起源のCO_2排出量を算出したもの。

(二酸化炭素百万トン)

運輸部門	最終消費合計（化石燃料+電力按分分）	産業部門	民生部門	家庭	業務	運輸部門	経済産業省	2013年度=100	年度
55.0	350.4	226.6	65.0	37.2	27.8	58.8	N.A.	N.A.	1965
95.6	664.1	437.8	124.4	67.3	57.2	101.8	N.A.	N.A.	1970
119.8	835.9	534.4	174.3	88.6	85.7	127.2	N.A.	N.A.	1973
127.7	786.3	476.3	175.3	92.1	83.2	134.7	N.A.	N.A.	1975
152.0	816.2	464.8	192.5	103.1	89.4	158.8	N.A.	N.A.	1980
162.6	807.8	426.6	212.2	116.3	95.9	169.0	N.A.	N.A.	1985
205.5	956.5	484.1	258.8	135.7	123.1	213.5	1,067.6	86.4	1990
215.0	970.9	480.3	267.6	137.3	130.3	223.0	1,077.8	87.2	1991
219.8	976.9	468.5	280.4	145.1	135.3	228.1	1,085.8	87.9	1992
222.0	964.2	461.9	272.4	145.0	127.4	229.8	1,081.0	87.5	1993
232.7	1,014.0	479.1	293.8	152.3	141.5	241.1	1,130.9	91.5	1994
240.2	1,026.1	479.5	298.3	157.0	141.2	248.3	1,142.1	92.5	1995
246.6	1,034.8	483.8	296.3	155.8	140.5	254.6	1,153.5	93.4	1996
250.2	1,030.1	479.6	292.6	152.4	140.2	258.0	1,147.1	92.9	1997
253.1	1,011.0	459.9	290.4	148.0	142.4	260.7	1,113.2	90.1	1998
257.4	1,048.8	479.7	303.9	156.9	147.0	265.2	1,149.5	93.0	1999
251.8	1,062.0	488.5	313.8	161.0	152.8	259.7	1,170.3	94.7	2000
252.5	1,049.9	474.7	314.4	159.9	154.5	260.8	1,157.4	93.7	2001
251.4	1,083.4	485.3	338.1	173.1	165.0	260.0	1,189.0	96.2	2002
250.2	1,096.1	490.1	346.5	175.0	171.5	259.5	1,197.3	96.9	2003
253.2	1,094.6	482.4	350.3	177.5	172.8	261.9	1,193.4	96.6	2004
249.2	1,092.5	484.2	350.0	182.9	167.1	258.2	1,200.5	97.2	2005
246.1	1,065.5	477.8	332.9	174.1	158.8	254.9	1,178.7	95.4	2006
240.0	1,090.7	487.6	353.6	188.1	165.4	249.5	1,214.5	98.3	2007
230.8	1,020.9	442.7	338.1	179.5	158.6	240.1	1,146.9	92.8	2008
225.7	962.7	408.7	319.6	171.3	148.4	234.4	1,087.1	88.0	2009
227.6	1,010.3	435.2	338.6	182.9	155.7	236.5	1,137.0	92.0	2010
222.5	1,050.5	446.3	371.9	199.3	172.5	232.3	1,188.0	96.2	2011
220.1	1,083.7	453.4	399.4	211.5	187.9	230.9	1,227.3	99.3	2012
221.9	1,100.4	464.7	402.3	212.3	190.0	233.4	1,235.4	100.0	2013
215.3	1,065.3	453.2	385.7	202.9	182.8	226.4	1,185.6	96.0	2014
215.5	1,051.2	445.8	378.7	197.8	180.9	226.7	1,145.9	92.8	2015
212.9	1,048.7	441.6	383.0	199.6	183.5	224.0	1,126.5	91.2	2016
211.4	1,044.9	439.7	382.9	202.5	180.4	222.3	1,110.1	89.9	2017
208.2	999.6	422.9	358.1	185.3	172.8	218.6	1,065.1	86.2	2018
204.9	976.5	411.5	349.9	180.8	169.1	215.1	1,028.6	83.3	2019
186.1	918.0	367.2	356.5	189.4	167.1	194.3	968.4	78.4	2020
185.9	931.6	389.0	348.5	183.2	165.2	194.2	979.7	79.3	2021
年平均伸び率（%）									
11.7	13.6	14.1	13.9	12.6	15.5	11.6	N.A.		70/65
4.7	2.1	0.6	4.5	4.4	4.6	4.5	N.A.		80/70
3.1	1.6	0.4	3.0	2.8	3.2	3.0	N.A.		90/80
2.1	1.1	0.1	1.9	1.7	2.2	2.0	0.9		00/90
-1.0	-0.5	-1.1	0.8	1.3	0.2	-0.9	-0.3		10/00
-1.8	-0.7	-1.0	0.3	0.0	0.5	-1.8	-1.3		21/10
-2.2	-2.1	-2.2	-1.8	-1.8	-1.7	-2.3	-2.9		21/13

(2)電力按分分とは発電に伴う排出量を電力消費量に応じて最終需要部門に配分したCO_2排出量のことである。算出方法などについては、巻頭「解説」の8を参照。経済産業省の最新年度は速報値。

(3)自家消費は、統計誤差を含む。

3．一次エネルギー供給と最終エネルギー消費

(7) バランス表形式CO_2排出量（2021年度）

（二酸化炭素千トン）

	化石燃料起源計	石炭起源	石油起源	ガス起源	電力按分分	化石燃料+電力按分分
一次エネルギー国内供給	1,016,916	439,757	371,544	205,615	-	1,016,916
電気事業者	414,890	266,123	15,710	133,058	-	-
自家発	75,977	42,990	25,715	7,272	-	-
自家消費ロス	31,017	10,530	21,907	-1,419	54,264	85,281
最終消費計	495,032	120,115	308,212	66,705	436,603	931,635
産業部門計	218,476	117,679	68,972	31,825	170,511	388,987
農林業	6,779	-	6,779	-	1,523	8,302
水産業	3,867	-	3,867	-	-	3,867
鉱業・建設	6,094	-	6,094	-	1,277	7,370
製造業計	201,737	117,679	52,233	31,825	167,711	369,448
食料品	5,912	-	125	5,788	13,483	19,395
繊維	2,484	105	901	1,478	2,630	5,114
紙・パルプ	3,557	1,106	1,351	1,101	11,289	14,846
化学工業	23,515	3,606	13,302	6,607	25,832	49,347
窯業土石	16,850	11,552	3,271	2,027	7,691	24,541
鉄鋼	105,095	98,901	2,735	3,459	31,672	136,766
非鉄金属	2,976	688	1,277	1,011	8,593	11,569
金属機械	3,251	136	307	2,808	37,908	41,159
その他	38,097	1,586	28,965	7,546	28,614	66,710
民生部門計	90,688	2,436	53,426	34,826	257,767	348,455
家庭用	54,835	24	34,178	20,633	128,387	183,222
業務用	35,853	2,412	19,248	14,192	129,379	165,232
運輸部門計	185,868	-	185,814	54	8,326	194,193
旅客用	111,049	-	111,024	25	7,941	118,989
貨物用	74,819	-	74,790	29	385	75,204
非エネルギー	-	-	-	-	-	-

出所：EDMC推計

注：(1)表Ｉ-3-(6)と同じ。

(2)自家消費ロスにはその他の転換部門における自家消費に加えて、統計誤差を含むため、マイナスになることがある。

3．一次エネルギー供給と最終エネルギー消費

(8)日本の温室効果ガス排出量

(二酸化炭素換算百万トン)

年度	温室効果ガス		CO_2									その他ガス
				エネルギー起源							その他	
		2013年度比(%)			2013年度比(%)	産業	家庭	業務	運輸	転換		
1990	1,275.4	-9.5	1,163.7	1,067.6	-13.6	503.4	128.7	130.8	208.4	96.2	96.1	111.8
1991	1,289.7	-8.5	1,175.1	1,077.8	-12.8	496.2	132.1	134.2	220.4	94.9	97.3	114.6
1992	1,301.3	-7.7	1,184.6	1,085.8	-12.1	488.2	138.2	138.9	227.1	93.5	98.8	116.7
1993	1,296.9	-8.0	1,177.4	1,081.0	-12.5	475.4	138.8	142.8	230.5	93.6	96.4	119.5
1994	1,358.1	-3.6	1,232.4	1,130.9	-8.5	492.4	148.5	156.8	240.2	93.1	101.5	125.7
1995	1,379.5	-2.1	1,244.7	1,142.1	-7.5	489.3	150.3	161.9	249.2	91.4	102.5	134.8
1996	1,392.6	-1.2	1,257.2	1,153.5	-6.6	494.2	151.2	160.7	255.8	91.6	103.7	135.3
1997	1,384.5	-1.7	1,249.8	1,147.1	-7.1	484.7	145.5	166.0	257.3	93.6	102.7	134.8
1998	1,335.7	-5.2	1,209.5	1,113.2	-9.9	454.1	144.3	173.2	255.1	86.4	96.3	126.2
1999	1,359.1	-3.6	1,246.1	1,149.5	-7.0	464.6	152.3	183.2	259.4	90.0	96.6	113.0
2000	1,378.9	-2.1	1,268.9	1,170.3	-5.3	477.4	155.8	189.5	258.8	88.9	98.6	110.0
2001	1,352.8	-4.0	1,253.8	1,157.4	-6.3	465.8	152.5	189.9	262.8	86.3	96.5	99.0
2002	1,376.4	-2.3	1,283.0	1,189.0	-3.8	473.3	163.4	199.5	259.6	93.2	94.0	93.5
2003	1,383.0	-1.9	1,291.1	1,197.3	-3.1	474.9	165.9	205.8	256.0	94.7	93.8	91.9
2004	1,374.4	-2.5	1,286.4	1,193.4	-3.4	471.2	164.2	213.2	249.8	95.0	93.0	87.9
2005	1,382.0	-1.9	1,293.9	1,200.5	-2.8	467.4	170.5	220.1	244.4	98.0	93.3	88.1
2006	1,360.7	-3.4	1,270.8	1,178.7	-4.6	461.4	161.9	216.8	241.5	97.1	92.1	89.8
2007	1,395.8	-0.9	1,306.4	1,214.5	-1.7	472.9	172.7	226.5	239.4	103.0	91.9	89.4
2008	1,322.7	-6.1	1,235.2	1,146.9	-7.2	428.8	167.8	219.5	231.7	99.2	88.3	87.5
2009	1,250.4	-11.3	1,165.9	1,087.1	-12.0	403.5	161.6	196.0	228.0	98.0	78.8	84.5
2010	1,303.9	-7.5	1,217.5	1,137.0	-8.0	431.0	178.4	199.9	228.8	99.0	80.5	86.3
2011	1,354.6	-3.9	1,267.4	1,188.0	-3.8	445.7	193.3	222.9	225.2	100.9	79.4	87.1
2012	1,397.3	-0.8	1,308.5	1,227.3	-0.7	457.3	211.5	227.7	227.0	103.9	81.2	88.8
2013	1,409.1	0.0	1,317.9	1,235.4	0.0	463.6	207.6	237.3	224.2	102.7	82.5	91.2
2014	1,360.2	-3.5	1,266.6	1,185.6	-4.0	447.1	193.5	229.2	218.9	96.9	81.0	93.5
2015	1,321.6	-6.2	1,225.8	1,145.9	-7.2	430.4	186.7	217.9	217.4	93.5	79.9	95.8
2016	1,304.9	-7.4	1,206.1	1,126.5	-8.8	418.4	184.8	210.6	215.4	97.3	79.6	98.8
2017	1,291.6	-8.3	1,190.5	1,110.1	-10.1	412.2	186.6	207.1	213.3	90.9	80.4	101.1
2018	1,247.7	-11.5	1,145.5	1,065.1	-13.8	400.9	165.8	198.3	210.4	89.6	80.4	102.1
2019	1,212.2	-14.0	1,108.1	1,028.6	-16.7	386.7	159.3	191.1	205.7	85.7	79.5	104.1
2020	1,151.0	-18.3	1,045.1	968.4	-21.6	354.5	166.5	183.7	184.7	79.1	76.8	105.9
2021	N.A.	-	N.A.	979.7	-20.7	372.5	152.6	186.1	186.5	81.9	N.A.	N.A.

出所：国立環境研究所、経済産業省

注：最新年度は、経済産業省「総合エネルギー統計」速報値。

(1)エネルギー起源CO_2排出量は間接排出量を含む。

(2)CO_2のその他は、工業プロセス、廃棄物、その他(農業・間接CO_2等)。

(3)その他ガスは、メタン、一酸化二窒素、ハイドロフルオロカーボン類、パーフルオロカーボン類、六ふっ化硫黄、三ふっ化窒素。

４．エネルギー価格

4・エネルギー価格

(1)原油輸入CIF価格の推移

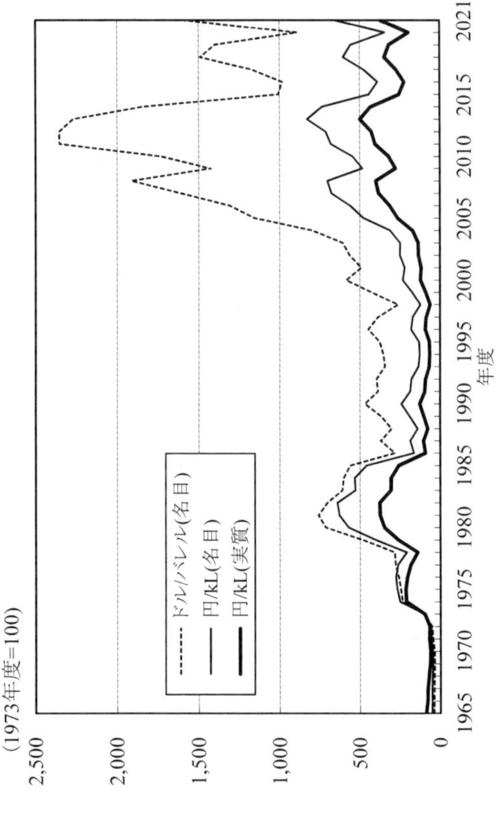

出所：財務省「日本貿易月表」、内閣府「国民経済計算年報」等をもとに加工
注：円建てCIF価格は2015年基準のGDPデフレータを用いて実質化した。

4・エネルギー価格

(2) エネルギー源別輸入CIF価格（円建て）

年度	通関レート (円/ドル)	原油 (円/kL)	ナフサ(化学) (円/kL)	ガソリン (円/kL)	灯油 (円/kL)	軽油 (円/kL)	A重油 (円/kL)
1965	360.00	4,461	4,976	8,974	21,735	7,901	7,343
1970	360.00	4,144	5,398	3,956	12,935	6,958	7,270
1973	273.50	8,343	11,529	11,561	24,154	17,744	13,208
1975	298.69	22,643	25,373	28,108	84,669	26,898	25,882
1980	218.67	47,629	53,770	52,481	73,185	61,022	57,583
1985	224.05	38,340	38,329	42,914	46,962	39,216	44,639
1990	141.95	20,326	23,549	27,288	31,739	29,122	26,382
1991	133.33	15,795	19,643	22,355	22,977	23,351	20,245
1992	125.47	15,217	17,045	19,345	21,910	21,691	19,587
1993	108.31	11,417	12,260	14,492	17,657	17,751	16,122
1994	99.98	10,856	11,644	13,448	15,263	14,993	14,566
1995	95.84	11,057	11,480	14,017	18,499	15,824	15,200
1996	111.94	15,291	16,293	18,206	22,644	21,239	20,742
1997	122.48	14,482	17,789	21,717	19,385	22,844	18,975
1998	128.37	10,306	12,881	17,067	13,640	13,122	14,033
1999	111.95	14,529	16,049	19,151	21,438	20,434	18,458
2000	109.92	19,618	21,546	24,027	26,062	25,670	23,445
2001	124.77	18,643	19,971	23,489	22,365	23,523	22,241
2002	122.39	21,032	21,927	25,990	27,447	25,182	25,555
2003	113.52	20,950	23,595	26,674	26,608	25,820	25,215
2004	107.47	26,156	30,209	34,847	37,751	34,248	33,612
2005	112.79	39,736	40,370	45,594	56,896	49,626	46,837
2006	116.92	46,662	47,873	53,587	60,361	55,814	51,939
2007	114.87	56,375	59,398	63,856	77,511	68,531	60,018
2008	100.51	58,620	59,205	60,437	40,888	62,669	65,029
2009	93.07	40,388	39,488	42,153	48,311	48,906	40,527
2010	86.09	45,399	45,484	49,112	61,349	53,659	54,351
2011	78.98	56,684	52,957	62,378	67,995	66,654	64,987
2012	82.64	59,358	55,253	63,093	73,972	66,631	65,331
2013	99.95	69,226	65,454	74,638	83,600	79,522	85,924
2014	109.20	61,273	61,155	70,624	68,301	75,763	75,250
2015	120.38	37,035	40,843	48,319	45,921	42,902	49,724
2016	108.42	32,523	33,110	37,539	49,072	39,425	37,166
2017	111.06	39,825	40,135	46,167	55,057	51,491	47,323
2018	110.63	50,272	47,764	55,432	60,999	63,012	60,785
2019	108.78	46,388	40,906	47,798	54,636	53,220	51,298
2020	106.01	28,867	29,637	31,281	39,205	38,075	37,314
2021	111.93	54,513	54,228	58,234	67,740	62,059	63,105

出所：財務省「日本貿易月表」

B重油 (円/kL)	C重油 (円/kL)	石炭 (円/トン)	原料炭 (円/トン)	一般炭 (円/トン)	LPG (円/トン)	LNG (円/トン)	年度
5,256	4,825	5,666	5,643	14,333	13,128	N.A.	1965
4,675	4,975	7,625	7,635	9,588	10,847	9,841	1970
12,812	10,410	7,035	7,034	N.A.	13,555	10,201	1973
24,735	21,743	16,674	16,779	10,699	40,949	26,587	1975
46,095	43,033	14,460	14,674	12,100	73,826	62,681	1980
35,619	34,828	12,504	13,238	10,024	54,765	58,181	1985
20,828	19,138	8,203	8,655	7,206	27,190	28,729	1990
13,825	13,274	7,517	7,985	6,609	23,834	25,578	1991
14,042	13,620	6,792	7,211	5,990	22,416	23,463	1992
13,746	11,874	5,537	5,893	4,881	17,799	18,899	1993
N.A.	11,153	4,827	5,130	4,348	18,938	16,754	1994
N.A.	11,096	5,129	5,392	4,781	21,426	17,235	1995
N.A.	14,223	5,969	6,353	5,457	29,578	22,355	1996
N.A.	13,592	6,153	6,696	5,437	28,400	23,545	1997
N.A.	10,686	5,738	6,304	5,016	21,413	18,908	1998
N.A.	14,320	4,312	4,638	3,917	27,568	20,306	1999
N.A.	19,348	4,079	4,302	3,816	38,060	27,655	2000
N.A.	18,843	5,098	5,289	4,913	34,756	28,600	2001
N.A.	22,883	4,749	5,116	4,376	37,443	28,091	2002
N.A.	22,785	4,504	4,866	4,133	36,112	28,024	2003
N.A.	25,927	6,517	7,079	5,997	42,115	29,746	2004
N.A.	39,463	9,138	11,057	7,265	58,099	37,401	2005
N.A.	43,419	8,966	10,540	7,454	63,286	43,120	2006
N.A.	55,678	9,508	10,271	8,752	79,677	50,873	2007
N.A.	69,156	17,547	21,700	13,721	75,070	66,017	2008
N.A.	40,169	11,020	13,529	9,106	54,534	43,029	2009
N.A.	45,900	12,117	15,081	9,818	66,137	50,299	2010
N.A.	62,351	14,398	18,680	11,334	73,099	64,970	2011
N.A.	64,234	12,097	14,319	10,493	80,213	71,538	2012
N.A.	71,187	11,982	13,495	10,788	93,177	83,693	2013
N.A.	65,425	10,871	11,863	10,115	80,574	87,061	2014
N.A.	42,970	9,734	10,557	9,096	52,957	54,382	2015
N.A.	37,456	10,108	12,015	8,772	44,734	39,364	2016
N.A.	42,952	13,361	16,325	11,405	57,814	48,591	2017
N.A.	54,007	15,067	17,716	13,346	61,587	60,362	2018
N.A.	51,236	12,669	14,980	11,018	50,171	53,527	2019
N.A.	41,225	9,500	11,094	8,456	47,268	41,258	2020
N.A.	71,243	19,299	21,550	17,967	82,200	70,021	2021

注:(1) 各年度の為替レートは輸入通関レートの12ヶ月単純平均である。

(2) 1994年度以降のC重油はB重油を含む。

4・エネルギー価格

(3) エネルギー源別輸入CIF価格（ドル建て）

年度	原油 (ドル/バレル)	ナフサ (化学) (ドル/kL)	ガソリン (ドル/kL)	灯油 (ドル/kL)	軽油 (ドル/kL)	A重油 (ドル/kL)
1965	1.97	13.82	24.93	60.37	21.95	20.40
1970	1.83	14.99	10.99	35.93	19.33	20.19
1973	4.85	42.15	42.27	88.31	64.88	48.29
1975	12.05	84.95	94.10	283.47	90.05	86.65
1980	34.63	245.90	240.00	334.68	279.06	263.33
1985	27.21	171.07	191.54	209.61	175.03	199.24
1990	22.76	165.90	192.23	223.59	205.15	185.86
1991	18.83	147.33	167.67	172.33	175.14	151.84
1992	19.28	135.85	154.18	174.62	172.88	156.11
1993	16.76	113.19	133.80	163.02	163.89	148.85
1994	17.26	116.46	134.51	152.66	149.96	145.69
1995	18.34	119.79	146.26	193.02	165.10	158.59
1996	21.72	145.55	162.64	202.29	189.74	185.30
1997	18.80	145.24	177.31	158.27	186.51	154.92
1998	12.76	100.34	132.95	106.25	102.22	109.32
1999	20.63	143.35	171.07	191.50	182.53	164.88
2000	28.37	196.02	218.59	237.10	233.53	213.29
2001	23.75	160.06	188.26	179.25	188.53	178.26
2002	27.32	179.15	212.36	224.26	205.75	208.80
2003	29.34	207.85	234.97	234.39	227.45	222.12
2004	38.69	281.09	324.25	351.27	318.67	312.75
2005	56.01	357.92	404.24	504.44	439.98	415.26
2006	63.45	409.45	458.32	516.26	477.37	444.23
2007	78.02	517.09	555.90	674.78	596.60	522.48
2008	92.72	589.04	601.31	406.80	623.51	646.99
2009	68.99	424.28	452.92	519.09	525.48	435.45
2010	83.84	528.34	570.47	712.61	623.29	631.32
2011	114.10	670.51	789.79	860.91	843.94	822.83
2012	114.19	668.60	763.47	895.11	806.27	790.56
2013	110.11	654.87	746.75	836.41	795.62	859.67
2014	89.21	560.02	646.74	625.46	693.80	689.11
2015	48.91	339.29	401.38	381.47	356.39	413.06
2016	47.69	305.38	346.23	452.61	363.63	342.79
2017	57.01	361.38	415.70	495.74	463.64	426.10
2018	72.24	431.75	501.06	551.38	569.58	549.44
2019	67.80	376.04	439.40	502.26	489.24	471.58
2020	43.29	279.57	295.07	369.82	359.17	351.99
2021	77.43	484.48	520.27	605.20	554.44	563.79

出所：表 I -4-(2)より算出。

B重油	C重油	石炭			LPG	LNG	年度
			原料炭	一般炭			
(ドル/kL)	(ドル/kL)	(ドル/トン)	(ドル/トン)	(ドル/トン)	(ドル/トン)	(ドル/トン)	
14.60	13.40	15.74	15.68	39.81	36.47	N.A.	1965
12.99	13.82	21.18	21.21	26.63	30.13	27.34	1970
46.84	38.06	25.72	25.72	N.A.	49.56	37.30	1973
82.81	72.79	55.82	56.18	35.82	137.10	89.01	1975
210.80	196.79	66.13	67.11	55.33	337.61	286.65	1980
158.98	155.45	55.81	59.09	44.74	244.43	259.68	1985
146.73	134.82	57.79	60.97	50.76	191.54	202.39	1990
103.69	99.56	56.38	59.89	49.57	178.76	191.84	1991
111.92	108.55	54.13	57.47	47.74	178.66	187.00	1992
126.91	109.63	51.12	54.41	45.06	164.34	174.49	1993
N.A.	111.55	48.28	51.31	43.49	189.41	167.58	1994
N.A.	115.78	53.52	56.27	49.89	223.56	179.84	1995
N.A.	127.06	53.33	56.76	48.75	264.23	199.70	1996
N.A.	110.97	50.23	54.67	44.39	231.87	192.23	1997
N.A.	83.24	44.70	49.11	39.07	166.81	147.29	1998
N.A.	127.92	38.52	41.43	34.99	246.25	181.39	1999
N.A.	176.02	37.11	39.14	34.71	346.25	251.59	2000
N.A.	151.02	40.86	42.39	39.37	278.56	229.22	2001
N.A.	186.97	38.80	41.80	35.75	305.93	229.52	2002
N.A.	200.72	39.67	42.87	36.41	318.11	246.86	2003
N.A.	241.25	60.64	65.87	55.80	391.88	276.78	2004
N.A.	349.88	81.01	98.03	64.41	515.11	331.59	2005
N.A.	371.36	76.68	90.15	63.75	541.27	368.80	2006
N.A.	484.70	82.77	89.41	76.19	693.63	442.87	2007
N.A.	688.05	174.58	215.89	136.51	746.89	656.82	2008
N.A.	431.60	118.40	145.37	97.84	585.95	462.33	2009
N.A.	533.17	140.75	175.18	114.04	768.23	584.26	2010
N.A.	789.45	182.29	236.51	143.51	925.54	822.61	2011
N.A.	777.28	146.38	173.27	126.97	970.63	865.65	2012
N.A.	712.22	119.88	135.01	107.93	932.24	837.35	2013
N.A.	599.13	99.55	108.64	92.62	737.86	797.26	2014
N.A.	356.95	80.86	87.69	75.56	439.91	451.75	2015
N.A.	345.47	93.23	110.82	80.91	412.60	363.07	2016
N.A.	386.75	120.31	146.99	102.69	520.56	437.52	2017
N.A.	488.18	136.20	160.14	120.64	556.69	545.62	2018
N.A.	471.01	116.46	137.71	101.29	461.21	492.07	2019
N.A.	388.88	89.62	104.65	79.76	445.88	389.19	2020
N.A.	636.49	172.42	192.53	160.52	734.38	625.58	2021

注:1994年度以降のC重油はB重油を含む。

4・エネルギー価格

(4)エネルギー物価指数

年度	企業物価指数									
	原油	ガソリン	ナフサ	ジェット燃料	灯油	軽油	A重油	C重油	LPG	潤滑油
1965	15.5	20.8	16.4	12.2	7.6	7.5	6.5	16.8	N.A.	15.9
1970	13.6	21.5	16.9	13.2	7.7	6.8	6.1	16.1	N.A.	16.2
1973	26.1	26.9	25.2	16.1	8.7	9.6	8.5	22.0	N.A.	19.8
1975	75.6	46.3	71.4	31.0	18.9	21.3	19.1	52.1	N.A.	35.5
1980	154.2	74.0	161.6	68.9	42.3	44.2	40.8	126.4	103.5	51.1
1985	145.2	76.9	123.4	82.5	45.7	46.9	44.8	119.1	89.8	58.6
1990	71.8	68.7	65.1	64.7	36.6	36.9	32.5	62.7	65.5	66.5
1991	56.4	66.4	67.6	60.3	33.1	33.3	29.1	66.4	65.8	65.7
1992	54.5	66.1	56.3	58.6	32.8	33.0	28.9	55.1	68.1	66.0
1993	41.2	64.4	45.0	55.7	30.2	30.4	26.5	47.3	64.5	65.0
1994	38.8	64.2	37.6	53.7	29.8	30.0	26.1	41.0	64.7	64.8
1995	39.9	64.1	38.2	52.8	30.0	30.2	26.3	41.6	68.1	64.8
1996	55.0	62.9	46.5	57.8	37.4	37.7	34.1	47.9	75.1	65.1
1997	52.3	64.1	60.1	59.7	38.0	38.3	34.6	56.4	73.5	66.8
1998	38.2	61.6	46.5	55.8	34.3	34.6	31.0	46.5	65.7	65.4
1999	49.9	65.7	52.4	60.4	40.4	40.7	37.0	49.3	73.5	69.4
2000	67.0	71.0	68.6	68.3	48.6	48.9	44.7	62.9	86.8	72.9
2001	64.3	73.6	64.3	64.6	52.5	52.9	48.5	61.9	81.7	73.5
2002	72.1	79.2	70.2	67.4	61.0	61.4	56.7	66.0	85.7	75.2
2003	70.9	80.6	74.8	68.8	58.5	61.4	55.7	67.2	85.5	75.1
2004	86.4	87.5	94.4	77.7	71.8	72.2	66.1	76.5	94.3	77.8
2005	130.1	98.9	124.7	102.9	97.4	95.8	92.4	107.0	116.9	85.1
2006	152.0	106.2	146.0	121.8	108.2	108.3	104.4	126.1	124.4	89.8
2007	181.1	114.8	180.0	136.7	125.3	126.3	119.8	150.5	150.8	96.1
2008	189.2	113.3	172.7	150.7	134.1	135.7	133.3	156.6	146.0	100.9
2009	131.4	96.8	120.5	106.8	91.7	91.6	91.1	115.7	113.4	93.2
2010	148.0	105.1	139.0	119.5	111.6	111.2	108.2	129.5	131.6	96.0
2011	185.8	114.7	159.1	145.2	127.7	128.2	127.3	158.1	141.5	102.2
2012	194.5	115.9	167.9	150.4	131.4	129.5	130.4	162.4	152.8	104.2
2013	225.9	123.6	196.6	164.7	146.2	145.4	145.3	184.8	177.7	109.6
2014	201.9	124.6	190.8	156.3	141.4	141.8	140.9	173.3	160.7	109.4
2015	120.6	102.2	127.0	102.9	97.9	98.9	94.9	112.7	109.5	98.5
2016	106.2	98.5	102.9	92.1	93.2	91.8	89.6	100.7	93.0	95.8
2017	130.3	107.2	125.2	108.8	112.7	110.6	112.2	119.1	120.5	100.2
2018	164.7	116.7	149.2	130.8	134.8	135.0	137.1	144.2	127.6	106.0
2019	150.8	112.9	129.9	124.2	127.6	127.6	129.4	137.8	112.0	105.7
2020	93.6	99.7	95.7	97.2	99.1	99.3	99.2	95.2	100.8	98.7
2021	178.1	124.9	174.2	144.8	150.2	150.6	152.9	157.2	165.7	113.4

出所：日本銀行統計局「物価指数年報」、同「物価指数月報」、
総務省統計局「消費者物価指数年報」

(2020年=100)				消費者物価指数 (2020年=100)					年度
一般炭	液化天然ガス	電力	都市ガス	ガソリン	灯油	LPG	電気	都市ガス	
N.A.	N.A.	29.1	36.4	N.A.	N.A.	N.A.	N.A.	N.A.	1965
N.A.	N.A.	29.1	36.4	37.8	20.0	19.6	54.9	32.5	1970
N.A.	N.A.	30.2	43.0	50.6	23.8	27.0	54.7	37.5	1973
N.A.	N.A.	54.6	65.3	78.9	39.7	38.1	65.3	57.4	1975
88.6	130.2	109.8	111.8	109.1	87.5	60.9	111.2	100.4	1980
86.7	116.0	110.7	111.8	103.6	78.7	62.5	112.2	102.5	1985
65.5	54.6	89.2	79.5	94.7	57.3	60.9	93.6	88.3	1990
59.5	48.4	89.2	79.5	92.9	58.1	64.3	93.6	88.3	1991
52.1	44.4	89.2	79.5	91.6	57.5	64.8	93.6	88.5	1992
42.5	35.7	88.4	78.6	91.2	57.2	65.0	92.9	88.0	1993
37.3	31.6	85.9	77.7	88.2	55.1	64.8	92.1	87.3	1994
39.8	32.7	86.3	77.2	82.3	53.0	65.1	91.1	87.4	1995
47.4	43.0	84.7	77.8	78.1	56.7	66.0	89.6	89.1	1996
50.2	44.1	87.6	82.3	75.6	58.2	70.2	92.3	93.5	1997
47.2	35.0	83.1	80.4	69.2	52.6	70.1	88.2	92.0	1998
36.1	39.9	81.7	76.2	71.8	51.2	70.2	87.0	89.4	1999
33.2	56.3	82.2	80.5	77.5	55.9	71.0	87.2	92.3	2000
46.9	59.0	81.8	82.4	75.9	56.9	71.8	86.6	93.8	2001
40.4	58.4	77.2	78.6	75.0	54.9	71.7	83.4	91.9	2002
35.4	57.0	76.3	80.1	76.3	56.9	71.9	82.7	92.5	2003
54.9	60.4	75.4	78.5	83.5	61.6	72.3	81.8	91.5	2004
76.8	74.5	74.2	81.2	92.3	78.8	74.0	80.6	92.3	2005
78.0	85.8	75.0	91.1	98.2	90.5	78.0	80.6	96.1	2006
81.2	98.1	75.9	95.7	105.3	98.3	80.2	81.4	97.3	2007
153.8	119.9	82.6	115.5	105.1	111.9	86.4	85.8	103.7	2008
106.4	85.6	75.1	97.6	90.9	80.9	85.1	81.5	97.8	2009
113.8	99.4	75.6	100.1	98.9	95.4	86.9	81.0	98.3	2010
128.7	138.5	80.2	115.4	107.0	109.3	89.1	84.7	102.6	2011
120.2	166.1	86.3	126.5	108.3	112.1	91.8	89.0	106.1	2012
123.9	195.6	95.3	142.4	114.5	120.0	93.8	96.5	110.9	2013
115.2	204.7	104.4	153.8	115.3	119.8	99.5	103.9	117.4	2014
103.1	126.9	99.2	119.0	95.6	90.5	97.1	99.4	107.3	2015
100.4	90.4	90.5	85.9	91.0	80.4	95.0	92.4	93.7	2016
129.2	112.3	97.0	97.6	99.5	96.4	95.5	97.7	97.0	2017
152.3	140.1	103.3	112.4	109.3	110.9	97.2	102.5	101.9	2018
125.3	124.5	103.9	111.2	107.7	111.2	99.3	102.9	102.7	2019
100.5	96.2	97.5	94.2	98.6	97.1	99.9	98.0	97.5	2020
220.0	160.0	105.9	114.3	118.3	122.7	103.6	104.5	103.0	2021

注: (1)原油、一般炭、液化天然ガスは輸入物価指数、それ以外の企業物価指数は国内物価指数である。
(2)消費者物価指数の2004年度以前のガソリンはレギュラーガソリンのみである。

4・エネルギー価格

(5)エネルギー源別価格（カロリー当たり）

年度	輸入価格					卸売価格						
	原料炭	一般炭	原油	LPG	LNG	ガソリン	ナフサ	灯油	軽油	A重油	C重油	LPG
1965	0.74	2.31	0.47	1.09	-	4.78	0.74	1.36	2.94	1.20	0.70	N.A.
1970	1.00	1.55	0.44	0.90	0.76	4.84	0.75	1.36	2.83	1.10	0.65	N.A.
1973	0.93	N.A.	0.90	1.13	0.78	6.07	1.14	1.44	3.22	1.36	0.93	N.A.
1975	2.21	1.73	2.43	3.41	2.05	10.46	3.28	3.00	4.73	2.85	2.29	N.A.
1980	1.93	1.95	5.12	6.15	4.82	14.71	7.17	6.48	9.12	6.08	5.79	N.A.
1985	1.74	1.62	4.14	4.56	4.48	14.05	5.45	6.01	8.32	5.68	4.84	N.A.
1990	1.14	1.16	2.20	2.27	2.21	10.81	3.03	3.14	5.68	2.85	2.49	7.98
1991	1.05	1.07	1.71	1.99	1.97	10.21	3.11	2.77	5.31	2.48	2.56	8.06
1992	0.95	0.97	1.65	1.87	1.80	9.96	2.56	2.68	5.21	2.38	2.06	8.13
1993	0.78	0.79	1.23	1.48	1.45	9.50	2.02	2.41	4.94	2.11	1.72	7.91
1994	0.67	0.70	1.17	1.58	1.29	9.26	1.66	2.33	5.13	2.02	1.45	7.76
1995	0.71	0.77	1.20	1.79	1.33	9.06	1.67	2.28	5.65	1.97	1.43	7.93
1996	0.84	0.88	1.65	2.46	1.72	9.04	1.98	2.90	6.27	2.45	1.64	8.22
1997	0.88	0.88	1.57	2.37	1.81	9.36	2.49	3.00	6.40	2.39	1.94	8.39
1998	0.83	0.81	1.11	1.78	1.45	9.15	1.87	2.75	6.20	2.05	1.60	7.92
1999	0.61	0.63	1.57	2.30	1.56	9.93	2.05	3.31	6.80	2.35	1.69	8.10
2000	0.62	0.60	2.15	3.17	2.12	11.09	2.57	4.30	7.64	2.71	2.13	8.70
2001	0.77	0.77	2.04	2.90	2.20	10.91	2.45	4.04	7.48	2.86	2.10	8.54
2002	0.74	0.69	2.30	3.12	2.16	11.03	2.72	4.15	7.63	3.26	2.24	8.52
2003	0.70	0.65	2.30	3.01	2.15	11.08	2.95	4.18	7.65	3.12	2.29	8.75
2004	1.03	0.94	2.87	3.51	2.28	12.00	3.79	4.98	8.35	3.60	2.62	8.89
2005	1.60	1.18	4.35	4.79	2.87	13.56	5.17	6.81	10.10	4.90	3.65	9.68
2006	1.52	1.21	5.11	5.21	3.31	14.67	6.01	7.63	11.10	5.64	4.39	10.57
2007	1.48	1.43	6.18	6.57	3.90	15.85	7.31	8.72	12.18	6.58	5.36	11.68
2008	3.13	2.23	6.42	6.19	5.06	15.68	6.83	9.50	12.93	7.45	5.69	12.17
2009	1.95	1.48	4.43	4.49	3.30	13.42	4.84	6.41	9.80	5.18	4.29	10.21
2010	2.18	1.60	4.97	5.45	3.86	14.63	5.55	7.79	11.11	6.26	4.91	11.27
2011	2.70	1.85	6.21	6.02	4.98	15.99	6.40	8.90	12.26	7.50	6.11	11.54
2012	2.07	1.71	6.50	6.61	5.48	16.20	6.81	9.18	12.35	7.59	6.19	12.27
2013	1.96	1.74	7.57	7.79	6.43	17.95	8.13	10.24	13.29	8.41	6.96	13.39
2014	1.73	1.63	6.70	6.74	6.69	17.76	7.87	9.85	13.03	8.07	6.43	12.97
2015	1.54	1.47	4.05	4.43	4.18	14.41	5.27	6.80	10.15	5.37	4.12	10.60
2016	1.75	1.41	3.56	3.74	3.02	13.68	4.30	6.25	9.45	5.02	3.63	9.53
2017	2.37	1.84	4.35	4.83	3.73	14.79	5.33	7.35	10.49	6.21	4.23	10.80
2018	2.58	2.14	5.50	5.15	4.62	16.13	6.45	8.76	11.96	7.51	5.04	11.48
2019	2.18	1.77	5.08	4.19	4.10	15.51	5.66	8.32	11.52	7.01	4.75	10.91
2020	1.62	1.36	3.16	3.95	3.16	13.58	4.13	6.53	9.82	5.31	3.23	10.59
2021	3.14	2.88	5.96	6.87	5.36	17.19	7.80	9.82	12.97	8.10	5.26	13.61

出所: 財務省「日本貿易月表」、日本銀行「物価指数年報」、「企業物価指数」
電気事業連合会「電気事業便覧」、経済産業省「電力需要調査」、
電力・ガス取引監視等委員会「電力取引報結果」、「ガス取引報結果」などよりEDMC推計。

注: (1)輸入価格以外は消費税を含む。
(2)総合単価は販売額を販売量で除したもので、基本料金部分を含む。
(3)電気の単価は1980年度、1985年度と1987年度以降は沖縄電力を含む。
再生エネ賦課金を含まない。2016年度以降は、全電気事業者。

(円/千kcal)

電灯・電力総合単価					都市ガス総合単価					熱供給総合単価	年度
旧一般電気事業者		再エネ賦課金	電力総合単価		旧一般ガス事業者			大手3社			
	(円/kWh)	(円/kWh)		大口電力		工業用	商業用その他用		工業用商業用等		
7.27	6.25	-	5.60	4.41	4.76	N.A.	N.A.	N.A.	N.A.	N.A.	1965
7.38	6.35	-	5.79	4.56	4.79	N.A.	N.A.	N.A.	N.A.	N.A.	1970
7.86	6.76	-	6.24	4.85	5.30	N.A.	N.A.	5.58	4.76	6.19	1973
13.50	11.61	-	12.01	9.87	8.97	N.A.	N.A.	8.71	7.50	11.42	1975
26.13	22.49	-	24.27	19.85	14.44	N.A.	N.A.	14.50	11.70	24.90	1980
27.57	23.74	-	25.51	20.21	14.35	N.A.	N.A.	13.84	10.88	27.64	1985
23.06	19.83	-	20.55	15.85	10.39	N.A.	N.A.	9.41	5.93	24.75	1990
23.27	20.01	-	20.77	16.03	10.08	N.A.	N.A.	9.06	5.64	25.54	1991
23.55	20.25	-	21.03	16.17	9.84	N.A.	N.A.	8.79	5.33	27.26	1992
23.54	20.24	-	21.02	16.05	9.44	N.A.	N.A.	8.36	4.94	27.94	1993
23.21	19.96	-	20.54	15.58	8.93	N.A.	N.A.	7.82	4.55	27.59	1994
23.03	19.80	-	20.31	15.39	8.80	N.A.	N.A.	7.71	4.48	28.38	1995
22.50	19.35	-	19.78	14.99	8.89	N.A.	N.A.	7.81	4.66	29.13	1996
23.24	19.99	-	20.47	15.60	9.19	N.A.	N.A.	8.12	4.99	29.68	1997
22.18	19.07	-	19.43	14.64	8.85	N.A.	N.A.	7.91	4.70	29.36	1998
21.70	18.66	-	18.88	N.A.	8.37	N.A.	N.A.	7.47	4.39	29.20	1999
21.69	18.65	-	18.86	13.08	8.72	N.A.	N.A.	7.85	4.88	28.91	2000
21.64	18.61	-	18.87	13.42	8.76	N.A.	N.A.	7.86	4.94	29.25	2001
20.42	17.56	-	17.57	12.60	8.12	N.A.	N.A.	7.31	4.51	28.73	2002
20.01	17.20	-	17.18	12.37	8.01	N.A.	N.A.	7.19	4.46	29.18	2003
19.66	16.91	-	16.79	12.09	7.52	N.A.	N.A.	6.79	4.24	27.77	2004
19.33	16.62	-	16.50	11.96	7.49	N.A.	N.A.	6.87	4.42	27.24	2005
19.34	16.63	-	16.63	12.12	8.27	4.43	7.62	7.41	5.07	27.76	2006
19.41	16.70	-	16.67	12.32	8.34	4.76	7.74	7.59	5.35	26.85	2007
21.19	18.22	-	18.58	14.20	9.69	6.15	8.96	8.99	6.74	27.33	2008
19.55	16.82	-	16.81	12.47	8.51	4.78	7.81	7.68	5.29	27.90	2009
19.42	16.70	-	16.66	12.48	8.63	5.21	7.95	7.73	5.57	27.02	2010
20.55	17.67	-	17.82	13.42	9.41	6.15	8.82	8.61	6.53	28.10	2011
21.76	18.71	0.22	19.08	14.73	9.92	6.76	9.38	9.18	7.15	28.07	2012
23.81	20.48	0.35	21.03	16.55	10.72	7.71	10.23	10.16	8.18	27.77	2013
25.67	22.08	0.75	22.92	18.36	11.57	8.45	11.20	10.88	8.87	29.31	2014
23.26	20.01	1.58	20.55	17.22	9.60	6.37	9.38	8.80	6.72	29.48	2015
20.15	17.33	2.25	17.57	15.44	7.57	4.48	7.34	6.80	4.81	27.83	2016
21.13	18.17	2.64	18.38	16.43	7.88	5.06	8.03	7.47	5.51	28.07	2017
22.04	18.95	2.90	19.12	17.28	8.64	5.87	8.87	8.17	6.41	28.37	2018
21.82	18.76	2.95	18.80	17.09	8.67	5.87	8.54	N.A.	N.A.	28.93	2019
20.37	17.52	2.98	17.19	15.39	7.75	4.79	7.55	N.A.	N.A.	29.58	2020
21.93	18.86	3.36	18.51	16.97	8.93	6.14	8.72	N.A.	N.A.	N.A.	2021

(4)再生可能エネルギー発電促進賦課金単価の適用時期は当年度5月～翌年度4月。

(5)2000年度以降の大口電力は、一般電気・特定規模電気事業者から産業用特別高圧での受電分。
2011年度以降はEDMC推計。

(6)都市ガス総合単価は卸供給分を含む。但し、2006年度以降の一般ガス事業者は卸供給分を含まない。
2017年度以降の都市ガス総合単価家庭用は、全てのガス小売事業者。

4・エネルギー価格

(6)エネルギー源別小口・小売価格

年度	各販売単位当たり							
	レギュラーガソリン	プレミアムガソリン	軽油	灯油配達	LPG		電灯総合単価10社	都市ガス総合単価家庭用大手3社
					家庭用	業務用		
	(円/L)	(円/L)	(円/L)	(円/18L)	(円/10m^3)	(円/100m^3)	(円/kWh)	(円/m^3)
1965	N.A.	N.A.	N.A.	N.A.	N.A.	N.A.	12.1	N.A.
1970	N.A.	N.A.	N.A.	N.A.	N.A.	N.A.	11.8	N.A.
1973	70	N.A.	N.A.	407	2,174	N.A.	11.8	28
1975	109	N.A.	N.A.	687	3,050	N.A.	15.7	45
1980	150	N.A.	N.A.	1,541	4,892	N.A.	27.5	78
1985	142	N.A.	N.A.	1,402	5,000	N.A.	28.9	162
1990	131	148	81	1,001	4,933	32,927	25.7	151
1991	129	146	79	1,022	5,205	33,765	25.7	150
1992	128	144	79	1,021	5,282	33,590	25.8	150
1993	127	144	81	1,018	5,315	33,437	25.6	147
1994	124	141	85	986	5,307	33,183	25.5	148
1995	117	135	82	945	5,346	33,130	25.3	146
1996	110	127	84	984	5,422	32,982	24.9	148
1997	107	123	85	1,018	5,746	34,068	25.7	156
1998	97	112	80	925	5,735	33,568	24.6	155
1999	100	114	81	901	5,744	33,106	24.2	150
2000	108	121	87	976	5,821	33,066	24.2	153
2001	106	119	86	989	5,902	33,261	23.9	156
2002	105	117	85	960	5,884	33,135	22.9	150
2003	106	118	86	985	5,906	33,173	22.6	151
2004	116	127	91	1,071	5,934	33,195	22.3	150
2005	128	139	104	1,347	6,111	34,014	21.8	148
2006	136	147	114	1,549	6,421	36,170	21.8	155
2007	145	156	124	1,672	6,642	38,021	21.8	157
2008	145	156	132	1,888	7,191	42,069	23.0	171
2009	125	136	105	1,354	7,016	40,376	21.6	159
2010	136	147	116	1,561	7,132	41,863	21.4	156
2011	147	158	128	1,769	7,286	N.A.	22.3	166
2012	149	160	129	1,812	7,506	N.A.	23.3	170
2013	157	168	137	1,943	7,628	N.A.	25.2	179
2014	158	169	137	1,945	7,986	N.A.	26.8	189
2015	131	142	112	1,526	7,749	N.A.	24.6	172
2016	125	136	105	1,376	7,550	N.A.	22.0	148
2017	137	147	115	1,592	7,624	N.A.	23.0	160
2018	150	160	129	1,810	7,734	N.A.	24.1	171
2019	147	158	128	1,803	7,809	N.A.	24.0	171
2020	135	146	115	1,607	7,869	N.A.	22.5	157
2021	162	173	142	1,996	8,137	N.A.	24.3	171

出所: 石油情報センター「価格情報」、総務省「小売物価統計調査」、
電力・ガス取引監視等委員会「電力取引報結果」、「ガス取引報結果」などよりEDMC推計
注: (1) 消費税を含む。旧電気ガス税を含まない。再生エネ賦課金を含まない。
(2)LPGは1m^3=2.0747kgで換算。

千kcal当たり (円/千kcal)									
レギュラーガソリン	プレミアムガソリン	軽油	灯油配達	LPG		電灯総合単価10社	都市ガス総合単価家庭用大手3社	熱供給総合単価家庭用	年度
				家庭用	業務用				
N.A.	N.A.	N.A.	N.A.	N.A.	N.A.	14.06	N.A.	N.A.	1965
N.A.	N.A.	N.A.	N.A.	N.A.	N.A.	13.78	N.A.	N.A.	1970
8.32	N.A.	N.A.	2.54	8.73	N.A.	13.74	6.01	5.68	1973
12.99	N.A.	N.A.	4.29	12.25	N.A.	18.20	9.42	8.68	1975
17.81	N.A.	N.A.	9.62	19.65	N.A.	32.02	16.50	17.81	1980
16.91	N.A.	N.A.	8.75	20.08	N.A.	33.59	16.56	20.31	1985
15.65	17.68	8.76	6.25	19.81	13.23	29.87	13.72	18.27	1990
15.36	17.38	8.63	6.38	20.91	13.56	29.93	13.66	18.02	1991
15.18	17.18	8.55	6.37	21.22	13.49	30.00	13.60	18.07	1992
15.11	17.13	8.83	6.36	21.35	13.43	29.82	13.35	17.92	1993
14.71	16.79	9.23	6.15	21.32	13.33	29.71	13.41	18.08	1994
13.91	16.09	8.91	5.90	21.47	13.31	29.47	13.27	18.05	1995
13.07	15.09	9.14	6.14	21.78	13.25	28.99	13.47	18.18	1996
12.69	14.68	9.27	6.36	23.08	13.68	29.90	14.20	18.78	1997
11.53	13.35	8.71	5.77	23.03	13.48	28.55	14.07	18.84	1998
11.90	13.55	8.83	5.63	23.07	13.30	28.16	13.63	18.90	1999
13.06	14.61	9.54	6.19	23.39	13.29	28.17	13.95	18.86	2000
12.83	14.37	9.45	6.26	23.72	13.37	27.83	14.19	19.14	2001
12.72	14.20	9.34	6.08	23.65	13.32	26.66	13.73	19.15	2002
12.88	14.29	9.43	6.24	23.74	13.33	26.25	13.85	19.33	2003
14.01	15.39	10.02	6.79	23.85	13.34	25.91	13.75	18.94	2004
15.46	16.81	11.55	8.54	24.27	13.51	25.39	13.71	18.64	2005
16.45	17.78	12.65	9.81	25.50	14.37	25.31	14.42	18.85	2006
17.57	18.89	13.77	10.59	26.38	15.10	25.38	14.57	18.39	2007
17.52	18.83	14.66	11.97	28.56	16.71	26.72	15.85	18.19	2008
15.12	16.43	11.66	8.58	27.87	16.04	25.08	14.75	17.79	2009
16.48	17.78	12.89	9.89	28.33	16.63	24.87	14.52	17.69	2010
17.81	19.11	14.16	11.21	28.94	N.A.	25.96	15.36	17.45	2011
17.99	19.30	14.29	11.49	29.81	N.A.	27.03	15.75	17.44	2012
19.74	20.82	15.04	12.38	30.75	N.A.	29.31	16.59	17.65	2013
19.86	20.94	15.07	12.39	32.19	N.A.	31.20	17.58	18.45	2014
16.52	17.64	12.33	9.72	31.24	N.A.	28.65	15.96	18.53	2015
15.71	16.85	11.54	8.77	30.43	N.A.	25.59	13.71	17.84	2016
17.17	18.27	12.67	10.15	30.73	N.A.	26.72	14.86	17.76	2017
18.81	19.90	14.20	11.53	31.16	N.A.	28.07	15.94	18.14	2018
18.47	19.58	14.05	11.49	31.46	N.A.	27.94	15.86	18.15	2019
16.94	18.07	12.70	10.24	31.70	N.A.	26.22	14.59	17.50	2020
20.37	21.45	15.63	12.72	32.79	N.A.	28.28	15.94	N.A.	2021

注: (3) 2016年度以降の電灯総合単価は、全電気事業者計。
(4) 2017年度以降の都市ガス総合単価家庭用は、全てのガス小売事業者。

4・エネルギー価格

(7)石油製品卸売価格

年度	ガソリン (円/kL)	ナフサ (円/kL)	灯油 (円/kL)	軽油 (円/kL)	A重油 (円/kL)	C重油 (円/kL)	LPG (円/kg)
1965	40,175	5,917	12,118	27,083	11,176	6,850	N.A.
1970	40,661	6,000	12,121	26,011	10,185	6,363	N.A.
1973	51,027	9,127	12,839	29,624	12,620	9,132	N.A.
1975	87,897	26,242	26,715	43,484	26,467	22,406	N.A.
1980	123,541	57,324	57,667	83,875	56,558	56,698	N.A.
1985	118,015	43,587	53,489	76,553	52,833	47,459	N.A.
1990	90,766	24,250	27,956	52,265	26,520	24,366	95.4
1991	85,727	24,862	24,629	48,825	23,037	25,059	96.4
1992	83,649	20,448	23,878	47,960	22,148	20,211	97.2
1993	79,770	16,153	21,479	45,469	19,641	16,841	94.6
1994	77,815	13,317	20,710	47,224	18,767	14,200	92.8
1995	76,085	13,390	20,331	51,948	18,294	13,987	94.9
1996	75,913	15,846	25,828	57,673	22,781	16,119	98.4
1997	78,614	19,899	26,701	58,914	22,199	18,993	100.3
1998	76,850	14,971	24,517	57,073	19,038	15,675	94.7
1999	83,448	16,410	29,464	62,539	21,822	16,603	96.9
2000	91,679	20,922	37,736	69,744	25,293	21,211	104.0
2001	90,218	19,957	35,446	68,255	26,736	20,915	102.1
2002	91,198	22,156	36,391	69,620	30,440	22,355	101.9
2003	91,626	24,019	36,663	69,839	29,108	22,850	104.6
2004	99,178	30,875	43,628	76,226	33,640	26,058	106.3
2005	112,058	41,494	59,693	90,996	45,815	36,556	115.8
2006	121,298	48,233	66,911	99,974	52,673	43,988	126.4
2007	131,028	58,644	76,484	109,660	61,494	53,630	139.7
2008	129,610	54,842	83,256	116,441	69,595	56,973	145.5
2009	110,955	38,842	56,166	88,266	48,389	42,959	122.1
2010	120,921	44,531	68,294	100,026	58,505	49,101	134.7
2011	132,183	51,352	78,059	110,404	70,058	61,192	138.0
2012	133,880	54,633	80,500	111,244	70,938	61,950	146.8
2013	143,076	64,710	89,250	120,799	78,197	69,451	160.1
2014	141,577	62,608	85,869	118,374	74,981	64,149	155.1
2015	114,892	41,951	59,310	92,247	49,942	41,106	126.7
2016	109,051	34,216	54,513	85,902	46,620	36,197	114.0
2017	117,943	42,426	64,080	95,298	57,734	42,181	129.2
2018	128,527	51,348	76,410	108,735	69,760	50,328	137.4
2019	123,620	45,074	72,491	104,681	65,118	47,387	130.6
2020	108,213	32,900	56,916	89,199	49,363	32,259	126.7
2021	136,978	62,048	85,653	117,909	75,230	52,470	162.8

出所:EDMC推計、石油情報センター「LPガス価格動向」他
注:間接税、消費税を含む。LPGは石油ガス税を含まない。

II. 最終需要部門別エネルギー需要

1．産業部門

1．産業部門

(1)製造業エネルギー消費と経済活動

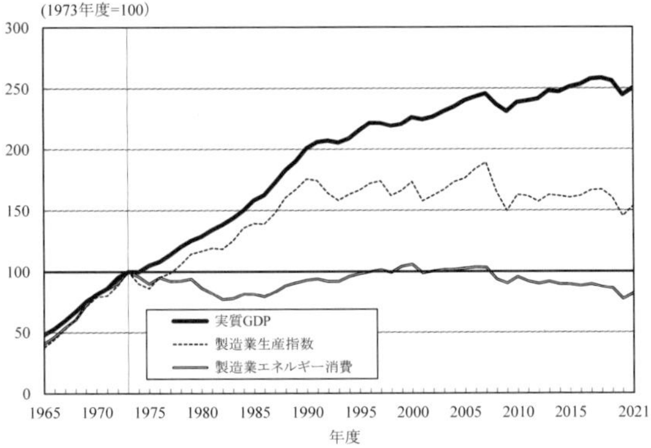

(2)IIP当たりエネルギー消費原単位

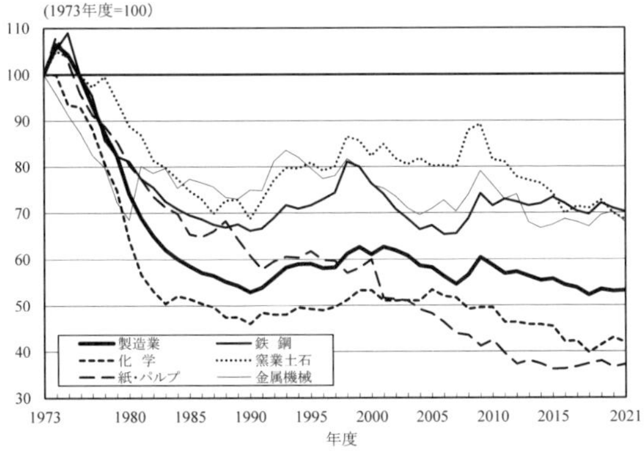

1．産業部門

(3)鉱工業・農林水産業生産指数

年度	生産指数							総固定資本形成(2015年価格)(10億円)
	鉱工業(2015年=100)			農林水産業(2000年=100)			農林水産業(2005年=100)経済産業省推計	
		鉱業	製造業		農林業	水産業		
	(10000)	(17)	(9983)	(10000)	(8393)	(1607)		
1965	24.0	260.1	27.6	94.9	96.6	78.4	N.A.	29,693
1970	49.5	263.2	50.0	103.6	105.1	89.6	N.A.	65,420
1973	62.6	207.8	56.1	107.7	106.5	109.5	N.A.	81,804
1975	53.9	189.0	59.4	109.8	108.4	114.6	N.A.	77,964
1980	72.7	186.5	74.1	110.7	107.5	124.5	N.A.	93,747
1985	86.6	179.5	86.3	119.9	117.4	131.8	N.A.	104,564
1990	109.1	139.5	108.4	114.9	112.6	125.2	N.A.	153,296
1991	108.3	145.1	102.0	110.2	107.5	123.1	N.A.	152,897
1992	101.9	143.3	98.3	113.6	111.6	123.1	N.A.	152,054
1993	98.2	141.3	101.3	103.7	100.6	117.6	110.0	144,898
1994	101.2	140.2	103.5	112.4	111.8	114.2	119.2	144,760
1995	103.3	136.8	107.0	107.8	106.7	112.6	114.3	152,194
1996	106.8	136.2	108.2	105.6	104.7	109.8	112.0	159,358
1997	108.1	123.8	100.7	105.6	104.8	109.3	112.0	152,551
1998	100.6	119.0	103.4	98.8	98.5	99.9	104.8	147,861
1999	103.3	118.2	107.8	100.1	100.0	100.7	106.1	147,081
2000	107.7	119.3	98.0	100.0	100.0	100.0	106.0	148,537
2001	97.8	116.5	100.8	98.0	98.1	97.7	103.9	141,746
2002	100.7	112.5	103.8	96.8	96.9	96.6	102.6	137,180
2003	103.6	115.4	107.7	92.9	92.3	96.1	98.5	136,796
2004	107.6	115.8	109.5	93.6	94.0	91.5	98.7	137,646
2005	109.3	120.0	114.4	94.8	95.3	92.0	100.0	141,116
2006	114.3	123.1	117.6	N.A.	N.A.	N.A.	96.6	141,089
2007	117.5	126.5	102.8	N.A.	N.A.	N.A.	99.1	135,877
2008	102.8	121.8	93.0	N.A.	N.A.	N.A.	98.0	129,131
2009	93.0	113.4	101.2	N.A.	N.A.	N.A.	94.8	117,773
2010	101.2	109.5	100.5	N.A.	N.A.	N.A.	91.8	118,055
2011	100.5	109.6	97.8	N.A.	N.A.	N.A.	91.1	121,200
2012	97.8	107.9	101.1	N.A.	N.A.	N.A.	91.8	123,467
2013	101.1	105.8	101.1	N.A.	N.A.	N.A.	91.6	131,574
2014	100.5	102.8	100.5	N.A.	N.A.	N.A.	N.A.	131,425
2015	99.8	99.9	99.8	N.A.	N.A.	N.A.	N.A.	134,586
2016	100.6	99.6	100.6	N.A.	N.A.	N.A.	N.A.	136,306
2017	103.5	102.1	103.5	N.A.	N.A.	N.A.	N.A.	138,592
2018	103.8	96.8	103.8	N.A.	N.A.	N.A.	N.A.	139,218
2019	99.9	91.7	99.9	N.A.	N.A.	N.A.	N.A.	139,097
2020	90.3	86.1	90.3	N.A.	N.A.	N.A.	N.A.	133,739
2021	95.5	86.1	95.5	N.A.	N.A.	N.A.	N.A.	133,392

出所：経済産業省「経済産業統計」､「全産業活動指数」､
農林水産省「農林水産統計月報」､内閣府「国民経済計算年報」

注：(1)( )は鉱工業、農林水産業をそれぞれ10000とする場合の各産業のウェイト。
(2)農林水産業生産指数は暦年値、2006年から統計廃止。
(3)経済産業省推計による農林水産業生産指数は暦年値、2014年から統計項目廃止。
(4)総固定資本形成は民間と公的固定資本形成との合計。1979年度以前のデータはEDMC推計。

1．産業部門

(4)素材系主要物資生産量

(千トン)

年度	粗鋼		エチレン	セメント	クリンカ	紙・板紙		パルプ	古紙利用率(%)
		電気炉					紙		
1965	41,296	8,240	844	33,590	N.A.	6,921	3,757	5,265	N.A.
1970	92,406	15,710	3,295	58,233	56,259	13,034	7,230	8,981	N.A.
1973	120,017	21,328	4,136	78,655	77,106	16,628	8,478	10,201	N.A.
1975	101,613	17,246	3,548	66,365	65,638	14,135	8,026	8,848	37.1
1980	107,386	26,163	3,872	86,358	86,836	17,527	10,344	9,363	42.0
1985	103,758	30,390	4,220	72,500	71,401	20,627	11,898	9,250	49.6
1990	111,710	35,336	5,966	86,893	77,366	28,538	16,730	11,509	51.6
1991	105,853	32,699	6,150	88,975	79,761	28,948	17,003	11,617	52.3
1992	98,937	31,685	6,009	87,951	89,055	28,117	16,446	11,075	52.6
1993	97,092	30,292	5,688	88,426	87,584	27,773	16,212	10,418	53.1
1994	101,363	32,225	6,470	91,600	90,010	28,941	16,821	10,771	53.5
1995	100,023	32,665	6,951	91,645	89,884	29,820	17,634	11,218	53.3
1996	100,793	33,432	7,248	94,363	91,430	30,105	17,801	11,173	53.8
1997	102,800	33,187	7,338	89,446	85,372	31,008	18,363	11,522	53.9
1998	90,979	29,059	7,223	80,794	75,597	29,798	17,821	10,795	55.4
1999	97,999	29,298	7,721	80,494	74,551	31,027	18,600	11,135	56.3
2000	106,901	30,547	7,566	80,068	74,542	31,742	18,989	11,266	57.3
2001	102,064	28,094	7,206	75,722	71,519	30,358	18,240	10,584	58.3
2002	109,786	29,578	7,283	70,819	68,046	30,775	18,555	10,640	59.8
2003	110,998	29,002	7,419	68,253	66,510	30,604	18,501	10,545	60.4
2004	112,897	29,561	7,555	67,046	65,137	30,874	18,829	10,676	60.3
2005	112,718	29,073	7,549	70,127	67,137	31,070	18,984	10,762	60.4
2006	117,745	30,820	7,661	70,145	65,461	31,078	19,079	10,832	60.8
2007	121,511	30,964	7,559	66,477	59,885	31,416	19,344	10,888	61.5
2008	105,500	25,707	6,520	61,295	55,647	28,849	17,600	9,771	62.4
2009	96,448	20,700	7,219	53,195	49,195	26,892	16,225	8,890	62.7
2010	110,793	24,496	6,999	50,901	47,279	27,341	16,268	9,393	62.6
2011	106,462	25,245	6,474	52,643	48,884	26,532	15,405	8,934	63.0
2012	107,305	24,459	6,261	55,072	49,883	25,731	14,855	8,544	63.9
2013	111,524	25,422	6,764	58,827	52,105	26,667	15,391	8,952	63.8
2014	109,844	25,259	6,687	56,882	51,573	26,295	14,984	8,822	64.0
2015	104,229	23,577	6,780	54,239	50,144	26,232	14,794	8,752	64.3
2016	105,166	23,873	6,286	53,600	50,436	26,339	14,680	8,597	64.4
2017	104,834	25,582	6,459	54,943	51,351	26,403	14,433	8,730	64.2
2018	102,887	26,033	6,186	55,699	50,979	26,031	13,922	8,632	64.3
2019	98,426	23,526	6,282	53,009	49,293	25,032	13,230	8,226	64.6
2020	82,786	21,369	6,043	49,826	47,522	22,650	10,893	6,878	67.5
2021	95,637	24,485	6,102	50,334	47,338	24,013	11,678	7,645	65.9

出所：経済産業省「生産動態統計年報」、「鉄鋼・非鉄金属・金属製品統計月報」、「化学工業統計月報」、「窯業・建材統計月報」、「紙・印刷・プラスチック・ゴム製品統計月報」、セメント協会、古紙再生促進センター

注：(1)パルプは1999年度までは溶解パルプを含み、2000年度以降は製紙パルプのみ。
(2)セメント生産量は窯業・建材統計月報より。
クリンカ生産量はエコセメントクリンカ生産量を除く。クリンカ生産量はセメント協会ヒアリングより。
(3)電気炉は鋳鋼鋳込を含む。

1. 産業部門

(5)産業用エネルギー消費とエネルギー消費原単位

年度	合計	伸び率(%)	産業用エネルギー消費 非製造業	伸び率(%)	製造業	伸び率(%)
1965	67,848	-	5,111	-	62,737	-
1970	136,251	14.0	10,414	17.7	125,837	13.7
1973	165,663	10.3	12,040	7.5	153,624	10.5
1975	148,940	-6.1	10,857	-3.0	138,083	-6.3
1980	146,139	-7.5	13,160	-1.8	132,978	-8.0
1985	138,561	-0.3	13,503	-2.5	125,058	-0.1
1990	160,864	3.0	18,102	9.2	142,762	2.3
1991	162,405	1.0	18,107	0.0	144,298	1.1
1992	158,882	-2.2	17,751	-2.0	141,131	-2.2
1993	159,768	0.6	18,453	4.0	141,315	0.1
1994	165,787	3.8	18,238	-1.2	147,549	4.4
1995	169,837	2.4	18,973	4.0	150,864	2.2
1996	171,937	1.2	18,515	-2.4	153,422	1.7
1997	172,767	0.5	17,176	-7.2	155,591	1.4
1998	168,572	-2.4	16,254	-5.4	152,318	-2.1
1999	175,579	4.2	15,574	-4.2	160,005	5.0
2000	178,174	1.5	15,622	0.3	162,552	1.6
2001	166,605	-6.5	15,006	-3.9	151,599	-6.7
2002	168,829	1.3	14,729	-1.8	154,100	1.6
2003	169,623	0.5	13,867	-5.9	155,756	1.1
2004	169,104	-0.3	13,155	-5.1	155,949	0.1
2005	169,800	0.4	12,317	-6.4	157,483	1.0
2006	169,852	0.0	10,713	-13.0	159,139	1.1
2007	168,357	-0.9	9,740	-9.1	158,617	-0.3
2008	152,050	-9.7	8,373	-14.0	143,677	-9.4
2009	146,633	-3.6	7,935	-5.2	138,698	-3.5
2010	154,338	5.3	7,640	-3.7	146,698	5.8
2011	148,668	-3.7	7,389	-3.3	141,279	-3.7
2012	145,498	-2.1	7,212	-2.4	138,286	-2.1
2013	147,915	1.7	7,168	-0.6	140,747	1.8
2014	144,535	-2.3	6,915	-3.5	137,620	-2.2
2015	144,190	-0.2	6,821	-1.4	137,369	-0.2
2016	142,182	-1.4	6,867	0.7	135,315	-1.5
2017	144,393	1.6	6,772	-1.4	137,621	1.7
2018	140,649	-2.6	6,614	-2.3	134,035	-2.6
2019	137,847	-2.0	5,756	-13.0	132,091	-1.5
2020	123,993	-10.1	5,520	-4.1	118,473	-10.3
2021	131,909	6.4	6,340	14.8	125,569	6.0

出所: 経済産業省/EDMC「総合エネルギー統計」、EDMC推計

注: (1)非製造業は農林業、水産業、建設業、鉱業の合計。

(10^{10} kcal)				製造業原単位		年度
				GDP原単位	IIP原単位	
素材系	伸び率(%)	非素材系	伸び率(%)	(kcal/円)	(1973年度=100)	
48,636	-	14,103	-	6.07	107.8	1965
100,058	13.8	25,779	13.5	7.21	103.8	1970
120,390	10.4	33,233	11.2	7.16	100.0	1973
105,899	-7.4	32,185	-2.5	6.13	104.3	1975
99,240	-10.0	33,738	-1.5	4.81	74.2	1980
90,704	-1.0	34,355	2.2	3.69	58.5	1985
102,992	1.5	39,770	4.5	3.31	52.9	1990
104,122	1.1	40,176	1.0	3.27	53.9	1991
101,817	-2.2	39,312	-2.2	3.18	56.0	1992
101,573	-0.2	39,742	1.1	3.21	58.2	1993
107,402	5.7	40,146	1.0	3.29	58.9	1994
109,687	2.1	41,179	2.6	3.26	59.0	1995
110,874	1.1	42,548	3.3	3.22	58.1	1996
113,578	2.4	42,013	-1.3	3.27	58.2	1997
109,816	-3.3	42,501	1.2	3.24	61.2	1998
114,902	4.6	45,101	6.1	3.38	62.6	1999
117,218	2.0	45,334	0.5	3.35	61.0	2000
107,670	-8.1	43,929	-3.1	3.14	62.7	2001
109,096	1.3	45,004	2.4	3.17	61.9	2002
110,287	1.1	45,469	1.0	3.14	60.8	2003
110,722	0.4	45,227	-0.5	3.09	58.6	2004
112,195	1.3	45,288	0.1	3.06	58.2	2005
113,129	0.8	46,010	1.6	3.05	56.3	2006
113,371	0.2	45,246	-1.7	3.01	54.6	2007
101,032	-10.9	42,645	-5.7	2.83	56.6	2008
98,649	-2.4	40,049	-6.1	2.80	60.4	2009
104,958	6.4	41,740	4.2	2.86	58.7	2010
99,700	-5.0	41,579	-0.4	2.74	56.9	2011
97,550	-2.2	40,736	-2.0	2.67	57.3	2012
100,828	3.4	39,919	-2.0	2.65	56.4	2013
98,722	-2.1	38,898	-2.6	2.60	55.4	2014
97,556	-1.2	39,813	2.4	2.55	55.7	2015
94,428	-3.2	40,887	2.7	2.49	54.5	2016
95,855	1.5	41,767	2.2	2.49	53.8	2017
93,172	-2.8	40,864	-2.2	2.42	52.3	2018
92,236	-1.0	39,854	-2.5	2.40	53.5	2019
82,131	-11.0	36,342	-8.8	2.25	53.1	2020
87,882	7.0	37,687	3.7	2.32	53.2	2021

(2)素材系は鉄鋼、化学、窯業土石、紙・パルプを指す。
(3)GDPは2015年価格、IIPは2015年基準。

1．産業部門

(6)産業部門エネルギー源別最終エネルギー消費

年度	産業部門							
	合計	石炭	石炭製品	石油		天然ガス都市ガス	電力	その他
					ナフサ			
1965	67,848	4,536	13,062	37,872	5,432	1,616	9,672	1,089
1970	136,251	1,629	28,580	83,321	19,748	2,235	18,576	1,910
1973	165,663	1,192	34,915	101,395	26,439	2,300	23,525	2,337
1975	148,940	1,342	33,168	87,812	22,726	2,362	22,135	2,120
1980	146,139	5,973	32,930	77,041	19,582	2,422	25,357	2,416
1985	138,561	9,637	30,144	66,130	19,755	3,207	26,809	2,634
1990	160,864	13,564	27,513	79,528	25,710	4,592	32,784	2,883
1991	162,405	15,147	25,894	79,986	27,498	5,248	33,348	2,782
1992	158,882	14,231	24,218	79,159	27,629	5,701	32,891	2,682
1993	159,768	14,583	23,850	80,065	27,788	6,348	32,435	2,487
1994	165,787	15,856	23,096	83,751	31,254	6,842	33,821	2,421
1995	169,837	16,352	22,634	86,543	33,536	7,374	34,414	2,520
1996	171,937	17,014	22,280	86,976	34,486	7,822	35,293	2,552
1997	172,767	17,175	22,516	85,959	35,541	8,392	36,108	2,617
1998	168,572	16,557	20,826	85,370	35,068	8,427	35,059	2,333
1999	175,579	16,729	22,294	89,192	37,865	9,162	35,764	2,438
2000	178,174	16,471	23,917	88,789	38,392	9,700	36,729	2,568
2001	166,605	15,751	21,117	84,265	35,042	8,146	35,332	1,994
2002	168,829	15,037	22,008	85,082	36,199	8,665	35,962	2,075
2003	169,623	15,545	21,820	84,903	37,421	9,217	36,081	2,057
2004	169,104	14,516	21,885	83,083	37,992	10,277	37,061	2,282
2005	169,800	15,691	20,967	81,124	37,654	11,580	38,144	2,294
2006	169,852	15,679	21,341	77,360	37,270	14,126	39,033	2,313
2007	168,357	16,314	21,458	72,675	36,871	15,580	40,026	2,304
2008	152,050	14,116	19,440	64,185	32,164	15,246	37,018	2,045
2009	146,633	12,836	19,016	63,241	33,426	14,971	34,555	2,014
2010	154,338	15,450	20,505	63,072	34,101	16,813	36,176	2,322
2011	148,668	15,579	19,215	58,853	31,444	17,946	35,051	2,024
2012	145,498	16,029	18,278	57,674	30,982	17,409	34,179	1,929
2013	147,915	16,983	18,657	58,653	32,638	16,877	34,318	2,427
2014	144,535	16,437	18,668	56,632	31,373	16,727	33,722	2,349
2015	144,231	16,289	17,967	57,847	33,422	16,675	33,176	2,277
2016	142,184	15,238	17,975	55,251	31,065	18,046	33,440	2,234
2017	144,381	15,466	17,520	56,296	31,918	18,824	34,014	2,261
2018	140,638	14,887	17,374	53,934	30,626	18,173	33,997	2,273
2019	138,443	14,754	17,008	53,682	31,054	17,176	33,584	2,239
2020	124,651	11,732	15,131	50,483	29,830	14,377	31,039	1,889
2021	131,909	14,104	15,946	51,842	30,156	15,261	32,678	2,078

出所:経済産業省/EDMC「総合エネルギー統計」、EDMC推計

(10^{10} kcal)

製造業部門								年度
合計	石炭	石炭製品	石油	ナフサ	天然ガス都市ガス	電力	その他	
62,737	4,441	13,062	33,153	5,432	1,616	9,377	1,089	1965
125,837	1,538	28,580	73,470	19,748	2,235	18,108	1,906	1970
153,624	1,189	34,915	89,931	26,439	2,300	22,955	2,333	1973
138,083	1,342	33,168	77,299	22,726	2,362	21,798	2,114	1975
132,978	5,973	32,930	64,273	19,582	2,422	24,982	2,398	1980
125,058	9,637	30,141	53,216	19,755	3,207	26,249	2,608	1985
142,762	13,564	27,512	62,150	25,710	4,592	32,094	2,850	1990
144,298	15,147	25,892	62,600	27,498	5,248	32,674	2,737	1991
141,131	14,231	24,216	62,153	27,629	5,701	32,193	2,637	1992
141,315	14,583	23,849	62,332	27,788	6,348	31,762	2,441	1993
147,549	15,856	23,095	66,290	31,254	6,842	33,099	2,367	1994
150,864	16,352	22,634	68,364	33,536	7,374	33,710	2,430	1995
153,422	17,014	22,280	69,322	34,486	7,822	34,538	2,446	1996
155,591	17,175	22,516	69,601	35,541	8,392	35,397	2,510	1997
152,318	16,557	20,826	69,901	35,068	8,427	34,375	2,232	1998
160,005	16,729	22,294	74,417	37,865	9,162	35,064	2,339	1999
162,552	16,471	23,917	73,988	38,392	9,700	36,003	2,473	2000
151,599	15,751	21,117	70,069	35,042	8,146	34,620	1,896	2001
154,100	15,037	22,008	71,151	36,199	8,665	35,263	1,976	2002
155,756	15,545	21,820	71,805	37,421	9,217	35,412	1,957	2003
155,949	14,516	21,885	70,712	37,992	10,277	36,373	2,186	2004
157,483	15,691	20,967	69,577	37,654	11,580	37,467	2,201	2005
159,139	15,679	21,341	67,409	37,270	14,126	38,359	2,225	2006
158,617	16,314	21,458	63,672	36,871	15,580	39,376	2,217	2007
143,677	14,116	19,440	56,504	32,164	15,246	36,405	1,966	2008
138,698	12,836	19,016	55,956	33,426	14,971	33,988	1,931	2009
146,698	15,450	20,505	56,102	34,101	16,813	35,582	2,246	2010
141,279	15,579	19,215	52,112	31,444	17,946	34,480	1,947	2011
138,286	16,029	18,278	51,113	30,982	17,409	33,604	1,853	2012
140,747	16,983	18,657	52,138	32,638	16,877	33,740	2,352	2013
137,620	16,437	18,668	50,342	31,373	16,727	33,171	2,275	2014
137,369	16,289	17,967	51,591	33,422	16,675	32,645	2,202	2015
135,315	15,238	17,975	48,983	31,065	18,046	32,905	2,168	2016
137,621	15,466	17,520	50,139	31,918	18,824	33,475	2,197	2017
134,035	14,887	17,374	47,930	30,626	18,173	33,461	2,210	2018
132,091	14,754	17,008	47,920	31,054	17,176	33,054	2,179	2019
118,473	11,732	15,131	44,887	29,830	14,377	30,518	1,828	2020
125,569	14,104	15,946	46,091	30,156	15,261	32,149	2,018	2021

1．産業部門

(7)製造業業種別エネルギー消費

年度	製造業	素材系	鉄鋼	化学	窯業土石	紙・パルプ
1965	62,737	48,636	19,210	16,484	7,737	5,205
1970	125,837	100,058	43,082	36,854	12,073	8,049
1973	153,624	120,390	54,494	41,330	14,676	9,890
1975	138,083	105,899	49,698	35,346	12,192	8,663
1980	132,978	99,240	44,766	32,645	13,357	8,472
1985	125,058	90,704	39,431	32,335	10,947	7,991
1990	142,762	102,992	42,118	39,048	11,946	9,880
1991	144,298	104,122	40,937	41,380	12,304	9,501
1992	141,131	101,817	39,216	40,801	12,278	9,522
1993	141,315	101,573	38,948	40,789	12,300	9,536
1994	147,549	107,402	40,116	44,839	12,586	9,861
1995	150,864	109,687	40,441	46,172	12,645	10,429
1996	153,422	110,874	41,305	46,778	12,578	10,213
1997	155,591	113,578	42,723	48,041	12,395	10,419
1998	152,318	109,816	40,753	47,510	11,942	9,611
1999	160,005	114,902	41,698	51,473	11,641	10,090
2000	162,552	117,218	43,220	52,283	11,143	10,572
2001	151,599	107,670	39,469	48,805	10,618	8,778
2002	154,100	109,096	40,327	50,072	9,857	8,840
2003	155,756	110,287	40,477	51,415	9,629	8,766
2004	155,949	110,722	40,255	52,185	9,748	8,534
2005	157,483	112,195	40,327	53,797	9,607	8,464
2006	159,139	113,129	40,844	54,435	9,717	8,133
2007	158,617	113,371	41,871	54,107	9,622	7,771
2008	143,677	101,032	37,034	47,599	9,191	7,208
2009	138,698	98,649	35,133	48,624	8,476	6,416
2010	146,698	104,958	39,717	49,873	8,612	6,756
2011	141,279	99,700	39,354	46,012	8,178	6,156
2012	138,286	97,550	38,726	45,154	7,986	5,684
2013	140,747	100,828	39,724	46,738	8,272	6,094
2014	137,620	98,722	39,566	45,209	8,050	5,897
2015	137,369	97,556	37,873	46,302	7,569	5,812
2016	135,315	94,428	37,715	43,658	7,192	5,863
2017	137,621	95,855	37,426	44,996	7,450	5,982
2018	134,035	93,172	36,630	43,168	7,385	5,989
2019	132,091	92,236	35,611	43,443	7,275	5,907
2020	118,473	82,131	29,575	41,066	6,361	5,130
2021	125,569	87,882	33,698	42,219	6,499	5,466

出所：経済産業省/EDMC「総合エネルギー統計」、EDMC推計

(10^10 kcal)

非素材系						年度
	食品煙草	繊維	非鉄金属	金属機械	その他	
14,103	2,974	2,767	1,860	2,383	4,119	1965
25,779	3,960	5,454	3,819	4,593	7,953	1970
33,233	4,666	6,535	4,692	5,007	12,333	1973
32,185	4,640	6,494	3,889	3,818	13,344	1975
33,738	4,561	4,891	4,411	4,653	15,222	1980
34,355	4,212	4,105	3,137	7,244	15,657	1985
39,770	4,878	3,448	3,965	9,571	17,908	1990
40,176	4,910	3,287	4,148	9,522	18,309	1991
39,312	5,036	3,313	3,917	9,388	17,658	1992
39,742	4,985	3,328	3,967	9,274	18,188	1993
40,146	5,100	3,332	3,984	9,516	18,214	1994
41,179	5,341	3,383	3,772	9,666	19,017	1995
42,548	5,411	3,176	3,595	9,892	20,474	1996
42,013	5,424	3,061	3,551	10,247	19,730	1997
42,501	5,519	3,015	3,393	9,988	20,586	1998
45,101	5,536	3,150	3,519	10,164	22,732	1999
45,334	5,562	2,973	3,462	10,426	22,911	2000
43,929	5,382	2,736	3,190	8,961	23,660	2001
45,004	5,470	2,614	3,177	9,203	24,540	2002
45,469	5,494	2,561	3,095	9,330	24,989	2003
45,227	5,519	2,416	3,110	9,729	24,453	2004
45,288	5,506	2,280	3,222	10,282	23,998	2005
46,010	5,634	2,228	3,281	11,233	23,634	2006
45,246	5,668	1,816	3,449	11,319	22,994	2007
42,645	5,517	1,772	3,279	10,090	21,987	2008
40,049	5,471	1,825	2,975	9,324	20,454	2009
41,740	5,725	2,132	3,051	10,132	20,700	2010
41,579	5,649	2,146	3,060	9,740	20,984	2011
40,736	5,601	2,150	2,930	9,451	20,604	2012
39,919	5,540	1,715	2,878	9,077	20,709	2013
38,898	5,427	1,754	2,938	8,990	19,789	2014
39,813	5,417	1,663	2,877	8,939	20,917	2015
40,887	5,718	1,721	2,948	9,208	21,293	2016
41,767	5,675	1,708	3,018	9,548	21,817	2017
40,864	5,510	1,656	2,970	9,461	21,268	2018
39,854	5,360	1,605	2,830	9,325	20,734	2019
36,342	5,129	1,535	2,638	8,421	18,618	2020
37,687	5,379	1,602	2,714	8,728	19,264	2021

1．産業部門

(8)製造業業種別生産指数（付加価値ウエイトIIP)

年度	製造業 (9983.0)	素材系 (2110.9)	鉄鋼 (423.2)	化学 (1139.2)	窯業土石 (322.0)	紙・パルプ (226.5)	非素材系 (7754.1)	食品煙草 (1313.8)
1965	23.6	25.8	35.7	15.1	64.0	28.7	21.9	60.5
1970	49.1	54.0	81.6	33.3	114.6	50.2	46.3	81.3
1973	62.2	67.5	104.6	40.9	143.1	61.8	58.1	88.2
1975	53.6	58.0	87.5	37.4	114.5	52.6	50.0	89.5
1980	72.6	75.0	105.9	50.4	146.5	65.8	70.2	100.7
1985	86.5	82.7	108.9	62.2	142.8	76.3	86.7	103.9
1990	109.2	104.1	122.2	84.0	169.6	101.5	110.2	110.6
1991	108.4	103.1	117.9	84.6	165.1	102.6	109.5	111.0
1992	102.0	99.7	109.2	84.1	155.5	99.9	101.4	111.9
1993	98.3	97.8	104.3	84.1	150.4	98.4	97.5	112.2
1994	101.3	102.6	108.6	89.6	154.2	102.0	100.0	113.0
1995	103.5	104.5	108.3	92.9	152.4	105.5	102.3	112.1
1996	107.0	106.0	108.7	94.6	155.0	106.6	106.5	113.2
1997	108.2	106.6	110.3	95.7	151.2	109.1	108.0	111.4
1998	100.7	99.3	96.5	91.7	134.6	105.2	101.0	109.7
1999	103.4	102.2	100.1	95.6	132.6	108.5	103.5	110.7
2000	107.8	104.7	108.6	97.2	132.1	110.1	108.7	110.5
2001	98.0	100.2	102.2	94.6	122.1	106.1	96.8	109.0
2002	100.8	102.3	109.3	97.0	117.6	107.5	99.8	107.7
2003	103.8	104.3	113.0	99.5	116.7	107.2	103.0	108.6
2004	107.7	106.1	116.3	101.2	116.2	108.5	107.8	109.4
2005	109.5	105.1	115.0	99.6	116.9	109.6	110.3	107.0
2006	114.4	108.6	119.9	103.6	118.1	109.7	115.9	105.3
2007	117.6	109.4	122.6	103.6	117.5	110.6	119.7	107.3
2008	102.8	98.8	103.5	95.8	102.0	103.5	103.5	105.4
2009	93.0	95.6	90.9	97.2	92.6	97.3	91.7	103.3
2010	101.2	101.4	106.6	99.7	103.1	99.3	100.8	100.7
2011	100.5	99.2	103.5	98.3	98.4	97.2	100.7	99.7
2012	97.8	97.9	102.7	96.5	100.1	95.2	97.2	100.4
2013	101.1	102.5	106.6	100.9	104.7	100.0	100.6	100.8
2014	100.5	100.2	105.5	97.7	102.8	98.7	100.6	99.4
2015	99.8	100.2	99.1	100.9	99.4	100.4	99.6	100.8
2016	100.6	101.6	100.5	102.5	100.4	100.9	100.4	100.8
2017	103.5	103.8	102.1	105.4	101.8	101.7	103.5	100.2
2018	103.8	104.5	100.9	107.5	101.5	100.0	103.7	99.6
2019	99.9	100.3	94.8	103.8	97.5	97.2	99.9	100.6
2020	90.3	89.9	80.0	94.5	88.7	87.5	90.7	97.0
2021	95.5	96.2	92.1	99.7	92.5	91.7	95.6	96.6

出所：経済産業省「鉱工業指数年報」、「鉱工業指数総覧」、「経済産業統計」

注：(1)(　)内は鉱工業を10000とする場合の各業種のウェイト。

(2015年=100)

繊維 (136.0)	非鉄金属 (201.6)	金属機械 (5106.3)	金属製品 (438.1)	機械 (4668.2)	その他 (996.4)	石油・石炭製品 (118.0)	年度
295.9	25.5	10.6	45.3	8.8	59.0	39.9	1965
386.8	52.0	28.4	108.4	23.6	103.4	91.6	1970
560.9	72.4	37.5	149.7	31.7	123.1	119.9	1973
494.7	58.6	31.4	113.7	26.9	103.9	111.5	1975
505.5	75.9	50.9	146.3	45.1	121.8	110.9	1980
492.5	78.5	70.1	145.1	64.9	123.9	94.2	1985
447.5	102.9	95.6	179.5	89.4	149.1	102.0	1990
440.5	103.9	95.2	178.7	89.0	145.6	105.9	1991
409.6	101.4	86.6	168.2	81.0	139.7	108.6	1992
368.3	100.5	83.1	164.4	76.8	134.8	112.3	1993
354.6	103.9	86.8	169.0	80.3	132.9	116.1	1994
327.6	105.2	90.8	168.7	84.5	131.1	116.8	1995
320.3	110.3	95.7	170.9	89.4	134.6	117.2	1996
306.7	110.7	98.3	163.7	92.6	132.8	119.9	1997
271.8	101.1	91.5	152.2	86.1	125.0	119.0	1998
258.0	105.0	95.1	152.7	89.9	123.8	119.1	1999
235.8	112.3	102.5	151.4	98.0	121.7	120.0	2000
212.5	107.8	89.0	137.9	84.6	112.2	119.8	2001
191.2	109.6	93.6	131.4	89.9	111.3	120.6	2002
175.3	112.6	98.2	127.8	95.3	111.0	119.2	2003
162.2	112.7	104.7	127.7	102.4	111.6	117.7	2004
149.6	114.8	108.5	126.1	106.7	112.2	120.8	2005
143.2	118.0	115.6	125.1	114.6	116.2	116.7	2006
134.7	119.4	120.5	123.4	120.1	116.7	118.1	2007
116.9	100.0	102.2	116.8	100.9	105.4	113.4	2008
98.0	93.9	88.2	104.0	86.9	99.0	108.4	2009
104.5	100.0	99.7	105.4	99.1	103.1	108.2	2010
105.6	98.7	99.9	104.3	99.4	101.9	102.3	2011
102.2	97.9	95.5	103.3	94.8	100.8	101.8	2012
102.1	99.6	100.0	105.5	99.5	103.7	104.6	2013
100.9	101.4	100.8	102.0	100.7	101.0	99.4	2014
99.9	100.0	99.3	99.9	99.2	99.8	100.1	2015
97.0	101.5	100.3	97.4	100.6	100.2	99.8	2016
97.6	103.5	105.0	98.8	105.6	100.7	97.2	2017
96.2	104.2	105.6	100.0	106.1	100.7	93.2	2018
93.3	99.2	100.3	96.1	100.7	98.2	91.2	2019
80.4	90.0	89.8	86.4	90.1	88.9	76.0	2020
82.2	96.4	96.1	89.2	96.8	93.3	80.4	2021

(2)製造業は「石油石炭製品」、その他は「プラスチック製品工業」をそれぞれ含む。
(3)「化学繊維」は「繊維」ではなく、「化学」に含まれる。

1．産業部門

(9)製造業IIP当たりエネルギー消費原単位

年度	製造業	素材系				
			鉄鋼	化学	窯業土石	紙・パルプ
1965	107.8	105.5	103.2	108.1	117.9	113.1
1970	103.8	103.8	101.4	109.7	102.7	100.1
1973	100.0	100.0	100.0	100.0	100.0	100.0
1975	104.3	102.4	109.0	93.5	103.8	102.9
1980	74.2	74.2	81.1	64.2	88.9	80.4
1985	58.5	61.5	69.5	51.4	74.8	65.4
1990	52.9	55.5	66.2	46.0	68.7	60.8
1991	53.9	56.6	66.7	48.4	72.7	57.8
1992	56.0	57.3	69.0	48.0	77.0	59.5
1993	58.2	58.2	71.7	48.0	79.8	60.5
1994	58.9	58.7	70.9	49.5	79.6	60.4
1995	59.0	58.9	71.7	49.2	80.9	61.8
1996	58.1	58.6	73.0	48.9	79.1	59.9
1997	58.2	59.7	74.4	49.7	80.0	59.7
1998	61.2	62.0	81.1	51.3	86.6	57.1
1999	62.6	63.1	80.0	53.3	85.6	58.1
2000	61.0	62.8	76.4	53.3	82.3	60.0
2001	62.7	60.2	74.1	51.1	84.8	51.7
2002	61.9	59.8	70.9	51.1	81.8	51.4
2003	60.8	59.3	68.8	51.1	80.5	51.1
2004	58.6	58.5	66.5	51.0	81.8	49.1
2005	58.2	59.9	67.3	53.5	80.1	48.2
2006	56.3	58.4	65.4	52.0	80.3	46.3
2007	54.6	58.1	65.6	51.7	79.9	43.9
2008	56.6	57.3	68.7	49.2	87.9	43.5
2009	60.4	57.8	74.2	49.5	89.3	41.2
2010	58.7	58.0	71.5	49.5	81.5	42.5
2011	56.9	56.4	73.0	46.4	81.0	39.6
2012	57.3	55.9	72.4	46.3	77.8	37.3
2013	56.4	55.1	71.5	45.9	77.1	38.1
2014	55.4	55.3	72.0	45.8	76.4	37.3
2015	55.7	54.6	73.4	45.4	74.3	36.2
2016	54.5	52.1	72.0	42.2	69.9	36.3
2017	53.8	51.8	70.4	42.2	71.4	36.7
2018	52.3	50.0	69.7	39.7	71.0	37.4
2019	53.5	51.5	72.1	41.4	72.8	38.0
2020	53.1	51.2	71.0	43.0	69.9	36.6
2021	53.2	51.2	70.2	41.9	68.5	37.2

出所：表Ⅱ-1(7)と表Ⅱ-1(8)より算出

(1973年度=100)

非素材系	食品煙草	繊維	非鉄金属	金属機械	その他	年度
112.6	93.0	80.3	112.7	168.2	69.7	1965
97.4	92.1	121.0	113.2	121.0	76.8	1970
100.0	100.0	100.0	100.0	100.0	100.0	1973
112.5	98.1	112.7	102.5	91.1	128.2	1975
83.9	85.7	83.0	89.6	68.5	124.8	1980
69.2	76.7	71.5	61.7	77.3	126.1	1985
63.0	83.4	66.1	59.4	74.9	119.9	1990
64.1	83.6	64.0	61.6	74.9	125.5	1991
67.7	85.1	69.4	59.6	81.2	126.2	1992
71.2	84.0	77.6	60.9	83.6	134.7	1993
70.1	85.4	80.6	59.2	82.1	136.8	1994
70.3	90.1	88.6	55.3	79.7	144.8	1995
69.8	90.4	85.1	50.3	77.4	151.8	1996
68.0	92.1	85.7	49.5	78.1	148.3	1997
73.5	95.2	95.2	51.8	81.7	164.4	1998
76.1	94.6	104.8	51.7	80.0	183.3	1999
72.9	95.2	108.2	47.6	76.1	187.8	2000
79.3	93.4	110.5	45.6	75.3	210.5	2001
78.8	96.1	117.3	44.7	73.6	220.1	2002
77.1	95.7	125.4	42.4	71.1	224.6	2003
73.3	95.4	127.8	42.6	69.6	218.7	2004
71.7	97.3	130.8	43.3	70.9	213.4	2005
69.3	101.2	133.5	42.9	72.7	203.1	2006
66.0	99.9	115.7	44.6	70.3	196.7	2007
71.9	99.0	130.1	50.6	73.9	208.2	2008
76.3	100.1	159.8	48.9	79.1	206.3	2009
72.3	107.5	175.1	47.1	76.1	200.4	2010
72.1	107.1	174.5	47.8	73.0	205.5	2011
73.2	105.5	180.6	46.2	74.0	204.0	2012
69.3	103.9	144.1	44.6	67.9	199.4	2013
67.5	103.3	149.2	44.7	66.8	195.6	2014
69.8	101.6	142.9	44.4	67.4	209.1	2015
71.2	107.3	152.3	44.8	68.7	212.1	2016
70.5	107.1	150.2	45.0	68.1	216.2	2017
68.8	104.6	147.8	44.0	67.1	210.8	2018
69.7	100.8	147.5	44.0	69.6	210.8	2019
70.0	100.0	163.8	45.2	70.2	209.1	2020
68.9	105.3	167.3	43.4	67.9	206.1	2021

1．産業部門

(10)製造業業種別生産額（1994年度～）

年度	製造業	素材系*	鉄鋼*	化学	窯業土石	紙・パルプ
1994	293,628	81,549	30,912	30,119	10,210	10,309
1995	300,544	81,702	30,602	30,515	10,157	10,428
1996	314,312	82,729	30,356	31,547	10,358	10,469
1997	314,255	82,814	30,510	31,766	10,024	10,514
1998	297,763	76,963	26,337	31,337	9,221	10,068
1999	297,683	76,695	26,123	31,488	8,905	10,179
2000	309,848	79,405	28,236	31,881	9,100	10,188
2001	292,639	75,901	26,857	30,930	8,476	9,637
2002	295,398	74,877	26,059	31,317	8,088	9,414
2003	303,577	75,577	26,839	31,406	7,977	9,355
2004	312,808	76,938	28,576	31,029	7,912	9,421
2005	322,798	78,499	30,666	30,557	7,831	9,445
2006	333,923	81,004	32,596	30,829	8,141	9,438
2007	347,236	83,576	34,783	31,105	8,235	9,453
2008	314,473	74,705	29,901	28,887	7,261	8,656
2009	292,148	70,639	27,609	28,775	6,201	8,053
2010	311,425	76,153	30,777	30,244	6,706	8,427
2011	307,226	73,245	29,104	29,251	6,773	8,116
2012	302,706	73,538	30,587	29,037	6,288	7,626
2013	307,485	74,295	30,564	29,358	6,486	7,887
2014	308,377	73,819	30,246	29,210	6,502	7,862
2015	314,741	74,398	28,688	31,199	6,436	8,074
2016	316,641	74,836	28,628	32,030	6,268	7,910
2017	326,788	76,031	29,051	32,302	6,536	8,141
2018	328,748	75,276	27,893	32,904	6,473	8,007
2019	321,279	74,052	27,044	33,126	6,171	7,711
2020	295,094	68,657	22,351	33,538	5,888	6,881
2021	309,414	72,432	25,626	33,386	6,194	7,227

出所：内閣府「国民経済計算(2015年基準、2008SNA)」の数値を基に
EDMCが独自に推計

(十億円(実質:連鎖方式、2015年価格))

非素材系*	食品煙草	繊維	非鉄金属	金属機械*	その他	石油・石炭製品	年度
211,285	38,830	14,216	9,689	112,691	35,860	25,206	1994
214,214	38,892	13,492	9,894	116,082	35,855	25,482	1995
223,383	39,371	12,704	10,375	124,103	36,830	26,416	1996
221,048	39,219	11,816	10,433	123,696	35,884	26,588	1997
209,949	39,161	10,747	9,467	116,509	34,065	25,947	1998
208,521	38,710	9,830	9,666	116,795	33,520	24,344	1999
215,044	37,912	8,845	10,148	124,906	33,233	23,589	2000
204,910	37,861	7,739	9,596	118,085	31,629	22,786	2001
207,378	37,438	7,020	9,577	122,012	31,331	21,670	2002
212,726	37,092	6,602	9,629	127,860	31,543	20,613	2003
220,519	37,217	6,100	9,715	135,738	31,747	20,045	2004
227,938	36,354	5,627	9,754	144,690	31,513	20,221	2005
236,111	36,027	5,462	9,904	153,074	31,645	19,846	2006
246,465	36,822	5,240	10,786	161,890	31,727	19,433	2007
222,873	35,536	4,767	9,559	144,510	28,502	18,575	2008
201,118	35,709	4,200	9,232	125,643	26,335	20,216	2009
214,822	35,600	4,135	10,109	137,683	27,294	19,655	2010
215,751	35,131	4,206	9,574	139,729	27,111	17,819	2011
210,009	34,663	4,097	9,360	135,304	26,585	18,566	2012
214,670	34,832	3,864	8,920	139,827	27,228	18,135	2013
217,158	34,664	3,843	9,186	142,757	26,709	17,265	2014
222,799	35,848	4,010	9,177	146,161	27,603	17,581	2015
223,643	35,284	3,691	9,312	148,169	27,188	18,161	2016
233,341	35,670	3,677	9,431	156,416	28,147	17,124	2017
236,819	35,944	3,696	9,316	159,568	28,295	16,505	2018
230,566	35,664	3,595	9,302	153,886	28,118	16,516	2019
212,197	34,162	3,184	8,095	140,064	26,693	14,493	2020
221,908	34,539	3,059	8,512	147,998	27,799	15,000	2021

注:*は参考値。原データが連鎖方式であることから加法整合性を持たないが、
ここでは便宜的に統合して推計

1．産業部門

(11)製造業業種別生産額（1980年度～2009年度）

年度	製造業	素材系				
			鉄鋼	化学	窯業土石	紙・パルプ
1980	206,071	54,049	24,015	15,124	7,862	7,047
1981	213,149	53,381	21,948	16,067	7,914	7,451
1982	213,430	52,790	20,481	16,856	7,810	7,644
1983	224,125	55,504	21,212	18,288	7,968	8,036
1984	235,277	57,979	22,365	19,395	8,093	8,127
1985	243,381	58,708	22,037	20,296	8,248	8,128
1986	244,402	57,151	20,070	20,672	8,268	8,140
1987	254,091	60,048	21,192	21,645	8,717	8,495
1988	271,465	62,772	21,613	23,099	9,125	8,934
1989	283,545	64,451	21,793	23,926	9,401	9,331
1990	306,438	67,817	22,094	25,878	10,002	9,843
1991	311,685	66,406	21,597	25,502	9,674	9,634
1992	303,263	66,399	21,129	26,347	9,485	9,439
1993	292,941	64,357	19,775	26,214	9,131	9,237
1994	294,007	65,147	20,145	26,263	9,528	9,210
1995	297,777	64,358	19,677	26,174	9,283	9,225
1996	309,030	65,406	19,758	26,926	9,526	9,195
1997	308,477	65,343	19,886	27,085	9,140	9,231
1998	293,250	61,009	17,184	26,415	8,466	8,944
1999	292,624	60,829	17,007	26,670	8,189	8,963
2000	301,730	61,938	18,161	26,637	8,177	8,963
2001	286,085	59,669	17,549	25,788	7,879	8,454
2002	290,087	59,277	17,146	26,438	7,435	8,257
2003	299,592	59,124	17,021	26,575	7,335	8,193
2004	309,880	59,360	17,254	26,666	7,288	8,152
2005	319,840	60,296	18,423	26,412	7,301	8,160
2006	330,377	62,384	19,485	27,291	7,443	8,165
2007	342,353	63,318	20,318	27,135	7,681	8,185
2008	305,302	56,140	16,258	25,532	6,773	7,578
2009	292,275	54,889	15,885	26,179	5,914	6,911

出所：内閣府「国民経済計算年報(平成12年基準、93SNA)」の数値を基にEDMCが独自に推計

(十億円 (実質：固定基準方式、2000年価格))

非素材系						石油・石炭製品	年度
	食品煙草	繊維	非鉄金属	金属機械	その他		
138,050	27,202	5,148	5,926	65,625	34,150	13,973	1980
145,428	28,737	5,269	5,829	69,780	35,812	14,340	1981
146,968	30,868	5,162	5,510	69,132	36,296	13,671	1982
154,551	31,900	5,208	5,512	73,984	37,946	14,070	1983
163,496	32,291	5,064	5,691	81,679	38,771	13,802	1984
171,426	34,097	5,057	4,776	87,597	39,898	13,246	1985
174,884	33,905	5,135	4,776	89,394	41,675	12,368	1986
181,910	34,365	5,002	4,893	93,738	43,911	12,134	1987
196,328	35,225	5,077	5,252	104,242	46,532	12,365	1988
206,560	34,879	4,921	5,592	112,665	48,503	12,534	1989
226,272	35,247	5,196	6,302	129,042	50,485	12,349	1990
231,905	35,683	5,072	6,495	133,387	51,269	13,373	1991
223,419	35,677	4,802	6,243	127,168	49,530	13,444	1992
214,783	35,451	4,396	6,028	121,395	47,514	13,800	1993
214,513	35,097	4,039	5,905	123,151	46,321	14,348	1994
219,564	35,171	3,794	5,992	128,306	46,301	13,855	1995
228,788	35,112	3,516	6,375	136,707	47,078	14,836	1996
228,195	35,009	3,343	6,313	138,706	44,824	14,940	1997
217,727	35,567	3,022	5,898	130,095	43,145	14,513	1998
218,176	35,305	2,894	5,827	132,812	41,338	13,619	1999
226,343	34,880	2,708	6,191	142,345	40,218	13,449	2000
213,608	34,830	2,477	5,661	132,757	37,884	12,808	2001
218,304	34,506	2,292	5,767	138,334	37,406	12,505	2002
228,456	34,143	2,254	5,553	149,292	37,214	12,013	2003
238,770	34,051	2,204	5,545	159,944	37,026	11,750	2004
247,512	33,162	2,080	5,614	169,604	37,053	12,032	2005
256,434	32,823	2,033	5,761	178,861	36,956	11,560	2006
267,231	33,154	1,973	6,188	189,521	36,397	11,803	2007
238,477	32,397	1,799	5,426	166,615	32,240	10,685	2008
226,506	32,254	1,510	5,431	156,286	31,026	10,880	2009

1．産業部門

(12)製造業業種別生産額（1970年度～1998年度）

年度	製造業	素材系	鉄鋼	化学	窯業土石	紙・パルプ
1970	159,158	46,765	21,956	12,012	7,239	5,558
1971	166,398	48,020	21,886	12,591	7,748	5,794
1972	184,703	55,291	25,205	14,639	8,964	6,483
1973	200,023	59,780	28,749	14,246	9,670	7,115
1974	182,221	54,793	26,998	13,861	8,007	5,928
1975	185,072	52,288	25,354	13,328	7,478	6,129
1976	198,962	55,814	27,450	13,845	7,823	6,697
1977	205,477	56,531	26,622	15,114	8,021	6,775
1978	217,861	60,553	28,316	16,510	8,366	7,362
1979	231,803	65,089	31,310	17,145	8,655	7,980
1980	229,097	62,334	30,548	16,223	8,262	7,302
1981	237,392	61,108	27,890	17,280	8,276	7,662
1982	237,349	60,149	26,014	18,118	8,149	7,868
1983	250,812	62,833	26,893	19,348	8,311	8,280
1984	265,256	65,617	28,327	20,473	8,450	8,367
1985	274,343	66,507	28,117	21,384	8,618	8,388
1986	276,532	64,589	25,687	21,841	8,640	8,421
1987	288,715	67,873	27,045	22,916	9,106	8,806
1988	309,315	70,859	27,522	24,530	9,547	9,260
1989	323,662	72,606	27,684	25,398	9,840	9,684
1990	343,988	75,514	28,241	26,963	10,272	10,037
1991	353,224	74,424	27,768	26,758	9,961	9,937
1992	345,807	75,449	28,031	27,802	9,793	9,824
1993	335,238	73,761	26,932	27,827	9,431	9,571
1994	340,891	76,345	28,712	28,140	9,901	9,592
1995	349,235	75,862	28,355	28,181	9,699	9,627
1996	366,127	77,963	29,374	29,083	9,933	9,572
1997	370,413	77,966	29,504	29,316	9,564	9,582
1998	352,013	72,790	26,305	28,478	8,796	9,211

出所：内閣府「国民経済計算年報(平成2年基準、68SNA)」の
数値を基にEDMCが独自に推計

(十億円 (実質:固定基準方式、1990年価格))

非素材系	食品煙草	繊維	非鉄金属	金属機械	その他	石油・石炭製品	年度
99,784	18,306	7,899	3,417	45,585	24,577	12,610	1970
104,746	19,537	8,217	3,600	47,133	26,260	13,632	1971
114,866	19,721	8,701	4,410	52,542	29,492	14,545	1972
124,022	22,307	8,163	4,918	59,695	28,938	16,221	1973
111,826	21,625	7,938	3,848	54,127	24,289	15,601	1974
116,051	24,671	9,245	4,583	50,959	26,593	16,733	1975
125,527	25,196	8,706	5,691	57,522	28,412	17,621	1976
131,515	26,428	8,686	5,935	61,465	29,000	17,431	1977
140,682	27,185	8,388	6,554	66,867	31,687	16,626	1978
149,778	27,804	8,491	6,821	74,404	32,258	16,936	1979
154,049	26,642	8,472	7,120	81,145	30,669	12,714	1980
162,835	28,161	8,519	7,132	86,722	32,302	13,449	1981
164,419	30,240	8,137	6,772	86,308	32,961	12,781	1982
174,987	31,243	8,108	6,756	93,845	35,035	12,992	1983
186,986	31,552	7,739	7,052	104,526	36,117	12,653	1984
195,693	33,373	7,647	6,164	110,852	37,656	12,143	1985
200,572	33,279	7,745	6,161	114,007	39,380	11,371	1986
209,692	33,803	7,625	6,284	120,433	41,547	11,150	1987
227,121	34,543	7,695	6,727	134,014	44,142	11,336	1988
239,555	34,098	7,460	7,143	144,736	46,118	11,501	1989
257,190	34,437	7,402	7,878	159,088	48,385	11,284	1990
266,745	35,361	7,269	8,198	166,493	49,424	12,055	1991
258,366	35,636	6,927	7,968	160,057	47,779	11,992	1992
249,236	35,651	6,308	7,702	153,734	45,842	12,241	1993
251,961	35,739	5,876	7,590	158,031	44,724	12,586	1994
261,270	36,197	5,601	7,872	166,905	44,694	12,103	1995
275,578	35,639	5,220	8,412	180,463	45,845	12,586	1996
279,233	35,371	4,988	8,417	186,221	44,236	13,214	1997
265,893	35,858	4,445	7,907	175,448	42,235	13,331	1998

1．産業部門

(13)製造業生産額当たりエネルギー消費原単位（1994年度～）

年度	製造業	素材系				
			鉄鋼	化学	窯業土石	紙・パルプ
1994	503	1,317	1,298	1,489	1,233	957
1995	502	1,343	1,322	1,513	1,245	1,000
1996	488	1,340	1,361	1,483	1,214	976
1997	495	1,371	1,400	1,512	1,236	991
1998	512	1,427	1,547	1,516	1,295	955
1999	538	1,498	1,596	1,635	1,307	991
2000	525	1,476	1,531	1,640	1,225	1,038
2001	518	1,419	1,470	1,578	1,253	911
2002	522	1,457	1,548	1,599	1,219	939
2003	513	1,459	1,508	1,637	1,207	937
2004	499	1,439	1,409	1,682	1,232	906
2005	488	1,429	1,315	1,761	1,227	896
2006	477	1,397	1,253	1,766	1,194	862
2007	457	1,357	1,204	1,740	1,168	822
2008	457	1,352	1,239	1,648	1,266	833
2009	475	1,397	1,273	1,690	1,367	797
2010	471	1,378	1,290	1,649	1,284	802
2011	460	1,361	1,352	1,573	1,207	758
2012	457	1,327	1,266	1,555	1,270	745
2013	458	1,357	1,300	1,592	1,275	773
2014	446	1,337	1,308	1,548	1,238	750
2015	436	1,311	1,320	1,484	1,176	720
2016	427	1,262	1,317	1,363	1,147	741
2017	421	1,261	1,288	1,393	1,140	735
2018	408	1,238	1,313	1,312	1,141	748
2019	411	1,246	1,317	1,311	1,179	766
2020	401	1,196	1,323	1,224	1,080	745
2021	406	1,213	1,315	1,265	1,049	756

出所：表Ⅱ-1(7)と表Ⅱ-1(10)より算出

(10^{4}kcal/百万円 (2015年価格))

非素材系	食品煙草	繊維	非鉄金属	金属機械	その他	年度
190	131	234	411	84	508	1994
192	137	251	381	83	530	1995
190	137	250	347	80	556	1996
190	138	259	340	83	550	1997
202	141	281	358	86	604	1998
216	143	320	364	87	678	1999
211	147	336	341	83	689	2000
214	142	354	332	76	748	2001
217	146	372	332	75	783	2002
214	148	388	321	73	792	2003
205	148	396	320	72	770	2004
199	151	405	330	71	762	2005
195	156	408	331	73	747	2006
184	154	347	320	70	725	2007
191	155	372	343	70	771	2008
199	153	435	322	74	777	2009
194	161	516	302	74	758	2010
193	161	510	320	70	774	2011
194	162	525	313	70	775	2012
186	159	444	323	65	761	2013
179	157	456	320	63	741	2014
179	151	415	313	61	758	2015
183	162	466	317	62	783	2016
179	159	465	320	61	775	2017
173	153	448	319	59	752	2018
173	150	446	304	61	737	2019
171	150	482	326	60	698	2020
170	156	524	319	59	693	2021

1．産業部門

(14)製造業生産額当たりエネルギー消費原単位（1970年度～1998年度）

年度	製造業	素材系				
			鉄鋼	化学	窯業土石	紙・パルプ
1970	791	2,140	1,962	3,068	1,668	1,448
1971	789	2,158	2,033	3,035	1,622	1,442
1972	752	1,973	1,847	2,723	1,520	1,396
1973	768	2,014	1,896	2,901	1,518	1,390
1974	809	2,087	1,985	2,764	1,655	1,556
1975	746	2,025	1,960	2,652	1,630	1,413
1976	734	1,989	1,845	2,787	1,650	1,322
1977	688	1,891	1,746	2,564	1,623	1,272
1978	651	1,772	1,566	2,406	1,699	1,226
1979	624	1,694	1,493	2,313	1,663	1,191
1980	580	1,592	1,465	2,012	1,617	1,160
1981	531	1,498	1,492	1,705	1,506	1,042
1982	498	1,425	1,464	1,566	1,394	999
1983	476	1,376	1,416	1,495	1,375	970
1984	472	1,396	1,421	1,547	1,353	983
1985	456	1,364	1,402	1,512	1,270	953
1986	440	1,363	1,426	1,502	1,202	977
1987	443	1,369	1,425	1,520	1,168	1,012
1988	439	1,387	1,465	1,479	1,228	1,078
1989	431	1,398	1,497	1,493	1,234	1,029
1990	415	1,364	1,491	1,448	1,163	984
1991	409	1,399	1,474	1,546	1,235	956
1992	408	1,349	1,399	1,468	1,254	969
1993	422	1,377	1,446	1,466	1,304	996
1994	433	1,407	1,397	1,593	1,271	1,028
1995	432	1,446	1,426	1,638	1,304	1,083
1996	419	1,422	1,406	1,608	1,266	1,067
1997	420	1,457	1,448	1,639	1,296	1,087
1998	433	1,509	1,549	1,668	1,358	1,043

出所：表II-1-(7)と表II-1-(12)より算出

(10^{4}kcal/百万円 (1990年価格))

非素材系						年度
	食品煙草	繊維	非鉄金属	金属機械	その他	
258	216	690	1,118	101	324	1970
264	208	709	1,070	97	354	1971
260	219	710	950	88	359	1972
268	209	801	954	84	426	1973
295	215	807	1,130	81	545	1974
277	188	702	849	75	502	1975
279	186	763	717	73	542	1976
263	175	703	702	68	534	1977
246	170	740	653	66	475	1978
229	166	624	675	60	474	1979
219	171	577	620	57	496	1980
213	180	686	499	67	444	1981
198	148	683	442	66	422	1982
188	143	640	436	67	403	1983
180	139	550	445	65	417	1984
176	126	537	509	65	416	1985
168	126	529	508	63	385	1986
166	132	551	451	63	382	1987
165	139	562	433	62	387	1988
159	139	541	451	61	375	1989
155	142	466	503	60	370	1990
151	139	452	506	57	370	1991
152	141	478	492	59	370	1992
159	140	528	515	60	397	1993
159	143	567	525	60	407	1994
158	148	604	479	58	425	1995
154	152	608	427	55	447	1996
150	153	614	422	55	446	1997
160	154	678	429	57	487	1998

2．家庭部門

2．家庭部門

(1)個人消費・世帯数・家庭部門エネルギー消費の推移

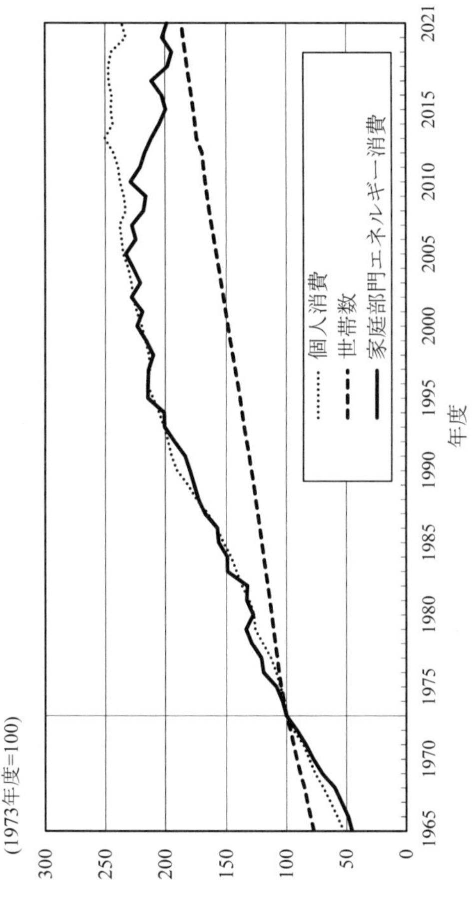

2．家庭部門

(2)家庭部門用途別エネルギー消費量

年度	用途別消費量(10^{10}kcal)					
	冷房用	暖房用	給湯用	厨房用	動力他	用途計
1965	39	4,066	2,757	1,888	1,947	10,696
1970	152	7,229	5,024	2,296	3,628	18,329
1973	270	7,107	8,261	2,755	5,198	23,591
1975	312	7,715	8,796	2,808	5,944	25,574
1980	203	8,643	10,824	2,941	7,510	30,120
1985	565	10,610	13,248	3,489	8,970	36,883
1990	897	10,452	15,322	4,076	11,635	42,380
1991	662	11,235	14,802	4,154	12,473	43,327
1992	702	12,050	15,613	4,274	12,734	45,373
1993	421	12,716	16,582	4,417	13,173	47,310
1994	1,492	12,938	15,196	4,343	13,398	47,367
1995	1,121	13,951	16,497	4,651	14,353	50,573
1996	757	13,437	16,477	4,610	15,248	50,529
1997	925	12,405	17,142	4,617	15,345	50,437
1998	1,233	12,910	15,374	4,260	15,699	49,474
1999	1,231	14,334	15,028	4,208	16,078	50,881
2000	1,257	14,655	15,862	4,354	16,560	52,688
2001	1,097	13,619	15,696	4,355	16,845	51,611
2002	1,096	15,224	15,735	4,480	17,269	53,804
2003	824	13,667	15,879	4,568	17,098	52,035
2004	1,379	14,421	15,989	4,428	17,192	53,409
2005	1,398	15,740	16,400	4,568	16,795	54,901
2006	954	13,238	16,514	4,731	17,500	52,936
2007	1,002	14,248	15,751	4,691	17,980	53,672
2008	891	13,661	14,648	4,342	17,841	51,382
2009	714	13,661	14,684	4,304	17,591	50,955
2010	1,451	14,988	14,871	4,420	18,225	53,955
2011	1,043	15,122	14,572	4,322	16,998	52,057
2012	917	14,797	14,083	4,252	17,119	51,168
2013	1,056	13,943	13,783	4,219	16,857	49,857
2014	674	13,904	13,247	4,155	16,326	48,306
2015	811	12,401	13,482	4,181	16,168	47,043
2016	1,019	12,980	13,471	4,202	16,198	47,871
2017	978	14,963	13,385	4,229	16,284	49,837
2018	1,392	12,414	12,947	4,201	15,725	46,679
2019	1,087	11,999	12,573	4,273	15,934	45,866
2020	1,126	12,804	12,925	4,337	16,579	47,770
2021	1,145	12,886	12,627	4,316	15,854	46,827
	構成比 (%)					
1965	0.4	38.0	25.8	17.6	18.2	100.0
1980	0.7	28.7	35.9	9.8	24.9	100.0
1990	2.1	24.7	36.2	9.6	27.5	100.0
2000	2.4	27.8	30.1	8.3	31.4	100.0
2010	2.7	27.8	27.6	8.2	33.8	100.0
2021	2.4	27.5	27.0	9.2	33.9	100.0

出所：EDMC推計

対前年度伸び率(%)						
冷房用	暖房用	給湯用	厨房用	動力他	用途計	年度
-	-	-	-	-	8.8	1965
49.7	13.1	6.9	3.0	15.2	10.6	1970
57.0	-1.6	17.8	9.5	12.6	9.5	1973
43.6	1.0	5.0	1.9	10.4	4.9	1975
-52.3	-7.7	-2.9	-9.4	1.6	-4.6	1980
1.0	14.0	-1.3	2.2	5.2	4.7	1985
63.5	-7.9	4.6	-0.6	6.8	2.0	1990
-26.2	7.5	-3.4	1.9	7.2	2.2	1991
6.1	7.3	5.5	2.9	2.1	4.7	1992
-40.1	5.5	6.2	3.4	3.4	4.3	1993
254.9	1.7	-8.4	-1.7	1.7	0.1	1994
-24.9	7.8	8.6	7.1	7.1	6.8	1995
-32.5	-3.7	-0.1	-0.9	6.2	-0.1	1996
22.3	-7.7	4.0	0.2	0.6	-0.2	1997
33.2	4.1	-10.3	-7.7	2.3	-1.9	1998
-0.2	11.0	-2.2	-1.2	2.4	2.8	1999
2.1	2.2	5.5	3.5	3.0	3.6	2000
-12.7	-7.1	-1.0	0.0	1.7	-2.0	2001
-0.1	11.8	0.3	2.9	2.5	4.2	2002
-24.8	-10.2	0.9	1.9	-1.0	-3.3	2003
67.4	5.5	0.7	-3.1	0.5	2.6	2004
1.4	9.1	2.6	3.2	-2.3	2.8	2005
-31.8	-15.9	0.7	3.6	4.2	-3.6	2006
5.0	7.6	-4.6	-0.9	2.7	1.4	2007
-11.1	-4.1	-7.0	-7.4	-0.8	-4.3	2008
-19.8	0.0	0.2	-0.9	-1.4	-0.8	2009
103.3	9.7	1.3	2.7	3.6	5.9	2010
-28.1	0.9	-2.0	-2.2	-6.7	-3.5	2011
-12.0	-2.2	-3.4	-1.6	0.7	-1.7	2012
15.1	-5.8	-2.1	-0.8	-1.5	-2.6	2013
-36.2	-0.3	-3.9	-1.5	-3.2	-3.1	2014
20.3	-10.8	1.8	0.6	-1.0	-2.6	2015
25.7	4.7	-0.1	0.5	0.2	1.8	2016
-4.1	15.3	-0.6	0.6	0.5	4.1	2017
42.4	-17.0	-3.3	-0.7	-3.4	-6.3	2018
-21.9	-3.3	-2.9	1.7	1.3	-1.7	2019
3.6	6.7	2.8	1.5	4.0	4.2	2020
1.7	0.6	-2.3	-0.5	-4.4	-2.0	2021
年度平均伸び率 (%)						
31.2	12.2	12.8	4.0	13.3	11.4	70/65
2.9	1.8	8.0	2.5	7.5	5.1	80/70
16.0	1.9	3.5	3.3	4.5	3.5	90/80
3.4	3.4	0.3	0.7	3.6	2.2	00/90
1.5	0.2	-0.6	0.1	1.0	0.2	10/00
-2.1	-1.4	-1.5	-0.2	-1.3	-1.3	21/10

2．家庭部門

(3)家庭部門エネルギー源別エネルギー消費量

年度	エネルギー源別消費量(10^{10}kcal)						
	石炭等	灯油	LPG	都市ガス	電力	太陽熱	合計
1965	3,776	1,614	1,288	1,580	2,438	-	10,696
1970	2,404	5,717	2,686	2,943	4,579	-	18,329
1973	1,445	7,374	4,109	4,016	6,648	-	23,591
1975	861	7,568	4,658	4,544	7,808	136	25,574
1980	529	8,565	5,065	5,649	9,947	365	30,120
1985	357	10,959	5,719	6,743	12,263	842	36,883
1990	222	10,925	6,526	7,764	15,820	1,124	42,380
1991	208	10,837	6,558	8,163	16,481	1,080	43,327
1992	199	11,844	6,757	8,492	17,045	1,036	45,373
1993	192	12,797	6,808	8,987	17,514	1,011	47,310
1994	175	12,033	6,838	8,398	18,932	992	47,367
1995	157	13,311	7,386	9,035	19,714	970	50,573
1996	144	12,803	7,504	9,170	19,975	932	50,529
1997	128	12,771	7,271	9,058	20,275	932	50,437
1998	120	12,528	6,005	9,031	20,966	825	49,474
1999	122	13,333	5,826	9,278	21,570	750	50,881
2000	107	13,897	6,307	9,491	22,100	786	52,688
2001	101	12,926	6,454	9,355	22,049	726	51,611
2002	95	13,758	6,819	9,673	22,793	666	53,804
2003	90	12,501	6,685	9,706	22,435	618	52,035
2004	80	13,110	6,689	9,463	23,488	579	53,409
2005	76	13,867	6,915	9,928	23,567	548	54,901
2006	74	12,339	6,948	9,765	23,291	520	52,936
2007	73	12,033	6,944	9,873	24,257	492	53,672
2008	72	11,029	6,303	9,646	23,864	468	51,382
2009	66	10,904	6,070	9,629	23,857	428	50,955
2010	68	11,895	6,273	9,789	25,535	395	53,955
2011	66	11,486	6,069	9,791	24,284	361	52,057
2012	59	11,127	5,764	9,799	24,091	328	51,168
2013	60	10,475	5,511	9,554	23,960	297	49,857
2014	59	9,816	5,393	9,582	23,185	270	48,306
2015	55	9,193	5,164	9,242	23,142	247	47,043
2016	54	9,459	5,131	9,406	23,603	218	47,871
2017	55	10,239	5,219	9,873	24,251	200	49,837
2018	51	8,692	4,990	9,244	23,518	183	46,679
2019	49	8,138	4,907	9,376	23,229	167	45,866
2020	50	8,833	4,518	10,016	24,202	151	47,770
2021	50	7,768	4,726	9,914	24,232	137	46,827
	構成比 (%)						
1965	35.3	15.1	12.0	14.8	22.8	0.0	100.0
1980	1.8	28.4	16.8	18.8	33.0	1.2	100.0
1990	0.5	25.8	15.4	18.3	37.3	2.7	100.0
2000	0.2	26.4	12.0	18.0	41.9	1.5	100.0
2010	0.1	22.0	11.6	18.1	47.3	0.7	100.0
2021	0.1	16.6	10.1	21.2	51.7	0.3	100.0

出所：経済産業省/EDMC「総合エネルギー統計」、EDMC推計
注：石炭等は、石炭、練豆炭、薪、木炭、熱、その他の合計。

対前年度伸び率 (%)							年度
石炭等	灯油	LPG	都市ガス	電力	太陽熱	合計	
-1.1	19.8	13.8	16.4	12.0	-	8.8	1965
-13.2	22.8	4.5	12.7	15.5	-	10.6	1970
-1.6	10.6	5.2	11.8	12.5	-	9.5	1973
-38.6	3.5	9.3	4.7	10.6	-	4.9	1975
-10.5	-12.3	-10.0	3.7	0.2	71.4	-4.6	1980
-12.7	8.7	2.0	3.0	3.8	8.4	4.7	1985
-10.1	-2.7	-1.1	-0.4	7.8	13.3	2.0	1990
-6.3	-0.8	0.5	5.1	4.2	-3.9	2.2	1991
-4.3	9.3	3.0	4.0	3.4	-4.1	4.7	1992
-3.5	8.0	0.8	5.8	2.8	-2.4	4.3	1993
-8.9	-6.0	0.4	-6.6	8.1	-1.9	0.1	1994
-10.3	10.6	8.0	7.6	4.1	-2.2	6.8	1995
-8.3	-3.8	1.6	1.5	1.3	-3.9	-0.1	1996
-11.1	-0.2	-3.1	-1.2	1.5	0.0	-0.2	1997
-6.3	-1.9	-17.4	-0.3	3.4	-11.5	-1.9	1998
1.7	6.4	-3.0	2.7	2.9	-9.1	2.8	1999
-12.3	4.2	8.3	2.3	2.5	4.8	3.6	2000
-5.6	-7.0	2.3	-1.4	-0.2	-7.6	-2.0	2001
-5.9	6.4	5.7	3.4	3.4	-8.3	4.2	2002
-5.3	-9.1	-2.0	0.3	-1.6	-7.2	-3.3	2003
-11.1	4.9	0.1	-2.5	4.7	-6.3	2.6	2004
-5.0	5.8	3.4	4.9	0.3	-5.4	2.8	2005
-2.6	-11.0	0.5	-1.6	-1.2	-5.1	-3.6	2006
-1.4	-2.5	-0.1	1.1	4.1	-5.4	1.4	2007
-1.4	-8.3	-9.2	-2.3	-1.6	-4.9	-4.3	2008
-8.3	-1.1	-3.7	-0.2	0.0	-8.5	-0.8	2009
3.0	9.1	3.3	1.7	7.0	-7.7	5.9	2010
-2.9	-3.4	-3.3	0.0	-4.9	-8.6	-3.5	2011
-10.6	-3.1	-5.0	0.1	-0.8	-9.1	-1.7	2012
1.7	-5.9	-4.4	-2.5	-0.5	-9.5	-2.6	2013
-1.7	-6.3	-2.1	0.3	-3.2	-9.1	-3.1	2014
-6.8	-6.3	-4.2	-3.5	-0.2	-8.5	-2.6	2015
-1.8	2.9	-0.6	1.8	2.0	-11.7	1.8	2016
1.9	8.2	1.7	5.0	2.7	-8.3	4.1	2017
-7.3	-15.1	-4.4	-6.4	-3.0	-8.5	-6.3	2018
-3.9	-6.4	-1.7	1.4	-1.2	-8.7	-1.7	2019
2.0	8.5	-7.9	6.8	4.2	-9.6	4.2	2020
0.0	-12.1	4.6	-1.0	0.1	-9.3	-2.0	2021
年度平均伸び率 (%)							
-8.6	28.8	15.8	13.2	13.4	-	11.4	70/65
-14.0	4.1	6.5	6.7	8.1	-	5.1	80/70
-8.3	2.5	2.6	3.2	4.7	11.9	3.5	90/80
-7.0	2.4	-0.3	2.0	3.4	-3.5	2.2	00/90
-4.4	-1.5	-0.1	0.3	1.5	-6.6	0.2	10/00
-2.8	-3.8	-2.5	0.1	-0.5	-9.2	-1.3	21/10

2．家庭部門

(4)家庭部門世帯当たり用途別エネルギー消費量

年度	用途別原単位(千kcal/世帯)					
	冷房用	暖房用	給湯用	厨房用	動力他	用途計
1965	15	1,593	1,080	740	763	4,191
1970	51	2,407	1,673	765	1,208	6,104
1973	83	2,178	2,532	844	1,593	7,231
1975	92	2,275	2,594	828	1,753	7,542
1980	56	2,378	2,978	809	2,066	8,287
1985	145	2,721	3,398	895	2,301	9,460
1990	215	2,501	3,666	975	2,784	10,140
1991	156	2,646	3,486	978	2,938	10,205
1992	163	2,797	3,624	992	2,956	10,533
1993	96	2,912	3,798	1,012	3,017	10,834
1994	337	2,925	3,435	982	3,029	10,708
1995	250	3,112	3,680	1,037	3,202	11,281
1996	166	2,953	3,621	1,013	3,351	11,106
1997	200	2,688	3,714	1,000	3,325	10,927
1998	263	2,758	3,284	910	3,354	10,569
1999	259	3,023	3,169	887	3,391	10,729
2000	262	3,052	3,304	907	3,449	10,973
2001	226	2,800	3,227	895	3,463	10,611
2002	222	3,090	3,194	910	3,506	10,922
2003	165	2,742	3,186	917	3,431	10,441
2004	273	2,858	3,169	878	3,407	10,585
2005	274	3,080	3,209	894	3,287	10,743
2006	184	2,560	3,193	915	3,384	10,237
2007	191	2,723	3,010	896	3,436	10,257
2008	168	2,583	2,770	821	3,374	9,717
2009	134	2,560	2,752	807	3,296	9,549
2010	270	2,787	2,765	822	3,389	10,032
2011	193	2,792	2,690	798	3,138	9,610
2012	165	2,662	2,534	765	3,080	9,207
2013	189	2,492	2,463	754	3,013	8,911
2014	120	2,465	2,348	737	2,894	8,563
2015	142	2,178	2,367	734	2,839	8,260
2016	177	2,258	2,344	731	2,818	8,329
2017	169	2,579	2,307	729	2,807	8,591
2018	238	2,121	2,212	718	2,687	7,975
2019	184	2,031	2,128	723	2,697	7,764
2020	189	2,152	2,172	729	2,787	8,029
2021	192	2,156	2,113	722	2,653	7,836
	構成比 (%)					
1965	0.4	38.0	25.8	17.6	18.2	100.0
1980	0.7	28.7	35.9	9.8	24.9	100.0
1990	2.1	24.7	36.2	9.6	27.5	100.0
2000	2.4	27.8	30.1	8.3	31.4	100.0
2010	2.7	27.8	27.6	8.2	33.8	100.0
2021	2.4	27.5	27.0	9.2	33.9	100.0

出所：EDMC推計

対前年度伸び率 (%)						年度
冷房用	暖房用	給湯用	厨房用	動力他	用途計	
-	-	-	-	-	-	1965
45.4	9.8	3.7	0.0	11.8	7.4	1970
53.5	-3.8	15.2	7.1	10.2	7.1	1973
41.0	-0.8	3.1	0.1	8.4	3.1	1975
-52.9	-9.0	-4.3	-10.6	0.2	-5.9	1980
-0.4	12.4	-2.6	0.8	3.8	3.3	1985
60.9	-9.3	3.0	-2.1	5.2	0.5	1990
-27.3	5.8	-4.9	0.3	5.5	0.6	1991
4.5	5.7	4.0	1.4	0.6	3.2	1992
-40.9	4.1	4.8	2.0	2.1	2.9	1993
250.3	0.4	-9.5	-2.9	0.4	-1.2	1994
-25.9	6.4	7.1	5.7	5.7	5.3	1995
-33.5	-5.1	-1.6	-2.3	4.7	-1.6	1996
20.5	-9.0	2.6	-1.3	-0.8	-1.6	1997
31.4	2.6	-11.6	-9.0	0.9	-3.3	1998
-1.4	9.6	-3.5	-2.5	1.1	1.5	1999
0.9	1.0	4.2	2.2	1.7	2.3	2000
-13.8	-8.3	-2.3	-1.3	0.4	-3.3	2001
-1.4	10.4	-1.0	1.6	1.2	2.9	2002
-25.7	-11.3	-0.3	0.8	-2.1	-4.4	2003
65.3	4.2	-0.5	-4.2	-0.7	1.4	2004
0.1	7.8	1.3	1.9	-3.5	1.5	2005
-32.6	-16.9	-0.5	2.3	3.0	-4.7	2006
3.8	6.4	-5.7	-2.0	1.5	0.2	2007
-12.0	-5.1	-8.0	-8.4	-1.8	-5.3	2008
-20.6	-0.9	-0.7	-1.8	-2.3	-1.7	2009
101.7	8.9	0.5	1.9	2.8	5.1	2010
-28.6	0.2	-2.7	-2.9	-7.4	-4.2	2011
-14.3	-4.6	-5.8	-4.1	-1.8	-4.2	2012
14.3	-6.4	-2.8	-1.4	-2.2	-3.2	2013
-36.7	-1.1	-4.7	-2.3	-3.9	-3.9	2014
19.2	-11.6	0.8	-0.3	-1.9	-3.5	2015
24.5	3.7	-1.0	-0.4	-0.7	0.8	2016
-5.0	14.2	-1.6	-0.3	-0.4	3.2	2017
41.1	-17.8	-4.1	-1.5	-4.3	-7.2	2018
-22.6	-4.2	-3.8	0.8	0.4	-2.6	2019
2.9	5.9	2.1	0.8	3.3	3.4	2020
1.2	0.2	-2.7	-0.9	-4.8	-2.4	2021
年度平均伸び率 (%)						
27.0	8.6	9.1	0.7	9.6	7.8	70/65
1.0	-0.1	5.9	0.6	5.5	3.1	80/70
14.4	0.5	2.1	1.9	3.0	2.0	90/80
2.0	2.0	-1.0	-0.7	2.2	0.8	00/90
0.3	-0.9	-1.8	-1.0	-0.2	-0.9	10/00
-3.1	-2.3	-2.4	-1.2	-2.2	-2.2	21/10

2．家庭部門

(5)家庭部門世帯当たり用途別エネルギー源別エネルギー消費量

(1970年度)　(千kcal/世帯、%)

	暖房用	冷房用	給湯用	厨房用	動力他	合計	構成比
電力	155	51	38	74	1,208	1,525	(25.0)
都市ガス	14	-	785	181	-	980	(16.1)
LPG	19	-	581	295	-	895	(14.7)
灯油	1,663	-	168	73	-	1,904	(31.2)
石炭等	557	-	101	143	-	801	(13.1)
太陽熱	-	-	-	-	-	-	-
合計	2,407	51	1,673	765	1,208	6,104	(100.0)
構成比	(39.4)	(0.8)	(27.4)	(12.5)	(19.8)	(100.0)	

(1980年度)　(千kcal/世帯、%)

	暖房用	冷房用	給湯用	厨房用	動力他	合計	構成比
電力	164	56	357	93	2,066	2,737	(33.0)
都市ガス	164	-	1,125	265	-	1,554	(18.8)
LPG	45	-	940	408	-	1,394	(16.8)
灯油	1,915	-	430	11	-	2,356	(28.4)
石炭等	89	0	26	31	-	146	(1.8)
太陽熱	-	-	100	-	-	100	(1.2)
合計	2,378	56	2,978	809	2,066	8,287	(100.0)
構成比	(28.7)	(0.7)	(35.9)	(9.8)	(24.9)	(100.0)	

(1990年度)　(千kcal/世帯、%)

	暖房用	冷房用	給湯用	厨房用	動力他	合計	構成比
電力	314	215	335	137	2,784	3,785	(37.3)
都市ガス	274	-	1,247	337	-	1,858	(18.3)
LPG	42	-	1,030	489	-	1,561	(15.4)
灯油	1,843	-	769	2	-	2,614	(25.8)
石炭等	28	0	15	10	-	53	(0.5)
太陽熱	-	-	269	-	-	269	(2.7)
合計	2,501	215	3,666	975	2,784	10,140	(100.0)
構成比	(24.7)	(2.1)	(36.2)	(9.6)	(27.5)	(100.0)	

出所：EDMC推計

(2000年度) (千kcal/世帯、%)

	暖房用	冷房用	給湯用	厨房用	動力他	合計	構成比
電力	445	262	293	154	3,449	4,603	(41.9)
都市ガス	359	-	1,277	341	-	1,977	(18.0)
LPG	55	-	851	408	-	1,314	(12.0)
灯油	2,183	-	711	0	-	2,894	(26.4)
石炭等	10	0	8	4	-	22	(0.2)
太陽熱	-	-	164	-	-	164	(1.5)
合計	3,052	262	3,304	907	3,449	10,973	(100.0)
構成比	(27.8)	(2.4)	(30.1)	(8.3)	(31.4)	(100.0)	

(2010年度) (千kcal/世帯、%)

	暖房用	冷房用	給湯用	厨房用	動力他	合計	構成比
電力	590	269	327	173	3,389	4,748	(47.3)
都市ガス	372	-	1,152	297	-	1,820	(18.1)
LPG	102	-	714	350	-	1,166	(11.6)
灯油	1,718	-	494	0	-	2,212	(22.0)
石炭等	5	0	5	2	-	13	(0.1)
太陽熱	-	-	73	-	-	73	(0.7)
合計	2,787	270	2,765	822	3,389	10,032	(100.0)
構成比	(27.8)	(2.7)	(27.6)	(8.2)	(33.8)	(100.0)	

(2021年度) (千kcal/世帯、%)

	暖房用	冷房用	給湯用	厨房用	動力他	合計	構成比
電力	721	191	287	202	2,653	4,055	(51.7)
都市ガス	295	-	1,082	281	-	1,659	(21.2)
LPG	82	-	471	238	-	791	(10.1)
灯油	1,054	-	246	-	-	1,300	(16.6)
石炭等	3	0	4	1	-	8	(0.1)
太陽熱	-	-	23	-	-	23	(0.3)
合計	2,156	192	2,113	722	2,653	7,836	(100.0)
構成比	(27.5)	(2.4)	(27.0)	(9.2)	(33.9)	(100.0)	

注:石炭等は、石炭、練豆炭、薪、木炭、熱、その他の合計。

2．家庭部門

(6)家庭用エネルギー消費機器の普及状況

用途		品目＼年度	1965	1970	1975	1980	1985	1990	1995	2000	2005
普及率	冷暖房	石油ストーブ	45.8	82.0	89.5	91.3	84.0	75.3	66.1	58.9	N.A.
		温風ヒーター	N.A.	N.A.	N.A.	18.4	42.3	61.2	67.0	69.5	N.A.
		電気カーペット	N.A.	N.A.	N.A.	N.A.	N.A.	50.2	65.3	68.3	N.A.
		ルームエアコン	2.0	7.7	19.5	41.2	54.6	68.1	77.2	86.2	88.2
		冷房用	N.A.	N.A.	N.A.	N.A.	43.8	46.3	41.3	33.6	N.A.
		冷暖用	N.A.	N.A.	N.A.	N.A.	20.0	38.0	56.7	72.9	N.A.
	給湯	ガス湯沸器	N.A.	46.0	69.1	77.3	69.3	62.1	55.0	49.0	N.A.
		温水器	N.A.	N.A.	N.A.	N.A.	24.8	37.0	30.3	33.0	50.9
	厨房	電子レンジ	N.A.	3.0	20.8	37.4	45.3	75.6	88.4	95.3	N.A.
		電気冷蔵庫	61.6	91.2	96.1	99.2	98.4	98.9	98.4	98.4	N.A.
		300L以上	N.A.	N.A.	N.A.	N.A.	N.A.	N.A.	62.6	72.5	N.A.
		300L未満	N.A.	N.A.	N.A.	N.A.	N.A.	N.A.	46.7	38.8	N.A.
	その他	電気洗濯機	75.5	93.6	98.1	99.2	99.6	99.4	99.2	99.3	N.A.
		全自動	N.A.	N.A.	N.A.	N.A.	33.9	42.7	61.9	82.0	N.A.
		その他	N.A.	N.A.	N.A.	N.A.	68.0	61.1	42.6	22.6	N.A.
		衣類乾燥機	N.A.	N.A.	N.A.	N.A.	9.7	15.8	19.8	21.7	27.3
		洗濯機一体型	N.A.	N.A.	N.A.	N.A.	N.A.	N.A.	N.A.	N.A.	N.A.
		その他	N.A.	N.A.	N.A.	N.A.	N.A.	N.A.	N.A.	N.A.	N.A.
		布団乾燥機	N.A.	N.A.	N.A.	17.8	19.5	30.6	37.4	37.0	N.A.
		カラーテレビ	0.3	42.3	93.7	98.5	98.9	99.3	99.1	99.2	99.4
		29インチ以上	N.A.	N.A.	N.A.	N.A.	N.A.	N.A.	39.2	50.9	N.A.
		29インチ未満	N.A.	N.A.	N.A.	N.A.	N.A.	N.A.	87.0	83.5	N.A.
		VTR	N.A.	N.A.	N.A.	5.1	33.5	71.5	73.8	79.3	N.A.
		ステレオ	16.7	33.9	53.8	58.5	60.5	57.9	58.2	52.9	N.A.
		CDプレーヤー	N.A.	N.A.	N.A.	N.A.	N.A.	41.0	56.8	62.1	N.A.
		電気掃除機	41.2	74.3	92.7	95.4	98.2	98.7	98.2	98.3	N.A.
		パソコン	N.A.	N.A.	N.A.	N.A.	N.A.	11.5	17.3	50.1	68.3
保有率		石油ストーブ	N.A.	109.2	157.1	174.9	161.0	145.6	118.2	101.0	N.A.
		ファンヒーター	N.A.	N.A.	N.A.	N.A.	40.5	74.7	99.0	111.2	131.9
		ルームエアコン	N.A.	8.8	24.8	57.9	88.0	126.5	166.1	217.4	255.3
		電気冷蔵庫	N.A.	94.4	108.9	115.2	114.3	119.4	119.4	121.4	N.A.
		カラーテレビ	N.A.	43.5	117.2	150.9	174.7	201.3	215.1	230.6	250.3
		ブラウン管	N.A.	N.A.	N.A.	N.A.	N.A.	N.A.	N.A.	N.A.	226.4
		薄型	N.A.	N.A.	N.A.	N.A.	N.A.	N.A.	N.A.	N.A.	23.9
		光ディスクプレーヤー・レコーダー	N.A.	N.A.	N.A.	N.A.	N.A.	N.A.	N.A.	N.A.	90.8
		パソコン	N.A.	N.A.	N.A.	N.A.	N.A.	12.7	20.2	65.8	104.1
		温水洗浄便座	N.A.	N.A.	N.A.	N.A.	N.A.	N.A.	30.8	53.0	82.1

出所：内閣府「消費動向調査」

(普及率(%)、保有率(台/百世帯))

2010	2011	2012	2013	2014	2015	2016	2017	2018	2019	2020	2021
N.A.	N.A.	N.A.	N.A.	N.A.	N.A.	N.A.	N.A.	N.A.	N.A.	N.A.	N.A.
N.A.	N.A.	N.A.	N.A.	N.A.	N.A.	N.A.	N.A.	N.A.	N.A.	N.A.	N.A.
N.A.	N.A.	N.A.	N.A.	N.A.	N.A.	N.A.	N.A.	N.A.	N.A.	N.A.	N.A.
89.2	90.0	90.5	90.6	91.2	92.5	91.1	91.1	90.6	91.0	92.2	91.8
N.A.	N.A.	N.A.	N.A.	N.A.	N.A.	N.A.	N.A.	N.A.	N.A.	N.A.	N.A.
N.A.	N.A.	N.A.	N.A.	N.A.	N.A.	N.A.	N.A.	N.A.	N.A.	N.A.	N.A.
N.A.	N.A.	N.A.	N.A.	N.A.	N.A.	N.A.	N.A.	N.A.	N.A.	N.A.	N.A.
55.8	58.0	57.1	56.5	58.9	62.2	46.4	45.9	44.8	47.5	47.0	48.4
N.A.	N.A.	N.A.	N.A.	N.A.	N.A.	N.A.	N.A.	N.A.	N.A.	N.A.	N.A.
N.A.	N.A.	N.A.	N.A.	N.A.	N.A.	N.A.	N.A.	N.A.	N.A.	N.A.	N.A.
N.A.	N.A.	N.A.	N.A.	N.A.	N.A.	N.A.	N.A.	N.A.	N.A.	N.A.	N.A.
N.A.	N.A.	N.A.	N.A.	N.A.	N.A.	N.A.	N.A.	N.A.	N.A.	N.A.	N.A.
N.A.	N.A.	N.A.	N.A.	N.A.	N.A.	N.A.	N.A.	N.A.	N.A.	N.A.	N.A.
N.A.	N.A.	N.A.	N.A.	N.A.	N.A.	N.A.	N.A.	N.A.	N.A.	N.A.	N.A.
N.A.	N.A.	N.A.	N.A.	N.A.	N.A.	N.A.	N.A.	N.A.	N.A.	N.A.	N.A.
29.8	32.2	31.7	55.2	58.3	59.1	56.3	56.1	53.0	55.6	54.3	56.3
N.A.	N.A.	N.A.	41.9	44.0	45.1	44.8	44.3	40.1	43.3	41.4	40.8
N.A.	N.A.	N.A.	23.8	26.1	26.5	21.3	21.5	22.9	22.8	22.7	26.8
N.A.	N.A.	N.A.	N.A.	N.A.	N.A.	N.A.	N.A.	N.A.	N.A.	N.A.	N.A.
99.6	99.4	99.3	96.5	97.5	98.1	96.7	96.6	96.7	96.0	96.2	95.7
N.A.	N.A.	N.A.	N.A.	N.A.	N.A.	N.A.	N.A.	N.A.	N.A.	N.A.	N.A.
N.A.	N.A.	N.A.	N.A.	N.A.	N.A.	N.A.	N.A.	N.A.	N.A.	N.A.	N.A.
N.A.	N.A.	N.A.	N.A.	N.A.	N.A.	N.A.	N.A.	N.A.	N.A.	N.A.	N.A.
N.A.	N.A.	N.A.	N.A.	N.A.	N.A.	N.A.	N.A.	N.A.	N.A.	N.A.	N.A.
N.A.	N.A.	N.A.	N.A.	N.A.	N.A.	N.A.	N.A.	N.A.	N.A.	N.A.	N.A.
N.A.	N.A.	N.A.	N.A.	N.A.	N.A.	N.A.	N.A.	N.A.	N.A.	N.A.	N.A.
76.0	77.3	78.0	78.7	78.0	79.1	76.7	78.4	77.3	77.0	78.5	78.9
N.A.	N.A.	N.A.	N.A.	N.A.	N.A.	N.A.	N.A.	N.A.	N.A.	N.A.	N.A.
116.4	126.1	114.9	108.3	106.9	106.5	95.1	92.7	91.8	88.5	86.4	81.5
259.9	268.0	264.3	275.8	274.7	283.7	281.7	281.3	291.8	289.2	282.7	285.4
N.A.	N.A.	N.A.	N.A.	N.A.	N.A.	N.A.	N.A.	N.A.	N.A.	N.A.	N.A.
239.6	232.4	225.9	208.1	211.3	215.5	209.2	210.4	216.3	212.2	207.6	206.3
75.9	34.6	25.7	N.A.	N.A.	N.A.	N.A.	N.A.	N.A.	N.A.	N.A.	N.A.
163.7	197.8	200.2	208.1	211.3	215.5	209.2	210.4	216.3	212.2	207.6	206.3
133.1	140.4	144.1	121.5	128.5	133.3	123.1	126.0	121.2	122.2	122.5	120.0
122.9	129.9	128.1	131.2	126.8	128.0	122.7	124.1	123.3	123.6	128.3	128.4
95.9	100.1	102.9	105.9	108.4	115.3	110.9	113.1	114.4	114.5	113.2	113.3

注: (1)二人以上の世帯。
(2)1980年度以降は年度末月現在、1975年度以前は年度末月の前月(2月)現在。
(3)温水器は1987年度より太陽熱温水器を含む。
(4)カラーテレビのうち、ブラウン管テレビは2012年度調査で終了。

2．家庭部門

(7)都市別冷房度日

年度	全国平均	札幌	仙台	東京	富山
1965	253	11	85	237	182
1970	333	54	110	357	267
1973	345	57	175	357	302
1975	367	23	151	391	268
1980	197	0	14	204	73
1985	396	94	203	389	314
1990	455	46	176	451	312
1991	372	12	84	358	207
1992	318	12	99	316	235
1993	190	5	17	188	84
1994	524	117	259	523	423
1995	398	20	166	432	269
1996	327	19	88	310	243
1997	358	28	105	376	262
1998	409	7	68	374	247
1999	438	126	196	483	351
2000	475	66	189	511	416
2001	418	2	104	436	311
2002	430	3	137	438	346
2003	301	0	53	281	189
2004	492	65	142	524	355
2005	449	50	148	433	340
2006	376	68	102	357	280
2007	437	51	155	413	304
2008	399	16	79	385	318
2009	329	10	51	307	190
2010	559	122	304	603	472
2011	473	59	241	489	391
2012	462	96	254	498	425
2013	511	51	151	515	388
2014	363	40	140	394	255
2015	322	42	181	318	271
2016	431	64	175	362	325
2017	397	40	127	339	301
2018	489	45	239	470	431
2019	439	80	200	399	358
2020	442	69	200	405	365
2021	407	128	177	330	317

出所：EDMC推計

(度日)

名古屋	大阪	広島	高松	福岡	年度
292	393	234	289	327	1965
317	456	358	375	412	1970
334	457	338	362	422	1973
334	499	345	356	508	1975
233	376	112	195	191	1980
401	511	385	427	525	1985
480	596	543	509	580	1990
425	570	448	438	405	1991
361	438	391	358	357	1992
187	307	244	261	217	1993
551	678	629	593	581	1994
414	501	446	470	450	1995
357	453	444	423	447	1996
370	466	421	439	421	1997
455	583	540	543	546	1998
429	571	464	450	437	1999
509	597	497	544	506	2000
467	568	473	490	464	2001
470	584	490	525	475	2002
304	459	340	413	404	2003
526	641	532	551	560	2004
489	583	513	552	584	2005
416	523	429	473	457	2006
477	571	515	557	573	2007
461	512	492	522	498	2008
383	470	373	441	422	2009
591	642	582	641	601	2010
526	559	502	525	542	2011
469	531	517	512	495	2012
559	627	588	616	652	2013
406	455	370	411	367	2014
376	415	336	378	320	2015
492	589	537	570	572	2016
452	546	474	514	553	2017
570	585	547	557	601	2018
537	566	515	526	504	2019
527	585	487	561	502	2020
465	535	488	494	593	2021

注:(1)日平均気温より作成。
　24度を超える日の平均気温と22度との差を合計。
(2)全国平均は全国9地域の人口による加重平均値。

2．家庭部門

(8)都市別暖房度日

年度	全国平均	札幌	仙台	東京	富山
1965	1,203	2,781	1,683	1,006	1,475
1970	1,224	2,678	1,754	1,031	1,565
1973	1,297	2,716	1,818	1,086	1,662
1975	1,123	2,692	1,625	957	1,449
1980	1,226	2,731	1,765	976	1,655
1985	1,263	2,837	1,825	1,050	1,601
1990	944	2,239	1,406	768	1,291
1991	936	2,410	1,517	783	1,272
1992	962	2,428	1,516	803	1,282
1993	1,082	2,530	1,603	924	1,458
1994	982	2,469	1,577	827	1,327
1995	1,106	2,445	1,617	904	1,507
1996	1,035	2,598	1,598	800	1,395
1997	928	2,528	1,527	772	1,219
1998	953	2,548	1,515	794	1,238
1999	1,002	2,568	1,488	776	1,322
2000	1,030	2,769	1,696	849	1,339
2001	893	2,401	1,442	685	1,213
2002	1,103	2,571	1,666	936	1,427
2003	925	2,351	1,460	753	1,218
2004	963	2,474	1,549	783	1,262
2005	1,116	2,587	1,701	920	1,471
2006	864	2,435	1,464	665	1,180
2007	996	2,529	1,562	851	1,296
2008	898	2,273	1,441	739	1,163
2009	954	2,430	1,464	805	1,249
2010	1,079	2,455	1,636	899	1,435
2011	1,100	2,654	1,696	949	1,456
2012	1,060	2,592	1,627	866	1,435
2013	1,024	2,518	1,567	832	1,398
2014	994	2,265	1,470	882	1,337
2015	875	2,359	1,336	794	1,129
2016	966	2,559	1,444	881	1,214
2017	1,072	2,511	1,526	963	1,363
2018	865	2,340	1,359	787	1,129
2019	818	2,329	1,310	767	1,057
2020	863	2,366	1,417	758	1,197
2021	966	2,304	1,441	879	1,291

出所:EDMC推計

(度日)

名古屋	大阪	広島	高松	福岡	年度
1,221	988	1,091	1,055	837	1965
1,214	1,004	1,163	1,094	916	1970
1,354	1,095	1,289	1,206	971	1973
1,106	881	1,071	1,019	841	1975
1,250	1,011	1,264	1,191	962	1980
1,242	1,071	1,234	1,172	1,008	1985
952	771	872	871	752	1990
890	725	824	845	679	1991
948	762	873	868	691	1992
1,092	887	973	962	803	1993
968	786	846	834	689	1994
1,212	959	1,087	1,062	883	1995
1,086	896	987	980	790	1996
899	740	770	790	631	1997
947	775	820	813	640	1998
1,054	857	933	937	753	1999
1,015	823	920	887	691	2000
939	715	872	790	627	2001
1,117	929	1,051	985	791	2002
950	744	874	796	672	2003
959	761	929	848	723	2004
1,178	944	1,065	1,010	802	2005
870	687	818	771	599	2006
962	815	937	861	707	2007
871	758	872	800	654	2008
915	796	913	838	707	2009
1,061	906	1,091	976	875	2010
1,079	914	1,030	952	802	2011
1,096	938	987	964	745	2012
1,053	901	971	937	742	2013
990	843	939	887	706	2014
792	691	786	732	635	2015
947	797	851	797	610	2016
1,040	903	1,011	984	815	2017
824	696	750	728	551	2018
745	634	693	684	483	2019
807	677	784	741	589	2020
950	794	873	839	686	2021

注:(1)日平均気温より作成。
14度を下回る日の平均気温と14度との差を合計。
(2)全国平均は全国9地域の人口による加重平均値。

2. 家庭部門

(9)東京の月別平均気温

年度	4月	5月	6月	7月	8月	9月	10月
1965	11.1	17.2	21.6	24.2	26.7	22.2	16.9
1970	13.0	19.6	20.7	25.4	27.4	24.0	17.2
1973	15.3	17.9	19.8	26.1	28.5	23.2	17.4
1975	14.3	18.6	21.6	25.6	27.3	25.2	17.3
1980	13.6	19.2	23.6	23.8	23.4	23.0	18.2
1985	14.2	19.1	20.2	26.3	27.9	23.1	17.9
1990	14.7	19.2	23.5	25.7	28.6	24.8	19.2
1991	15.4	18.8	23.6	26.7	25.5	23.9	18.1
1992	15.1	17.3	20.6	25.5	27.0	23.3	17.3
1993	13.4	18.1	21.7	22.5	24.8	22.9	17.5
1994	15.8	19.5	22.4	28.3	28.9	24.8	20.2
1995	15.0	19.1	20.4	26.4	29.4	23.7	19.5
1996	12.7	18.1	22.6	26.2	26.0	22.4	18.0
1997	15.2	19.2	22.7	26.6	27.0	22.9	18.7
1998	16.3	20.5	21.5	25.3	27.2	24.4	20.1
1999	15.0	19.9	22.8	25.9	28.5	26.2	19.5
2000	14.5	19.8	22.5	27.7	28.3	25.6	18.8
2001	15.7	19.5	23.1	28.5	26.4	23.2	18.7
2002	16.1	18.4	21.6	28.0	28.0	23.1	19.0
2003	15.1	18.8	23.2	22.8	26.0	24.2	17.8
2004	16.4	19.6	23.7	28.5	27.2	25.1	17.5
2005	15.1	17.7	23.2	25.6	28.1	24.7	19.2
2006	13.6	19.0	22.5	25.6	27.5	23.5	19.5
2007	13.7	19.8	23.2	24.4	29.0	25.2	19.0
2008	14.7	18.5	21.3	27.0	26.8	24.4	19.4
2009	15.7	20.1	22.5	26.3	26.6	23.0	19.0
2010	12.4	19.0	23.6	28.0	29.6	25.1	18.9
2011	14.5	18.5	22.8	27.3	27.5	25.1	19.5
2012	14.5	19.6	21.4	26.4	29.1	26.2	19.4
2013	15.2	19.8	22.9	27.3	29.2	25.2	19.8
2014	15.0	20.3	23.4	26.8	27.7	23.2	19.1
2015	14.5	21.1	22.1	26.2	26.7	22.6	18.4
2016	15.4	20.2	22.4	25.4	27.1	24.4	18.7
2017	14.7	20.0	22.0	27.3	26.4	22.8	16.8
2018	17.0	19.8	22.4	28.3	28.1	22.9	19.1
2019	13.6	20.0	21.8	24.1	28.4	25.1	19.4
2020	12.8	19.5	23.2	24.3	29.1	24.2	17.5
2021	15.1	19.6	22.7	25.9	27.4	22.3	18.2

出所:気象庁、EDMC推計

(°C、度日)

11月	12月	1月	2月	3月	暖房度日	冷房度日	年度
12.7	7.0	4.6	7.2	9.6	1,006	237	1965
12.3	6.8	5.1	5.9	8.3	1,031	357	1970
12.1	6.6	4.4	5.1	7.3	1,086	357	1973
12.7	6.7	5.4	6.8	9.0	957	391	1975
13.0	7.7	4.4	5.3	9.0	976	204	1980
13.3	7.4	4.5	4.3	7.8	1,050	389	1985
15.1	10.0	6.3	6.5	9.5	768	451	1990
13.0	9.2	6.8	6.9	9.7	783	358	1991
13.0	9.4	6.2	7.7	8.7	803	316	1992
14.1	8.5	5.5	6.6	8.1	924	188	1993
13.4	9.0	6.3	6.5	8.9	827	523	1994
12.7	7.7	6.6	5.4	9.2	904	432	1995
13.2	9.3	6.8	7.0	10.5	800	310	1996
14.3	9.2	5.3	7.0	10.1	772	376	1997
13.9	9.0	6.6	6.7	10.1	794	374	1998
14.2	9.0	7.6	6.0	9.4	776	483	1999
13.3	8.8	4.9	6.6	9.8	849	511	2000
13.1	8.4	7.4	7.9	12.2	685	436	2001
11.6	7.2	5.5	6.4	8.7	936	438	2002
14.4	9.2	6.3	8.5	9.8	753	281	2003
15.6	9.9	6.1	6.1	9.0	783	524	2004
13.3	6.4	5.1	6.7	9.8	920	433	2005
14.4	9.5	7.6	8.6	10.8	665	357	2006
13.3	9.0	5.9	5.5	10.7	851	413	2007
13.1	9.8	6.8	7.8	10.0	739	385	2008
13.5	9.0	7.0	6.5	9.1	805	307	2009
13.5	9.9	5.1	7.0	8.1	899	603	2010
14.9	7.5	4.8	5.4	8.8	949	489	2011
12.7	7.3	5.5	6.2	12.1	866	498	2012
13.5	8.3	6.3	5.9	10.4	832	515	2013
14.2	6.7	5.8	5.7	10.3	882	394	2014
13.9	9.3	6.1	7.2	10.1	794	318	2015
11.4	8.9	5.8	6.9	8.5	881	362	2016
11.9	6.6	4.7	5.4	11.5	963	339	2017
14.0	8.3	5.6	7.2	10.6	787	470	2018
13.1	8.5	7.1	8.3	10.7	767	399	2019
14.0	7.7	5.4	8.5	12.8	758	405	2020
13.7	7.9	4.9	5.2	10.9	879	330	2021

2．家庭部門

(10)主要民生用機器の省エネルギーの進展状況

(1)電気冷蔵庫

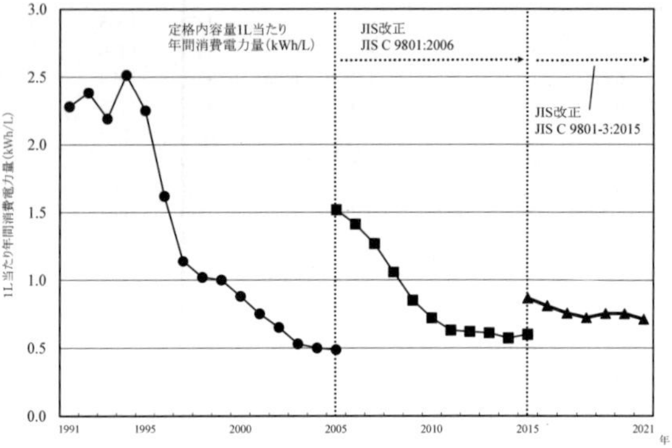

出所：総合資源エネルギー調査会第4回省エネルギー部会資料、
資源エネルギー庁、(一財)省エネルギーセンター「省エネ性能カタログ」
注：2004年以降は、定格内容積401～450リットルに該当する各社製品の平均。

(2)エアコン

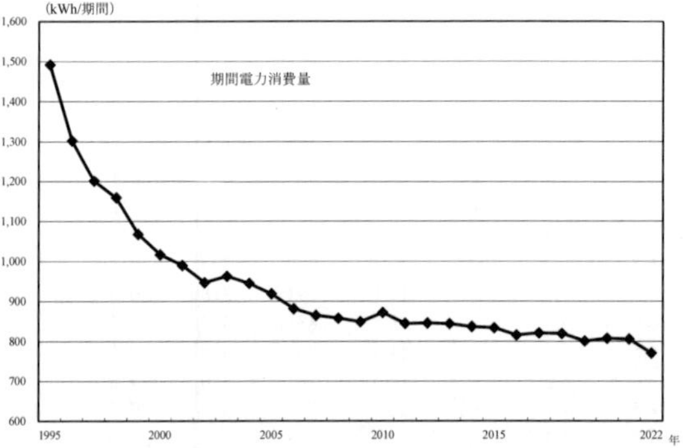

出所：(一社)日本冷凍空調工業会
注：冷暖房兼用・壁掛け型・冷房能力2.8kWクラス・省エネルギー型の代表機種の単純平均値。

(3) カラーテレビ

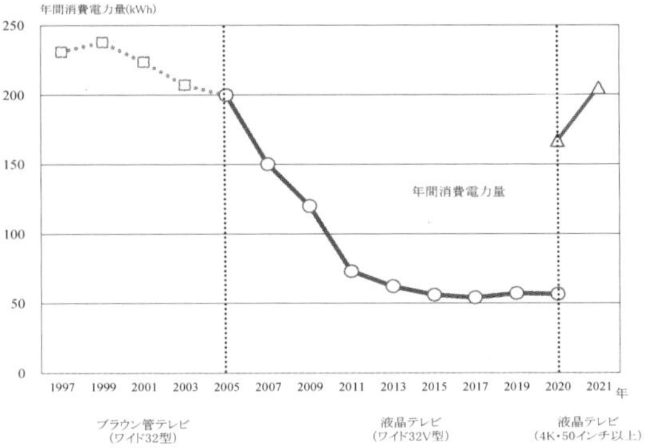

出所：資源エネルギー庁、(一財)省エネルギーセンター「省エネ性能カタログ」より作成
注：カタログ値の単純平均。

(4) タイプ別給湯器の出荷台数構成比

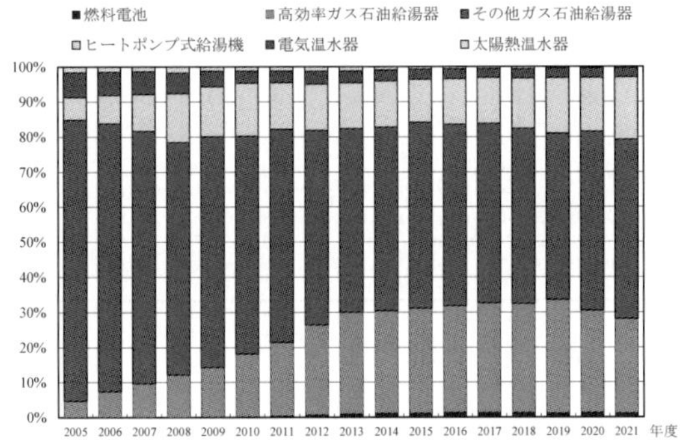

出所：経済産業省「生産動態統計」、日本ガス協会、日本ガス石油機器工業会、
(一財) コージェネレーション・エネルギー高度利用センターより作成

2．家庭部門

(11)家計のエネルギー関連消費支出

(円/世帯)

年度	消費支出計	電気	都市ガス	LPG	灯油	他光熱	ガソリン	エネルギー計	世帯人員(人)
1965	592,952	11,878	5,213	2,757	1,482	5,347	1,093	27,770	4.26
1970	979,961	18,314	7,461	5,393	4,190	3,476	4,389	43,223	3.98
1973	1,399,925	23,690	10,266	9,574	5,780	2,989	8,615	60,914	3.91
1975	1,944,494	33,587	17,324	14,409	9,360	2,746	15,654	93,080	3.89
1980	2,801,584	68,335	31,672	27,563	21,008	2,094	36,061	186,733	3.82
1985	3,286,883	90,086	38,808	28,992	22,426	1,943	48,242	230,497	3.71
1990	3,775,690	89,845	35,080	27,478	16,382	539	50,911	220,235	3.56
1991	3,968,297	93,753	37,084	28,999	15,072	560	52,151	227,619	3.57
1992	4,002,733	96,464	38,151	29,220	15,932	554	53,313	233,634	3.53
1993	4,024,559	98,169	38,212	31,283	16,218	535	55,177	239,594	3.49
1994	3,981,452	105,878	34,931	31,233	14,159	495	59,160	245,856	3.47
1995	3,968,829	109,652	37,185	31,625	14,836	431	55,007	248,736	3.42
1996	3,968,982	109,039	39,950	31,011	15,537	399	50,999	246,935	3.34
1997	3,971,839	112,169	40,444	32,076	14,530	396	46,318	245,933	3.34
1998	3,923,690	110,740	38,479	32,746	12,279	473	44,032	238,749	3.31
1999	3,854,002	111,847	37,805	32,507	13,655	480	47,785	244,079	3.30
2000	3,814,832	115,950	37,921	33,017	16,443	376	53,449	257,156	3.31
2001	3,675,217	113,484	38,069	31,641	14,208	410	51,969	249,781	3.28
2002	3,653,550	112,168	37,520	31,140	14,881	415	54,062	250,186	3.24
2003	3,639,177	109,026	37,169	31,948	13,318	347	56,096	247,904	3.22
2004	3,621,306	111,417	36,346	29,618	16,161	339	60,004	253,885	3.19
2005	3,589,877	112,585	38,515	29,256	22,280	407	66,739	269,782	3.17
2006	3,544,729	111,033	38,998	29,774	21,033	354	70,983	272,175	3.16
2007	3,588,802	114,013	39,273	30,791	23,501	323	74,501	282,402	3.14
2008	3,533,133	119,047	40,453	30,565	18,835	351	75,321	284,572	3.13
2009	3,505,756	112,938	39,093	27,871	16,033	384	63,527	259,846	3.11
2010	3,451,742	119,409	38,558	27,449	20,614	428	70,052	276,510	3.09
2011	3,408,523	117,539	39,857	26,950	21,898	367	72,064	278,675	3.08
2012	3,452,405	123,290	42,038	26,070	21,732	387	72,090	285,607	3.07
2013	3,521,378	131,978	42,715	24,371	21,783	381	76,980	298,208	3.05
2014	3,458,257	136,889	44,428	24,932	18,181	389	72,077	296,896	3.03
2015	3,427,060	127,123	41,114	22,925	12,217	348	59,536	263,263	3.02
2016	3,372,456	118,493	35,626	21,507	13,017	432	53,368	242,443	2.99
2017	3,415,042	128,463	36,169	22,142	16,478	370	60,578	264,200	2.98
2018	3,468,086	128,800	36,258	20,711	15,005	464	67,834	269,072	2.98
2019	3,494,818	127,653	35,440	21,457	14,056	538	64,767	263,911	2.97
2020	3,314,003	127,443	34,874	21,484	13,101	570	50,473	247,945	2.95
2021	3,371,225	130,420	37,571	20,685	15,208	485	62,198	266,567	2.93
				対消費支出構成比(%)					
1965	100.0	2.0	0.9	0.5	0.2	0.9	0.2	4.7	
1980	100.0	2.4	1.1	1.0	0.7	0.1	1.3	6.7	
1990	100.0	2.4	0.9	0.7	0.4	0.0	1.3	5.8	
2000	100.0	3.0	1.0	0.9	0.4	0.0	1.4	6.7	
2010	100.0	3.5	1.1	0.8	0.6	0.0	2.0	8.0	
2021	100.0	3.9	1.1	0.6	0.5	0.0	1.8	7.9	

出所：総務省「家計調査年報」、「家計調査」よりEDMC推計

注：(1)二人以上の世帯。1999年までは農林漁家世帯を除く。

(2)他光熱は石炭、薪、木炭など。

3. 業務部門

3. 業務部門

(1)GDP・延床面積・業務部門エネルギー消費の推移

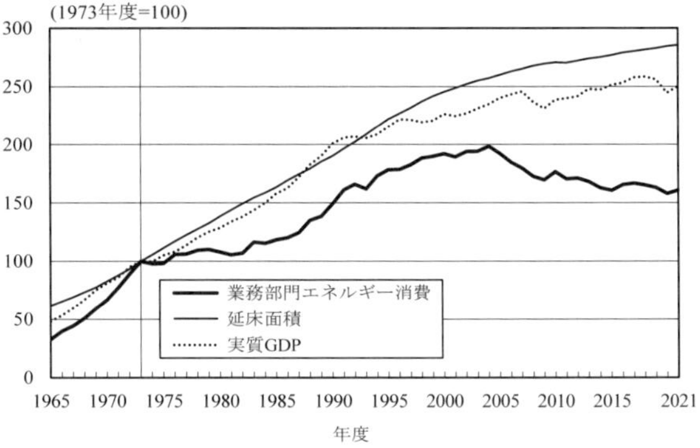

(年平均伸び率：%)

	1965-70	1970-80	1980-90	1990-2000	2000-10	2010-21
業務部門エネルギー消費	15.3	4.9	3.3	2.6	-0.8	-0.8
延床面積	6.1	5.3	3.2	2.6	1.0	0.5
実質GDP	11.0	4.7	4.5	1.2	0.5	0.5

3. 業務部門

(2)業務部門用途別エネルギー消費量

年度	用途別消費量(10^{10}kcal)					
	冷房用	暖房用	給湯用	厨房用	動力他	用途計
1965	349	3,862	2,331	596	866	8,004
1970	615	7,510	5,445	760	2,005	16,335
1973	849	11,445	7,985	947	3,214	24,438
1975	943	10,196	7,989	1,023	3,839	23,989
1980	1,212	10,271	7,193	1,718	5,968	26,363
1985	1,574	9,592	6,741	2,361	8,645	28,913
1990	2,492	9,762	9,130	2,779	12,304	36,466
1991	2,658	10,741	10,177	2,867	12,933	39,377
1992	2,773	11,213	10,265	2,931	13,344	40,527
1993	2,823	11,006	8,832	3,154	13,742	39,557
1994	3,467	10,711	9,478	3,465	15,182	42,303
1995	3,537	11,690	9,042	3,756	15,583	43,608
1996	3,676	10,965	9,087	3,830	16,125	43,682
1997	3,954	10,491	9,583	3,840	16,746	44,614
1998	4,179	10,847	9,611	3,868	17,539	46,045
1999	4,505	10,857	9,035	4,025	17,986	46,408
2000	4,788	10,836	8,658	4,221	18,471	46,973
2001	4,910	9,566	8,603	4,297	18,913	46,290
2002	5,033	10,689	7,888	4,444	19,341	47,397
2003	5,016	10,074	8,734	4,463	19,152	47,438
2004	5,666	9,878	8,165	4,548	20,190	48,447
2005	5,532	10,308	7,534	4,551	19,069	46,994
2006	5,507	8,412	7,732	4,567	18,953	45,170
2007	5,686	8,029	6,517	4,357	19,329	43,918
2008	5,626	7,083	6,154	4,165	19,197	42,223
2009	5,361	7,249	5,973	4,078	18,787	41,449
2010	5,980	7,338	5,660	4,271	19,890	43,139
2011	5,583	7,290	5,521	4,123	19,126	41,641
2012	5,616	7,194	5,558	4,203	19,256	41,826
2013	5,716	6,581	5,289	4,238	19,247	41,073
2014	5,310	6,272	5,123	4,148	18,921	39,775
2015	5,218	5,808	4,985	4,071	19,161	39,242
2016	5,618	6,027	5,000	4,273	19,570	40,488
2017	5,538	6,213	4,964	4,343	19,727	40,784
2018	5,771	5,653	4,924	4,309	19,784	40,441
2019	5,682	5,386	4,758	4,184	19,672	39,682
2020	5,559	5,390	4,618	4,010	19,322	38,899
2021	5,569	5,538	4,586	4,024	19,587	39,303
	構成比(%)					
1965	4.4	48.3	29.1	7.4	10.8	100.0
1980	4.6	39.0	27.3	6.5	22.6	100.0
1990	6.8	26.8	25.0	7.6	33.7	100.0
2000	10.2	23.1	18.4	9.0	39.3	100.0
2010	13.9	17.0	13.1	9.9	46.1	100.0
2021	14.2	14.1	11.7	10.2	49.8	100.0

出所：EDMC推計

対前年度伸び率(%)						年度
冷房用	暖房用	給湯用	厨房用	動力他	用途計	
-	-	-	-	-	-	1965
13.0	9.8	16.9	4.3	19.0	13.0	1970
7.4	18.3	5.7	11.2	12.2	12.4	1973
12.7	-6.0	1.5	1.8	14.8	0.4	1975
-3.7	-0.5	-7.1	3.1	1.3	-1.9	1980
4.1	1.8	-2.4	3.5	7.0	2.5	1985
15.1	8.7	2.7	6.3	10.0	7.8	1990
6.7	10.0	11.5	3.2	5.1	8.0	1991
4.3	4.4	0.9	2.2	3.2	2.9	1992
1.8	-1.9	-14.0	7.6	3.0	-2.4	1993
22.8	-2.7	7.3	9.9	10.5	6.9	1994
2.0	9.1	-4.6	8.4	2.6	3.1	1995
3.9	-6.2	0.5	1.9	3.5	0.2	1996
7.6	-4.3	5.5	0.3	3.8	2.1	1997
5.7	3.4	0.3	0.7	4.7	3.2	1998
7.8	0.1	-6.0	4.0	2.5	0.8	1999
6.3	-0.2	-4.2	4.9	2.7	1.2	2000
2.6	-11.7	-0.6	1.8	2.4	-1.5	2001
2.5	11.7	-8.3	3.4	2.3	2.4	2002
-0.4	-5.8	10.7	0.4	-1.0	0.1	2003
13.0	-1.9	-6.5	1.9	5.4	2.1	2004
-2.4	4.4	-7.7	0.1	-5.6	-3.0	2005
-0.5	-18.4	2.6	0.3	-0.6	-3.9	2006
3.3	-4.6	-15.7	-4.6	2.0	-2.8	2007
-1.1	-11.8	-5.6	-4.4	-0.7	-3.9	2008
-4.7	2.3	-2.9	-2.1	-2.1	-1.8	2009
11.5	1.2	-5.2	4.7	5.9	4.1	2010
-6.7	-0.7	-2.5	-3.5	-3.8	-3.5	2011
0.6	-1.3	0.7	1.9	0.7	0.4	2012
1.8	-8.5	-4.8	0.9	0.0	-1.8	2013
-7.1	-4.7	-3.1	-2.1	-1.7	-3.2	2014
-1.7	-7.4	-2.7	-1.9	1.3	-1.3	2015
7.7	3.8	0.3	5.0	2.1	3.2	2016
-1.4	3.1	-0.7	1.6	0.8	0.7	2017
4.2	-9.0	-0.8	-0.8	0.3	-0.8	2018
-1.5	-4.7	-3.4	-2.9	-0.6	-1.9	2019
-2.2	0.1	-3.0	-4.2	-1.8	-2.0	2020
0.2	2.7	-0.7	0.3	1.4	1.0	2021
年度平均伸び率(%)						
12.0	14.2	18.5	5.0	18.3	15.3	70/65
7.0	3.2	2.8	8.5	11.5	4.9	80/70
7.5	-0.5	2.4	4.9	7.5	3.3	90/80
6.7	1.0	-0.5	4.3	4.1	2.6	00/90
2.2	-3.8	-4.2	0.1	0.7	-0.8	10/00
-0.6	-2.5	-1.9	-0.5	-0.1	-0.8	21/10

3. 業務部門

(3) 業務部門エネルギー源別エネルギー消費量

年度	エネルギー源別消費量(10^{10}kcal)					
	石炭	石油	ガス	電力	熱	合計
1965	1,163	4,319	1,209	1,312	-	8,004
1970	525	11,119	1,904	2,782	5	16,335
1973	257	17,480	2,410	4,276	16	24,438
1975	154	16,180	2,611	4,990	54	23,989
1980	736	14,884	3,224	7,411	107	26,363
1985	1,014	13,458	3,904	10,357	180	28,913
1990	745	15,363	5,342	14,756	260	36,466
1991	658	17,118	5,754	15,534	312	39,377
1992	644	17,522	5,981	16,053	327	40,527
1993	736	15,543	6,368	16,560	350	39,557
1994	926	15,902	6,723	18,325	426	42,303
1995	1,089	16,053	7,131	18,835	500	43,608
1996	1,069	15,135	7,416	19,525	537	43,682
1997	976	15,055	7,695	20,307	580	44,614
1998	1,055	15,522	7,556	21,310	600	46,045
1999	894	14,589	8,403	21,894	629	46,408
2000	943	14,000	8,848	22,524	658	46,973
2001	978	12,572	8,975	23,104	661	46,290
2002	1,060	12,809	9,194	23,661	673	47,397
2003	1,030	12,835	9,442	23,463	668	47,438
2004	1,006	12,185	9,769	24,775	712	48,447
2005	955	11,830	10,068	23,429	712	46,994
2006	1,041	10,188	9,932	23,324	685	45,170
2007	806	8,642	9,941	23,824	705	43,918
2008	665	7,421	9,770	23,699	668	42,223
2009	582	7,302	9,694	23,227	644	41,449
2010	615	7,168	10,065	24,621	670	43,139
2011	580	7,010	9,739	23,698	614	41,641
2012	616	6,848	9,855	23,879	628	41,826
2013	606	5,992	9,950	23,887	638	41,073
2014	613	5,384	9,664	23,505	609	39,775
2015	636	4,860	9,324	23,821	601	39,242
2016	611	4,945	9,968	24,350	614	40,488
2017	614	4,875	10,115	24,567	613	40,784
2018	615	4,584	9,970	24,652	620	40,441
2019	605	4,247	9,686	24,531	613	39,682
2020	557	4,303	9,360	24,098	581	38,899
2021	526	4,245	9,523	24,430	579	39,303
			構成比(%)			
1965	14.5	54.0	15.1	16.4	-	100.0
1980	2.8	56.5	12.2	28.1	0.4	100.0
1990	2.0	42.1	14.6	40.5	0.7	100.0
2000	2.0	29.8	18.8	48.0	1.4	100.0
2010	1.4	16.6	23.3	57.1	1.6	100.0
2021	1.3	10.8	24.2	62.2	1.5	100.0

出所: EDMC推計

対前年度伸び率(%)						年度
石炭	石油	ガス	電力	熱	合計	
-	-	-	-	-	-	1965
-18.7	14.9	8.7	17.1	25.0	13.0	1970
-15.2	14.0	8.4	10.7	14.3	12.4	1973
-32.8	-3.3	3.1	13.5	170.0	0.4	1975
-3.4	-4.1	2.9	0.5	12.6	-1.9	1980
-2.0	-0.1	3.3	6.3	5.9	2.5	1985
5.7	6.0	6.0	10.2	22.1	7.8	1990
-11.7	11.4	7.7	5.3	20.0	8.0	1991
-2.1	2.4	3.9	3.3	4.8	2.9	1992
14.3	-11.3	6.5	3.2	7.0	-2.4	1993
25.8	2.3	5.6	10.7	21.7	6.9	1994
17.6	0.9	6.1	2.8	17.4	3.1	1995
-1.8	-5.7	4.0	3.7	7.4	0.2	1996
-8.7	-0.5	3.8	4.0	8.0	2.1	1997
8.1	3.1	-1.8	4.9	3.4	3.2	1998
-15.3	-6.0	11.2	2.7	4.8	0.8	1999
5.5	-4.0	5.3	2.9	4.6	1.2	2000
3.7	-10.2	1.4	2.6	0.5	-1.5	2001
8.4	1.9	2.4	2.4	1.8	2.4	2002
-2.8	0.2	2.7	-0.8	-0.7	0.1	2003
-2.3	-5.1	3.5	5.6	6.6	2.1	2004
-5.1	-2.9	3.1	-5.4	0.0	-3.0	2005
9.0	-13.9	-1.4	-0.4	-3.8	-3.9	2006
-22.6	-15.2	0.1	2.1	2.9	-2.8	2007
-17.5	-14.1	-1.7	-0.5	-5.2	-3.9	2008
-12.5	-1.6	-0.8	-2.0	-3.6	-1.8	2009
5.7	-1.8	3.8	6.0	4.0	4.1	2010
-5.7	-2.2	-3.2	-3.7	-8.4	-3.5	2011
6.2	-2.3	1.2	0.8	2.3	0.4	2012
-1.6	-12.5	1.0	0.0	1.6	-1.8	2013
1.2	-10.1	-2.9	-1.6	-4.5	-3.2	2014
3.8	-9.7	-3.5	1.3	-1.3	-1.3	2015
-3.9	1.7	6.9	2.2	2.2	3.2	2016
0.5	-1.4	1.5	0.9	-0.2	0.7	2017
0.2	-6.0	-1.4	0.3	1.1	-0.8	2018
-1.6	-7.4	-2.8	-0.5	-1.1	-1.9	2019
-7.9	1.3	-3.4	-1.8	-5.2	-2.0	2020
-5.6	-1.3	1.7	1.4	-0.3	1.0	2021
年度平均伸び率(%)						
-14.7	20.8	9.5	16.2	-	15.3	70/65
3.4	3.0	5.4	10.3	35.8	4.9	80/70
0.1	0.3	5.2	7.1	9.3	3.3	90/80
2.4	-0.9	5.2	4.3	9.7	2.6	00/90
-4.2	-6.5	1.3	0.9	0.2	-0.8	10/00
-1.4	-4.7	-0.5	-0.1	-1.3	-0.8	21/10

注:(1)ガスには都市ガス、LPガスを含む。
(2)熱には、地域熱供給、地熱、太陽熱を含む。

3. 業務部門

(4)業務部門業種別エネルギー消費量

年度	業種別消費量 (10^{10}kcal)									
	事務所・ビル	デパート・スーパー	卸小売	飲食店	学校	ホテル・旅館	病院	娯楽場	その他	合計
1965	1,076	55	998	1,099	1,156	1,240	856	84	1,438	8,004
1970	2,662	126	2,225	2,072	2,501	2,960	2,104	263	1,421	16,335
1973	4,124	227	3,387	2,840	3,567	4,430	3,172	724	1,969	24,438
1975	4,162	270	3,497	2,722	3,059	4,359	3,052	756	2,113	23,989
1980	4,520	348	4,355	2,877	3,236	3,805	3,040	734	3,447	26,363
1985	5,185	378	5,165	2,736	3,245	3,657	3,182	861	4,503	28,913
1990	6,963	511	6,487	3,400	3,624	4,861	4,216	1,036	5,368	36,466
1991	7,482	544	6,988	3,601	3,874	5,341	4,705	1,128	5,714	39,377
1992	7,767	563	7,286	3,670	3,895	5,503	4,776	1,195	5,873	40,527
1993	7,745	575	7,368	3,685	3,663	5,158	4,396	1,184	5,783	39,557
1994	8,375	638	7,783	3,851	3,761	5,578	4,706	1,275	6,336	42,303
1995	8,550	664	8,262	3,931	3,796	5,542	4,746	1,342	6,776	43,608
1996	8,575	694	8,255	3,993	3,697	5,542	4,772	1,345	6,811	43,682
1997	8,701	732	8,363	4,069	3,681	5,732	4,994	1,384	6,958	44,614
1998	8,862	734	8,802	4,097	3,707	5,825	5,264	1,432	7,319	46,045
1999	8,944	740	9,060	4,231	3,705	5,734	5,282	1,484	7,227	46,408
2000	9,001	761	9,290	4,295	3,691	5,657	5,380	1,507	7,390	46,973
2001	8,877	772	9,020	4,297	3,517	5,587	5,356	1,458	7,404	46,290
2002	8,944	779	9,551	4,341	3,638	5,464	5,456	1,542	7,680	47,397
2003	8,806	768	9,291	4,389	3,621	5,564	5,694	1,512	7,794	47,438
2004	9,181	812	9,556	4,416	3,670	5,553	5,775	1,579	7,906	48,447
2005	8,854	770	9,493	4,267	3,573	5,209	5,653	1,557	7,618	46,994
2006	8,706	751	8,713	4,161	3,445	5,133	5,497	1,431	7,335	45,170
2007	8,851	752	8,654	4,058	3,421	4,841	5,131	1,423	6,786	43,918
2008	8,718	734	8,263	3,939	3,310	4,665	4,895	1,361	6,340	42,223
2009	8,578	701	8,257	3,889	3,275	4,541	4,799	1,338	6,070	41,449
2010	9,115	725	8,700	3,966	3,433	4,626	4,907	1,419	6,246	43,139
2011	8,785	674	8,459	3,825	3,330	4,397	4,777	1,372	6,023	41,641
2012	8,871	657	8,439	3,829	3,361	4,352	4,801	1,366	6,149	41,826
2013	8,868	637	8,143	3,768	3,344	4,223	4,682	1,341	6,065	41,073
2014	8,662	600	7,863	3,685	3,274	4,013	4,505	1,290	5,883	39,775
2015	8,660	595	7,667	3,632	3,237	3,919	4,441	1,263	5,827	39,242
2016	8,948	612	7,931	3,727	3,369	3,990	4,590	1,309	6,013	40,488
2017	9,036	589	8,062	3,760	3,426	3,972	4,599	1,317	6,024	40,784
2018	9,042	562	7,845	3,687	3,390	4,005	4,567	1,300	6,044	40,441
2019	8,940	527	7,656	3,613	3,337	3,955	4,449	1,275	5,930	39,682
2020	8,719	520	7,587	3,418	3,283	3,709	4,490	1,266	5,907	38,899
2021	8,833	533	7,611	3,423	3,342	3,814	4,543	1,287	5,918	39,303
	構成比 (%)									
1965	13.4	0.7	12.5	13.7	14.4	15.5	10.7	1.1	18.0	100.0
1980	17.1	1.3	16.5	10.9	12.3	14.4	11.5	2.8	13.1	100.0
1990	19.1	1.4	17.8	9.3	9.9	13.3	11.6	2.8	14.7	100.0
2000	19.2	1.6	19.8	9.1	7.9	12.0	11.5	3.2	15.7	100.0
2010	21.1	1.7	20.2	9.2	8.0	10.7	11.4	3.3	14.5	100.0
2021	22.5	1.4	19.4	8.7	8.5	9.7	11.6	3.3	15.1	100.0

出所：EDMC推計

対前年度伸び率 (%)										
事務所・ビル	デパート・スーパー	卸小売	飲食店	学校	ホテル・旅館	病院	娯楽場	その他	合計	年度
-	-	-	-	-	-	-	-	-	-	1965
16.1	17.8	14.6	10.5	9.8	16.0	15.5	21.2	3.6	13.0	1970
11.8	27.3	12.8	9.7	15.2	8.2	8.7	56.5	15.4	12.4	1973
2.4	6.4	4.1	-2.6	-6.5	-0.1	0.5	3.7	4.1	0.4	1975
-2.6	-2.8	1.2	-0.6	0.7	-6.8	-3.5	-2.6	-1.2	-1.9	1980
4.0	2.0	4.8	-1.2	2.7	0.1	0.3	5.5	3.7	2.5	1985
9.0	9.6	9.9	6.4	5.9	6.6	7.0	9.3	7.1	7.8	1990
7.4	6.6	7.7	5.9	6.9	9.9	11.6	8.9	6.4	8.0	1991
3.8	3.5	4.3	1.9	0.6	3.0	1.5	5.9	2.8	2.9	1992
-0.3	2.1	1.1	0.4	-6.0	-6.3	-7.9	-0.9	-1.5	-2.4	1993
8.1	11.0	5.6	4.5	2.7	8.2	7.0	7.7	9.6	6.9	1994
2.1	3.9	6.2	2.1	0.9	-0.6	0.8	5.3	7.0	3.1	1995
0.3	4.6	-0.1	1.6	-2.6	0.0	0.6	0.3	0.5	0.2	1996
1.5	5.5	1.3	1.9	-0.4	3.4	4.6	2.9	2.2	2.1	1997
1.8	0.3	5.3	0.7	0.7	1.6	5.4	3.4	5.2	3.2	1998
0.9	0.8	2.9	3.3	-0.1	-1.6	0.3	3.6	-1.3	0.8	1999
0.6	2.8	2.5	1.5	-0.4	-1.3	1.9	1.5	2.3	1.2	2000
-1.4	1.4	-2.9	0.0	-4.7	-1.2	-0.4	-3.3	0.2	-1.5	2001
0.8	0.8	5.9	1.0	3.4	-2.2	1.9	5.8	3.7	2.4	2002
-1.5	-1.3	-2.7	1.1	-0.5	1.8	4.4	-1.9	1.5	0.1	2003
4.3	5.7	2.9	0.6	1.4	-0.2	1.4	4.4	1.4	2.1	2004
-3.6	-5.1	-0.7	-3.4	-2.7	-6.2	-2.1	-1.4	-3.6	-3.0	2005
-1.7	-2.5	-8.2	-2.5	-3.6	-1.5	-2.8	-8.1	-3.7	-3.9	2006
1.7	0.2	-0.7	-2.5	-0.7	-5.7	-6.7	-0.6	-7.5	-2.8	2007
-1.5	-2.5	-4.5	-2.9	-3.3	-3.6	-4.6	-4.4	-6.6	-3.9	2008
-1.6	-4.4	-0.1	-1.3	-1.0	-2.6	-2.0	-1.6	-4.3	-1.8	2009
6.3	3.5	5.4	2.0	4.8	1.9	2.2	6.0	2.9	4.1	2010
-3.6	-7.1	-2.8	-3.6	-3.0	-4.9	-2.7	-3.3	-3.6	-3.5	2011
1.0	-2.5	-0.2	0.1	0.9	-1.0	0.5	-0.4	2.1	0.4	2012
0.0	-3.2	-3.5	-1.6	-0.5	-3.0	-2.5	-1.8	-1.4	-1.8	2013
-2.3	-5.7	-3.4	-2.2	-2.1	-5.0	-3.8	-3.9	-3.0	-3.2	2014
0.0	-0.9	-2.5	-1.4	-1.1	-2.3	-1.4	-2.1	-0.9	-1.3	2015
3.3	2.9	3.4	2.6	4.1	1.8	3.3	3.6	3.2	3.2	2016
1.0	-3.6	1.7	0.9	1.7	-0.5	0.2	0.7	0.2	0.7	2017
0.1	-4.7	-2.7	-1.9	-1.0	0.8	-0.7	-1.3	0.3	-0.8	2018
-1.1	-6.1	-2.4	-2.0	-1.6	-1.2	-2.6	-1.9	-1.9	-1.9	2019
-2.5	-1.3	-0.9	-5.4	-1.6	-6.2	0.9	-0.7	-0.4	-2.0	2020
1.3	2.3	0.3	0.1	1.8	2.9	1.2	1.7	0.2	1.0	2021
年度平均伸び率 (%)										
19.8	18.1	17.4	13.5	16.7	19.0	19.7	25.6	-0.2	15.3	70/65
5.4	10.7	6.9	3.3	2.6	2.5	3.8	10.8	9.3	4.9	80/70
4.4	3.9	4.1	1.7	1.1	2.5	3.3	3.5	4.5	3.3	90/80
2.6	4.1	3.7	2.4	0.2	1.5	2.5	3.8	3.2	2.6	00/90
0.1	-0.5	-0.7	-0.8	-0.7	-2.0	-0.9	-0.6	-1.7	-0.8	10/00
-0.3	-2.8	-1.2	-1.3	-0.2	-1.7	-0.7	-0.9	-0.5	-0.8	21/10

注：(1)娯楽場は、劇場・映画館、ホール、市民会館等。
(2)その他は、福祉施設、図書館、博物館、体育館、集会施設等。

3. 業務部門

(5) 業務部門床面積当たり用途別エネルギー消費量

年度	用途別原単位 (千kcal/m^2)					
	冷房用	暖房用	給湯用	厨房用	動力他	用途計
1965	8.4	92.5	55.8	14.3	20.7	191.7
1970	11.0	134.0	97.2	13.6	35.8	291.5
1973	12.6	169.4	118.2	14.0	47.6	361.7
1975	12.5	135.3	106.0	13.6	50.9	318.3
1980	12.9	109.7	76.9	18.4	63.8	281.7
1985	14.3	86.9	61.1	21.4	78.3	262.0
1990	19.4	75.9	71.0	21.6	95.7	283.6
1991	20.0	80.8	76.6	21.6	97.3	296.3
1992	20.3	82.0	75.1	21.4	97.6	296.5
1993	20.0	78.1	62.7	22.4	97.5	280.8
1994	23.8	73.6	65.1	23.8	104.3	290.7
1995	23.6	78.0	60.3	25.1	103.9	290.8
1996	24.0	71.6	59.3	25.0	105.3	285.3
1997	25.3	67.0	61.2	24.5	107.0	285.1
1998	26.1	67.7	60.0	24.1	109.5	287.5
1999	27.6	66.5	55.4	24.7	110.2	284.3
2000	28.9	65.4	52.2	25.5	111.5	283.4
2001	29.2	57.0	51.2	25.6	112.6	275.6
2002	29.6	62.8	46.3	26.1	113.6	278.4
2003	29.1	58.4	50.7	25.9	111.1	275.2
2004	32.6	56.9	47.0	26.2	116.3	279.0
2005	31.5	58.6	42.9	25.9	108.5	267.4
2006	31.0	47.4	43.5	25.7	106.7	254.3
2007	31.7	44.8	36.4	24.3	107.9	245.2
2008	31.1	39.1	34.0	23.0	106.0	233.2
2009	29.4	39.8	32.8	22.4	103.2	227.6
2010	32.7	40.1	30.9	23.3	108.7	235.8
2011	30.6	39.9	30.2	22.6	104.7	227.9
2012	30.6	39.1	30.2	22.9	104.8	227.6
2013	30.9	35.6	28.6	22.9	104.0	222.0
2014	28.6	33.7	27.5	22.3	101.7	213.9
2015	27.9	31.1	26.6	21.8	102.4	209.8
2016	29.8	32.0	26.5	22.7	103.8	214.8
2017	29.3	32.8	26.2	22.9	104.2	215.4
2018	30.3	29.7	25.9	22.6	103.9	212.5
2019	29.7	28.2	24.9	21.9	102.9	207.6
2020	28.9	28.0	24.0	20.9	100.5	202.4
2021	28.9	28.7	23.8	20.9	101.5	203.8
	構成比 (%)					
1965	4.4	48.3	29.1	7.4	10.8	100.0
1980	4.6	39.0	27.3	6.5	22.6	100.0
1990	6.8	26.8	25.0	7.6	33.7	100.0
2000	10.2	23.1	18.4	9.0	39.3	100.0
2010	13.9	17.0	13.1	9.9	46.1	100.0
2021	14.2	14.1	11.7	10.2	49.8	100.0

出所：EDMC推計

対前年度伸び率 (%)						年度
冷房用	暖房用	給湯用	厨房用	動力他	用途計	
-	-	-	-	-	-	1965
5.8	2.8	9.4	-2.3	11.4	5.8	1970
0.3	10.5	-1.2	3.9	4.9	5.1	1973
6.6	-11.1	-3.9	-3.7	8.7	-5.0	1975
-7.8	-4.7	-11.0	-1.3	-3.0	-6.1	1980
1.0	-1.3	-5.2	0.5	3.9	-0.5	1985
12.0	5.8	-0.1	3.4	7.0	4.9	1990
3.2	6.5	7.9	-0.2	1.7	4.5	1991
1.4	1.5	-1.9	-0.6	0.3	0.1	1992
-1.2	-4.8	-16.5	4.4	-0.1	-5.3	1993
18.9	-5.8	3.9	6.3	6.9	3.5	1994
-1.0	5.9	-7.4	5.2	-0.4	0.1	1995
1.8	-8.2	-1.6	-0.2	1.3	-1.9	1996
5.2	-6.4	3.2	-1.9	1.6	-0.1	1997
3.3	1.0	-2.0	-1.6	2.3	0.8	1998
5.8	-1.8	-7.7	2.1	0.6	-1.1	1999
4.7	-1.7	-5.6	3.3	1.1	-0.3	2000
1.2	-12.9	-2.0	0.5	1.0	-2.8	2001
1.2	10.3	-9.5	2.0	0.9	1.0	2002
-1.6	-6.9	9.3	-0.8	-2.2	-1.2	2003
12.2	-2.7	-7.2	1.2	4.7	1.4	2004
-3.5	3.1	-8.8	-1.1	-6.7	-4.2	2005
-1.5	-19.2	1.6	-0.7	-1.6	-4.9	2006
2.4	-5.4	-16.4	-5.4	1.1	-3.6	2007
-2.1	-12.7	-6.6	-5.4	-1.7	-4.9	2008
-5.3	1.7	-3.5	-2.7	-2.7	-2.4	2009
11.1	0.8	-5.7	4.3	5.4	3.6	2010
-6.6	-0.6	-2.4	-3.4	-3.7	-3.4	2011
0.0	-1.9	0.1	1.3	0.1	-0.1	2012
1.1	-9.1	-5.5	0.2	-0.7	-2.4	2013
-7.6	-5.2	-3.6	-2.6	-2.2	-3.7	2014
-2.3	-7.9	-3.3	-2.4	0.7	-1.9	2015
6.8	3.0	-0.5	4.2	1.4	2.4	2016
-1.9	2.6	-1.2	1.2	0.3	0.3	2017
3.7	-9.5	-1.3	-1.3	-0.2	-1.4	2018
-2.0	-5.1	-3.8	-3.3	-1.0	-2.3	2019
-2.7	-0.5	-3.5	-4.7	-2.3	-2.5	2020
-0.2	2.4	-1.0	0.0	1.0	0.7	2021
年度平均伸び率 (%)						
5.6	7.7	11.7	-1.0	11.5	8.7	70/65
1.7	-2.0	-2.3	3.1	6.0	-0.3	80/70
4.1	-3.6	-0.8	1.6	4.1	0.1	90/80
4.1	-1.5	-3.0	1.7	1.5	0.0	00/90
1.2	-4.8	-5.1	-0.9	-0.2	-1.8	10/00
-1.1	-3.0	-2.4	-1.0	-0.6	-1.3	21/10

3．業務部門

(6)業務部門床面積当たり用途別エネルギー源別エネルギー消費原単位

(1970年度) (千kcal/m²、%)

	暖房用	冷房用	給湯用	厨房用	動力他	合計	構成比
電　力	3.2	10.7	-	-	35.8	49.6	(17.0)
ガ　ス	7.9	0.3	13.7	12.1	-	34.0	(11.7)
石　油	115.1	-	83.3	-	-	198.4	(68.1)
石　炭	7.9	-	-	1.5	-	9.4	(3.2)
熱	-	-	0.1	-	-	0.1	(0.0)
合　計	134.0	11.0	97.2	13.6	35.8	291.5	(100.0)
構成比	(46.0)	(3.8)	(33.3)	(4.7)	(12.3)	(100.0)	

(1980年度) (千kcal/m²、%)

	暖房用	冷房用	給湯用	厨房用	動力他	合計	構成比
電　力	3.9	11.5	-	-	63.8	79.2	(28.1)
ガ　ス	5.8	1.1	14.0	13.6	-	34.4	(12.2)
石　油	96.8	-	62.2	-	-	159.0	(56.5)
石　炭	3.1	-	-	4.8	-	7.9	(2.8)
熱	0.2	0.4	0.6	-	-	1.1	(0.4)
合　計	109.7	12.9	76.9	18.4	63.8	281.7	(100.0)
構成比	(39.0)	(4.6)	(27.3)	(6.5)	(22.6)	(100.0)	

(1990年度) (千kcal/m²、%)

	暖房用	冷房用	給湯用	厨房用	動力他	合計	構成比
電　力	4.2	14.1	0.3	0.5	95.7	114.8	(40.5)
ガ　ス	5.3	4.6	15.4	16.2	-	41.5	(14.6)
石　油	65.2	-	54.3	-	-	119.5	(42.1)
石　炭	0.9	-	-	4.9	-	5.8	(2.0)
熱	0.3	0.7	1.1	-	-	2.0	(0.7)
合　計	75.9	19.4	71.0	21.6	95.7	283.6	(100.0)
構成比	(26.8)	(6.8)	(25.0)	(7.6)	(33.7)	(100.0)	

出所:EDMC推計

(2000年度) (千kcal/m^2、%)

	暖房用	冷房用	給湯用	厨房用	動力他	合計	構成比
電　力	5.3	16.4	1.1	1.7	111.5	135.9	(48.0)
ガ　ス	7.8	10.8	16.2	18.7	-	53.4	(18.8)
石　油	51.1	-	33.4	-	-	84.5	(29.8)
石　炭	0.6	-	-	5.1	-	5.7	(2.0)
熱	0.7	1.7	1.6	-	-	4.0	(1.4)
合　計	65.4	28.9	52.2	25.5	111.5	283.4	(100.0)
構成比	(23.1)	(10.2)	(18.4)	(9.0)	(39.3)	(100.0)	

(2010年度) (千kcal/m^2、%)

	暖房用	冷房用	給湯用	厨房用	動力他	合計	構成比
電　力	5.3	16.5	1.6	2.5	108.7	134.6	(57.1)
ガ　ス	8.5	14.4	14.2	17.9	-	55.0	(23.3)
石　油	25.3	-	13.9	-	-	39.2	(16.6)
石　炭	0.3	-	-	3.0	-	3.4	(1.4)
熱	0.7	1.7	1.3	-	-	3.7	(1.6)
合　計	40.1	32.7	30.9	23.3	108.7	235.8	(100.0)
構成比	(17.0)	(13.9)	(13.1)	(9.9)	(46.1)	(100.0)	

(2021年度) (千kcal/m^2、%)

	暖房用	冷房用	給湯用	厨房用	動力他	合計	構成比
電　力	5.5	14.9	2.2	2.5	101.5	126.7	(62.2)
ガ　ス	8.2	12.6	12.7	15.9	-	49.4	(24.2)
石　油	14.2	-	7.8	-	-	22.0	(10.8)
石　炭	0.3	-	-	2.5	-	2.7	(1.3)
熱	0.6	1.4	1.0	-	-	3.0	(1.5)
合　計	28.7	28.9	23.8	20.9	101.5	203.8	(100.0)
構成比	(14.1)	(14.2)	(11.7)	(10.2)	(49.8)	(100.0)	

注:(1)ガスには都市ガス、LPガスを含む。
(2)熱には、地域熱供給、地熱、太陽熱を含む。

3. 業務部門

(7)業務部門業種別延床面積

年度	業種別延床面積 (百万m²)									
	事務所・ビル	デパート・スーパー	卸小売	飲食店	学校	ホテル・旅館	病院	娯楽場	その他	合計
1965	85	2.9	94	13.0	145	28.2	22.4	7.6	20	418
1970	120	4.3	128	17.8	175	36.6	29.5	10.8	39	560
1973	146	6.5	151	22.0	194	43.2	34.4	20.6	58	676
1975	167	8.6	169	24.6	205	48.1	37.3	23.1	70	754
1980	204	12.0	210	34.4	254	55.4	45.5	21.2	99	936
1985	248	13.4	242	43.3	289	65.4	54.8	22.4	126	1,104
1990	314	15.9	282	52.4	311	77.0	64.4	24.1	145	1,286
1991	330	16.6	291	53.9	316	79.8	67.1	25.0	150	1,329
1992	347	17.3	300	55.2	318	82.4	68.0	26.3	153	1,367
1993	364	18.1	311	56.6	321	84.9	69.9	27.1	157	1,409
1994	381	18.9	323	57.9	326	87.4	72.2	28.3	161	1,455
1995	395	19.9	334	59.1	329	89.3	74.4	29.3	170	1,500
1996	404	20.8	343	60.2	332	90.2	76.8	30.3	174	1,531
1997	413	21.7	353	61.2	334	91.4	79.5	31.4	179	1,565
1998	422	21.6	365	62.6	338	92.7	83.2	32.0	184	1,602
1999	429	21.5	375	63.6	341	93.1	86.4	33.0	189	1,632
2000	434	21.8	384	64.5	343	93.0	89.8	33.3	193	1,657
2001	438	22.2	394	65.5	341	93.4	93.3	33.7	199	1,680
2002	442	22.2	397	66.3	350	93.4	95.6	34.2	202	1,702
2003	447	22.3	401	67.1	354	93.0	98.5	34.7	206	1,724
2004	448	22.4	407	67.4	354	92.9	101.3	34.9	209	1,737
2005	454	22.2	414	67.6	356	92.5	104.5	35.1	211	1,758
2006	458	22.1	422	68.0	359	92.8	107.6	35.0	212	1,776
2007	461	21.9	430	68.4	361	92.9	108.5	34.9	213	1,791
2008	464	21.7	441	68.8	361	93.1	110.3	35.2	215	1,811
2009	469	21.3	447	69.1	362	93.3	111.0	35.3	214	1,821
2010	472	20.8	451	69.2	363	92.9	111.4	35.3	213	1,829
2011	473	20.1	451	68.7	362	91.4	111.9	35.3	213	1,827
2012	476	19.5	454	68.5	364	90.1	112.9	35.3	218	1,838
2013	478	19.0	457	68.5	365	89.1	114.7	35.6	224	1,850
2014	479	18.4	461	68.4	366	87.9	115.7	35.7	227	1,860
2015	481	18.4	464	68.4	367	87.2	117.4	35.9	230	1,870
2016	485	18.3	468	68.7	369	86.5	118.7	35.9	235	1,885
2017	487	17.6	472	68.7	370	86.4	119.3	35.9	236	1,893
2018	489	16.8	474	68.7	372	87.0	119.8	36.1	240	1,903
2019	490	16.0	476	68.8	374	88.0	120.2	36.2	242	1,912
2020	492	16.2	476	68.8	377	89.4	120.7	36.5	245	1,922
2021	494	16.4	475	68.5	378	90.4	121.4	36.7	249	1,929
	構成比 (%)									
1965	20.3	0.7	22.5	3.1	34.8	6.8	5.4	1.8	4.7	100.0
1980	21.8	1.3	22.4	3.7	27.2	5.9	4.9	2.3	10.6	100.0
1990	24.4	1.2	21.9	4.1	24.2	6.0	5.0	1.9	11.3	100.0
2000	26.2	1.3	23.2	3.9	20.7	5.6	5.4	2.0	11.6	100.0
2010	25.8	1.1	24.6	3.8	19.9	5.1	6.1	1.9	11.6	100.0
2021	25.6	0.9	24.6	3.6	19.6	4.7	6.3	1.9	12.9	100.0

出所：EDMC推計

対前年度伸び率 (%)										年度
事務所・ビル	デパート・スーパー	卸小売	飲食店	学校	ホテル・旅館	病院	娯楽場	その他	合計	
-	-	-	-	-	-	-	-	-	-	1965
8.3	11.6	7.0	7.0	4.6	5.5	5.7	8.8	14.3	6.8	1970
6.1	22.3	4.7	8.0	4.7	6.9	4.3	40.6	15.2	7.0	1973
6.6	9.5	6.2	4.1	3.9	4.1	5.1	5.9	9.4	5.7	1975
3.7	3.2	4.5	8.6	5.2	3.4	4.5	-0.8	4.1	4.4	1980
3.9	2.2	2.3	4.6	2.6	3.7	1.8	1.2	3.8	3.0	1985
4.4	4.3	3.0	3.2	1.3	3.0	3.3	2.6	1.3	2.8	1990
5.1	4.2	3.0	3.0	1.5	3.7	4.3	3.9	3.4	3.3	1991
5.2	4.0	3.1	2.3	0.6	3.2	1.3	5.0	2.4	2.9	1992
4.7	4.7	3.7	2.5	1.0	3.1	2.7	3.1	2.6	3.1	1993
4.7	4.9	3.9	2.3	1.6	3.0	3.3	4.7	2.5	3.3	1994
3.7	5.0	3.4	2.1	1.0	2.2	3.1	3.6	5.1	3.0	1995
2.3	4.4	2.8	1.8	0.8	1.0	3.2	3.1	2.6	2.1	1996
2.3	4.3	2.8	1.7	0.8	1.3	3.5	3.9	3.1	2.2	1997
2.2	-0.1	3.4	2.4	1.1	1.4	4.6	1.9	2.8	2.3	1998
1.6	-0.8	2.9	1.6	1.0	0.5	3.9	3.0	2.4	1.9	1999
1.2	1.7	2.3	1.3	0.6	-0.1	4.0	0.9	2.2	1.5	2000
0.9	1.8	2.5	1.5	-0.7	0.5	3.9	1.3	3.1	1.4	2001
0.9	0.2	0.8	1.3	2.5	0.0	2.5	1.4	1.5	1.3	2002
1.1	0.2	1.2	1.2	1.2	-0.5	3.0	1.4	2.1	1.3	2003
0.1	0.5	1.4	0.5	0.1	-0.1	2.8	0.8	1.3	0.7	2004
1.4	-0.8	1.8	0.3	0.5	-0.4	3.2	0.6	1.2	1.2	2005
0.8	-0.7	1.9	0.6	0.8	0.3	2.9	-0.5	0.3	1.0	2006
0.8	-1.0	1.7	0.6	0.6	0.1	0.9	-0.1	0.6	0.9	2007
0.7	-0.6	2.6	0.5	0.0	0.2	1.7	0.7	0.9	1.1	2008
0.9	-1.9	1.3	0.5	0.4	0.2	0.6	0.2	-0.7	0.6	2009
0.8	-2.4	0.9	0.1	0.4	-0.5	0.4	0.1	-0.3	0.4	2010
0.2	-3.3	0.1	-0.7	-0.3	-1.5	0.4	0.1	0.0	-0.1	2011
0.6	-2.9	0.6	-0.3	0.4	-1.5	0.9	0.1	2.2	0.6	2012
0.3	-3.0	0.6	0.0	0.4	-1.1	1.6	0.6	2.8	0.7	2013
0.3	-2.8	0.9	-0.2	0.3	-1.4	0.9	0.5	1.6	0.5	2014
0.4	-0.4	0.7	0.1	0.4	-0.8	1.5	0.6	1.3	0.6	2015
0.7	-0.2	0.9	0.4	0.5	-0.7	1.1	0.0	1.9	0.8	2016
0.4	-4.0	0.8	0.0	0.3	-0.2	0.5	0.0	0.6	0.4	2017
0.5	-4.7	0.4	-0.1	0.5	0.7	0.4	0.5	1.5	0.5	2018
0.3	-4.8	0.5	0.2	0.4	1.2	0.3	0.3	0.9	0.4	2019
0.4	1.5	0.0	-0.1	0.8	1.6	0.5	0.7	1.4	0.6	2020
0.2	1.3	-0.2	-0.4	0.3	1.1	0.5	0.6	1.5	0.3	2021
年度平均伸び率 (%)										
7.2	8.6	6.4	6.5	3.7	5.3	5.6	7.3	14.5	6.1	70/65
5.5	10.8	5.1	6.8	3.8	4.2	4.4	7.0	9.9	5.3	80/70
4.4	2.9	3.0	4.3	2.0	3.3	3.5	1.3	3.8	3.2	90/80
3.3	3.2	3.1	2.1	1.0	1.9	3.4	3.3	2.9	2.6	00/90
0.8	-0.5	1.6	0.7	0.6	0.0	2.2	0.6	1.0	1.0	10/00
0.4	-2.1	0.5	-0.1	0.4	-0.2	0.8	0.4	1.4	0.5	21/10

注:(1)娯楽場は、劇場・映画館、ホール、市民会館等。
(2)その他は、福祉施設、図書館、博物館、体育館、集会施設等。

4. 運輸部門（旅客・貨物）

4. 運輸部門（旅客・貨物）

(1) GDPと輸送需要の推移

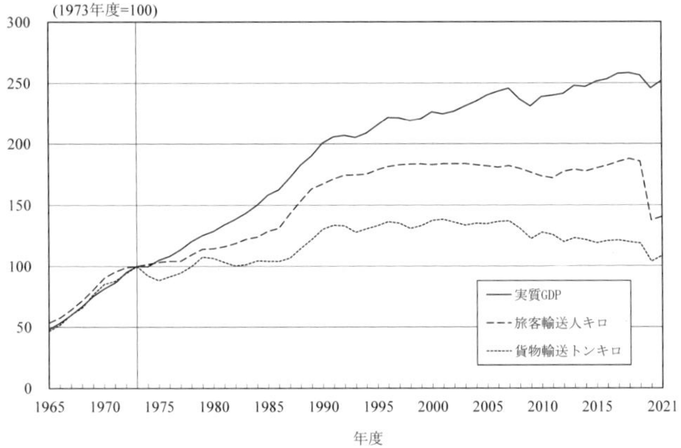

(2) GDPと運輸部門エネルギー消費

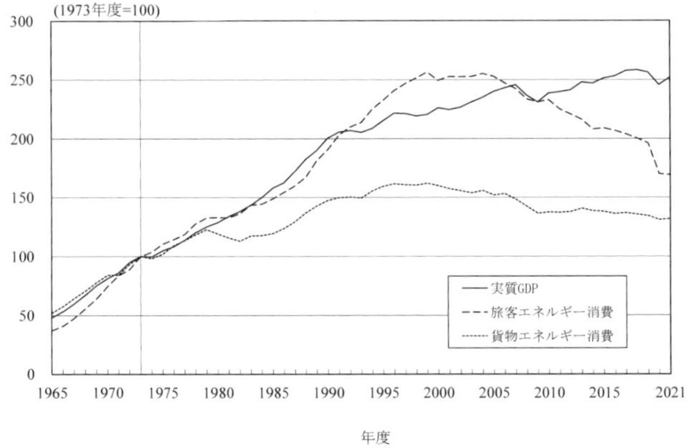

4．運輸部門（旅客・貨物）

(3)運輸部門別輸送機関別エネルギー消費量

年度	旅客部門計	伸び率(%)	自家用乗用車	営業用乗用車	バス	旅客鉄道	旅客海運	旅客航空
1965	8,797	-	3,530	1,487	904	1,482	948	445
1970	17,735	16.5	10,353	1,949	1,188	1,374	1,915	956
1973	23,766	12.5	15,338	1,967	1,486	1,468	2,171	1,335
1975	26,246	6.4	17,032	2,089	1,425	1,459	2,574	1,665
1980	31,595	0.2	22,540	1,869	1,331	1,511	1,984	2,360
1985	35,392	3.1	26,552	2,110	1,251	1,518	1,625	2,336
1990	45,396	5.3	35,623	2,381	1,463	1,837	1,253	2,840
1991	48,310	6.4	38,037	2,657	1,476	1,877	1,328	2,935
1992	49,905	3.5	39,741	2,494	1,478	1,893	1,258	3,041
1993	50,816	1.8	41,116	1,914	1,462	1,897	1,299	3,129
1994	53,450	5.2	43,553	1,806	1,517	1,941	1,216	3,417
1995	55,275	3.4	45,168	1,735	1,505	1,947	1,224	3,697
1996	57,182	3.5	46,714	2,089	1,473	1,936	1,356	3,614
1997	58,641	2.6	47,932	2,300	1,468	1,952	1,371	3,619
1998	59,731	1.9	48,973	2,252	1,446	1,962	1,422	3,676
1999	60,934	2.0	50,185	2,341	1,470	1,932	1,510	3,496
2000	59,301	-2.7	49,560	1,531	1,375	1,937	1,429	3,469
2001	60,030	1.2	49,929	1,582	1,392	1,928	1,347	3,853
2002	60,011	0.0	50,286	1,606	1,365	1,901	1,338	3,516
2003	60,020	0.0	50,320	1,583	1,407	1,940	1,368	3,401
2004	60,650	1.1	50,681	1,499	1,499	1,921	1,299	3,751
2005	60,082	-0.9	49,925	1,494	1,503	2,007	1,213	3,940
2006	58,776	-2.2	48,537	1,483	1,533	1,983	1,086	4,154
2007	57,599	-2.0	47,033	1,439	1,531	1,995	1,003	4,599
2008	55,536	-3.6	45,379	1,375	1,456	1,983	913	4,430
2009	54,907	-1.1	45,264	1,344	1,452	1,967	786	4,094
2010	55,389	0.9	45,780	1,284	1,623	1,987	706	4,007
2011	53,514	-3.4	45,000	1,206	1,538	1,882	705	3,183
2012	52,499	-1.9	44,163	1,186	1,590	1,878	697	2,986
2013	51,399	-2.1	42,107	1,152	1,647	1,960	668	3,865
2014	49,472	-3.7	40,114	1,081	1,604	1,918	660	4,095
2015	49,670	0.4	40,277	1,006	1,589	1,959	606	4,234
2016	49,142	-1.1	39,950	942	1,559	1,971	630	4,090
2017	48,510	-1.3	39,592	896	1,539	1,989	616	3,878
2018	47,640	-1.8	38,813	827	1,507	1,990	627	3,876
2019	46,680	-2.0	37,832	741	1,469	1,976	616	4,047
2020	40,394	-13.5	34,822	424	1,112	1,633	389	2,014
2021	40,226	-0.4	34,089	420	1,049	1,696	459	2,513

出所：EDMC推計

(10^{10}kcal)

貨物部門計	伸び率(%)	貨物自動車	貨物鉄道	貨物海運	貨物航空	運輸部門計	伸び率(%)	年度
10,257	-	7,031	2,126	1,080	20	19,055	7.9	1965
16,538	8.1	12,821	1,216	2,434	66	34,273	12.3	1970
19,660	7.3	15,703	554	3,284	120	43,425	10.1	1973
20,048	3.8	15,681	405	3,836	126	46,295	5.3	1975
23,407	-3.1	18,887	320	3,978	221	55,003	-1.2	1980
23,488	1.4	19,732	193	3,240	323	58,880	2.4	1985
28,989	3.3	25,894	160	2,521	414	74,386	4.5	1990
29,466	1.6	26,211	160	2,669	426	77,776	4.6	1991
29,577	0.2	26,398	164	2,575	440	79,482	2.3	1992
29,393	-0.6	26,214	156	2,555	468	80,209	0.9	1993
30,555	4.0	27,405	152	2,503	496	84,005	4.7	1994
31,365	2.6	27,977	154	2,711	523	86,640	3.1	1995
31,734	1.2	28,153	149	2,924	507	88,916	2.6	1996
31,592	-0.4	27,864	149	3,045	534	90,233	1.5	1997
31,530	-0.2	27,235	146	3,608	541	91,261	1.1	1998
31,854	1.0	27,336	141	3,837	540	92,788	1.7	1999
31,439	-1.3	26,673	139	4,058	570	90,740	-2.2	2000
30,963	-1.5	26,205	137	4,094	526	90,993	0.3	2001
30,609	-1.1	25,790	135	4,163	521	90,620	-0.4	2002
30,244	-1.2	25,636	137	3,924	547	90,264	-0.4	2003
30,641	1.3	26,207	136	3,748	550	91,291	1.1	2004
29,903	-2.4	25,970	140	3,236	557	89,985	-1.4	2005
30,111	0.7	26,376	138	3,026	572	88,887	-1.2	2006
29,177	-3.1	25,835	134	2,620	588	86,777	-2.4	2007
27,977	-4.1	24,928	132	2,371	546	83,513	-3.8	2008
26,830	-4.1	24,100	126	2,066	538	81,737	-2.1	2009
27,046	0.8	24,418	124	1,994	511	82,434	0.9	2010
26,983	-0.2	24,461	120	1,903	498	80,497	-2.3	2011
27,119	0.5	24,600	120	1,900	498	79,620	-1.1	2012
27,659	2.0	25,262	126	1,750	521	79,059	-0.7	2013
27,251	-1.5	24,900	123	1,705	523	76,724	-3.0	2014
27,139	-0.4	24,951	125	1,554	509	76,809	0.1	2015
26,770	-1.4	24,583	126	1,570	492	75,912	-1.2	2016
26,911	0.5	24,779	127	1,533	472	75,421	-0.6	2017
26,688	-0.8	24,633	127	1,492	436	74,327	-1.5	2018
26,446	-0.9	24,389	127	1,510	420	73,126	-1.6	2019
25,786	-2.5	23,685	106	1,639	356	66,180	-9.5	2020
25,950	0.6	23,736	107	1,747	360	66,176	0.0	2021

4．運輸部門（旅客・貨物）

(4)運輸部門別輸送機関別輸送量

(百万人·km)

年度	旅客部門計	伸び率(%)	自家用乗用車	営業用乗用車	バス	旅客鉄道	旅客海運	旅客航空
1965	414,339	-	62,815	9,006	80,134	255,513	3,919	2,952
1970	700,492	12.5	277,598	15,507	102,893	288,505	6,670	9,319
1973	774,798	1.1	311,330	15,067	111,713	312,928	7,724	16,035
1975	801,195	1.8	328,784	12,504	110,063	323,800	6,895	19,148
1980	887,642	0.5	413,841	13,043	110,396	314,542	6,132	29,688
1985	997,071	3.9	510,561	12,657	104,898	330,083	5,753	33,119
1990	1,295,356	2.5	727,049	12,558	110,372	387,478	6,274	51,624
1991	1,327,802	2.5	745,070	12,892	108,212	400,083	6,194	55,349
1992	1,350,234	1.7	765,997	12,563	106,637	402,258	6,097	56,681
1993	1,352,791	0.2	771,798	12,178	102,909	402,727	6,060	57,119
1994	1,357,552	0.4	782,758	11,569	99,655	396,332	5,946	61,290
1995	1,385,408	2.1	806,336	11,078	97,287	400,056	5,637	65,014
1996	1,405,948	1.5	823,552	10,661	94,891	402,156	5,634	69,053
1997	1,416,287	0.7	839,254	10,293	92,900	395,239	5,351	73,250
1998	1,421,926	0.4	852,031	9,912	90,433	388,938	4,620	75,992
1999	1,422,105	0.0	854,762	9,728	88,686	385,101	4,479	79,349
2000	1,417,323	-0.3	851,893	9,678	87,306	384,441	4,304	79,700
2001	1,422,857	0.4	856,140	9,477	86,350	385,421	4,006	81,463
2002	1,423,180	0.0	857,330	9,557	86,181	382,236	3,893	83,982
2003	1,424,193	0.1	855,827	9,610	86,391	384,958	4,024	83,382
2004	1,416,130	-0.6	849,692	9,303	86,286	385,163	3,869	81,816
2005	1,409,239	-0.5	833,455	9,222	88,066	391,228	4,025	83,242
2006	1,401,124	-0.6	817,785	9,198	88,699	395,908	3,783	85,752
2007	1,410,596	0.7	818,993	8,913	88,969	405,544	3,834	84,343
2008	1,392,870	-1.3	805,415	8,489	89,921	404,585	3,510	80,950
2009	1,368,794	-1.7	801,163	8,155	87,402	393,765	3,073	75,235
2010	1,345,329	-1.7	783,630	8,686	82,764	393,466	3,004	73,779
2011	1,333,862	-0.9	778,176	7,221	79,126	395,067	3,047	71,226
2012	1,374,566	3.1	800,875	7,210	81,061	404,396	3,092	77,931
2013	1,388,414	1.0	799,864	7,044	79,684	414,387	3,265	84,169
2014	1,376,713	-0.8	788,811	6,930	77,209	413,970	2,986	86,807
2015	1,395,136	1.3	793,345	6,508	76,379	427,486	3,138	88,280
2016	1,413,428	1.3	806,118	6,382	75,165	431,799	3,275	90,689
2017	1,436,135	1.6	819,626	6,290	75,116	437,363	3,191	94,549
2018	1,455,104	1.3	831,952	5,993	75,895	441,614	3,364	96,286
2019	1,438,386	-1.1	828,325	5,486	71,845	435,063	3,076	94,592
2020	1,065,774	-25.9	730,702	3,047	35,691	263,211	1,523	31,600
2021	1,088,627	2.1	707,881	3,227	39,364	289,891	N.A.	46,742

出所：国土交通省「自動車輸送統計年報」、同「鉄道輸送統計年報」
同「内航船舶輸送統計」、同「海事レポート」、同「航空輸送統計年報」

注：(1)自家用乗用車は自家用貨物を含む。

貨物部門計		(百万トン・km)				年度
	伸び率(%)	貨物自動車	貨物鉄道	貨物海運	貨物航空	
174,334	-	36,829	56,605	80,880	21	1965
317,610	11.1	103,580	62,713	151,243	74	1970
373,413	6.0	107,872	57,743	207,648	150	1973
329,883	-4.3	99,276	46,877	183,579	152	1975
397,909	-1.0	138,110	37,337	222,173	290	1980
389,326	-0.3	161,106	21,919	205,818	482	1985
486,481	6.9	213,940	27,196	244,546	799	1990
498,510	2.5	222,338	27,157	248,203	812	1991
496,435	-0.4	220,961	26,668	248,002	804	1992
476,757	-4.0	216,980	25,433	233,526	818	1993
487,243	2.2	223,338	24,493	238,540	871	1994
496,632	1.9	232,276	25,101	238,330	924	1995
508,853	2.5	241,167	24,968	241,756	963	1996
504,525	-0.9	241,908	24,618	237,018	981	1997
488,780	-3.1	237,896	22,920	226,980	985	1998
496,746	1.6	243,734	22,541	229,432	1,039	1999
513,490	3.4	248,607	22,136	241,671	1,075	2000
516,679	0.6	249,041	22,193	244,451	994	2001
507,463	-1.8	248,759	22,131	235,582	991	2002
498,873	-1.7	256,861	22,794	218,191	1,027	2003
504,282	1.1	261,915	22,476	218,833	1,059	2004
503,361	-0.2	267,898	22,813	211,576	1,076	2005
509,751	1.3	277,615	23,192	207,849	1,095	2006
511,404	0.3	283,962	23,334	202,962	1,146	2007
488,891	-4.4	277,696	22,256	187,859	1,080	2008
457,286	-6.5	268,366	20,562	167,315	1,044	2009
476,843	4.3	275,513	20,398	179,898	1,033	2010
469,657	-1.5	273,766	19,998	174,900	993	2011
447,940	-4.6	248,659	20,471	177,791	1,018	2012
460,605	2.8	253,574	21,071	184,860	1,100	2013
454,009	-1.4	248,736	21,029	183,120	1,125	2014
444,923	-2.0	241,903	21,519	180,381	1,120	2015
451,506	1.5	248,709	21,265	180,438	1,093	2016
453,140	0.4	249,475	21,663	180,934	1,068	2017
448,175	-1.1	249,037	19,369	178,791	979	2018
443,681	-1.0	253,081	19,993	169,680	927	2019
387,677	-12.6	214,938	18,340	153,824	576	2020
406,002	4.7	225,536	18,042	161,795	629	2021

(2)1994年度の自家用乗用車、営業用乗用車、貨物自動車はEDMC推計。
(3)2009年度以前の営業用乗用車、貨物自動車はEDMC推計。

4. 運輸部門（旅客・貨物）

(5)運輸部門別輸送機関別エネルギー消費原単位

(kcal/人·km)

年度	旅客部門計	伸び率(%)	自家用乗用車	営業用乗用車	バス	旅客鉄道	旅客海運
1965	212	-	562	1,651	113	58	2,419
1970	253	3.6	373	1,257	115	48	2,871
1973	307	11.3	493	1,306	133	47	2,811
1975	328	4.6	518	1,671	129	45	3,734
1980	356	-0.3	545	1,433	121	48	3,235
1985	355	-0.8	520	1,667	119	46	2,825
1990	350	2.7	490	1,896	133	47	1,996
1991	364	3.8	511	2,061	136	47	2,144
1992	370	1.6	519	1,985	139	47	2,063
1993	376	1.6	533	1,571	142	47	2,143
1994	394	4.8	556	1,561	152	49	2,046
1995	399	1.3	560	1,566	155	49	2,171
1996	407	1.9	567	1,959	155	48	2,407
1997	414	1.8	571	2,234	158	49	2,562
1998	420	1.5	575	2,272	160	50	3,079
1999	428	2.0	587	2,406	166	50	3,372
2000	418	-2.4	582	1,582	157	50	3,321
2001	422	0.8	583	1,669	161	50	3,361
2002	422	-0.1	587	1,680	158	50	3,437
2003	421	-0.1	588	1,648	163	50	3,400
2004	428	1.6	596	1,611	174	50	3,358
2005	426	-0.5	599	1,620	171	51	3,014
2006	419	-1.6	594	1,612	173	50	2,871
2007	408	-2.7	574	1,614	172	49	2,616
2008	399	-2.4	563	1,620	162	49	2,601
2009	401	0.6	565	1,648	166	50	2,557
2010	412	2.6	584	1,478	196	51	2,351
2011	401	-2.6	578	1,671	194	48	2,315
2012	382	-4.8	551	1,645	196	46	2,254
2013	370	-3.1	526	1,635	207	47	2,045
2014	359	-2.9	509	1,561	208	46	2,209
2015	356	-0.9	508	1,545	208	46	1,931
2016	348	-2.3	496	1,476	207	46	1,924
2017	338	-2.8	483	1,425	205	45	1,931
2018	327	-3.1	467	1,381	199	45	1,863
2019	325	-0.9	457	1,351	204	45	2,004
2020	379	16.8	477	1,393	311	62	2,552
2021	370	-2.5	482	1,302	266	59	N.A.

出所：EDMC推計

旅客航空	貨物部門計	伸び率(%)	貨物自動車	貨物鉄道	貨物海運	貨物航空	年度
			(kcal/トン・km)				
1,507	588	-	1,909	376	134	9,519	1965
1,026	521	-2.7	1,238	194	161	8,951	1970
833	527	1.1	1,456	96	158	8,010	1973
870	608	8.5	1,580	86	209	8,313	1975
795	588	-2.1	1,368	86	179	7,631	1980
705	603	1.7	1,225	88	157	6,688	1985
550	596	-3.4	1,210	59	103	5,178	1990
530	591	-0.8	1,179	59	108	5,250	1991
537	596	0.8	1,195	62	104	5,469	1992
548	617	3.5	1,208	61	109	5,728	1993
558	627	1.7	1,227	62	105	5,694	1994
569	632	0.7	1,204	61	114	5,662	1995
523	624	-1.3	1,167	60	121	5,265	1996
494	626	0.4	1,152	60	128	5,440	1997
484	645	3.0	1,145	64	159	5,492	1998
441	641	-0.6	1,122	62	167	5,200	1999
435	612	-4.5	1,073	63	168	5,301	2000
473	599	-2.1	1,052	62	167	5,296	2001
419	603	0.7	1,037	61	177	5,259	2002
408	606	0.5	998	60	180	5,323	2003
458	608	0.2	1,001	60	171	5,198	2004
473	594	-2.2	969	61	153	5,179	2005
484	591	-0.6	950	59	146	5,223	2006
545	571	-3.4	910	57	129	5,125	2007
547	572	0.3	898	59	126	5,059	2008
544	587	2.5	898	61	123	5,149	2009
543	567	-3.3	886	61	111	4,942	2010
447	575	1.3	894	60	109	5,014	2011
383	605	5.4	989	59	107	4,898	2012
459	600	-0.8	996	60	95	4,735	2013
472	600	0.0	1,001	58	93	4,651	2014
480	610	1.6	1,031	58	86	4,545	2015
451	593	-2.8	988	59	87	4,497	2016
410	594	0.2	993	59	85	4,424	2017
403	595	0.3	989	66	83	4,453	2018
428	596	0.1	964	63	89	4,536	2019
637	665	11.6	1,102	58	107	6,189	2020
538	639	-3.9	1,052	59	108	5,730	2021

4. 運輸部門（旅客・貨物）

(6)航空・鉄道輸送距離

（百万km）

年度	航空座席キロ	鉄道					
		旅客車キロ			貨物車キロ		
		旅客計	民鉄	JR国鉄	貨物計	民鉄	JR国鉄
1965	4,954	4,286	1,320	2,966	4,155	102	4,010
1970	12,362	5,293	1,579	3,714	4,165	86	4,057
1973	21,225	5,998	1,705	4,293	3,855	73	3,745
1975	31,328	5,879	1,755	4,125	2,982	58	2,893
1980	45,844	6,211	1,957	4,254	2,189	50	2,109
1985	55,808	6,113	2,164	3,949	1,192	30	1,139
1990	70,834	7,176	2,479	4,697	1,483	29	1,454
1991	77,807	7,321	2,557	4,765	1,495	27	1,468
1992	85,460	7,467	2,623	4,844	1,461	25	1,437
1993	92,635	7,550	2,691	4,859	1,387	23	1,363
1994	100,189	7,539	2,742	4,797	1,321	24	1,297
1995	107,081	7,679	2,813	4,866	1,342	24	1,318
1996	110,925	7,704	2,850	4,854	1,322	21	1,300
1997	127,594	7,769	2,869	4,899	1,304	18	1,286
1998	122,828	7,799	2,907	4,892	1,226	16	1,210
1999	124,192	7,786	2,921	4,865	1,202	15	1,186
2000	126,077	7,761	2,942	4,819	1,162	16	1,146
2001	126,785	7,822	3,000	4,822	1,119	16	1,103
2002	129,429	7,631	2,982	4,649	1,041	16	1,025
2003	132,703	7,930	3,033	4,897	1,181	13	1,168
2004	128,522	8,055	3,192	4,863	1,241	12	1,229
2005	129,462	8,089	3,120	4,968	1,190	12	1,178
2006	133,183	8,204	3,143	5,061	1,289	11	1,278
2007	131,483	8,224	3,158	5,066	1,200	11	1,190
2008	126,261	8,376	3,196	5,180	1,167	10	1,157
2009	121,845	8,434	3,232	5,203	1,080	10	1,071
2010	115,749	8,307	3,211	5,096	1,067	10	1,057
2011	112,859	8,328	3,205	5,123	1,038	N.A.	N.A.
2012	122,348	8,405	3,230	5,175	1,049	N.A.	N.A.
2013	130,761	8,365	3,222	5,143	1,090	N.A.	N.A.
2014	131,598	8,534	3,299	5,234	1,095	N.A.	N.A.
2015	129,814	8,542	3,266	5,276	1,109	N.A.	N.A.
2016	129,625	8,556	3,280	5,276	1,078	N.A.	N.A.
2017	130,466	8,636	3,307	5,329	1,095	N.A.	N.A.
2018	131,775	8,618	3,304	5,314	971	N.A.	N.A.
2019	133,521	8,686	3,323	5,362	1,021	N.A.	N.A.
2020	68,924	8,423	3,301	5,121	949	N.A.	N.A.
2021	92,635	8,260	3,259	5,002	924	N.A.	N.A.

出所：国土交通省「航空輸送統計年報」、同「鉄道輸送統計年報」

注：鉄道の貨物は2011年度から業態別の分類が廃止。

4．運輸部門（旅客・貨物）

(7) 自動車走行キロ

(百万km)

年度	貨物				旅客			
	合計	営業用	自家用	軽自動車	合計	バス	乗用車	軽自動車
1965	47,259	7,662	28,455	11,142	39,902	3,566	32,476	3,860
1970	102,844	14,165	66,585	22,094	145,352	5,303	114,344	25,706
1973	106,085	16,333	69,957	19,796	187,750	5,376	155,222	27,153
1975	100,430	16,309	68,509	15,612	191,851	5,354	166,491	20,006
1980	143,792	24,513	90,378	28,901	249,905	5,932	228,189	15,784
1985	179,522	31,639	88,191	59,691	280,713	6,233	260,306	14,174
1990	226,064	44,258	96,385	85,420	353,513	6,979	330,733	15,800
1991	232,335	47,835	98,936	85,564	374,275	7,049	345,795	21,431
1992	234,632	49,700	98,524	86,408	392,224	6,935	358,790	26,499
1993	233,320	50,487	97,152	85,682	399,319	6,806	361,830	30,682
1994	234,093	53,156	95,780	85,157	415,272	6,701	373,164	35,408
1995	236,458	55,214	96,601	84,643	431,454	6,649	384,080	40,725
1996	236,261	57,788	95,918	82,555	448,617	6,590	395,349	46,678
1997	232,013	58,551	93,668	79,795	459,759	6,528	401,934	51,298
1998	227,373	57,913	92,090	77,370	466,660	6,413	403,521	56,727
1999	227,346	60,143	91,281	75,922	485,353	6,490	413,739	65,123
2000	230,713	63,421	92,238	75,053	492,357	6,508	413,412	72,436
2001	227,901	63,558	90,775	73,568	510,284	6,646	423,423	80,215
2002	225,771	64,794	88,469	72,508	513,408	6,545	419,931	86,932
2003	227,933	66,852	87,302	73,779	514,532	6,557	413,895	94,080
2004	221,419	65,683	81,257	74,478	511,869	6,563	404,948	100,358
2005	215,972	64,964	77,052	73,956	506,538	6,549	393,899	106,089
2006	216,032	67,076	75,376	73,580	501,423	6,553	382,453	112,417
2007	216,225	68,155	74,509	73,562	503,048	6,621	376,026	120,401
2008	211,697	66,221	71,975	73,501	492,779	6,471	360,856	125,452
2009	204,579	63,791	68,216	72,572	500,478	6,455	361,066	132,957
2010	211,973	65,136	74,673	72,164	506,255	6,399	368,930	130,926
2011	198,206	61,052	64,827	72,328	505,655	6,140	363,468	136,048
2012	201,624	60,252	66,207	75,164	521,116	6,199	368,562	146,354
2013	203,554	59,515	66,618	77,421	520,007	6,146	363,608	150,254
2014	203,418	59,461	66,233	77,724	514,598	6,103	351,747	156,748
2015	201,294	59,870	65,548	75,876	519,825	6,045	353,173	160,607
2016	198,380	59,387	62,662	76,331	531,380	5,909	355,821	169,649
2017	197,033	59,788	62,052	75,192	542,865	5,804	360,906	176,155
2018	194,645	59,977	61,732	72,936	553,285	5,735	367,188	180,362
2019	192,652	59,629	61,563	71,460	551,992	5,556	365,337	181,099
2020	179,909	56,459	57,041	66,409	485,948	3,965	319,436	162,547
2021	177,561	59,196	55,911	62,454	472,433	3,847	309,554	159,032

出所：国土交通省「自動車輸送統計年報」
注：2009年度以前はEDMC推計。

4．運輸部門（旅客・貨物）

(8)ガソリン車保有台数

年度	ガソリン車合計		貨物用			
		伸び率(%)	合計	伸び率(%)	営業用	自家用
1965	6,712	-	4,407	-	127	2,462
1970	16,724	14.7	7,743	4.4	85	4,440
1973	23,051	8.4	8,649	2.4	41	5,409
1975	25,921	4.6	8,728	-1.9	36	5,861
1980	33,730	3.4	10,661	3.4	25	6,016
1985	39,474	3.0	13,275	4.8	16	4,313
1990	47,190	3.5	15,327	-1.0	12	3,004
1991	48,504	2.8	14,959	-2.4	11	2,802
1992	49,546	2.1	14,611	-2.3	12	2,639
1993	50,783	2.5	14,317	-2.0	12	2,531
1994	52,084	2.6	14,049	-1.9	13	2,443
1995	53,631	3.0	13,771	-2.0	14	2,380
1996	55,265	3.0	13,407	-2.6	15	2,354
1997	56,471	2.2	13,073	-2.5	16	2,348
1998	57,606	2.0	12,742	-2.5	17	2,341
1999	58,859	2.2	12,507	-1.8	18	2,330
2000	60,186	2.3	12,305	-1.6	19	2,328
2001	61,398	2.0	12,144	-1.3	20	2,304
2002	62,659	2.1	11,997	-1.2	22	2,298
2003	63,868	1.9	11,973	-0.2	26	2,346
2004	65,261	2.2	11,977	0.0	28	2,368
2005	66,427	1.8	11,968	-0.1	31	2,389
2006	67,023	0.9	11,893	-0.6	34	2,383
2007	67,167	0.2	11,780	-1.0	37	2,362
2008	67,247	0.1	11,613	-1.4	39	2,284
2009	67,090	-0.2	11,455	-1.4	40	2,244
2010	66,932	-0.2	11,325	-1.1	42	2,213
2011	66,965	0.0	11,270	-0.5	43	2,204
2012	66,703	-0.4	11,166	-0.9	44	2,185
2013	66,347	-0.5	11,081	-0.8	44	2,173
2014	65,827	-0.8	10,994	-0.8	45	2,167
2015	65,066	-1.2	10,889	-0.9	45	2,164
2016	64,305	-1.2	10,796	-0.9	46	2,169
2017	63,478	-1.3	10,722	-0.7	47	2,170
2018	62,565	-1.4	10,698	-0.2	49	2,167
2019	61,605	-1.5	10,646	-0.5	51	2,156
2020	60,863	-1.2	10,640	-0.1	52	2,145
2021	59,928	-1.5	10,643	0.0	53	2,132

出所:自動車検査登録情報協会「自動車保有車両数」

(千台)

			旅客用			年度
軽自動車	合計	伸び率(%)	バス	乗用車	軽自動車	
1,819	2,304	-	20	1,872	412	1965
3,082	8,982	25.5	79	6,575	2,328	1970
3,199	14,402	12.3	87	11,360	2,954	1973
2,832	17,193	8.3	81	14,556	2,555	1975
4,620	23,069	3.3	50	20,916	2,103	1980
8,946	26,199	2.0	21	24,236	1,943	1985
12,312	31,863	5.8	7.6	29,140	2,715	1990
12,146	33,545	5.3	6.3	30,179	3,360	1991
11,961	34,935	4.1	5.3	30,999	3,930	1992
11,773	36,467	4.4	4.5	31,910	4,552	1993
11,593	38,035	4.3	3.8	32,829	5,202	1994
11,377	39,860	4.8	3.3	33,891	5,966	1995
11,038	41,858	5.0	2.8	35,117	6,738	1996
10,709	43,398	3.7	2.5	35,994	7,401	1997
10,385	44,863	3.4	2.3	36,676	8,185	1998
10,159	46,352	3.3	2.2	37,183	9,166	1999
9,958	47,881	3.3	2.2	37,794	10,084	2000
9,819	49,255	2.9	2.3	38,293	10,960	2001
9,677	50,661	2.9	2.5	38,842	11,816	2002
9,601	51,895	2.4	3.2	39,228	12,664	2003
9,581	53,284	2.7	4.1	39,768	13,512	2004
9,548	54,459	2.2	5.0	40,104	14,350	2005
9,477	55,130	1.2	5.7	39,843	15,281	2006
9,381	55,387	0.5	6.5	39,298	16,082	2007
9,291	55,633	0.4	7.2	38,743	16,883	2008
9,171	55,634	0.0	8.2	38,142	17,484	2009
9,070	55,607	0.0	9.0	37,594	18,004	2010
9,023	55,695	0.2	10	37,099	18,586	2011
8,937	55,537	-0.3	11	36,178	19,348	2012
8,864	55,266	-0.5	13	35,023	20,230	2013
8,782	54,833	-0.8	14	33,793	21,026	2014
8,680	54,177	-1.2	15	32,685	21,477	2015
8,581	53,510	-1.2	16	31,733	21,761	2016
8,506	52,756	-1.4	16	30,688	22,051	2017
8,482	51,867	-1.7	17	29,525	22,325	2018
8,439	50,959	-1.8	18	28,413	22,528	2019
8,444	50,223	-1.4	18	27,469	22,736	2020
8,458	49,285	-1.9	19	26,416	22,850	2021

注:被牽引車を除く(但し、1965～1972年度は被牽引車を含む)。
1970年度以前の特種(殊)用途車は貨物用計にのみ計上。

4. 運輸部門（旅客・貨物）

(9)軽油車保有台数

年度	軽油車合計		貨物用			
		伸び率(%)	合計	伸び率(%)	営業用	自家用
1965	536	-	437	-	146	291
1970	1,261	16.8	1,139	18.7	311	828
1973	1,852	14.8	1,723	15.6	432	1,291
1975	2,159	7.3	2,015	7.4	461	1,554
1980	3,874	12.3	3,359	8.9	589	2,769
1985	6,345	9.3	4,824	6.9	723	4,101
1990	10,140	9.7	6,907	6.4	947	5,960
1991	10,959	8.1	7,246	4.9	986	6,260
1992	11,630	6.1	7,451	2.8	1,008	6,442
1993	12,107	4.1	7,563	1.5	1,022	6,540
1994	12,572	3.8	7,699	1.8	1,059	6,640
1995	12,985	3.3	7,822	1.6	1,094	6,728
1996	13,020	0.3	7,706	-1.5	1,130	6,576
1997	12,911	-0.8	7,670	-0.5	1,150	6,520
1998	12,600	-2.4	7,557	-1.5	1,148	6,409
1999	12,229	-2.9	7,432	-1.7	1,157	6,275
2000	11,800	-3.5	7,313	-1.6	1,174	6,139
2001	11,253	-4.6	7,126	-2.6	1,171	5,955
2002	10,532	-6.4	6,846	-3.9	1,164	5,683
2003	9,714	-7.8	6,487	-5.3	1,162	5,324
2004	9,061	-6.7	6,285	-3.1	1,178	5,107
2005	8,456	-6.7	6,105	-2.9	1,185	4,919
2006	7,945	-6.0	5,934	-2.8	1,185	4,749
2007	7,504	-5.5	5,792	-2.4	1,181	4,611
2008	6,995	-6.8	5,498	-5.1	1,150	4,348
2009	6,594	-5.7	5,317	-3.3	1,124	4,193
2010	6,305	-4.4	5,184	-2.5	1,118	4,066
2011	6,116	-3.0	5,107	-1.5	1,116	3,991
2012	6,017	-1.6	5,061	-0.9	1,117	3,944
2013	5,997	-0.3	5,055	-0.1	1,126	3,928
2014	6,029	0.5	5,056	0.0	1,134	3,923
2015	6,129	1.7	5,061	0.1	1,148	3,912
2016	6,251	2.0	5,083	0.4	1,169	3,914
2017	6,379	2.1	5,101	0.4	1,186	3,915
2018	6,544	2.6	5,134	0.6	1,204	3,930
2019	6,694	2.3	5,165	0.6	1,219	3,946
2020	6,835	2.1	5,197	0.6	1,227	3,970
2021	6,943	1.6	5,220	0.4	1,230	3,989

出所:自動車検査登録情報協会「自動車保有車両数」

(千台)

旅客用 合計	伸び率 (%)	バス	乗用車	年度
99	-	85	14	1965
121	1.3	111	10	1970
129	4.8	126	2.8	1973
144	5.5	139	5.2	1975
516	40.8	179	337	1980
1,521	17.7	210	1,311	1985
3,233	17.4	238	2,994	1990
3,713	14.9	242	3,471	1991
4,179	12.6	243	3,936	1992
4,545	8.7	243	4,302	1993
4,873	7.2	241	4,632	1994
5,163	6.0	240	4,924	1995
5,314	2.9	239	5,075	1996
5,241	-1.4	237	5,004	1997
5,043	-3.8	235	4,809	1998
4,797	-4.9	233	4,564	1999
4,487	-6.5	233	4,254	2000
4,127	-8.0	231	3,896	2001
3,686	-10.7	230	3,456	2002
3,227	-12.4	228	3,000	2003
2,775	-14.0	227	2,549	2004
2,351	-15.3	225	2,126	2005
2,011	-14.5	225	1,786	2006
1,713	-14.8	223	1,490	2007
1,497	-12.6	221	1,276	2008
1,278	-14.6	218	1,060	2009
1,121	-12.3	216	905	2010
1,010	-9.9	214	796	2011
956	-5.3	212	744	2012
942	-1.5	212	730	2013
973	3.2	212	761	2014
1,068	9.8	214	855	2015
1,168	9.3	215	953	2016
1,278	9.4	215	1,063	2017
1,410	10.4	214	1,197	2018
1,529	8.4	211	1,318	2019
1,639	7.2	202	1,437	2020
1,724	5.2	196	1,528	2021

注:1973年度以降、被牽引車を除く。

4．運輸部門（旅客・貨物）

(10) 自動車保有台数

年度	自動車合計		貨物用							
		伸び率 (%)	合計	伸び率 (%)	ガソリン	軽油	LPG	電気	併用/ハイブリッド	その他
1965	7,239	-	4,844	-	4,407	437	8.5	-	-	-
1970	18,165	14.9	8,870	6.0	7,743	1,139	12	-	-	-
1973	25,166	9.0	10,400	4.9	8,649	1,723	10	0.062	1.7	17
1975	28,366	4.8	10,768	-0.3	8,728	2,015	8.3	0.041	1.1	16
1980	37,915	4.2	14,040	4.7	10,661	3,359	6.7	0.035	0.39	13
1985	46,151	3.8	18,130	5.4	13,275	4,824	16	0.038	1.5	14
1990	57,669	4.5	22,271	1.2	15,327	6,907	16	0.037	0.56	20
1991	59,802	3.7	22,243	-0.1	14,959	7,246	16	0.060	0.40	22
1992	61,515	2.9	22,102	-0.6	14,611	7,451	15	0.12	0.30	24
1993	63,228	2.8	21,920	-0.8	14,317	7,563	15	0.14	0.22	25
1994	64,992	2.8	21,791	-0.6	14,049	7,699	16	0.17	0.17	27
1995	66,950	3.0	21,638	-0.7	13,771	7,822	16	0.18	0.13	29
1996	68,618	2.5	21,162	-2.2	13,407	7,706	16	0.16	0.12	32
1997	69,719	1.6	20,795	-1.7	13,073	7,670	17	0.18	0.11	35
1998	70,562	1.2	20,357	-2.1	12,742	7,557	18	0.18	0.11	39
1999	71,458	1.3	20,001	-1.8	12,507	7,432	19	0.18	0.10	42
2000	72,370	1.3	19,685	-1.6	12,305	7,313	21	0.15	0.14	46
2001	73,067	1.0	19,345	-1.7	12,144	7,126	24	0.10	0.26	52
2002	73,632	0.8	18,927	-2.2	11,997	6,846	26	0.084	0.49	57
2003	74,071	0.6	18,551	-2.0	11,973	6,487	29	0.065	0.39	62
2004	74,881	1.1	18,360	-1.0	11,977	6,285	31	0.042	1.7	65
2005	75,507	0.8	18,178	-1.0	11,968	6,105	33	0.031	3.2	69
2006	75,680	0.2	17,938	-1.3	11,893	5,934	34	0.023	4.9	72
2007	75,469	-0.3	17,687	-1.4	11,780	5,792	34	0.022	7.0	75
2008	75,144	-0.4	17,231	-2.6	11,613	5,498	34	0.017	10	75
2009	75,024	-0.2	16,893	-2.0	11,455	5,317	33	0.018	12	76
2010	74,997	0.0	16,631	-1.6	11,325	5,184	32	0.024	13	76
2011	75,455	0.6	16,500	-0.8	11,270	5,107	31	0.042	15	77
2012	75,934	0.6	16,351	-0.9	11,166	5,061	29	0.057	18	77
2013	76,539	0.8	16,261	-0.5	11,081	5,055	28	0.066	19	78
2014	76,921	0.5	16,176	-0.5	10,994	5,056	26	0.42	21	78
2015	77,139	0.3	16,076	-0.6	10,889	5,061	25	1.3	22	79
2016	77,490	0.5	16,005	-0.4	10,796	5,083	23	1.6	24	78
2017	77,767	0.4	15,949	-0.3	10,722	5,101	21	1.5	25	79
2018	77,963	0.3	15,961	0.1	10,698	5,134	18	1.4	30	79
2019	77,990	0.0	15,951	-0.1	10,646	5,165	16	1.5	44	79
2020	78,129	0.2	15,990	0.2	10,640	5,197	15	1.7	57	80
2021	78,119	0.0	16,035	0.3	10,643	5,220	13	2.0	72	86

出所：自動車検査登録情報協会「自動車保有車両数」

注：(1)1973年度以降、被牽引車を除く。

2003年度より「併用/ハイブリッド」と「その他」の定義が変更された。

(千台)

		旅客用						
合計	伸び率(%)	ガソリン	軽油	LPG	電気	併用/ハイブリッド	その他	年度
2,395	-	2,304	99	69	-	-	-	1965
9,295	24.8	8,982	121	191	-	-	-	1970
14,766	12.1	14,402	129	230	0.028	1.1	3.9	1973
17,597	8.2	17,193	144	257	0.030	0.80	3.2	1975
23,876	3.9	23,069	516	290	0.017	0.26	0.45	1980
28,021	2.8	26,199	1,521	300	0.010	0.29	0.15	1985
35,398	6.7	31,863	3,233	302	0.035	0.19	0.16	1990
37,559	6.1	33,545	3,713	300	0.042	0.17	0.17	1991
39,413	4.9	34,935	4,179	299	0.063	0.16	0.17	1992
41,308	4.8	36,467	4,545	296	0.11	0.13	0.17	1993
43,201	4.6	38,035	4,873	292	0.12	0.12	0.18	1994
45,311	4.9	39,860	5,163	288	0.14	0.11	0.21	1995
47,457	4.7	41,858	5,314	284	0.19	0.12	0.26	1996
48,924	3.1	43,398	5,241	281	0.29	0.15	3.8	1997
50,205	2.6	44,863	5,043	276	0.39	0.16	23	1998
51,458	2.5	46,352	4,797	270	0.43	0.17	38	1999
52,685	2.4	47,881	4,487	265	0.44	0.21	51	2000
53,722	2.0	49,255	4,127	263	0.49	0.34	76	2001
54,705	1.8	50,661	3,686	263	0.45	0.45	93	2002
55,520	1.5	51,895	3,227	263	0.40	132	2.6	2003
56,520	1.8	53,284	2,775	263	0.35	195	3.0	2004
57,329	1.4	54,459	2,351	263	0.31	254	3.1	2005
57,742	0.7	55,130	2,011	260	0.26	338	3.2	2006
57,782	0.1	55,387	1,713	257	0.23	422	3.2	2007
57,912	0.2	55,633	1,497	253	0.20	526	3.3	2008
58,131	0.4	55,634	1,278	244	0.15	972	3.3	2009
58,366	0.4	55,607	1,121	225	4.6	1,405	3.5	2010
58,955	1.0	55,695	1,010	217	13	2,017	3.1	2011
59,583	1.1	55,537	956	210	25	2,852	3.0	2012
60,277	1.2	55,266	942	204	38	3,824	2.9	2013
60,744	0.8	54,833	973	198	52	4,686	3.1	2014
61,062	0.5	54,177	1,068	191	61	5,560	3.7	2015
61,485	0.7	53,510	1,168	185	73	6,545	5.1	2016
61,818	0.5	52,756	1,278	174	91	7,514	5.7	2017
62,003	0.3	51,867	1,410	159	105	8,455	6.2	2018
62,039	0.1	50,959	1,529	144	117	9,283	6.9	2019
62,138	0.2	50,223	1,639	130	123	10,016	8.3	2020
62,084	-0.1	49,285	1,724	120	138	10,806	10.0	2021

(2)貨物用の電気車、ハイブリッド車の特殊用途車は、2008年度まではその他、
2009年度以降は各々に含まれる。

4．運輸部門（旅客・貨物）

(11)乗用車新車登録台数・平均燃費

年度	新車登録台数(千台)						
	乗用車計	普通車	小型四輪車 2000cc以下	軽四輪車 660cc以下	構成比(%) 普通車	小型四輪車	軽四輪車
1965	598	8	487	103	1.3	81.4	17.3
1970	2,397	8	1,682	707	0.3	70.2	29.5
1973	2,652	37	2,259	355	1.4	85.2	13.4
1975	2,629	49	2,436	144	1.9	92.7	5.5
1980	2,819	64	2,581	174	2.3	91.5	6.2
1985	3,092	74	2,864	153	2.4	92.6	5.0
1990	5,093	391	3,827	875	7.7	75.2	17.2
1991	4,800	724	3,241	835	15.1	67.5	17.4
1992	4,427	709	2,948	770	16.0	66.6	17.4
1993	4,154	662	2,709	783	15.9	65.2	18.9
1994	4,304	738	2,747	819	17.1	63.8	19.0
1995	4,465	900	2,633	933	20.1	59.0	20.9
1996	4,851	941	2,936	975	19.4	60.5	20.1
1997	4,190	811	2,509	870	19.4	59.9	20.8
1998	4,143	738	2,358	1,048	17.8	56.9	25.3
1999	4,185	750	2,160	1,275	17.9	51.6	30.5
2000	4,257	756	2,230	1,271	17.8	52.4	29.9
2001	4,295	720	2,293	1,282	16.8	53.4	29.8
2002	4,534	690	2,535	1,309	15.2	55.9	28.9
2003	4,741	1,305	2,096	1,340	27.5	44.2	28.3
2004	4,749	1,338	2,056	1,356	28.2	43.3	28.5
2005	4,755	1,256	2,082	1,417	26.4	43.8	29.8
2006	4,557	1,228	1,800	1,529	26.9	39.5	33.6
2007	4,390	1,336	1,629	1,426	30.4	37.1	32.5
2008	3,909	1,093	1,428	1,388	27.9	36.5	35.5
2009	4,175	1,340	1,558	1,277	32.1	37.3	30.6
2010	3,880	1,276	1,396	1,208	32.9	36.0	31.1
2011	4,010	1,312	1,421	1,277	32.7	35.4	31.9
2012	4,439	1,345	1,523	1,571	30.3	34.3	35.4
2013	4,837	1,510	1,506	1,821	31.2	31.1	37.7
2014	4,454	1,338	1,355	1,761	30.0	30.4	39.5
2015	4,115	1,380	1,308	1,428	33.5	31.8	34.7
2016	4,243	1,529	1,377	1,337	36.0	32.4	31.5
2017	4,350	1,547	1,348	1,454	35.6	31.0	33.4
2018	4,364	1,580	1,298	1,486	36.2	29.7	34.1
2019	4,173	1,516	1,218	1,439	36.3	29.2	34.5
2020	3,858	1,434	1,062	1,363	37.2	27.5	35.3
2021	3,468	1,371	916	1,181	39.5	26.4	34.1

出所：日刊自動車新聞社　日本自動車会議所共編　「自動車年鑑」
2003年度よりシャシーベースからナンバーベースに変更されたため
日本自動車工業会「自動車統計月報」を使用

電動車新車登録比率(%)			ガソリン乗用車平均燃費(km/L) (JC08モード)					年度
			EDMC推計				参考	
ハイブリッド	プラグインハイブリッド	電気	新車	除軽四輪車	保有(ストックベース)	除軽四輪車	国土交通省新車*	
-	-	-	N.A.	N.A.	N.A.	N.A.	N.A.	1965
-	-	-	N.A.	N.A.	N.A.	N.A.	N.A.	1970
-	-	-	N.A.	N.A.	N.A.	N.A.	N.A.	1973
-	-	-	N.A.	N.A.	N.A.	N.A.	N.A.	1975
-	-	-	12.0	11.7	11.2	10.8	N.A.	1980
-	-	-	12.9	12.7	12.1	11.8	N.A.	1985
-	-	-	12.0	11.4	12.4	12.0	N.A.	1990
-	-	-	11.9	11.2	12.3	11.9	N.A.	1991
-	-	-	11.4	10.6	12.1	11.7	11.3	1992
-	-	-	11.5	10.8	12.0	11.5	11.3	1993
-	-	-	11.7	10.9	11.9	11.4	11.2	1994
-	-	-	11.4	10.6	11.8	11.2	11.3	1995
-	-	-	11.6	10.8	11.7	11.1	11.1	1996
0.0	-	-	11.7	10.9	11.7	11.0	11.4	1997
0.4	-	-	12.0	11.1	11.7	10.9	11.9	1998
0.4	-	-	12.5	11.3	11.7	10.9	12.1	1999
0.3	-	-	12.7	11.6	11.8	10.9	12.4	2000
0.6	-	-	13.3	12.2	11.9	10.9	12.9	2001
0.4	-	-	13.8	12.8	12.0	11.0	13.4	2002
0.9	-	-	13.9	12.8	12.2	11.1	13.5	2003
1.4	-	-	13.9	12.8	12.3	11.3	13.8	2004
1.3	-	-	14.1	13.0	12.5	11.4	13.9	2005
1.9	-	-	14.2	12.9	12.7	11.5	14.2	2006
2.0	-	-	14.5	13.2	12.9	11.7	14.4	2007
2.8	-	-	14.8	13.4	13.1	11.8	15.2	2008
10.8	-	-	15.8	14.6	13.3	12.0	16.4	2009
11.5	-	-	16.4	15.5	13.6	12.3	16.8	2010
15.8	-	-	17.0	15.8	13.9	12.6	17.8	2011
19.3	-	-	18.0	16.4	14.2	12.8	19.4	2012
21.0	0.3	0.3	19.4	17.7	14.6	13.2	21.0	2013
22.6	0.3	0.4	20.3	18.1	15.1	13.6	21.7	2014
27.8	0.4	0.3	21.5	19.8	15.5	14.0	21.6	2015
31.5	0.3	0.3	21.7	20.2	16.0	14.5	21.9	2016
31.7	0.8	0.6	22.1	20.5	16.4	14.9	22.0	2017
33.3	0.5	0.5	22.0	20.2	16.9	15.4	22.2	2018
34.1	0.4	0.5	22.2	20.4	17.6	15.9	22.6	2019
35.4	0.4	0.4	22.2	20.5	18.0	16.4	24.1	2020
40.1	0.8	0.7	22.5	20.8	18.7	17.0	N.A.	2021

次世代自動車振興センター、国土交通省「自動車燃費一覧」

注：(1)自動車の区分は道路運送車両法による。

(2)国土交通省新車燃費は2010年度以前EDMC推計。

III. エネルギー源別需給

1．石炭需給

1．石炭需給

(1)石炭供給の推移

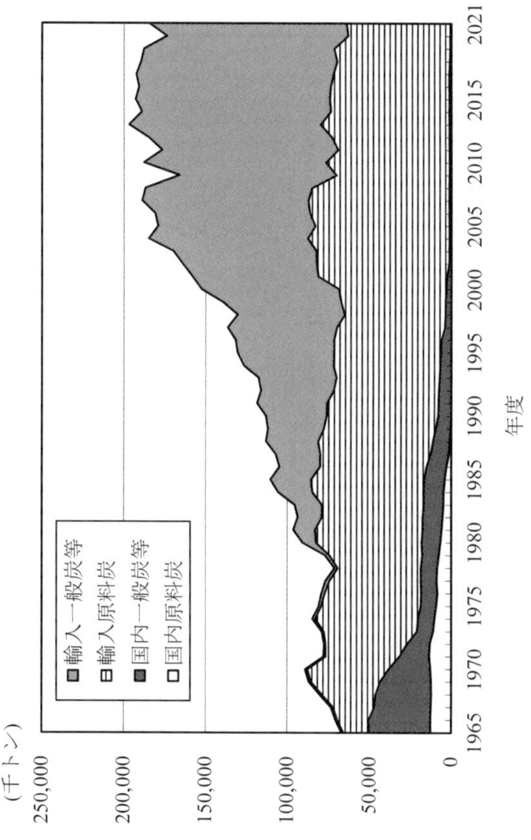

出所：2000年度まで経済産業省「エネルギー生産・需給統計年報」
2001年度より財務省「日本貿易月表」、石炭フロンティア機構・コールデータバンク
注：一般炭等には無煙炭を含む。

1．石炭需給

(2)石炭供給量

年度	国内炭生産				輸入炭入着			
	原料炭	一般炭	無煙炭	計	原料炭	一般炭	無煙炭	計
1965	12,607	35,385	2,120	50,112	15,870	-	1,066	16,936
1970	12,759	24,568	1,002	38,329	49,510	-	1,440	50,950
1973	10,979	9,817	137	20,933	56,867	-	1,183	58,050
1975	9,265	9,262	70	18,597	60,813	500	1,027	62,340
1980	6,673	11,404	18	18,095	64,518	7,107	1,086	72,711
1985	3,987	12,442	26	16,455	69,163	22,428	2,101	93,692
1990	-	7,974	5	7,979	68,202	34,680	1,953	104,835
1991	-	7,931	0	7,931	68,116	39,742	2,543	110,401
1992	-	7,602	-	7,602	64,132	41,728	2,393	108,253
1993	-	7,206	0	7,206	62,979	44,516	2,675	110,170
1994	-	6,742	-	6,742	65,117	51,344	3,305	119,766
1995	-	6,317	3	6,320	65,290	55,318	3,562	124,170
1996	-	6,162	4	6,166	65,514	56,130	3,744	125,388
1997	-	3,970	2	3,972	65,916	62,510	4,047	132,473
1998	-	3,698	-	3,698	61,449	61,666	3,469	126,584
1999	-	3,690	-	3,690	63,767	68,916	3,036	135,719
2000	-	2,974	-	2,974	65,689	81,017	2,735	149,441
2001	-	2,822	-	2,822	78,429	72,051	4,618	155,098
2002	-	1,285	-	1,285	81,034	76,437	5,198	162,669
2003	-	1,355	-	1,355	81,075	82,069	5,229	168,373
2004	-	1,272	-	1,272	86,315	91,443	5,811	183,569
2005	-	1,249	-	1,249	81,876	89,945	5,973	177,793
2006	-	1,351	-	1,351	84,993	88,518	5,828	179,339
2007	-	1,280	-	1,280	85,993	95,983	5,613	187,588
2008	-	1,290	-	1,290	83,787	96,509	5,219	185,514
2009	-	1,206	-	1,206	69,041	90,946	4,787	164,775
2010	-	1,145	-	1,145	75,508	105,012	6,117	186,637
2011	-	1,195	-	1,195	68,011	101,723	5,645	175,379
2012	-	1,247	-	1,247	71,772	106,216	5,781	183,769
2013	-	1,251	-	1,251	78,637	111,451	5,501	195,589
2014	-	1,318	-	1,318	72,349	110,238	5,105	187,692
2015	-	1,265	-	1,265	73,090	112,022	6,438	191,550
2016	-	1,287	-	1,287	72,458	111,177	5,779	189,415
2017	-	1,328	-	1,328	70,598	114,480	6,006	191,084
2018	-	964	-	964	68,799	113,781	5,947	188,527
2019	-	775	-	775	70,778	109,968	6,130	186,875
2020	-	748	-	748	62,367	105,146	5,486	172,999
2021	-	659	-	659	63,379	114,210	6,229	183,818

出所：2000年度まで経済産業省「エネルギー生産・需給統計年報」、2001年度より
財務省「日本貿易月表」、石炭フロンティア機構・コールデータバンク

(千トン)

年初業者在庫				鉱業所受入	供給計				年度
原料炭	一般炭	無煙炭	計		原料炭	一般炭	無煙炭	計	
235	1,408	266	1,909	4,237	28,712	41,030	3,452	73,194	1965
177	1,703	374	2,254	302	62,446	26,573	2,816	91,835	1970
1,412	2,683	147	4,242	83	69,258	12,583	1,467	83,308	1973
232	926	102	1,260	85	70,310	10,773	1,199	82,282	1975
1,673	1,849	72	3,594	35	72,864	20,395	1,176	94,435	1980
393	896	32	1,321	41	73,543	35,807	2,159	111,505	1985
235	3,731	8	3,974	30	68,437	46,416	1,967	116,820	1990
-	2,406	8	2,414	30	68,116	50,109	2,551	120,776	1991
-	2,314	7	2,321	142	64,132	51,786	2,400	118,318	1992
-	2,202	25	2,227	20	62,979	53,944	2,700	119,623	1993
-	1,811	61	1,873	44	65,117	59,941	3,366	128,425	1994
-	2,023	92	2,115	5	65,290	63,663	3,657	132,606	1995
-	2,118	56	2,174	-	65,514	64,410	3,804	133,728	1996
-	2,032	50	2,082	-	65,916	68,512	4,099	138,530	1997
-	1,101	35	1,137	-	61,449	66,465	3,504	131,419	1998
-	1,032	4	1,036	-	63,767	73,638	3,040	140,444	1999
-	1,102	4	1,105	-	65,689	85,093	2,739	153,520	2000
N.A.	N.A.	N.A.	N.A.	N.A.	N.A.	N.A.	N.A.	N.A.	2001
N.A.	N.A.	N.A.	N.A.	N.A.	N.A.	N.A.	N.A.	N.A.	2002
N.A.	N.A.	N.A.	N.A.	N.A.	N.A.	N.A.	N.A.	N.A.	2003
N.A.	N.A.	N.A.	N.A.	N.A.	N.A.	N.A.	N.A.	N.A.	2004
N.A.	N.A.	N.A.	N.A.	N.A.	N.A.	N.A.	N.A.	N.A.	2005
N.A.	N.A.	N.A.	N.A.	N.A.	N.A.	N.A.	N.A.	N.A.	2006
N.A.	N.A.	N.A.	N.A.	N.A.	N.A.	N.A.	N.A.	N.A.	2007
N.A.	N.A.	N.A.	N.A.	N.A.	N.A.	N.A.	N.A.	N.A.	2008
N.A.	N.A.	N.A.	N.A.	N.A.	N.A.	N.A.	N.A.	N.A.	2009
N.A.	N.A.	N.A.	N.A.	N.A.	N.A.	N.A.	N.A.	N.A.	2010
N.A.	N.A.	N.A.	N.A.	N.A.	N.A.	N.A.	N.A.	N.A.	2011
N.A.	N.A.	N.A.	N.A.	N.A.	N.A.	N.A.	N.A.	N.A.	2012
N.A.	N.A.	N.A.	N.A.	N.A.	N.A.	N.A.	N.A.	N.A.	2013
N.A.	N.A.	N.A.	N.A.	N.A.	N.A.	N.A.	N.A.	N.A.	2014
N.A.	N.A.	N.A.	N.A.	N.A.	N.A.	N.A.	N.A.	N.A.	2015
N.A.	N.A.	N.A.	N.A.	N.A.	N.A.	N.A.	N.A.	N.A.	2016
N.A.	N.A.	N.A.	N.A.	N.A.	N.A.	N.A.	N.A.	N.A.	2017
N.A.	N.A.	N.A.	N.A.	N.A.	N.A.	N.A.	N.A.	N.A.	2018
N.A.	N.A.	N.A.	N.A.	N.A.	N.A.	N.A.	N.A.	N.A.	2019
N.A.	N.A.	N.A.	N.A.	N.A.	N.A.	N.A.	N.A.	N.A.	2020
N.A.	N.A.	N.A.	N.A.	N.A.	N.A.	N.A.	N.A.	N.A.	2021

注:2001年度以降は「エネルギー生産・需給統計」からの変更により
データが更新できない箇所がある。

1．石炭需給

(3) わが国の石炭輸入量（その1）

年度	一般炭							
	米国	豪州	カナダ	中国	南アフリカ	インドネシア	ロシア	計
1965	-	-	-	-	-	-	-	-
1970	-	-	-	-	-	-	-	-
1973	-	-	-	-	-	-	-	-
1975	-	330	-	139	-	-	31	500
1980	709	4,272	600	760	512	9	245	7,107
1985	1,086	13,993	861	2,230	2,974	239	1,046	22,428
1990	1,646	24,376	1,316	2,525	1,347	824	2,581	34,680
1991	2,106	26,256	1,369	3,078	1,914	2,753	2,119	39,742
1992	2,483	26,743	1,333	3,064	2,165	4,296	1,523	41,728
1993	2,199	29,059	1,629	3,201	2,555	4,476	1,372	44,516
1994	2,519	32,454	1,604	4,540	2,422	6,278	1,466	51,344
1995	3,448	32,806	1,731	5,653	2,700	6,947	1,947	55,318
1996	3,231	32,534	2,018	6,440	2,869	6,957	2,056	56,130
1997	2,526	38,211	2,032	6,651	2,685	8,509	1,835	62,510
1998	2,503	37,042	1,937	7,659	2,191	8,821	1,486	61,666
1999	2,860	41,063	1,361	8,775	2,630	9,740	N.A.	68,916
2000	2,928	48,514	1,025	13,159	1,410	11,186	N.A.	81,017
2001	1,352	45,996	644	14,730	1,038	5,025	3,205	72,051
2002	381	48,547	974	16,500	435	5,629	3,944	76,437
2003	-	53,017	1,210	17,052	127	6,343	4,215	82,069
2004	96	58,705	516	18,387	67	8,591	5,080	91,443
2005	0	60,047	935	14,517	76	7,677	6,676	89,945
2006	0	59,783	1,681	13,169	76	8,203	5,605	88,518
2007	0	66,521	2,122	9,866	418	9,648	7,379	95,983
2008	233	69,078	2,072	7,956	150	10,261	6,712	96,509
2009	115	62,937	2,089	3,875	550	15,370	5,994	90,946
2010	368	72,225	2,272	3,943	298	18,259	7,528	105,012
2011	578	69,132	2,286	2,144	616	19,468	7,354	101,723
2012	995	75,870	2,344	820	509	17,508	7,950	106,216
2013	1,746	82,265	2,697	589	311	15,410	8,334	111,451
2014	1,909	81,912	1,865	537	141	14,271	9,604	110,238
2015	1,095	85,760	1,738	503	159	11,837	10,929	112,022
2016	622	83,361	2,043	1,521	60	12,763	10,807	111,177
2017	2,716	82,508	1,796	1,076	63	13,485	12,199	114,480
2018	3,192	81,436	2,088	608	135	13,013	12,687	113,781
2019	4,046	74,810	3,197	725	305	13,645	13,092	109,968
2020	2,411	71,844	3,250	143	86	12,123	15,288	105,146
2021	4,132	82,586	3,034	514	324	10,812	12,748	114,210
	構成比（%）							
1965	-	-	-	-	-	-	-	-
1980	1.0	5.9	0.8	1.0	0.7	0.0	0.3	9.8
1990	1.6	23.3	1.3	2.4	1.3	0.8	2.5	33.1
2000	2.0	32.5	0.7	8.8	0.9	7.5	N.A.	54.2
2010	0.2	38.7	1.2	2.1	0.2	9.8	4.0	56.3
2021	2.3	45.6	1.7	0.3	0.2	6.0	7.0	63.1

出所：2000年度まで経済産業省「エネルギー生産・需給統計年報」、
2001年度より財務省「日本貿易月表」

(千トン)

米国	豪州	カナダ	中国	南アフリカ	インドネシア	ロシア	計	一般炭原料炭計	年度
原料炭									
6,618	6,813	754	489	-	-	1,196	15,870	15,870	1965
25,436	15,768	4,494	-	17	-	2,659	49,510	49,510	1970
18,344	24,000	10,353	-	92	-	2,859	56,867	56,867	1973
21,471	23,104	11,380	-	110	-	3,140	60,813	61,313	1975
20,775	26,303	11,145	958	2,837	-	2,009	64,518	71,625	1980
12,802	30,027	16,658	1,213	4,601	94	3,367	69,163	91,591	1985
9,930	30,677	17,004	1,343	3,443	209	5,267	68,202	102,882	1990
9,652	32,145	16,916	1,600	3,409	497	3,273	68,116	107,858	1991
9,048	33,099	13,331	1,595	3,023	1,192	2,257	64,132	105,860	1992
7,927	31,167	14,321	1,610	2,906	1,552	3,107	62,979	107,495	1993
6,854	32,387	15,673	1,756	3,083	1,896	3,029	65,117	116,462	1994
7,105	31,226	15,747	2,396	2,941	2,351	2,899	65,290	120,608	1995
5,871	32,130	15,587	3,256	2,973	2,429	2,504	65,514	121,644	1996
4,890	33,651	16,070	2,984	1,973	3,156	2,474	65,916	128,426	1997
3,814	31,897	14,719	2,759	1,581	3,667	2,192	61,449	123,114	1998
2,012	38,581	12,873	2,828	582	3,653	N.A.	63,767	132,683	1999
517	41,998	12,398	3,669	89	3,604	N.A.	65,689	146,706	2000
889	45,216	9,525	7,720	-	11,780	2,436	78,429	150,480	2001
1	42,899	8,521	11,747	-	13,952	2,957	81,034	157,471	2002
59	42,793	7,741	10,734	-	15,118	3,602	81,075	163,144	2003
4,709	44,785	5,445	7,967	-	18,276	4,201	86,315	177,757	2004
1,358	42,322	6,674	5,464	-	22,268	2,962	81,876	171,820	2005
240	45,339	7,063	4,299	-	23,757	3,201	84,993	173,511	2006
2	47,693	9,143	1,508	-	23,681	3,517	85,993	181,975	2007
1,602	44,103	8,116	2,330	-	24,249	2,546	83,787	180,295	2008
1,035	40,263	7,227	757	-	17,203	2,101	69,041	159,988	2009
3,431	42,610	8,269	889	-	17,166	2,548	75,508	180,520	2010
5,799	37,351	6,737	651	-	14,529	2,433	68,011	169,734	2011
5,111	36,795	7,371	582	-	19,228	2,063	71,772	177,988	2012
4,740	40,650	8,004	574	-	21,285	3,107	78,637	190,088	2013
4,264	35,682	7,269	196	-	20,912	3,326	72,349	182,587	2014
4,246	36,705	6,266	94	-	20,944	3,790	73,090	185,112	2015
4,947	35,696	6,186	265	-	19,026	4,411	72,458	183,636	2016
6,251	33,575	6,514	651	-	17,310	3,446	70,598	185,078	2017
8,952	31,355	6,781	365	-	15,311	3,850	68,799	182,580	2018
8,712	32,022	6,832	318	-	16,021	4,853	70,778	180,746	2019
6,422	31,083	6,067	193	-	13,104	4,056	62,367	167,513	2020
5,784	34,535	5,100	86	-	11,582	4,550	63,379	177,589	2021
構成比 (%)									
39.1	40.2	4.5	2.9	-	-	7.1	93.7	93.7	1965
28.6	36.2	15.3	1.3	3.9	-	2.8	88.7	98.5	1980
9.5	29.3	16.2	1.3	3.3	0.2	5.0	65.1	98.1	1990
0.3	28.1	8.3	2.5	0.1	2.4	N.A.	44.0	98.2	2000
1.8	22.8	4.4	0.5	-	9.2	1.4	40.5	96.7	2010
3.2	19.1	2.8	0.0	-	6.4	2.5	35.0	98.1	2021

注:(1)ロシアの1965-1991年度は旧ソ連を指す。
(2)構成比は次ページの総合計(一般炭、原料炭、無煙炭)に対する比率。
(3)掲載していない国があるため、一般炭、原料炭の内訳と計は必ずしも一致しない。

1. 石炭需給

(3) わが国の石炭輸入量（その2）

(千トン)

年度	無煙炭	石炭国別合計(無煙炭を含む) 米国	豪州	カナダ	中国	南アフリカ	インドネシア	ロシア	その他	総合計
1965	1,066	6,618	6,828	890	610	131	-	1,253	606	16,936
1970	1,440	25,437	15,768	4,686	235	284	-	2,690	1,850	50,950
1973	1,183	18,344	24,000	10,548	282	194	-	2,901	1,780	58,049
1975	1,027	21,471	23,435	11,528	456	150	-	3,209	2,090	62,339
1980	1,086	21,522	30,575	11,769	2,236	3,496	9	2,275	829	72,711
1985	2,101	13,888	44,395	17,519	3,676	8,557	333	4,418	905	93,691
1990	1,953	11,576	55,334	18,320	4,589	4,888	1,033	8,054	1,041	104,835
1991	2,543	11,758	58,777	18,285	5,860	5,450	3,250	5,492	1,529	110,401
1992	2,393	11,531	60,046	14,664	6,054	5,271	5,488	3,854	1,345	108,253
1993	2,675	10,127	60,360	15,949	6,393	5,461	6,028	4,579	1,272	110,169
1994	3,305	9,372	64,841	17,277	8,370	5,509	8,174	4,545	1,679	119,766
1995	3,562	10,553	64,101	17,477	9,920	5,640	9,298	4,889	2,291	124,170
1996	3,744	9,101	64,702	17,605	11,592	5,841	9,386	4,577	2,585	125,389
1997	4,047	7,416	71,862	18,102	12,011	4,658	11,665	4,308	2,451	132,473
1998	3,469	6,316	68,938	16,655	12,278	3,772	12,488	3,678	2,459	126,584
1999	3,036	4,873	79,728	14,235	13,109	3,212	13,393	N.A.	7,169	135,719
2000	2,735	3,445	90,512	13,424	18,403	1,499	14,790	N.A.	7,368	149,441
2001	4,618	2,241	91,476	10,168	25,172	1,097	16,813	5,641	2,490	155,098
2002	5,198	383	91,786	9,495	31,125	435	19,581	6,992	2,874	162,669
2003	5,229	59	95,982	8,950	30,604	127	21,461	7,895	3,294	168,373
2004	5,811	4,806	103,703	5,961	28,479	67	26,935	9,677	3,941	183,569
2005	5,973	1,358	102,959	7,609	22,151	76	29,945	10,492	3,203	177,793
2006	5,828	240	105,932	8,784	19,486	76	31,960	9,427	3,434	179,339
2007	5,613	2	114,952	11,265	13,615	418	33,329	11,257	2,750	187,588
2008	5,219	1,835	114,081	10,188	12,649	150	34,510	9,661	2,440	185,514
2009	4,787	1,150	104,099	9,352	6,027	550	32,573	8,867	2,157	164,775
2010	6,117	3,799	116,315	10,541	6,503	298	35,449	11,426	2,306	186,637
2011	5,645	6,392	107,870	9,023	4,258	616	34,004	11,401	1,814	175,379
2012	5,781	6,144	113,879	9,715	2,591	509	36,737	12,232	1,963	183,769
2013	5,501	6,487	124,635	10,701	2,251	311	36,695	13,126	1,382	195,589
2014	5,105	6,211	118,921	9,134	1,842	141	35,183	15,024	1,237	187,692
2015	6,438	5,432	124,664	8,005	1,544	159	32,782	17,463	1,502	191,550
2016	5,779	5,641	120,694	8,229	2,641	60	31,789	17,905	2,458	189,415
2017	6,006	8,967	117,963	8,407	2,422	63	30,795	18,201	4,266	191,084
2018	5,947	12,144	114,623	8,869	1,615	135	28,347	19,326	3,469	188,527
2019	6,130	12,758	109,106	10,030	1,799	305	29,666	20,656	2,575	186,895
2020	5,486	8,834	104,233	9,317	468	86	25,228	20,173	2,659	170,997
2021	6,229	9,916	118,427	8,135	731	324	22,394	18,127	3,018	181,073
構成比 (%)										
1965	6.3	39.1	40.3	5.3	3.6	0.8	-	7.4	3.6	100.0
1980	1.5	29.6	42.1	16.2	3.1	4.8	0.0	3.1	1.1	100.0
1990	1.9	11.0	52.8	17.5	4.4	4.7	1.0	7.7	1.0	100.0
2000	1.8	2.3	60.6	9.0	12.3	1.0	9.9	N.A.	4.9	100.0
2010	3.3	2.0	62.3	5.6	3.5	0.2	19.0	6.1	1.2	100.0
2021	3.4	5.5	65.4	4.5	0.4	0.2	12.4	10.0	1.7	100.0

出所：2000年度まで経済産業省「エネルギー生産・需給統計年報」、2001年度より財務省「日本貿易月表」

注：(1) ロシアの1965-1991年度は旧ソ連を指す。1999、2000年度はその他に含む。

(2) 構成比は総合計(一般炭、原料炭、無煙炭)に対する比率。

1. 石炭需給

(4)産業別石炭販売量（石炭計）

(千トン)

年度	合計	鉄鋼	ガス	コークス	電気業	窯業土石	紙・パルプ	その他
1965	69,775	21,458	3,838	3,073	21,423	1,461	1,670	16,852
1970	89,114	54,821	3,269	3,901	18,952	464	484	7,223
1973	81,164	62,575	2,529	3,579	7,647	439	192	4,203
1975	81,443	64,489	2,232	3,722	7,567	398	84	2,951
1980	92,405	65,969	1,653	4,473	9,818	7,202	274	3,016
1985	110,940	65,844	1,161	5,868	23,034	7,672	1,196	6,165
1990	115,170	64,712	703	4,943	26,284	8,286	3,031	7,211
1991	118,956	64,203	553	5,167	29,396	8,977	3,160	7,497
1992	115,971	60,932	523	4,582	31,532	9,619	2,800	5,983
1993	117,625	60,157	393	4,717	33,547	9,289	3,386	6,137
1994	126,229	63,135	279	4,735	38,347	9,715	3,563	6,456
1995	130,272	63,853	233	5,263	41,409	9,916	4,153	5,444
1996	131,439	63,090	130	6,084	41,921	9,832	3,927	6,444
1997	137,283	64,469	46	5,606	46,502	9,953	4,407	6,300
1998	130,069	61,097	-	4,985	45,591	8,445	3,940	6,011
1999	139,674	64,443	-	4,132	50,982	8,614	4,030	7,473
2000	152,290	65,414	-	5,059	58,936	9,906	5,063	7,912
2001	154,486	67,344	N.A.	N.A.	63,849	10,057	5,088	8,148
2002	160,675	69,536	N.A.	N.A.	67,404	10,004	5,313	8,417
2003	165,785	69,338	N.A.	N.A.	72,642	10,200	5,203	8,402
2004	176,742	72,612	N.A.	N.A.	78,604	10,848	5,645	9,033
2005	174,618	66,019	N.A.	N.A.	82,801	11,101	5,091	9,606
2006	179,734	67,252	N.A.	N.A.	81,048	11,166	5,478	14,790
2007	187,484	69,224	N.A.	N.A.	86,857	11,408	5,139	14,856
2008	183,643	66,763	N.A.	N.A.	85,431	11,330	5,622	14,497
2009	165,887	60,582	N.A.	N.A.	77,021	10,308	5,184	12,791
2010	174,145	68,301	N.A.	N.A.	75,319	10,596	5,295	14,634
2011	166,646	66,249	N.A.	N.A.	71,242	10,093	5,316	13,746
2012	169,021	65,965	N.A.	N.A.	73,089	10,129	5,592	14,247
2013	181,356	68,026	N.A.	N.A.	82,512	10,216	6,021	14,581
2014	174,921	63,676	N.A.	N.A.	81,010	10,185	5,785	14,265
2015	177,696	63,327	N.A.	N.A.	83,183	10,100	6,281	14,798
2016	N.A.	65,149	N.A.	N.A.	111,193	10,110	6,056	14,399
2017	N.A.	62,525	N.A.	N.A.	113,943	10,224	6,149	14,336
2018	N.A.	60,875	N.A.	N.A.	112,710	10,306	6,157	14,531
2019	N.A.	61,755	N.A.	N.A.	110,530	10,087	5,879	13,525
2020	N.A.	53,310	N.A.	N.A.	107,667	9,535	5,437	12,491
2021	N.A.	59,590	N.A.	N.A.	111,613	9,588	5,062	12,997

出所: 2000年度まで経済産業省「エネルギー生産・需給統計年報」、
2001年度より同「石油等消費動態統計年報」、「電力調査統計月報」

注: (1)統計内容変更により、1999、2000年度の鉄鋼業は高炉による製鉄業についてのみ掲載。
(2)2016年度以降の電気業は、小売業参入の全面自由化に伴う電気事業類型の見直しにより、調査対象事業者が変更されている。

1．石炭需給

(5)世界の石炭貿易量（2019年）

輸出国／輸入国	世界計	アメリカ	カナダ	コロンビア	ロシア	南アフリカ
アメリカ	4,180	-	661	2,928	62	22
カナダ	7,065	6,141	-	745	153	-
メキシコ	8,085	611	-	5,899	1,423	-
ブラジル	18,859	6,886	756	*3,274	2,613	487
チリ	13,107	989	215	8,747	81	-
イギリス	6,529	1,769	-	1,078	2,421	158
オランダ	10,367	2,669	-	575	4,269	155
ベルギー	3,707	676	29	-	1,472	186
ドイツ	40,993	8,584	1,263	1,870	19,140	803
フランス	10,225	1,390	55	876	2,745	1,177
スペイン	8,586	653	-	1,150	2,739	502
ポルトガル	2,575	615	-	1,790	166	-
イタリア	10,261	2,403	206	1,754	4,407	72
フィンランド	3,152	653	463	15	2,008	-
デンマーク	2,387	60	-	56	2,099	80
オーストリア	3,078	620	-	1	348	-
スロバキア	3,344	424	295	105	1,314	-
ポーランド	16,623	821	66	1,192	10,734	222
ウクライナ	21,082	4,462	-	525	14,452	-
トルコ	38,141	1,325	754	18,295	13,544	1,046
ロシア	21,923	-	-	42	-	-
イスラエル	8,417	-	-	-	-	-
モロッコ	10,113	2,988	-	70	5,883	578
パキスタン	16,422	-	-	-	51	12,154
インド	248,537	12,044	4,943	517	7,461	39,496
中国	299,770	1,181	3,323	1,689	29,176	-
日本	186,892	8,716	4,910	612	21,440	372
韓国	127,380	3,365	11,338	4,435	25,557	3,414
香港	10,035	-	-	-	1,131	-
マレーシア	33,045	3	-	54	2,056	7
タイ	22,463	1	-	164	915	-
合計	1,217,343	70,049	29,277	58,458	179,860	60,931

出所：国連「Energy Statistics Yearbook 2019」
注：(1)褐炭、ピート、ブリケットを除く。

(千トン)

モザンビーク	オーストラリア	中国	カザフスタン	モンゴル	インドネシア	その他
-	-	49	-	-	424	34
-	-	-	-	-	-	26
-	133	3	-	-	-	16
532	4,310	1	-	-	-	0
-	1,036	-	-	-	-	2,039
-	423	7	64	-	-	609
184	2,101	5	-	-	266	143
-	1,188	-	-	-	-	156
571	4,771	9	1,169	-	-	2,813
282	3,498	1	66	-	-	135
-	827	10	-	-	2,270	435
-	-	-	-	-	-	4
-	498	-	513	-	59	349
-	-	-	-	-	-	13
-	-	-	-	-	-	92
54	191	-	-	-	-	1,864
365	-	-	-	-	-	841
393	2,117	3	867	-	-	208
-	413	-	876	-	76	278
109	2,905	-	2	-	80	81
-	-	-	*18,737	-	-	3,144
-	-	-	-	-	-	8,417
-	-	-	-	-	-	594
50	-	13	-	-	3,034	1,120
5,741	50,870	207	-	-	122,143	5,115
-	87,719	-	150	*32,192	47,842	96,498
-	115,561	1,808	162	-	32,643	668
467	45,798	1,722	-	-	24,660	6,624
-	78	-	-	-	7,886	940
-	7,862	481	-	-	-	22,582
-	3,823	1	-	-	10,366	7,193
8,748	336,122	4,320	22,606	32,192	251,749	163,031

(2)輸入国からみた輸入量の数字。ただし、世界計については輸出国からみた輸出量。
(3)*The United Nations Statistics Divisionによる推計。

2. 石油需給

2．石油需給

(1)油種別燃料油販売量

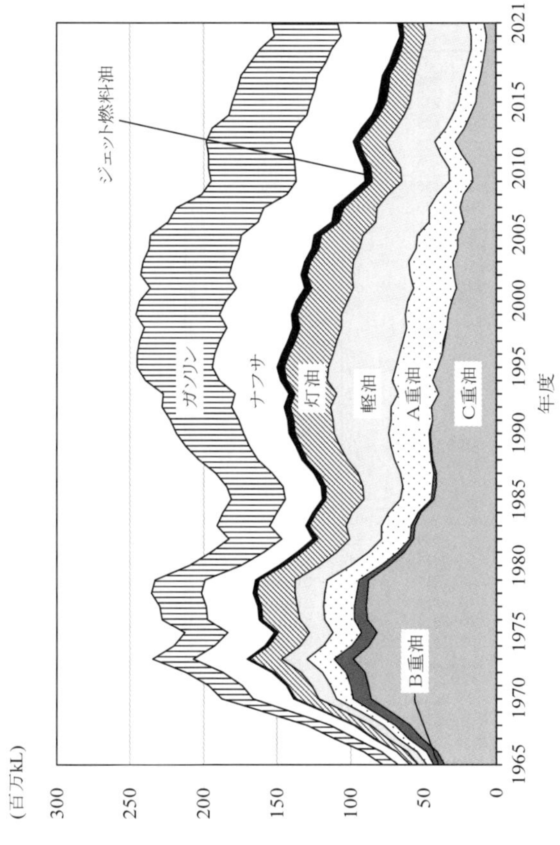

出所：石油通信社「石油資料」、経済産業省「資源・エネルギー統計年報」
注：(1)2002年1月よりB重油はC重油に含まれる。
(2)2001年度以前は消費者向総販売量、2002年度以降は国内向販売量。

2. 石油需給

(2) 原油の需給

年度	原油需給					
	国内生産 (千kL)	伸び率 (%)	輸入 (千kL)	伸び率 (%)	中東原油 (千kL)	中東依存率 (%)
1965	787	5.3	87,627	18.2	77,372	88.3
1970	901	11.0	204,872	17.4	173,336	84.6
1973	818	-1.6	288,609	16.9	223,763	77.5
1975	699	-7.6	262,785	-4.7	205,606	78.2
1980	481	-12.7	249,199	-10.1	177,948	71.4
1985	670	33.4	197,261	-7.4	135,705	68.8
1990	655	0.8	238,480	13.1	170,568	71.5
1991	946	44.5	238,646	0.1	176,406	73.9
1992	981	3.7	255,668	7.1	192,283	75.2
1993	899	-8.3	256,406	0.3	198,058	77.2
1994	863	-4.0	273,777	6.8	211,505	77.3
1995	866	0.3	265,526	-3.0	208,582	78.6
1996	834	-3.6	263,792	-0.7	213,705	81.0
1997	840	0.8	267,489	1.4	221,227	82.7
1998	773	-8.0	254,279	-4.9	219,081	86.2
1999	728	-5.8	248,530	-2.3	210,173	84.6
2000	761	4.5	254,604	2.4	221,852	87.1
2001	734	-3.6	239,784	-5.8	210,838	87.9
2002	756	3.0	241,898	0.9	206,266	85.3
2003	830	9.8	244,854	1.2	216,645	88.5
2004	860	3.7	241,805	-1.2	216,339	89.5
2005	911	5.9	249,010	3.0	221,777	89.1
2006	905	-0.6	238,649	-4.2	212,221	88.9
2007	979	8.2	242,029	1.4	209,224	86.4
2008	973	-0.6	234,406	-3.1	205,849	87.8
2009	917	-5.8	211,656	-9.7	189,498	89.5
2010	853	-7.0	214,357	1.3	185,698	86.6
2011	824	-3.3	209,173	-2.4	177,985	85.1
2012	759	-7.9	211,026	0.9	175,481	83.2
2013	668	-11.9	210,345	-0.3	175,869	83.6
2014	626	-6.3	195,169	-7.2	161,478	82.7
2015	578	-7.7	194,515	-0.3	160,399	82.5
2016	549	-5.0	191,047	-1.8	166,573	87.2
2017	546	-0.5	185,091	-3.1	161,583	87.3
2018	496	-9.2	177,043	-4.3	156,243	88.3
2019	524	5.7	173,044	-2.3	155,023	89.6
2020	513	-2.1	136,463	-21.1	125,599	92.0
2021	473	-7.7	148,904	9.1	137,735	92.5

出所：経済産業省「資源・エネルギー統計年報・月報」、
「生産動態統計月報」、石油連盟「石油資料月報」

精製業者原油処理量		非精製用出荷	年度末在庫	製油所稼働率	常圧蒸留設備能力	年度
(千kL)	(千バレル/日)	(千kL)	(千kL)	(%)	(千バレル/日)	
83,427	1,438	2,510	4,885	69.9	2,058	1965
193,046	3,327	9,651	11,312	90.7	3,749	1970
260,432	4,488	24,346	19,729	83.0	5,410	1973
237,329	4,079	23,907	26,931	69.6	5,940	1975
227,399	3,919	18,112	33,643	66.0	5,940	1980
179,625	3,095	15,271	27,376	62.3	4,973	1985
204,164	3,518	27,970	29,191	77.3	4,552	1990
215,607	3,705	26,204	22,173	79.3	4,764	1991
229,074	3,948	25,531	19,579	81.2	4,880	1992
233,242	4,019	19,616	19,735	80.3	5,055	1993
245,027	4,223	24,998	19,851	82.9	5,118	1994
241,350	4,148	20,445	20,644	79.4	5,221	1995
242,307	4,176	20,129	20,229	79.1	5,270	1996
249,932	4,307	15,342	21,073	81.2	5,303	1997
242,861	4,185	12,910	19,510	77.7	5,379	1998
240,493	4,133	11,766	15,855	77.0	5,355	1999
242,389	4,177	9,297	18,921	79.1	5,274	2000
234,482	4,041	6,262	17,051	81.0	4,988	2001
234,964	4,049	7,348	16,788	81.4	4,974	2002
237,029	4,074	7,709	17,242	83.0	4,906	2003
234,046	4,033	7,421	17,990	84.4	4,778	2004
241,113	4,155	9,337	17,358	87.2	4,767	2005
230,759	3,977	7,850	17,801	82.9	4,796	2006
233,633	4,015	12,487	14,361	82.7	4,856	2007
223,975	3,860	8,956	16,460	78.9	4,895	2008
209,572	3,612	4,319	14,851	74.5	4,846	2009
208,572	3,594	5,742	15,842	77.7	4,627	2010
196,720	3,381	13,263	16,081	74.2	4,559	2011
197,359	3,401	15,338	15,731	75.9	4,478	2012
200,148	3,449	12,961	14,382	78.5	4,391	2013
188,714	3,252	8,123	14,055	82.4	3,947	2014
188,757	3,244	6,651	14,199	82.8	3,917	2015
190,308	3,280	2,915	12,525	86.2	3,804	2016
183,974	3,170	1,638	12,185	90.1	3,519	2017
176,382	3,040	744	12,773	86.4	3,519	2018
173,701	2,993	206	12,195	84.8	3,519	2019
139,051	2,390	323	9,573	68.7	3,490	2020
147,246	2,537	389	9,659	73.4	3,458	2021

注:稼働率は年度内の各月の単純平均値。

2. 石油需給

(3)供給国別原油輸入量

年度	輸入合計	中東合計	サウジアラビア	アラブ首長国連邦	イラン	イラク	カタール	クウェート
1965	87,627	77,372	16,855	450	18,937	5,573	682	20,677
1970	204,872	173,336	28,677	11,693	87,483	-	206	18,210
1973	288,609	223,763	57,398	31,227	89,508	978	216	23,628
1975	262,785	205,606	71,501	26,950	58,505	6,060	183	21,919
1980	249,199	177,948	82,212	36,576	5,664	13,782	8,637	8,840
1985	197,261	135,705	26,656	43,788	13,709	6,268	12,471	3,330
1990	238,480	170,568	46,602	50,985	25,528	4,730	14,296	4,522
1991	238,646	176,406	55,770	61,017	21,050	-	13,401	2,178
1992	255,668	192,283	54,952	62,168	20,609	-	16,380	10,002
1993	256,406	198,058	55,223	64,477	23,730	-	16,946	11,468
1994	273,777	211,505	52,829	71,807	25,702	-	17,183	11,438
1995	265,526	208,582	51,075	70,886	23,087	-	16,800	13,314
1996	263,792	213,705	53,703	72,021	27,710	295	16,585	14,448
1997	267,489	221,227	58,988	70,817	24,985	579	20,974	15,934
1998	254,279	219,081	52,148	71,091	28,694	1,158	23,090	14,439
1999	248,530	210,173	48,359	60,475	28,560	6,116	23,655	14,694
2000	254,604	221,852	54,898	65,112	29,229	3,586	24,546	18,839
2001	239,784	210,838	53,365	57,200	29,874	589	25,594	17,219
2002	241,898	206,266	54,228	55,496	33,418	456	22,283	16,801
2003	244,854	216,645	55,704	59,479	39,507	3,312	23,772	18,202
2004	241,805	216,339	63,380	60,456	36,382	3,636	21,842	17,887
2005	249,010	221,777	72,789	61,089	32,425	1,742	23,511	17,872
2006	238,649	212,221	69,149	62,496	26,889	2,259	24,709	16,874
2007	242,029	209,224	66,873	57,678	29,546	2,161	25,914	16,677
2008	234,406	205,849	66,136	53,517	27,849	3,082	25,826	19,570
2009	211,656	189,498	62,384	45,182	23,002	4,782	25,641	16,318
2010	214,357	185,698	62,562	44,767	20,944	6,986	24,877	14,938
2011	209,173	177,985	64,950	47,126	16,259	4,578	21,327	14,578
2012	211,026	175,481	64,123	46,626	10,114	4,428	24,073	15,576
2013	210,345	175,869	64,603	47,803	9,655	3,395	27,430	15,153
2014	195,169	161,478	63,523	48,690	10,170	2,555	18,644	13,410
2015	194,515	160,399	65,732	49,172	9,660	3,119	16,404	15,127
2016	191,047	166,573	71,417	45,294	13,345	4,681	16,587	12,601
2017	185,091	161,583	72,943	45,894	9,603	3,448	14,095	13,531
2018	177,043	156,243	67,695	44,894	6,664	2,596	14,203	13,467
2019	173,044	155,023	58,970	56,524	676	1,987	16,062	15,434
2020	136,463	125,599	57,977	40,773	-	789	11,315	11,736
2021	148,904	137,735	55,594	54,256	-	158	11,600	12,513

出所:経済産業省「資源・エネルギー統計年報」

(千kL)

中立地帯	その他	東南アジア合計	インドネシア	その他	アメリカ	ロシア	アフリカ	その他	年度
14,197	-	6,293	6,156	137	65	2,924	-	973	1965
20,946	5,962	27,434	27,103	331	45	577	2,772	708	1970
15,406	5,404	53,070	42,433	10,637	78	1,423	7,858	2,417	1973
12,986	7,503	39,713	29,368	10,344	-	81	7,525	9,861	1975
13,446	8,790	50,533	37,393	13,139	-	109	4,429	16,179	1980
11,961	17,522	33,087	22,551	10,536	-	153	2,542	25,775	1985
8,324	15,581	40,454	29,940	10,514	-	56	972	26,431	1990
6,714	16,276	37,369	26,252	11,117	-	96	713	24,063	1991
10,729	17,442	37,857	25,543	12,314	-	67	1,104	24,357	1992
10,305	15,908	34,908	21,825	13,083	-	5	2,142	21,292	1993
12,279	20,267	37,525	24,140	13,385	-	22	1,476	23,248	1994
14,332	19,087	34,906	20,932	13,974	-	11	1,822	20,206	1995
13,170	15,772	29,078	17,480	11,598	334	5	1,238	19,432	1996
14,847	14,104	24,807	14,582	10,225	939	-	1,602	18,913	1997
13,660	14,802	21,777	14,406	7,371	301	-	1,598	11,522	1998
13,346	14,967	21,771	14,171	7,601	2,335	-	2,773	11,478	1999
13,843	11,799	19,120	12,255	6,865	273	-	1,777	11,583	2000
12,433	14,562	16,623	10,391	6,232	-	330	4,046	7,948	2001
9,527	14,058	14,884	9,716	5,168	-	880	11,291	8,576	2002
8,810	7,857	13,752	8,871	4,881	-	1,689	6,253	6,515	2003
5,640	7,117	11,908	7,893	4,015	-	1,583	9,965	2,011	2004
4,952	7,396	12,139	7,646	4,494	-	1,736	10,056	3,302	2005
5,240	4,605	9,949	6,606	3,343	-	3,792	9,444	3,243	2006
4,541	5,833	12,665	7,858	4,807	-	8,423	8,132	3,584	2007
4,117	5,754	10,481	6,419	4,062	-	8,734	5,803	3,539	2008
4,174	8,015	6,461	4,193	2,268	-	9,629	3,370	2,697	2009
4,118	6,505	7,413	5,155	2,258	-	15,171	2,986	3,090	2010
4,245	4,923	13,120	7,357	5,763	-	8,629	5,983	3,456	2011
4,439	6,104	14,435	7,652	6,783	-	11,167	6,267	3,675	2012
3,413	4,417	11,324	6,805	4,518	-	15,050	4,256	3,848	2013
2,357	2,129	8,050	5,014	3,036	47	16,316	3,006	6,272	2014
213	972	7,079	4,253	2,827	205	15,672	1,700	9,459	2015
-	2,649	4,557	2,712	1,845	851	11,073	161	7,831	2016
-	2,071	4,026	2,068	1,958	1,633	9,729	814	7,307	2017
-	6,724	2,645	1,225	1,420	4,177	7,786	757	5,436	2018
-	5,371	1,579	25	1,554	2,700	8,248	799	4,695	2019
386	2,622	1,288	78	1,210	969	4,885	281	3,441	2020
417	3,198	1,177	96	1,082	224	5,424	849	3,495	2021

注：ロシアの1989年度以前はソ連邦の値。

2．石油需給

(4)石油製品別生産量

年度	ガソリン		ナフサ	ジェット燃料	灯油	軽油	
		プレミアム					A重油
1965	11,507	N.A.	7,743	1,373	5,701	6,302	3,161
1970	21,258	3,276	22,675	2,613	17,582	12,620	10,354
1973	27,925	3,650	31,681	3,924	23,317	18,264	18,765
1975	29,234	5,549	27,152	3,341	21,827	16,415	18,191
1980	34,601	1,141	20,945	4,506	23,673	21,512	20,807
1985	36,081	1,550	10,800	4,262	24,849	25,771	19,187
1990	42,978	6,167	11,826	4,711	23,728	33,497	26,533
1991	44,836	7,384	14,697	5,281	24,910	38,155	27,148
1992	46,481	9,041	16,297	5,991	26,277	40,203	27,648
1993	48,580	10,019	17,537	6,488	27,780	41,749	27,989
1994	50,154	10,519	18,063	7,460	27,351	44,866	28,450
1995	51,405	10,546	17,279	7,724	27,540	45,984	28,562
1996	52,399	11,017	16,792	7,768	27,728	47,164	28,038
1997	53,756	11,300	19,071	9,557	28,230	47,945	27,335
1998	55,740	11,782	18,038	10,143	27,057	45,711	26,986
1999	56,422	11,899	17,960	10,811	27,009	44,165	27,866
2000	56,989	11,495	18,144	10,556	28,463	42,256	28,760
2001	58,216	11,677	18,556	10,402	27,395	41,575	28,377
2002	58,008	11,343	19,124	10,452	28,091	39,333	29,407
2003	58,643	11,319	19,461	9,792	27,065	38,598	29,493
2004	58,058	10,890	19,975	10,087	27,045	38,425	29,260
2005	58,797	10,509	21,932	11,356	27,997	40,420	28,026
2006	57,678	9,723	21,827	13,318	24,717	40,574	24,327
2007	58,127	9,247	22,819	14,887	23,075	43,989	21,610
2008	56,862	8,476	20,784	15,849	20,346	46,214	18,520
2009	57,216	8,776	21,538	13,561	20,245	42,759	16,610
2010	58,448	8,820	20,096	14,019	19,647	43,037	16,241
2011	54,568	8,057	18,902	12,811	19,183	39,194	15,468
2012	53,219	7,215	19,009	13,279	18,156	38,904	14,929
2013	54,623	7,092	20,508	15,396	17,695	43,309	14,291
2014	53,511	6,824	18,286	15,385	16,261	41,043	13,133
2015	54,773	7,181	19,106	15,742	15,754	41,609	12,748
2016	53,715	6,165	20,013	15,905	15,803	41,180	12,892
2017	53,229	6,083	18,038	14,679	15,720	41,608	12,507
2018	50,933	6,297	16,935	15,563	13,243	40,898	11,978
2019	48,960	5,943	17,146	15,619	13,240	41,190	11,345
2020	43,478	5,328	12,462	6,438	13,090	32,671	11,324
2021	45,462	5,465	13,545	8,565	12,085	36,179	10,410

出所：経済産業省「資源・エネルギー統計年報」、「生産動態統計年報」

(千kL)

B重油	C重油	重油計	燃料油計	伸び率(%)	潤滑油	年度
6,677	36,674	46,512	79,138	18.3	1,178	1965
12,217	84,178	106,749	183,499	15.5	2,424	1970
11,633	111,154	141,552	246,662	16.9	2,767	1973
10,158	99,089	127,438	225,409	-2.6	2,071	1975
5,159	81,743	107,709	212,947	-9.3	2,303	1980
2,009	42,018	63,215	164,978	-5.7	2,237	1985
751	45,008	72,292	189,032	10.5	2,545	1990
301	46,063	73,512	201,390	6.5	2,471	1991
155	49,060	76,863	212,113	5.3	2,490	1992
147	48,530	76,666	218,800	3.2	2,589	1993
135	52,226	80,811	228,705	4.5	2,731	1994
91	48,330	76,983	226,915	-0.8	2,690	1995
56	44,645	72,739	224,591	-1.0	2,817	1996
52	46,264	73,651	232,211	3.4	2,804	1997
42	43,934	70,962	227,651	-2.0	2,607	1998
22	40,577	68,464	224,832	-1.2	2,707	1999
16	39,923	68,699	225,106	0.1	2,616	2000
N.A.	34,949	63,326	219,469	-2.5	2,614	2001
N.A.	36,799	66,207	221,214	0.8	2,665	2002
N.A.	38,094	67,588	221,148	0.0	2,595	2003
N.A.	34,604	63,864	217,454	-1.7	2,611	2004
N.A.	35,403	63,428	223,931	3.0	2,633	2005
N.A.	31,876	56,203	214,317	-4.3	2,669	2006
N.A.	33,161	54,771	217,667	1.6	2,609	2007
N.A.	30,158	48,678	208,734	-4.1	2,368	2008
N.A.	24,446	41,056	196,375	-5.9	2,434	2009
N.A.	23,669	39,910	195,157	-0.6	2,645	2010
N.A.	25,314	40,783	185,440	-5.0	2,481	2011
N.A.	27,787	42,716	185,283	-0.1	2,339	2012
N.A.	22,664	36,956	188,487	1.7	2,457	2013
N.A.	20,154	33,287	177,773	-5.7	2,423	2014
N.A.	19,097	31,845	178,829	0.6	2,364	2015
N.A.	19,731	32,623	179,239	0.2	2,470	2016
N.A.	17,037	29,544	172,818	-3.6	2,198	2017
N.A.	16,372	28,350	165,922	-4.0	2,448	2018
N.A.	15,912	27,256	163,412	-1.5	2,260	2019
N.A.	13,988	25,311	133,451	-18.3	2,030	2020
N.A.	15,799	26,208	142,044	6.4	1,969	2021

注:2002年1月よりB重油はC重油に含まれる。

2. 石油需給

(5)石油製品別輸出量

年度	ガソリン	ナフサ	ジェット燃料	灯油	軽油	A重油
1965	383	184	760	171	588	362
1970	70	4	1,490	137	64	831
1973	83	171	2,044	99	120	1,053
1975	-	108	1,319	0	23	930
1980	-	-	1,800	0	178	511
1985	2	-	1,248	7	188	486
1990	48	458	950	498	640	882
1991	12	532	1,365	643	1,214	983
1992	163	503	2,026	465	1,238	1,187
1993	766	241	2,362	448	1,594	1,294
1994	833	325	2,976	364	1,744	1,523
1995	1,346	310	3,250	488	2,650	1,119
1996	734	360	2,873	291	2,467	134
1997	783	254	5,008	99	3,618	136
1998	801	150	5,759	237	2,637	159
1999	616	265	6,265	315	2,264	249
2000	349	145	6,196	156	2,058	205
2001	388	106	5,802	246	2,012	96
2002	284	102	6,015	247	1,374	128
2003	267	41	5,366	183	1,307	156
2004	112	26	5,888	155	1,525	161
2005	521	-	6,689	383	4,087	168
2006	317	23	7,955	499	4,950	165
2007	536	12	9,277	644	8,999	350
2008	710	38	10,080	444	13,050	561
2009	1,552	-	8,321	357	11,319	608
2010	2,198	-	8,936	198	11,046	736
2011	1,254	51	8,694	600	7,614	342
2012	1,148	58	9,047	144	6,410	787
2013	1,748	17	10,457	732	10,348	558
2014	3,112	14	10,031	711	8,443	722
2015	3,967	17	10,681	491	9,414	1,055
2016	3,100	51	10,947	573	8,823	1,042
2017	3,759	7	9,879	517	9,023	1,245
2018	3,318	-	10,709	697	8,413	1,112
2019	3,117	3	10,608	996	9,068	1,809
2020	2,451	-	3,780	1,300	2,900	1,292
2021	3,984	-	5,714	385	5,938	447

出所:経済産業省「資源・エネルギー統計年報」

(千kL)

B重油	C重油	重油計	燃料油計	伸び率(%)	潤滑油	年度
86	7,332	7,780	9,866	21.5	29	1965
136	6,578	7,545	9,310	-27.6	318	1970
126	15,427	16,605	19,122	29.7	255	1973
97	17,507	18,534	19,983	-12.3	227	1975
31	9,401	9,942	11,921	5.5	322	1980
8	2,009	2,503	3,948	-7.5	197	1985
2	3,676	4,560	7,156	65.3	253	1990
2	6,130	7,115	10,880	52.0	244	1991
-	7,541	8,729	13,124	20.6	310	1992
-	9,652	10,946	16,356	24.6	395	1993
-	9,437	10,959	17,201	5.2	471	1994
-	8,446	9,565	17,609	2.4	450	1995
-	6,885	7,019	13,743	-22.0	479	1996
-	9,269	9,405	19,167	39.5	462	1997
-	8,425	8,583	18,168	-5.2	396	1998
-	6,022	6,271	15,996	-12.0	474	1999
-	6,180	6,385	15,288	-4.4	409	2000
N.A.	5,775	5,872	14,427	-5.6	517	2001
N.A.	5,678	5,806	13,827	-4.2	514	2002
N.A.	6,925	7,081	14,243	3.0	472	2003
N.A.	7,770	7,931	15,637	9.8	513	2004
N.A.	9,867	10,035	21,715	38.9	559	2005
N.A.	9,409	9,575	23,319	7.4	587	2006
N.A.	9,183	9,533	29,001	24.4	665	2007
N.A.	9,269	9,830	34,153	17.8	518	2008
N.A.	7,774	8,382	29,932	-12.4	772	2009
N.A.	7,172	7,908	30,285	1.2	768	2010
N.A.	6,792	7,135	25,347	-16.3	807	2011
N.A.	7,141	7,928	24,735	-2.4	765	2012
N.A.	6,053	6,611	29,912	20.9	898	2013
N.A.	5,775	6,497	28,807	-3.7	856	2014
N.A.	6,839	7,894	32,465	12.6	896	2015
N.A.	7,966	9,007	32,501	0.2	1,024	2016
N.A.	7,094	8,339	31,524	-3.0	791	2017
N.A.	7,701	8,813	31,951	1.4	935	2018
N.A.	7,984	9,793	33,586	5.1	844	2019
N.A.	6,760	8,052	18,483	-45.0	813	2020
N.A.	7,473	7,920	23,941	29.5	723	2021

注:2002年1月よりB重油はC重油に含まれる。

2. 石油需給

(6)石油製品別輸入量

年度	ガソリン	ナフサ	ジェット燃料	灯油	軽油	A重油
1965	45	769	-	0	-	2,819
1970	2	6,695	23	177	-	1,991
1973	13	6,222	14	89	89	2,396
1975	-	5,939	-	0	-	1,904
1980	0	6,661	37	284	312	943
1985	531	14,762	-	1,010	238	1,859
1990	2,127	21,083	-	3,795	4,954	1,477
1991	1,416	19,967	-	3,114	2,712	1,257
1992	1,039	20,699	-	2,429	1,665	1,210
1993	470	19,384	-	2,098	1,517	1,065
1994	1,479	23,436	-	2,127	1,199	1,049
1995	1,343	27,394	-	3,415	1,722	1,077
1996	1,428	29,137	-	3,521	1,601	1,208
1997	1,346	27,319	-	1,349	231	1,084
1998	936	27,099	65	2,539	538	1,046
1999	1,412	30,798	75	3,558	1,336	1,165
2000	1,629	30,160	97	3,236	1,738	1,072
2001	1,215	28,144	79	2,030	1,306	973
2002	1,602	30,260	78	2,838	912	874
2003	1,858	29,538	127	2,365	662	845
2004	2,905	29,545	444	1,292	584	313
2005	2,227	27,964	466	1,123	519	299
2006	2,261	28,855	103	560	247	79
2007	829	26,250	-	170	265	26
2008	651	23,105	2	497	293	125
2009	854	25,838	-	459	317	76
2010	1,098	27,248	43	1,053	444	192
2011	2,905	24,868	-	1,486	875	89
2012	2,884	25,276	94	1,213	583	88
2013	1,659	25,926	77	911	253	54
2014	1,508	26,821	101	1,370	562	91
2015	1,149	28,710	314	848	559	42
2016	843	25,684	228	1,187	431	30
2017	1,224	28,392	355	1,928	511	83
2018	2,138	27,288	304	1,790	657	78
2019	2,470	26,416	210	1,568	797	123
2020	3,014	28,853	79	2,718	1,449	115
2021	2,801	29,351	127	1,522	1,713	144

出所:経済産業省「資源・エネルギー統計年報」

(千kL)

B重油	C重油	重油計	燃料油計	伸び率(%)	潤滑油	年度
40	9,462	12,321	13,135	24.0	316	1965
988	14,120	17,098	23,996	34.3	371	1970
1,965	8,856	13,217	19,643	-9.0	190	1973
276	6,013	8,194	14,133	-25.2	122	1975
-	6,197	7,140	14,435	-27.3	134	1980
-	5,779	7,638	24,178	13.8	56	1985
-	7,007	8,485	40,443	-18.1	136	1990
-	6,220	7,477	34,686	-14.2	195	1991
-	5,489	6,699	32,531	-6.2	104	1992
-	3,337	4,402	27,870	-14.3	75	1993
-	3,624	4,674	32,915	18.1	85	1994
-	2,861	3,938	37,813	14.9	71	1995
-	2,629	3,837	39,523	4.5	73	1996
-	1,828	2,912	33,157	-16.1	68	1997
-	969	2,014	33,190	0.1	65	1998
-	1,677	2,841	40,020	20.6	49	1999
-	879	1,951	38,810	-3.0	36	2000
N.A.	783	1,756	34,530	-11.0	31	2001
N.A.	1,198	2,073	37,763	9.4	31	2002
N.A.	1,980	2,825	37,375	-1.0	51	2003
N.A.	2,443	2,756	37,525	0.4	52	2004
N.A.	4,144	4,443	36,741	-2.1	58	2005
N.A.	3,169	3,248	35,273	-4.0	83	2006
N.A.	4,561	4,587	32,102	-9.0	87	2007
N.A.	4,644	4,768	29,315	-8.7	72	2008
N.A.	2,257	2,332	29,799	1.7	100	2009
N.A.	3,023	3,215	33,100	11.1	117	2010
N.A.	7,483	7,571	37,704	13.9	114	2011
N.A.	9,374	9,462	39,512	4.8	129	2012
N.A.	6,781	6,835	35,661	-9.7	123	2013
N.A.	4,635	4,726	35,089	-1.6	123	2014
N.A.	3,475	3,517	35,098	0.0	153	2015
N.A.	2,466	2,496	30,869	-12.0	158	2016
N.A.	2,394	2,477	34,887	13.0	188	2017
N.A.	1,899	1,977	34,154	-2.1	227	2018
N.A.	457	580	32,040	-6.2	239	2019
N.A.	606	721	36,834	15.0	193	2020
N.A.	1,261	1,405	36,919	0.2	280	2021

注:ボンド扱いの輸入を含まない。

2．石油需給

(7)石油製品別販売量

年度	ガソリン	ナフサ	ジェット燃料	灯油	軽油	A重油
1965	10,874	7,853	535	5,236	5,583	5,207
1970	21,013	27,644	1,174	15,835	12,003	11,096
1973	27,223	36,240	1,673	21,930	16,759	19,306
1975	28,999	32,078	2,059	21,673	16,000	18,996
1980	34,543	26,297	2,967	23,566	21,564	21,083
1985	36,698	24,613	3,056	25,307	25,808	20,315
1990	44,783	31,423	3,739	26,701	37,680	27,066
1991	46,139	33,807	3,863	26,881	39,851	27,734
1992	47,152	35,771	4,001	27,639	40,782	27,749
1993	48,235	36,505	4,134	28,835	41,808	27,805
1994	50,353	40,829	4,498	27,799	44,262	27,825
1995	51,628	43,988	4,849	30,017	45,452	28,796
1996	53,032	45,285	4,736	29,790	46,064	28,720
1997	54,318	45,766	4,773	28,790	45,018	28,281
1998	55,782	44,976	4,846	28,484	43,911	27,983
1999	57,251	48,004	4,639	29,949	43,468	29,151
2000	58,372	47,686	4,611	29,924	41,745	29,516
2001	58,821	46,273	4,995	28,500	40,957	29,303
2002	59,830	48,598	4,603	30,622	39,489	30,138
2003	60,561	48,442	4,502	29,109	38,130	29,752
2004	61,476	49,026	4,906	27,977	38,203	29,100
2005	61,421	49,388	5,129	28,265	37,116	27,780
2006	60,552	50,078	5,389	24,504	36,606	23,961
2007	59,042	48,533	5,916	22,666	35,586	21,369
2008	57,428	42,861	5,676	20,249	33,728	17,891
2009	57,475	47,331	5,283	20,066	32,396	16,045
2010	58,159	46,699	5,153	20,349	32,891	15,425
2011	57,209	43,718	4,199	19,623	32,872	14,680
2012	56,447	43,172	3,965	18,991	33,443	13,759
2013	55,419	45,748	5,053	17,894	34,079	13,438
2014	52,975	43,923	5,340	16,662	33,583	12,360
2015	53,127	46,234	5,488	15,946	33,619	11,871
2016	52,508	44,797	5,294	16,235	33,326	11,986
2017	51,833	45,100	5,002	16,642	33,820	11,504
2018	50,604	43,910	4,972	14,498	33,773	11,070
2019	49,304	42,550	5,151	13,627	33,754	10,156
2020	45,524	40,323	2,733	14,498	32,027	10,226
2021	44,509	41,660	3,313	13,518	32,075	10,135

出所：経済産業省「資源・エネルギー統計年報」、石油通信社「石油資料」
石油連盟「石油資料」、C重油の電力用は2015年度より「電力調査統計」

(千kL)

B重油	C重油	電力用	燃料油計	伸び率(%)	潤滑油	年度
6,829	36,227	12,473	78,344	15.3	1,472	1965
12,732	85,798	35,378	187,296	18.2	2,432	1970
12,834	98,173	43,157	234,138	11.1	2,841	1973
10,623	82,521	36,313	212,950	-3.0	2,187	1975
5,243	73,955	36,972	209,219	-10.3	2,106	1980
2,111	43,023	20,620	180,931	-2.9	2,156	1985
749	45,874	23,957	218,012	3.0	2,439	1990
328	43,965	22,654	222,568	2.1	2,412	1991
146	44,702	23,839	227,941	2.4	2,347	1992
146	39,581	19,004	227,048	-0.4	2,256	1993
129	43,636	22,362	239,330	5.4	2,367	1994
87	40,588	19,054	245,405	2.5	2,367	1995
62	37,600	16,363	245,288	0.0	2,431	1996
50	36,228	14,672	243,224	-0.8	2,408	1997
44	34,137	13,293	240,165	-1.3	2,314	1998
22	33,483	12,865	245,966	2.4	2,252	1999
29	31,335	12,134	243,218	-1.1	2,192	2000
N.A.	27,617	9,325	236,488	-2.8	2,089	2001
N.A.	29,517	10,843	242,797	2.7	2,110	2002
N.A.	30,195	12,455	240,691	-0.9	2,079	2003
N.A.	26,556	9,853	237,245	-1.4	2,045	2004
N.A.	27,009	11,786	236,109	-0.5	2,047	2005
N.A.	22,696	9,349	223,785	-5.2	2,054	2006
N.A.	25,354	14,256	218,465	-2.4	1,939	2007
N.A.	23,159	12,791	200,991	-8.0	1,750	2008
N.A.	16,435	7,211	195,031	-3.0	1,681	2009
N.A.	17,343	6,299	196,019	0.5	1,763	2010
N.A.	24,080	12,319	196,380	0.2	1,695	2011
N.A.	27,742	19,749	197,770	0.7	1,527	2012
N.A.	21,890	14,630	193,596	-2.1	1,531	2013
N.A.	18,108	10,906	182,577	-5.5	1,521	2014
N.A.	14,241	7,302	180,476	-1.2	1,460	2015
N.A.	12,778	7,905	176,931	-2.0	1,414	2016
N.A.	10,846	6,218	174,773	-1.2	1,431	2017
N.A.	8,836	4,184	167,746	-4.0	1,588	2018
N.A.	7,378	2,663	161,920	-3.5	1,548	2019
N.A.	6,622	2,584	151,953	-6.2	1,430	2020
N.A.	8,279	4,388	153,489	1.0	1,444	2021

注：2002年1月よりB重油はC重油に含まれる。

2. 石油需給

(8)部門別石油製品需要量（エネルギーバランス表）

年度	需要 (石油換算百万トン)							
	最終需要合計	産業計			民生	運輸	非エネルギー	電力
			非製造	製造				
1965	63.5	37.1	4.7	32.4	7.7	15.8	2.9	13.6
1970	141.3	82.8	9.9	72.9	20.3	32.2	6.0	41.2
1973	181.5	101.3	11.5	89.8	30.0	42.1	8.1	53.3
1975	168.5	87.7	10.5	77.2	29.4	45.1	6.3	45.9
1980	167.1	77.0	12.8	64.2	29.6	53.7	6.9	45.1
1985	162.1	66.1	12.9	53.2	31.2	57.5	7.3	28.3
1990	195.5	79.5	17.4	62.1	34.6	72.7	8.8	34.3
1991	201.0	80.0	17.4	62.6	36.5	76.0	8.5	33.6
1992	203.7	79.2	17.0	62.2	38.3	77.7	8.6	34.9
1993	204.3	80.1	17.7	62.3	37.4	78.4	8.4	30.2
1994	211.3	83.8	17.5	66.3	37.0	82.2	8.3	34.1
1995	218.7	86.5	18.2	68.4	39.2	84.8	8.1	31.3
1996	220.4	87.0	17.7	69.3	38.0	87.1	8.3	29.2
1997	220.2	86.0	16.4	69.6	37.7	88.4	8.1	27.9
1998	218.7	85.4	15.5	69.9	36.3	89.4	7.6	26.8
1999	224.0	89.2	14.8	74.4	36.6	90.9	7.4	27.0
2000	221.9	88.8	14.8	74.0	37.1	88.9	7.2	24.8
2001	215.1	84.3	14.2	70.1	34.9	89.1	6.9	24.9
2002	216.8	85.1	13.9	71.2	36.3	88.7	6.7	27.8
2003	214.2	84.9	13.1	71.8	35.0	88.3	6.0	28.8
2004	213.3	83.1	12.4	70.7	35.0	89.4	5.8	26.7
2005	210.1	81.1	11.5	69.6	35.6	88.0	5.4	27.9
2006	202.1	77.4	10.0	67.4	32.5	86.9	5.4	24.0
2007	193.2	72.7	9.0	63.7	30.6	84.8	5.2	28.4
2008	177.8	64.2	7.7	56.5	27.7	81.5	4.5	26.1
2009	174.6	63.2	7.3	56.0	27.1	79.7	4.5	20.2
2010	176.0	63.1	7.0	56.1	28.1	80.4	4.4	21.1
2011	168.9	58.9	6.7	52.1	27.3	78.6	4.2	28.4
2012	165.7	57.7	6.6	51.1	26.4	77.7	3.9	33.6
2013	164.0	58.7	6.5	52.1	24.6	77.1	3.7	27.7
2014	158.2	56.6	6.3	50.3	23.2	74.8	3.6	23.6
2015	157.9	57.8	6.3	51.6	21.8	74.8	3.5	21.4
2016	154.6	55.3	6.3	49.0	22.1	73.9	3.4	18.3
2017	156.0	56.3	6.2	50.2	22.9	73.5	3.3	15.5
2018	150.6	53.9	6.0	47.9	20.7	72.4	3.6	13.5
2019	147.9	53.7	5.8	47.9	19.7	71.2	3.3	12.6
2020	138.7	50.4	5.6	44.8	20.4	64.6	3.3	11.8
2021	139.0	51.8	5.8	46.1	19.4	64.5	3.2	13.7

出所：経済産業省/EDMC「総合エネルギー統計」、EDMC推計

対前年伸び率 (%)								
最終需要合計	産業計			民生	運輸	非エネルギー	電力	年度
		非製造	製造					
13.8	15.0	14.4	15.1	16.8	10.7	7.6	9.3	1965
16.5	18.2	18.8	18.1	15.1	13.9	13.5	19.1	1970
9.8	8.9	7.4	9.1	11.6	11.0	9.6	14.1	1973
-3.3	-8.0	-2.8	-8.7	0.3	5.6	-8.7	1.5	1975
-10.2	-16.6	-1.6	-19.1	-7.5	-1.3	-7.6	-10.9	1980
0.8	-1.3	-2.6	-1.0	3.3	2.4	-1.9	-15.1	1985
3.2	2.7	9.2	1.0	1.8	4.5	4.3	4.3	1990
2.8	0.6	0.0	0.7	5.6	4.6	-3.3	-2.1	1991
1.4	-1.0	-2.2	-0.7	4.9	2.2	1.1	3.9	1992
0.3	1.1	4.3	0.3	-2.1	0.9	-2.0	-13.6	1993
3.4	4.6	-1.5	6.3	-1.0	4.8	-0.8	13.1	1994
3.5	3.3	4.1	3.1	5.8	3.2	-2.4	-8.4	1995
0.8	0.5	-2.9	1.4	-3.1	2.7	2.6	-6.6	1996
-0.1	-1.2	-7.3	0.4	-0.6	1.5	-2.4	-4.5	1997
-0.7	-0.7	-5.4	0.4	-3.8	1.2	-6.4	-4.1	1998
2.4	4.5	-4.5	6.5	0.7	1.7	-3.5	1.0	1999
-0.9	-0.5	0.2	-0.6	1.5	-2.2	-2.7	-8.1	2000
-3.1	-5.1	-4.1	-5.3	-5.9	0.3	-4.0	0.1	2001
0.8	1.0	-1.9	1.5	4.1	-0.4	-3.1	11.9	2002
-1.2	-0.2	-6.0	0.9	-3.7	-0.5	-9.3	3.6	2003
-0.5	-2.1	-5.6	-1.5	0.0	1.2	-3.6	-7.4	2004
-1.5	-2.4	-6.7	-1.6	1.9	-1.6	-8.1	4.4	2005
-3.8	-4.6	-13.8	-3.1	-8.8	-1.2	0.7	-13.9	2006
-4.4	-6.1	-9.5	-5.5	-5.8	-2.4	-4.0	18.4	2007
-8.0	-11.7	-14.7	-11.3	-9.6	-3.9	-13.8	-8.4	2008
-1.8	-1.5	-5.2	-1.0	-2.0	-2.2	1.4	-22.3	2009
0.8	-0.3	-4.3	0.3	3.8	0.9	-3.2	4.1	2010
-4.0	-6.7	-3.3	-7.1	-2.9	-2.3	-4.7	34.9	2011
-1.9	-2.0	-2.7	-1.9	-3.2	-1.1	-6.7	18.0	2012
-1.0	1.7	-0.7	2.0	-7.0	-0.8	-4.2	-17.6	2013
-3.5	-3.4	-3.5	-3.4	-5.7	-3.0	-2.8	-14.5	2014
-0.2	2.1	-0.5	2.4	-6.1	0.1	-4.8	-9.5	2015
-2.0	-4.4	0.2	-5.0	1.4	-1.2	-2.0	-14.5	2016
0.9	1.9	-1.7	2.4	3.8	-0.7	-2.2	-15.4	2017
-3.4	-4.2	-2.6	-4.4	-9.5	-1.5	8.3	-12.5	2018
-1.8	-0.5	-4.0	0.0	-4.9	-1.6	-7.7	-6.7	2019
-6.2	-6.1	-2.1	-6.5	3.3	-9.2	0.8	-6.3	2020
0.2	2.8	1.9	2.9	-4.5	-0.1	-5.4	16.0	2021

注:非エネルギーはグリース、パラフィン、アスファルト、潤滑油。

2．石油需給

(9)LPガスの需給

年度	国内生産	輸入	供給計	伸び率(%)	家庭業務用	都市ガス用	工業用
1965	2,244	500	2,744	27.3	1,641	40	324
1970	3,974	2,610	6,584	13.8	3,294	176	1,164
1973	4,692	5,108	9,800	11.0	4,616	401	2,009
1975	4,505	5,859	10,364	2.2	4,990	563	2,438
1980	4,115	9,985	14,100	-2.4	5,599	1,394	2,949
1985	4,359	11,795	16,154	3.6	5,751	1,989	3,782
1990	4,556	14,340	18,896	1.5	6,207	2,334	5,162
1991	4,562	15,051	19,613	3.8	6,542	2,452	5,030
1992	4,703	15,317	20,020	2.1	6,750	2,515	5,008
1993	4,549	15,068	19,617	-2.0	7,027	2,567	4,970
1994	4,715	15,080	19,795	0.9	6,807	2,419	5,147
1995	4,903	14,828	19,731	-0.3	7,146	2,541	5,190
1996	4,984	15,230	20,214	2.4	7,279	2,394	5,364
1997	4,937	14,840	19,777	-2.2	7,343	2,252	5,294
1998	4,764	14,118	18,882	-4.5	7,366	2,151	4,986
1999	4,936	14,106	19,042	0.8	7,657	2,208	5,031
2000	5,046	14,793	19,839	4.2	7,710	2,121	5,014
2001	4,999	14,336	19,335	-2.5	7,603	1,911	4,645
2002	4,615	13,924	18,539	-4.1	7,897	1,826	4,760
2003	4,440	14,029	18,469	-0.4	7,802	1,492	4,740
2004	4,442	13,681	18,123	-1.9	7,827	1,434	4,572
2005	4,910	14,120	19,030	5.0	7,942	1,296	4,599
2006	4,781	13,493	18,274	-4.0	7,969	848	4,335
2007	4,703	13,603	18,306	0.2	7,933	842	4,023
2008	4,527	13,241	17,768	-2.9	7,404	789	3,759
2009	4,724	11,687	16,411	-7.6	7,153	819	3,637
2010	4,457	12,504	16,961	3.4	7,312	904	3,595
2011	4,061	12,859	16,921	-0.2	7,134	1,008	3,316
2012	4,216	13,330	17,545	3.7	6,811	1,036	3,199
2013	4,601	11,615	16,217	-7.6	6,631	1,093	3,037
2014	4,307	11,697	16,004	-1.3	6,535	1,167	2,883
2015	4,353	10,613	14,967	-6.5	6,297	964	3,048
2016	4,268	10,629	14,897	-0.5	6,275	995	3,030
2017	4,481	10,639	15,119	1.5	6,384	1,110	3,309
2018	3,982	10,794	14,775	-2.3	6,101	1,127	3,157
2019	3,631	10,786	14,417	-2.4	5,997	1,100	3,140
2020	3,013	10,234	13,248	-8.1	5,927	1,097	3,098
2021	3,128	10,306	13,434	1.4	6,089	1,312	2,691

出所：経済産業省「資源・エネルギー統計年報」、日本LPガス協会「LPガス需給の推移」

(千トン)

自動車用	化学原料用	電力用	内需小計	輸出	需要計	伸び率(%)	年度
635	54	-	2,694	1	2,695	24.1	1965
1,430	527	-	6,591	38	6,629	12.8	1970
1,495	1,194	-	9,715	50	9,765	10.7	1973
1,558	866	-	10,415	9	10,424	4.7	1975
1,696	1,466	845	13,949	4	13,953	-1.6	1980
1,762	1,903	619	15,806	30	15,836	2.3	1985
1,805	2,378	896	18,782	2	18,784	2.5	1990
1,820	2,587	941	19,372	9	19,381	3.2	1991
1,797	2,667	886	19,623	14	19,637	1.3	1992
1,772	2,424	544	19,304	10	19,314	-1.6	1993
1,794	2,526	425	19,118	14	19,132	-0.9	1994
1,752	2,179	533	19,341	6	19,347	1.1	1995
1,738	2,399	529	19,703	6	19,709	1.9	1996
1,678	2,449	306	19,322	47	19,369	-1.7	1997
1,645	2,286	455	18,889	57	18,946	-2.2	1998
1,642	2,326	267	19,131	95	19,226	1.5	1999
1,623	1,969	393	18,830	55	18,885	-1.8	2000
1,595	2,352	391	18,497	76	18,573	-1.7	2001
1,610	2,234	377	18,704	29	18,733	0.9	2002
1,628	1,981	402	18,045	4	18,049	-3.7	2003
1,642	2,085	343	17,903	1	17,904	-0.8	2004
1,626	2,502	436	18,401	3	18,404	2.8	2005
1,594	2,901	422	18,069	104	18,173	-1.3	2006
1,570	3,348	472	18,188	115	18,303	0.7	2007
1,486	3,051	631	17,120	141	17,261	-5.7	2008
1,409	3,268	312	16,598	194	16,792	-2.7	2009
1,370	2,819	306	16,306	181	16,487	-1.8	2010
1,295	2,583	958	16,294	102	16,396	-0.6	2011
1,231	2,518	1,546	16,341	201	16,542	0.9	2012
1,177	2,947	653	15,538	238	15,776	-4.6	2013
1,110	3,038	300	15,033	245	15,278	-3.2	2014
1,054	2,698	168	14,229	184	14,413	-5.7	2015
985	2,572	294	14,151	276	14,427	0.1	2016
940	2,762	182	14,687	177	14,864	3.0	2017
869	2,715	145	14,114	257	14,371	-3.3	2018
773	2,840	81	13,931	172	14,103	-1.9	2019
529	2,136	0	12,787	117	12,904	-8.5	2020
551	1,893	0	12,536	184	12,720	-1.4	2021

注：LPガスはプロパン及びブタンの合計値。

2．石油需給

(10)世界の原油・石油製品貿易量（2021年）

輸入国＼輸出国		世界計	アメリカ	カナダ	メキシコ	中南米	ヨーロッパ	ロシア	CIS諸国(ロシア以外)	イラク	クウェート
		原油・石油製品輸出計									
原油・石油製品輸入計	アメリカ	418	-	215	35	36	28	33	2	8	2
	カナダ	55	40	-	0	1	5	0	1	0	0
	メキシコ	59	56	0	-	1	2	0	0	-	-
	中南米	128	79	2	1	-	11	4	0	1	0
	ヨーロッパ	665	78	5	8	15	-	215	81	49	2
	ロシア	2	0	0	-	0	0	-	1	0	-
	CIS諸国(ロシア以外)	23	0	0	0	0	1	20	-	0	0
	中東	99	2	0	0	1	12	9	4	1	4
	アフリカ	140	8	0	0	3	42	4	2	1	5
	オーストラリア、ニュージーランド	41	2	0	0	0	0	0	0	-	0
	中国	629	26	5	0	59	22	83	5	55	32
	インド	263	30	1	8	11	5	7	1	55	16
	日本	165	13	2	0	3	1	5	0	0	13
	シンガポール	139	5	0	1	11	7	4	0	3	1
	その他アジア太平洋	459	43	1	8	7	11	20	8	15	38
	世界計	3,284	383	231	61	148	147	404	105	188	113

	世界計	アメリカ	カナダ	メキシコ	中南米	ヨーロッパ	ロシア	CIS諸国(ロシア以外)	イラク	クウェート
原油輸入	2,059	305	24	0	22	468	0	16	0	0
石油製品輸入	1,225	113	31	59	106	198	2	7	8	1
原油輸出	2,059	139	197	53	124	36	264	87	176	88
石油製品輸出	1,225	244	34	8	24	111	141	18	12	24

出所：BP「BP Statistical Review of World Energy 2022」

注：(1) 輸送中の数量変化、特定不可能な移送、国籍不明の軍用等を含む。

(2) バンカーは輸出に含まない。域内輸送(例:ヨーロッパ域内)を除く。

（百万トン）

サウジアラビア	アラブ首長国連邦	その他中東	北アフリカ	西アフリカ	東南アフリカ	オーストラリア、ニュージーランド	中国	インド	日本	シンガポール	その他アジア太平洋
21	2	2	8	11	0	-	0	5	1	2	9
4	0	0	0	3	0	0	0	0	0	0	0
-	-	0	-	0	0	0	0	0	0	0	0
4	2	1	2	7	0	0	6	3	1	1	2
39	6	7	89	53	1	1	3	8	1	1	4
0	0	0	0	0	0	0	0	0	0	0	1
0	0	1	0	0	0	0	0	0	0	0	0
16	9	10	2	3	1	0	2	16	0	1	4
21	13	7	0	7	0	0	4	13	0	1	6
0	5	0	0	2	0	-	0	3	0	9	20
90	39	62	9	63	1	2	-	0	1	7	69
42	33	14	5	25	2	0	1	-	0	2	7
50	46	16	1	-	0	2	1	1	-	0	10
7	22	10	3	3	0	3	11	5	2	-	40
85	55	30	12	18	1	6	34	15	6	46	-
381	233	159	131	196	8	15	62	69	11	70	169

サウジアラビア	アラブ首長国連邦	その他中東	北アフリカ	西アフリカ	東南アフリカ	オーストラリア、ニュージーランド	中国	インド	日本	シンガポール	その他アジア太平洋
0	3	19	9	0	12	15	526	214	122	47	257
16	32	20	31	46	41	26	103	49	43	92	202
323	146	97	85	187	5	9	2	0	0	1	38
58	87	62	45	9	3	5	61	69	11	69	131

2. 石油需給

(11)石油備蓄量

(万kL、日)

年度	民間備蓄				国家備蓄				合計		1日当たりの備蓄量
	原油	製品及び半製品	備蓄量計(製品換算)	日数	原油	製品	備蓄量計(製品換算)	日数	備蓄量計(製品換算)	日数	
1965	489	498	962	-	-	-	-	-	962	-	-
1970	1,131	1,513	2,587	50	-	-	-	-	2,587	50	51
1973	1,973	2,105	3,979	57	-	-	-	-	3,979	57	70
1975	2,693	2,035	4,593	68	-	-	-	-	4,593	68	68
1980	3,944	2,548	6,295	90	754	-	716	10	7,011	101	70
1985	2,940	2,355	5,148	92	2,052	-	1,949	35	7,097	126	56
1990	2,886	2,399	5,141	88	3,302	-	3,137	54	8,278	142	58
1991	2,639	2,267	4,773	80	3,603	-	3,423	57	8,196	137	60
1992	2,281	2,349	4,517	77	3,903	-	3,708	63	8,225	140	59
1993	2,282	2,209	4,376	76	4,203	-	3,993	69	8,369	145	58
1994	2,216	2,435	4,540	81	4,501	-	4,276	76	8,816	157	56
1995	2,399	2,161	4,440	74	4,750	-	4,513	76	8,953	150	60
1996	2,348	2,475	4,705	79	4,870	-	4,627	78	9,332	156	60
1997	2,296	2,462	4,643	80	5,000	-	4,750	82	9,393	163	58
1998	2,236	2,267	4,390	79	5,000	-	4,750	85	9,141	163	56
1999	2,082	2,078	4,055	72	5,000	-	4,750	84	8,805	156	56
2000	2,168	2,280	4,340	78	4,990	-	4,741	85	9,080	163	56
2001	2,151	2,144	4,787	77	5,091	-	4,836	89	9,623	166	58
2002	2,264	1,966	4,116	78	5,098	-	4,843	91	8,959	169	53
2003	2,279	1,923	4,087	74	5,098	-	4,843	88	8,930	163	55
2004	2,126	1,879	3,899	74	5,099	-	4,844	92	8,743	166	53
2005	2,270	2,053	4,210	78	5,087	-	4,833	90	9,043	168	54
2006	2,108	2,057	4,060	79	5,096	-	4,842	95	8,902	174	51
2007	1,864	2,002	3,772	77	5,097	-	4,842	99	8,614	177	49
2008	1,962	1,975	3,839	81	5,085	-	4,831	102	8,670	184	47
2009	1,808	1,776	3,494	84	5,047	13	4,807	115	8,301	199	42
2010	1,623	1,760	3,302	79	5,011	13	4,773	114	8,075	193	42
2011	1,879	1,784	3,569	84	5,012	13	4,774	113	8,343	197	42
2012	1,977	1,963	3,842	83	4,949	46	4,748	102	8,590	185	46
2013	1,990	1,719	3,610	83	4,911	130	4,796	110	8,406	193	44
2014	1,689	1,684	3,288	80	4,890	137	4,782	117	8,147	199	41
2015	1,607	1,603	3,130	81	4,838	138	4,734	122	7,997	207	39
2016	1,466	1,517	2,910	78	4,811	143	4,713	126	7,782	208	37
2017	1,393	1,502	2,825	79	4,779	143	4,683	131	7,716	215	36
2018	1,522	1,507	2,953	85	4,701	143	4,609	132	7,745	222	35
2019	1,373	1,542	2,846	86	4,675	143	4,584	138	7,614	229	33
2020	1,280	1,418	2,635	88	4,627	143	4,538	149	7,350	244	30
2021	1,256	1,297	2,490	81	4,548	143	4,463	146	7,119	232	31

出所：石油通信社「石油30年の歩み」、経済産業省「資源・エネルギー統計年報」
石油通信社「石油資料」、石油連盟「石油資料月報」

注：各年度とも年度末の数量。製品ベースの備蓄量は原油については0.95を乗じて換算。
産油国共同備蓄を示していないので、内訳と合計が一致しない。

3. 都市ガス・天然ガス需給

3．都市ガス・天然ガス需給

(1)用途別都市ガス販売量の推移

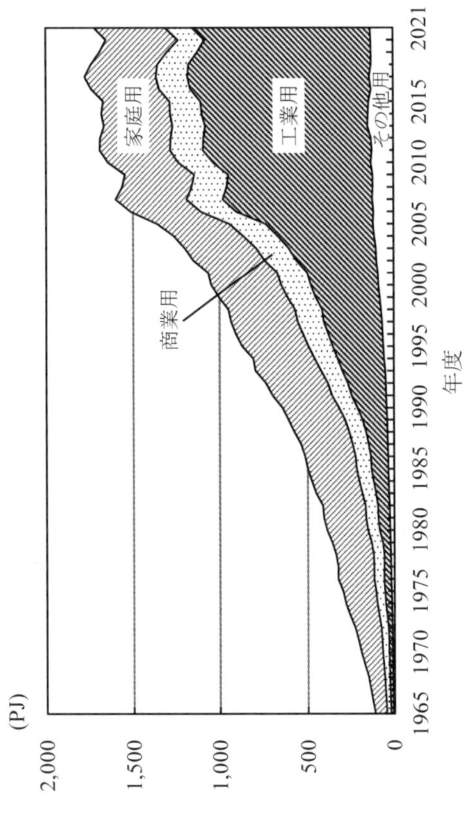

出所：日本ガス協会「ガス事業便覧」、経済産業省「ガス事業統計月報」「ガス事業生産動態統計調査」
注：2005年度以前は旧一般ガス事業者計、2006年度以降はガス事業者計。

3. 都市ガス・天然ガス需給

(2)天然ガス・LNGの需給

年度	国産天然ガス生産量(百万m^3)	LNG (千トン)				
		輸入合計	消費者向販売量			
			都市ガス	電力	工業用燃料	合計
1965	2,108	-	-	-	-	-
1970	2,808	977	241	717	-	958
1973	2,924	2,364	941	1,386	-	2,327
1975	2,776	5,005	1,595	3,336	-	4,931
1980	2,433	16,965	3,351	12,908	521	16,780
1985	2,400	27,831	5,776	21,254	571	27,601
1990	2,128	36,077	8,536	27,165	611	36,312
1991	2,229	37,952	9,508	28,284	600	38,392
1992	2,206	38,976	9,618	28,837	612	39,067
1993	2,273	40,076	10,615	28,670	667	39,952
1994	2,305	42,374	11,035	30,891	554	42,480
1995	2,249	43,689	12,166	30,857	611	43,634
1996	2,209	46,445	13,679	32,516	611	46,806
1997	2,301	48,349	13,611	33,656	721	47,988
1998	2,297	49,478	14,100	35,026	667	49,793
1999	2,313	52,112	14,850	36,392	669	51,911
2000	2,499	54,157	15,989	37,844	667	54,500
2001	2,466	54,421	15,084	38,175	N.A.	N.A.
2002	2,752	55,018	16,647	37,914	N.A.	N.A.
2003	2,814	58,538	17,625	39,063	N.A.	N.A.
2004	2,957	58,018	18,878	37,170	N.A.	N.A.
2005	3,140	57,917	20,539	34,641	N.A.	N.A.
2006	3,408	63,309	23,288	38,177	N.A.	N.A.
2007	3,729	68,306	24,697	42,106	N.A.	N.A.
2008	3,706	68,135	24,148	41,035	N.A.	N.A.
2009	3,555	66,354	23,847	40,890	N.A.	N.A.
2010	3,343	70,562	25,321	42,393	N.A.	N.A.
2011	3,334	83,183	26,105	53,561	N.A.	N.A.
2012	3,177	86,865	26,360	56,431	N.A.	N.A.
2013	2,940	87,731	25,784	57,034	N.A.	N.A.
2014	2,746	89,071	26,216	57,490	N.A.	N.A.
2015	2,715	83,571	26,334	53,194	N.A.	N.A.
2016	2,797	84,749	27,550	55,688	N.A.	N.A.
2017	2,926	83,888	28,037	52,922	N.A.	N.A.
2018	2,657	80,553	27,363	49,666	N.A.	N.A.
2019	2,467	76,498	26,414	46,601	N.A.	N.A.
2020	2,290	76,357	25,621	47,067	N.A.	N.A.
2021	2,262	71,459	26,588	41,852	N.A.	N.A.

出所：経済産業省「エネルギー生産・需給統計年報」、「生産動態統計」、「電力調査統計月報」、財務省「日本貿易月表」、経済産業省「ガス事業統計月報」

対前年伸び率 (%)					構成比 (%)			年度
輸入合計	消費者向販売量							
	都市ガス	電力	工業用燃料	合計	都市ガス	電力	工業用燃料	
-	-	-	-	-	-	-	-	1965
436.8	225.7	679.3	-	477.1	25.2	74.8	-	1970
121.3	180.1	104.7	-	129.7	40.4	59.6	-	1973
33.5	24.5	34.5	-	31.1	32.3	67.7	-	1975
14.2	8.6	19.0	-17.7	15.2	20.0	76.9	3.1	1980
3.6	3.8	4.0	-0.2	3.9	20.9	77.0	2.1	1985
9.2	9.6	6.5	0.0	7.1	23.5	74.8	1.7	1990
5.2	11.4	4.1	-1.8	5.7	24.8	73.7	1.6	1991
2.7	1.2	2.0	2.0	1.8	24.6	73.8	1.6	1992
2.8	10.4	-0.6	9.0	2.3	26.6	71.8	1.7	1993
5.7	4.0	7.7	-16.9	6.3	26.0	72.7	1.3	1994
3.1	10.2	-0.1	10.3	2.7	27.9	70.7	1.4	1995
6.3	12.4	5.4	0.0	7.3	29.2	69.5	1.3	1996
4.1	-0.5	3.5	18.0	2.5	28.4	70.1	1.5	1997
2.3	3.6	4.1	-7.5	3.8	28.3	70.3	1.3	1998
5.3	5.3	3.9	0.3	4.3	28.6	70.1	1.3	1999
3.9	7.7	4.0	-0.3	5.0	29.3	69.4	1.2	2000
0.5	N.A.	N.A.	N.A.	N.A.	N.A.	N.A.	N.A.	2001
1.1	10.4	-0.7	N.A.	N.A.	N.A.	N.A.	N.A.	2002
6.4	5.9	3.0	N.A.	N.A.	N.A.	N.A.	N.A.	2003
-0.9	7.1	-4.8	N.A.	N.A.	N.A.	N.A.	N.A.	2004
-0.2	8.8	-6.8	N.A.	N.A.	N.A.	N.A.	N.A.	2005
9.3	N.A.	10.2	N.A.	N.A.	N.A.	N.A.	N.A.	2006
7.9	6.1	10.3	N.A.	N.A.	N.A.	N.A.	N.A.	2007
-0.2	-2.2	-2.5	N.A.	N.A.	N.A.	N.A.	N.A.	2008
-2.6	-1.2	-0.4	N.A.	N.A.	N.A.	N.A.	N.A.	2009
6.3	6.2	3.7	N.A.	N.A.	N.A.	N.A.	N.A.	2010
17.9	3.1	26.3	N.A.	N.A.	N.A.	N.A.	N.A.	2011
4.4	1.0	5.4	N.A.	N.A.	N.A.	N.A.	N.A.	2012
1.0	-2.2	1.1	N.A.	N.A.	N.A.	N.A.	N.A.	2013
1.5	1.7	0.8	N.A.	N.A.	N.A.	N.A.	N.A.	2014
-6.2	0.5	-7.5	N.A.	N.A.	N.A.	N.A.	N.A.	2015
1.4	4.6	4.7	N.A.	N.A.	N.A.	N.A.	N.A.	2016
-1.0	1.8	-5.0	N.A.	N.A.	N.A.	N.A.	N.A.	2017
-4.0	-2.4	-6.2	N.A.	N.A.	N.A.	N.A.	N.A.	2018
-5.0	-3.5	-6.2	N.A.	N.A.	N.A.	N.A.	N.A.	2019
-0.2	-3.0	1.0	N.A.	N.A.	N.A.	N.A.	N.A.	2020
-6.4	3.8	-11.1	N.A.	N.A.	N.A.	N.A.	N.A.	2021

注:(1) 1976年度以前の消費者向販売量は経済産業省/EDMC「総合エネルギー統計」。
(2) 2001年度より消費者向販売量は消費量。2001～2005年度の都市ガス向け販売量は一般ガス事業者の消費量。2006年度以降はガス事業者の消費量。

3. 都市ガス・天然ガス需給

(3)原料別都市ガス生産・購入量

年度	生産・購入量 (10^6 MJ)				
	石油系ガス	石炭系ガス	LNG	天然ガス	その他ガス
1965	56,192	58,540	-	13,704	161
1970	103,263	80,771	13,160	19,663	351
1973	131,788	76,742	51,016	25,114	315
1975	142,975	73,252	86,442	26,083	268
1980	149,425	56,022	188,795	26,703	364
1985	131,065	46,888	319,036	35,280	460
1990	141,049	19,176	464,233	39,675	544
1991	148,730	16,074	513,725	41,869	452
1992	151,382	15,374	551,720	43,812	418
1993	155,690	15,085	604,537	45,732	43
1994	147,158	12,137	623,863	45,171	39
1995	156,470	12,205	676,078	47,608	37
1996	146,212	11,948	716,148	49,602	33
1997	136,452	9,638	754,710	52,112	35
1998	128,763	9,208	775,479	54,080	34
1999	131,043	9,732	823,444	57,390	37
2000	126,127	9,573	864,280	61,036	31
2001	115,334	7,765	892,480	61,986	33
2002	110,899	7,876	982,183	67,775	34
2003	93,715	5,704	1,040,721	72,905	36
2004	87,330	2,732	1,122,040	76,618	33
2005	76,744	1,994	1,229,603	85,627	46
2006	54,282	-	1,553,654	205,224	44
2007	53,594	-	1,681,577	261,800	0
2008	49,664	-	1,665,757	256,383	0
2009	49,937	-	1,660,226	249,389	0
2010	54,196	-	1,804,873	235,526	0
2011	58,699	-	1,872,865	242,056	0
2012	59,967	-	1,868,354	230,676	0
2013	61,493	-	1,824,421	217,777	88
2014	64,472	-	1,838,784	214,879	125
2015	52,576	-	1,843,478	211,426	116
2016	54,436	-	2,006,735	210,829	130
2017	60,901	-	2,042,845	204,419	143
2018	62,152	-	2,013,290	191,141	118
2019	62,908	-	2,002,958	181,496	87
2020	62,599	-	1,954,289	186,802	66
2021	73,562	-	2,071,597	189,739	59

出所：2005年以前は日本ガス協会「ガス事業便覧」、2006年度以降は経済産業省「ガス事業統計月報」、「ガス事業生産動態統計調査」

合 計	伸び率(%)	構成比(%) 石油系ガス	石炭系ガス	LNG・天然ガス	その他ガス	年度
128,598	9.8	43.7	45.5	10.7	0.1	1965
217,208	9.0	47.5	37.2	15.1	0.2	1970
284,974	12.5	46.2	26.9	26.7	0.1	1973
329,019	5.8	43.5	22.3	34.2	0.1	1975
421,309	7.8	35.5	13.3	51.1	0.1	1980
532,733	5.4	24.6	8.8	66.5	0.1	1985
664,678	5.1	21.2	2.9	75.8	0.1	1990
720,850	8.5	20.6	2.2	77.1	0.1	1991
762,706	5.8	19.8	2.0	78.1	0.1	1992
821,087	7.7	19.0	1.8	79.2	0.0	1993
828,369	0.9	17.8	1.5	80.8	0.0	1994
892,398	7.7	17.5	1.4	81.1	0.0	1995
923,944	3.5	15.8	1.3	82.9	0.0	1996
952,946	3.1	14.3	1.0	84.7	0.0	1997
967,565	1.5	13.3	1.0	85.7	0.0	1998
1,021,647	5.6	12.8	1.0	86.2	0.0	1999
1,061,047	3.9	11.9	0.9	87.2	0.0	2000
1,077,599	1.6	10.7	0.7	88.6	0.0	2001
1,168,768	8.5	9.5	0.7	89.8	0.0	2002
1,213,081	3.8	7.7	0.5	91.8	0.0	2003
1,288,754	6.2	6.8	0.2	93.0	0.0	2004
1,394,013	8.2	5.5	0.1	94.3	0.0	2005
1,814,650	N.A.	3.0	-	96.9	0.0	2006
1,997,579	10.1	2.7	-	97.3	0.0	2007
1,971,867	-1.3	2.5	-	97.5	0.0	2008
1,959,639	-0.6	2.5	-	97.4	0.0	2009
2,094,791	6.9	2.6	-	97.4	0.0	2010
2,173,820	3.8	2.7	-	97.3	0.0	2011
2,159,224	-0.7	2.8	-	97.2	0.0	2012
2,103,899	-2.6	2.9	-	97.1	0.0	2013
2,118,356	0.7	3.0	-	96.9	0.0	2014
2,107,637	-0.5	2.5	-	97.5	0.0	2015
2,272,178	7.8	2.4	-	97.6	0.0	2016
2,308,333	1.6	2.6	-	97.4	0.0	2017
2,266,726	-1.8	2.7	-	97.3	0.0	2018
2,247,474	-0.8	2.8	-	97.2	0.0	2019
2,203,776	-1.9	2.8	-	97.2	0.0	2020
2,334,986	6.0	3.2	-	96.8	0.0	2021

注:2005年度以前は旧一般ガス事業者計、2006年度以降はガス事業者計。

3．都市ガス・天然ガス需給

(4)都市ガス需要量・需要家数・1件当たり消費量

年度	需要 (10^6 MJ)					合計			
	販売量	自家消費	加熱用	勘定外ガス	一般ガス事業者以外への卸供給量		伸び率 (%)	家庭用	商業用
1965	110,996	503	14,609	2,490	-	128,598	9.9	6,556	314
1970	191,359	889	20,859	4,072	-	217,178	9.0	9,752	472
1973	256,023	2,977	21,361	4,577	-	284,939	12.5	11,952	569
1975	297,067	3,637	22,444	5,856	-	329,002	5.8	13,096	654
1980	389,391	5,268	19,183	7,465	-	421,306	7.8	15,703	854
1985	499,500	5,523	17,370	10,314	-	532,707	5.4	17,527	1,034
1990	643,258	7,134	8,409	5,861	-	664,661	5.1	20,101	1,150
1991	699,439	7,952	7,132	6,306	-	720,829	8.5	20,521	1,221
1992	737,845	8,361	6,929	9,559	-	762,694	5.8	20,925	1,248
1993	797,211	9,014	6,434	8,404	-	821,063	7.7	21,350	1,268
1994	809,791	9,442	4,942	4,481	-	828,655	0.9	21,755	1,282
1995	872,157	9,255	4,969	5,927	-	892,307	7.7	22,195	1,292
1996	907,608	9,423	4,192	2,698	N.A.	923,921	3.5	22,709	1,300
1997	934,225	8,465	2,222	6,627	N.A.	951,540	3.0	23,221	1,303
1998	949,295	10,114	1,912	6,269	N.A.	967,589	1.7	23,639	1,301
1999	1,002,604	10,618	1,757	6,666	N.A.	1,021,644	5.6	24,012	1,298
2000	1,047,237	11,027	1,428	1,432	N.A.	1,061,124	3.9	24,391	1,294
2001	1,063,490	9,787	1,185	3,090	N.A.	1,077,551	1.5	24,763	1,289
2002	1,148,393	7,508	1,229	10,335	N.A.	1,167,465	8.3	25,124	1,291
2003	1,197,821	7,311	1,329	3,509	N.A.	1,209,970	3.6	25,476	1,300
2004	1,261,602	9,731	1,131	1,792	14,423	1,288,679	6.5	25,801	1,307
2005	1,358,758	10,877	1,213	N.A.	21,113	1,391,961	8.0	26,114	1,306
2006	1,514,732	18,843	1,200	N.A.	N.A.	1,534,775	N.A.	26,430	1,304
2007	1,600,917	42,540	1,326	N.A.	N.A.	1,644,783	7.2	26,726	1,301
2008	1,562,638	44,079	1,274	N.A.	N.A.	1,607,991	-2.2	26,949	1,296
2009	1,546,296	46,354	1,402	N.A.	N.A.	1,594,052	-0.9	27,125	1,294
2010	1,644,363	49,085	1,497	N.A.	N.A.	1,694,945	6.3	27,258	1,287
2011	1,690,658	53,481	1,608	N.A.	N.A.	1,745,747	3.0	27,397	1,282
2012	1,688,314	72,416	1,693	N.A.	N.A.	1,762,424	1.0	27,588	1,278
2013	1,666,820	47,608	1,292	N.A.	N.A.	1,715,720	-2.6	27,816	1,274
2014	1,681,126	47,750	1,313	N.A.	N.A.	1,730,189	0.8	28,089	1,271
2015	1,670,720	46,352	1,274	N.A.	N.A.	1,718,346	-0.7	28,338	1,268
2016	1,738,455	56,949	1,356	N.A.	N.A.	1,796,760	4.6	28,604	1,265
2017	1,776,012	38,530	1,299	N.A.	N.A.	1,815,840	1.1	N.A.	N.A.
2018	1,740,380	32,932	1,174	N.A.	N.A.	1,774,487	-2.3	N.A.	N.A.
2019	1,692,021	28,267	896	N.A.	N.A.	1,721,184	-3.0	N.A.	N.A.
2020	1,653,937	27,328	876	N.A.	N.A.	1,682,141	-2.3	N.A.	N.A.
2021	1,722,508	23,191	907	N.A.	N.A.	1,746,606	3.8	N.A.	N.A.

出所：日本ガス協会「ガス事業便覧」、経済産業省「ガス事業統計月報」

注：(1)2005年度以前は旧一般ガス事業者計、2006年度以降はガス事業者計を示す。

需要家数(千戸)		合計		1件当たり販売量 (100MJ)						年度
工業用	その他用		伸び率(%)	家庭用	商業用	工業用	その他用	需要家平均	伸び率(%)	
44	67	6,981	8.7	101	756	3,213	1,042	159	4.0	1965
54	93	10,371	8.0	126	779	3,769	1,189	185	3.3	1970
57	109	12,687	6.7	141	809	4,988	1,235	202	5.8	1973
60	122	13,932	3.9	145	805	6,223	1,383	213	1.7	1975
59	150	16,766	3.2	151	792	10,423	1,584	232	5.1	1980
61	172	18,794	2.4	161	832	15,980	1,958	266	2.6	1985
62	195	21,508	2.7	162	933	27,138	2,193	299	2.8	1990
63	198	22,003	2.3	167	929	31,626	2,277	318	6.3	1991
62	203	22,437	2.0	170	928	35,627	2,283	329	3.4	1992
62	208	22,889	2.0	176	972	39,720	2,396	348	5.9	1993
62	212	23,311	1.8	162	1,039	43,364	2,653	347	-0.3	1994
62	218	23,767	2.0	170	1,088	47,218	2,782	367	5.6	1995
62	224	24,294	2.2	169	1,118	50,668	2,867	374	1.8	1996
62	230	24,816	2.1	163	1,150	54,491	2,927	376	0.8	1997
62	237	25,239	1.7	160	1,200	55,065	3,111	376	-0.1	1998
62	242	25,614	1.5	162	1,246	59,887	3,355	391	4.1	1999
62	249	25,996	1.5	163	1,314	63,090	3,565	403	2.9	2000
62	255	26,369	1.4	158	1,333	65,914	3,584	403	0.1	2001
62	260	26,738	1.4	161	1,409	74,423	3,852	429	6.5	2002
63	268	27,108	1.4	159	1,426	79,936	3,826	442	2.9	2003
64	273	27,444	1.2	154	1,509	86,895	4,107	460	4.0	2004
64	278	27,762	1.2	159	1,568	96,677	4,305	489	6.5	2005
65	283	28,082	N.A.	155	1,539	121,437	4,099	539	N.A.	2006
65	286	28,377	1.1	155	1,595	131,886	4,294	564	4.6	2007
65	288	28,599	0.8	150	1,542	129,326	4,178	546	-3.1	2008
64	290	28,774	0.6	149	1,498	129,447	4,169	537	-1.6	2009
64	292	28,902	0.4	150	1,545	141,532	4,484	569	5.9	2010
64	296	29,039	0.5	150	1,469	151,239	4,207	582	2.3	2011
64	300	29,230	0.7	149	1,481	149,906	4,317	578	-0.8	2012
63	304	29,458	0.8	144	1,476	147,476	4,925	566	-2.0	2013
63	308	29,731	0.9	143	1,429	151,114	4,753	565	-0.1	2014
63	311	29,980	0.8	137	1,406	153,364	4,577	557	-1.4	2015
62	315	30,246	0.9	138	1,428	163,171	4,798	575	3.1	2016
N.A.	N.A.	30,504	0.9	N.A.	N.A.	N.A.	N.A.	582	1.3	2017
N.A.	N.A.	30,753	0.8	N.A.	N.A.	N.A.	N.A.	566	-2.8	2018
N.A.	N.A.	30,991	0.8	N.A.	N.A.	N.A.	N.A.	546	-3.5	2019
N.A.	N.A.	31,228	0.8	N.A.	N.A.	N.A.	N.A.	530	-3.0	2020
N.A.	N.A.	31,445	0.7	N.A.	N.A.	N.A.	N.A.	548	3.4	2021

(2)需要合計は、2004年度から一般以外への卸供給量を含み、2005年度から勘定外ガスを除く。
(3)需要家件数は年度末現在のメータ取付数。

3. 都市ガス・天然ガス需給

(5)用途別都市ガス販売量

年度	都市ガス販売量 (10^6 MJ)					
	ガス事業者					新規事業者
	家庭用	商業用	工業用	その他用	合計	
1965	66,137	23,738	14,137	6,984	110,996	-
1970	123,202	36,751	20,353	11,053	191,359	-
1973	168,102	46,030	28,429	13,462	256,023	-
1975	190,197	52,656	37,335	16,874	297,067	-
1980	236,478	67,663	61,493	23,760	389,391	-
1985	282,270	86,078	97,476	33,677	499,500	-
1990	324,997	107,242	168,258	42,761	643,258	-
1991	341,704	113,411	199,246	45,077	699,439	-
1992	355,498	115,762	220,341	46,244	737,845	-
1993	376,219	123,220	247,899	49,873	797,211	-
1994	351,536	133,156	268,767	56,332	809,791	-
1995	378,209	140,552	292,752	60,643	872,157	-
1996	383,854	145,389	314,140	64,225	907,608	322
1997	379,161	149,907	337,841	67,315	934,225	2,760
1998	378,056	156,100	341,403	73,736	949,295	5,796
1999	388,394	161,724	371,297	81,189	1,002,604	6,854
2000	397,306	170,003	391,158	88,770	1,047,237	7,636
2001	391,623	171,804	408,667	91,396	1,063,490	7,406
2002	404,903	181,918	461,423	100,148	1,148,393	18,860
2003	406,315	185,378	503,594	102,534	1,197,821	27,508
2004	396,129	197,226	556,126	112,120	1,261,602	49,910
2005	415,571	204,779	618,731	119,677	1,358,758	60,674
2006	408,764	200,639	789,339	115,989	1,514,732	82,110
2007	413,280	207,572	857,260	122,805	1,600,917	98,302
2008	403,778	199,836	838,487	120,538	1,562,638	118,174
2009	403,064	193,876	828,458	120,899	1,546,296	129,812
2010	409,770	198,978	904,674	130,942	1,644,363	167,486
2011	409,873	188,339	967,931	124,515	1,690,658	187,358
2012	410,172	189,233	959,402	129,508	1,688,314	167,808
2013	399,927	188,077	929,097	149,718	1,666,820	130,824
2014	401,093	181,616	952,019	146,398	1,681,126	128,110
2015	386,872	178,203	963,093	142,553	1,670,720	144,419
2016	393,744	180,738	1,035,593	128,379	1,738,455	160,273
2017	413,304	182,547	1,041,956	138,205	1,776,012	182,767
2018	386,973	178,207	1,047,723	127,476	1,740,380	201,974
2019	392,486	174,154	997,645	127,737	1,692,021	237,322
2020	419,286	152,878	952,653	129,120	1,653,937	257,515
2021	415,007	154,980	1,020,266	132,256	1,722,508	304,580

出所：日本ガス協会「ガス事業便覧」、
経済産業省「ガス事業統計月報」、
「ガス事業生産動態統計調査」等に基づく。

対前年伸び率 (%)						構成比 (%)				年度
ガス事業者				合計	新規事業者	ガス事業者				
家庭用	商業用	工業用	その他用			家庭用	商業用	工業用	その他用	
16.4	10.7	3.9	13.3	13.2	-	59.6	21.4	12.7	6.3	1965
12.7	10.7	6.7	11.2	11.6	-	64.4	19.2	10.6	5.8	1970
11.8	10.5	24.2	13.0	12.9	-	65.7	18.0	11.1	5.3	1973
4.7	6.3	7.2	10.1	5.6	-	64.0	17.7	12.6	5.7	1975
3.7	3.6	40.1	8.1	8.4	-	60.7	17.4	15.8	6.1	1980
3.0	3.9	12.5	5.2	5.1	-	56.5	17.2	19.5	6.7	1985
-0.4	6.0	17.9	8.1	5.5	-	50.5	16.7	26.2	6.6	1990
5.1	5.8	18.4	5.4	8.7	-	48.9	16.2	28.5	6.4	1991
4.0	2.1	10.6	2.6	5.5	-	48.2	15.7	29.9	6.3	1992
5.8	6.4	12.5	7.8	8.0	-	47.2	15.5	31.1	6.3	1993
-6.6	8.1	8.4	12.9	1.6	-	43.4	16.4	33.2	7.0	1994
7.6	5.6	8.9	7.7	7.7	-	43.4	16.1	33.6	7.0	1995
1.5	3.4	7.3	5.9	4.1	-	42.3	16.0	34.6	7.1	1996
-1.2	3.1	7.5	4.8	2.9	757.1	40.6	16.0	36.2	7.2	1997
-0.3	4.1	1.1	9.5	1.6	110.0	39.8	16.4	36.0	7.8	1998
2.7	3.6	8.8	10.1	5.6	18.3	38.7	16.1	37.0	8.1	1999
2.3	5.1	5.3	9.3	4.5	11.4	37.9	16.2	37.4	8.5	2000
-1.4	1.1	4.5	3.0	1.6	-3.0	36.8	16.2	38.4	8.6	2001
3.4	5.9	12.9	9.6	8.0	154.7	35.3	15.8	40.2	8.7	2002
0.3	1.9	9.1	2.4	4.3	45.9	33.9	15.5	42.0	8.6	2003
-2.5	6.4	10.4	9.3	5.3	81.4	31.4	15.6	44.1	8.9	2004
4.9	3.8	11.3	6.7	7.7	21.6	30.6	15.1	45.5	8.8	2005
N.A.	N.A.	N.A.	N.A.	N.A.	35.3	27.0	13.2	52.1	7.7	2006
1.1	3.5	8.6	5.9	5.7	19.7	25.8	13.0	53.5	7.7	2007
-2.3	-3.7	-2.2	-1.8	-2.4	20.2	25.8	12.8	53.7	7.7	2008
-0.2	-3.0	-1.2	0.3	-1.0	9.8	26.1	12.5	53.6	7.8	2009
1.7	2.6	9.2	8.3	6.3	29.0	24.9	12.1	55.0	8.0	2010
0.0	-5.3	7.0	-4.9	2.8	11.9	24.2	11.1	57.3	7.4	2011
0.1	0.5	-0.9	4.0	-0.1	-10.4	24.3	11.2	56.8	7.7	2012
-2.5	-0.6	-3.2	15.6	-1.3	-22.0	24.0	11.3	55.7	9.0	2013
0.3	-3.4	2.5	-2.2	0.9	-2.1	23.9	10.8	56.6	8.7	2014
-3.5	-1.9	1.2	-2.6	-0.6	12.7	23.2	10.7	57.6	8.5	2015
1.8	1.4	7.5	-9.9	4.1	11.0	22.6	10.4	59.6	7.4	2016
5.0	1.0	0.6	7.7	2.2	N.A.	23.3	10.3	58.7	7.8	2017
-6.4	-2.4	0.6	-7.8	-2.0	10.5	22.2	10.2	60.2	7.3	2018
1.4	-2.3	-4.8	0.2	-2.8	17.5	23.2	10.3	59.0	7.5	2019
6.8	-12.2	-4.5	1.1	-2.3	8.5	25.4	9.2	57.6	7.8	2020
-1.0	1.4	7.1	2.4	4.1	18.3	24.1	9.0	59.2	7.7	2021

注:(1) ガス事業者とは、2005年度以前は旧一般ガス事業者計、
2006年度以降はガス事業者計を示す。
(2) 新規事業者とは、2016年度以前は旧ガス導管事業者および旧大口ガス事業者を示し、
2017年度以降はガス小売事業者と特定ガス導管事業者を示す。

3. 都市ガス・天然ガス需給

(6)世界の天然ガス貿易量（2021年）

輸出国 / 輸入国	世界	アメリカ	カナダ	トリニダード・トバゴ	ボリビア	オランダ	ノルウェー	ロシア	トルクメニスタン	カザフスタン	ウズベキスタン
アメリカ	76.53	-	75.90	0.58	-	-	-	-	-	-	-
カナダ	26.27	25.55	-	0.64	-	-	-	-	-	-	-
メキシコ	59.63	59.18	-	0.10	-	-	-	-	-	-	-
ブラジル	17.24	8.68	-	0.25	7.05	-	-	-	-	-	-
アルゼンチン	8.18	2.24	-	0.05	4.49	-	-	-	-	-	-
欧州連合	349.11	22.29	-	2.04	-	-	81.08	146.65	-	-	-
トルコ	13.91	4.48	-	0.19	-	-	-	-	-	-	-
ウクライナ	0.00	-	-	-	-	-	-	-	-	-	-
ベラルーシ	18.72	-	-	-	-	-	-	18.72	-	-	-
ロシア	15.14	-	-	-	-	-	-	-	10.51	4.64	-
アラブ首長国連邦	21.17	-	-	-	-	-	-	-	-	-	-
中国	162.72	12.45	-	0.61	-	-	-	13.78	31.55	5.92	4.28
インド	33.63	5.62	-	0.45	-	-	-	0.56	-	-	-
パキスタン	12.11	1.23	-	-	-	-	-	-	-	-	-
日本	101.32	9.63	-	-	-	-	-	8.76	-	-	-
韓国	64.14	12.15	-	0.08	-	-	-	3.93	-	-	-
台湾	26.77	2.44	-	0.17	-	-	-	2.59	-	-	-
シンガポール	14.26	0.66	-	-	-	-	-	0.09	-	-	-
タイ	15.86	0.48	-	0.33	-	-	-	-	-	-	-
その他	183.93	12.25	-	3.64	-	-	31.95	46.24	-	-	0.21
世界	1,220.64	179.32	75.90	9.13	11.53	0.00	113.03	241.32	42.05	10.56	4.49

出所：BP「BP Statistical Review of World Energy 2022」

(十億 m³)

アゼルバイジャン	カタール	オマーン	イラン	アルジェリア	ナイジェリア	オーストラリア	インドネシア	マレーシア	ブルネイ	ミャンマー	パプアニューギニア	その他
-	-	-	-	-	-	-	-	-	-	-	-	0.05
-	-	-	-	-	-	-	-	-	-	-	-	0.08
-	-	-	-	-	-	-	0.35	-	-	-	-	-
-	0.88	-	-	-	0.11	-	-	-	-	-	-	0.27
-	1.40	-	-	-	-	-	-	-	-	-	-	-
8.17	16.24	-	-	42.68	11.42	0.08	-	-	-	-	0.02	18.44
-	0.31	-	-	6.10	1.47	-	-	-	-	-	-	1.35
-	-	-	-	-	-	-	-	-	-	-	-	-
-	-	-	-	-	-	-	-	-	-	-	-	-
-	-	-	-	-	-	-	-	-	-	-	-	-
-	20.87	-	-	-	0.20	-	-	-	-	-	-	0.09
-	12.34	2.20	-	0.33	2.09	43.60	6.62	11.74	0.85	3.91	4.46	5.99
-	13.64	1.69	-	0.10	2.01	0.38	-	0.08	-	-	-	9.10
-	8.10	0.05	-	-	0.17	-	-	-	-	-	-	2.57
-	12.33	2.59	-	-	1.15	36.30	2.57	13.87	5.85	-	4.77	3.49
-	16.11	6.27	-	-	0.91	12.94	3.27	5.33	0.27	-	0.26	2.63
-	6.55	0.64	-	-	0.80	8.57	1.61	0.68	0.09	-	2.02	0.61
-	0.21	-	-	-	0.11	3.03	7.28	0.09	-	-	-	2.79
-	3.58	0.35	-	-	1.18	0.96	-	1.47	0.29	6.67	-	0.56
11.47	15.28	0.38	17.30	5.77	1.72	2.21	0.49	0.25	0.26	-	-	34.56
19.64	127.83	14.18	17.30	54.97	23.34	108.07	22.19	33.50	7.61	10.58	11.52	82.59

注：原則、総発熱量40MJ/m³ (15℃・1気圧)。

3. 都市ガス・天然ガス需給

(7)わが国の供給国別LNG輸入量

年度	アメリカ	ペルー	他中南米	ロシア	他欧州	アラブ首長国連邦	カタール	オマーン	他中東
1969	182	-	-	-	-	-	-	-	-
1970	977	-	-	-	-	-	-	-	-
1973	989	-	-	-	-	-	-	-	-
1975	1,017	-	-	-	-	-	-	-	-
1980	872	-	-	-	-	2,001	-	-	-
1985	990	-	-	-	-	2,257	-	-	-
1990	982	-	-	-	-	2,272	-	-	-
1991	1,010	-	-	-	-	2,666	-	-	-
1992	1,009	-	-	-	-	2,513	-	-	-
1993	1,105	-	-	-	-	2,484	-	-	-
1994	1,173	-	-	-	-	3,488	-	-	-
1995	1,221	-	-	-	-	4,098	-	-	-
1996	1,338	-	-	-	-	4,418	293	-	-
1997	1,194	-	-	-	-	4,653	2,383	-	-
1998	1,304	-	-	-	-	4,523	3,310	-	-
1999	1,189	-	-	-	-	4,690	4,940	-	-
2000	1,260	-	-	-	-	4,802	6,000	123	-
2001	1,266	-	-	-	-	4,853	6,386	681	-
2002	1,253	-	-	-	-	4,633	6,640	867	-
2003	1,242	-	56	-	-	5,256	6,608	1,656	-
2004	1,210	-	55	-	-	5,107	6,762	1,104	-
2005	1,250	-	56	-	-	5,371	6,396	1,101	-
2006	1,127	-	276	-	-	5,262	7,707	2,864	-
2007	776	-	599	-	61	5,571	8,129	3,699	-
2008	699	-	339	-	62	5,549	8,095	3,064	-
2009	563	-	163	4,339	-	5,092	8,011	2,785	-
2010	557	-	111	5,978	-	5,085	7,720	2,661	119
2011	242	752	262	7,772	403	5,638	14,301	4,227	362
2012	208	872	381	8,366	529	5,544	15,252	3,794	248
2013	-	368	281	8,584	846	5,282	16,173	4,229	502
2014	253	-	121	8,514	902	5,695	16,500	3,002	957
2015	157	148	57	7,106	449	5,639	13,212	2,491	103
2016	479	120	57	7,709	394	4,863	11,907	2,526	-
2017	940	474	227	7,062	71	4,739	9,863	2,837	-
2018	2,829	462	-	6,386	389	4,736	9,692	2,631	-
2019	4,166	636	-	6,315	-	1,444	8,593	2,951	-
2020	6,168	875	-	6,390	15	1,033	9,119	2,395	-
2021	5,606	284	108	6,799	29	1,395	7,058	2,229	-

出所:財務省「日本貿易統計」

(千トン)

ナイジェリア	赤道ギニア	他アフリカ	ブルネイ	インドネシア	マレーシア	他アジア	パプアニューギニア	オーストラリア	輸入計	年度
-	-	-	-	-	-	-	-	-	182	1969
-	-	-	-	-	-	-	-	-	977	1970
-	-	-	1,375	-	-	-	-	-	2,364	1973
-	-	-	3,988	-	-	-	-	-	5,005	1975
-	-	-	5,418	8,674	-	-	-	-	16,965	1980
-	-	-	5,188	14,825	4,572	-	-	-	27,831	1985
-	-	-	5,254	17,609	6,775	-	-	3,185	36,077	1990
-	-	-	5,284	17,878	7,026	-	-	4,087	37,952	1991
-	-	-	5,277	18,414	7,169	-	-	4,595	38,976	1992
-	-	-	5,545	17,931	7,690	-	-	5,321	40,076	1993
-	-	-	5,481	18,498	7,580	-	-	6,155	42,374	1994
-	-	-	5,507	17,476	8,559	-	-	6,827	43,689	1995
-	-	-	5,511	18,120	9,489	-	-	7,276	46,445	1996
-	-	-	5,444	18,206	9,444	-	-	7,025	48,349	1997
-	-	-	5,330	17,987	9,789	-	-	7,235	49,478	1998
-	-	-	5,582	18,232	10,231	-	-	7,247	52,112	1999
-	-	-	5,715	18,123	10,923	-	-	7,211	54,157	2000
-	-	-	6,004	16,444	11,296	-	-	7,489	54,421	2001
-	-	-	6,011	17,522	10,881	-	-	7,212	55,018	2002
-	-	-	6,367	17,490	12,219	-	-	7,644	58,538	2003
112	-	-	6,357	15,545	13,154	-	-	8,612	58,018	2004
-	-	174	6,165	13,813	13,136	-	-	10,456	57,917	2005
165	-	740	6,393	13,951	12,220	-	-	12,606	63,309	2006
1,020	561	2,575	6,641	13,605	13,252	-	-	11,816	68,306	2007
1,820	1,174	1,761	6,110	13,949	13,339	-	-	12,174	68,135	2008
233	1,345	60	5,988	12,746	12,570	-	-	12,457	66,354	2009
756	294	545	5,940	12,930	14,617	-	-	13,248	70,562	2010
3,337	2,124	963	6,176	7,906	15,126	-	-	13,592	83,183	2011
4,531	2,850	1,274	5,914	5,776	14,269	-	-	17,057	86,865	2012
3,892	1,796	1,055	4,772	6,568	15,005	-	-	18,377	87,731	2013
5,108	659	692	4,431	5,184	15,316	-	3,403	18,336	89,071	2014
3,717	449	701	4,072	6,392	15,602	133	4,018	19,123	83,571	2015
1,801	540	377	4,044	6,652	15,549	122	4,107	23,502	84,749	2016
1,360	57	342	4,013	6,663	14,238	210	3,966	26,826	83,888	2017
1,053	64	392	4,320	4,759	9,960	-	3,431	29,449	80,553	2018
1,062	69	61	4,249	3,369	9,938	-	3,604	29,970	76,498	2019
1,487	137	128	4,015	2,139	10,469	30	3,454	28,442	76,357	2020
541	187	280	4,011	2,170	9,787	149	3,484	27,342	71,459	2021

4. 電力需給

4．電力需給

(1)発電電力量の推移

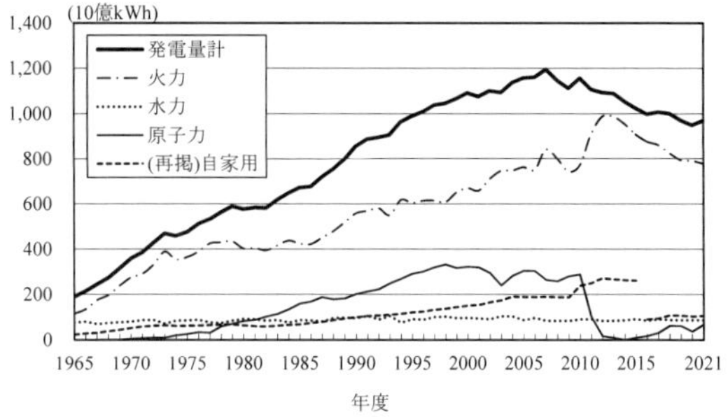

出所: 経済産業省「電力調査統計月報」
注: P.205共通注記(5),(6)を参照。
(1)発電量計はその他 (地熱、太陽光、燃料電池、風力、超伝導) を含む。
(2)1991年度以前の火力には地熱を含む。

(2)電灯電力需要の推移

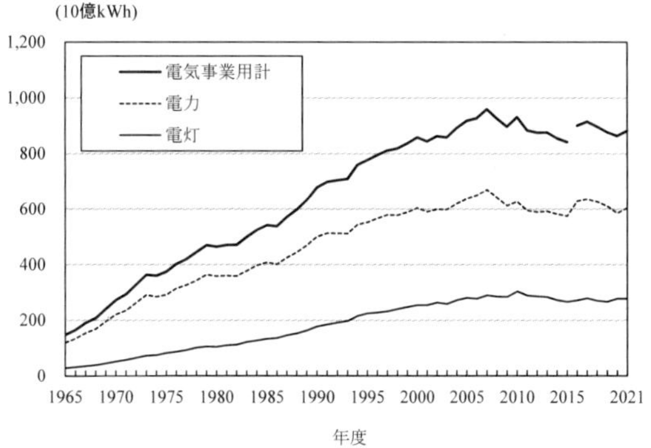

出所: 経済産業省「電力調査統計月報」
注: P.205共通注記(5)を参照。
電気事業用計、電力は特定規模需要を含む。2016年度以降は、特定供給、自家消費を含む。

4. 電力需給

(3)発電設備能力

年度	電気事業用						
	水力	揚水	火力	原子力	計	平均出水率 (%)	原子力設備利用率 (%)
1965	15,270	989	21,228	-	36,499	107.1	-
1970	18,922	3,372	38,711	1,323	58,955	97.9	N.A.
1973	21,519	5,175	60,607	2,283	84,409	85.4	N.A.
1975	23,785	5,875	69,331	6,602	99,740	105.7	N.A.
1980	28,667	11,296	85,051	15,511	129,358	108.9	60.8
1985	33,195	14,338	96,433	24,521	154,329	98.4	76.0
1990	36,452	17,487	106,905	31,480	175,072	102.2	72.7
1991	37,734	18,187	108,389	33,239	179,598	110.6	73.8
1992	38,140	18,508	111,039	34,419	183,832	94.3	74.2
1993	38,593	18,928	113,196	38,376	190,427	109.4	75.4
1994	40,558	20,848	116,420	40,366	197,687	75.9	76.6
1995	42,082	22,268	119,204	41,191	202,944	94.0	80.2
1996	43,054	23,168	123,242	42,547	209,337	92.0	80.8
1997	43,106	23,168	127,920	45,083	216,603	102.4	81.3
1998	43,888	23,888	132,925	45,083	222,393	104.1	84.2
1999	44,399	24,288	134,312	45,083	224,291	97.7	80.1
2000	44,853	24,688	138,163	45,083	228,596	97.4	81.7
2001	44,883	24,688	138,918	45,742	230,041	94.3	80.5
2002	44,901	24,703	140,419	45,742	231,564	92.6	73.4
2003	45,197	24,659	140,386	45,742	231,826	108.8	59.7
2004	45,191	24,659	140,742	47,122	233,556	110.8	68.9
2005	45,665	25,129	139,216	49,580	234,963	91.8	71.9
2006	45,685	25,093	138,890	49,467	234,544	102.8	69.9
2007	45,977	25,343	138,127	49,467	234,073	89.1	60.7
2008	46,252	25,643	140,023	47,935	234,711	91.7	60.0
2009	45,221	25,393	142,574	48,847	237,153	95.7	65.7
2010	43,849	25,693	135,070	48,960	228,479	103.1	67.3
2011	44,168	25,993	136,132	48,960	229,908	106.8	23.7
2012	44,652	26,465	139,795	46,148	231,219	95.1	3.9
2013	44,676	26,468	141,901	44,264	231,468	100.3	2.3
2014	45,403	27,071	143,777	44,264	234,028	103.7	-
2015	45,786	27,271	143,040	42,048	231,484	107.4	2.5
2016	49,521	27,471	174,392	41,482	274,519	N.A.	5.0
2017	49,562	27,471	173,261	39,132	272,885	N.A.	9.1
2018	49,582	27,471	171,469	38,042	271,685	N.A.	19.3
2019	49,635	27,471	168,760	33,083	266,112	N.A.	20.6
2020	49,635	27,471	170,260	33,083	269,648	N.A.	13.4
2021	49,528	27,471	167,491	33,083	268,636	N.A.	24.4

出所:経済産業省「電力需給の概要」「電力調査統計月報」、電気事業連合会「電気事業便覧」、一般社団法人日本原子力産業協会「原子力発電所の運転・建設状況」 など

(千kW)

自家用				合計					年度
水力	火力	原子力	計	水力	火力	原子力	計	伸び率(%)	
1,005	3,488	13	4,508	16,275	24,717	13	41,005	7.7	1965
1,073	8,221	13	9,306	19,994	46,932	1,336	68,262	14.8	1970
1,070	10,010	13	11,093	22,589	70,617	2,295	95,502	12.0	1973
1,068	11,434	13	12,545	24,853	80,765	6,615	112,285	7.8	1975
1,109	13,022	178	14,340	29,776	98,072	15,689	143,698	4.2	1980
1,142	13,728	165	15,070	34,337	110,161	24,686	169,399	3.7	1985
1,378	18,079	165	19,658	37,831	124,984	31,645	194,730	4.6	1990
1,382	18,793	165	20,387	39,117	127,183	33,404	199,985	2.7	1991
1,384	19,706	165	21,301	39,523	130,745	34,584	205,133	2.6	1992
1,372	20,905	165	22,487	39,965	134,101	38,541	212,914	3.8	1993
1,374	21,629	165	23,212	41,932	138,049	40,531	220,898	3.7	1994
1,374	22,461	165	24,051	43,455	141,665	41,356	226,994	2.8	1995
1,353	22,832	165	24,400	44,407	146,074	42,712	233,737	3.0	1996
1,356	24,282	165	25,844	44,462	152,202	45,248	242,446	3.7	1997
1,494	26,129	165	27,897	45,382	159,054	45,248	250,290	3.2	1998
1,461	27,557	165	29,253	45,860	161,869	45,248	253,544	1.3	1999
1,472	28,485	165	30,241	46,325	166,648	45,248	258,838	2.1	2000
1,503	29,810	165	31,689	46,387	168,729	45,907	261,730	1.1	2001
1,644	32,470	165	34,566	46,545	172,889	45,907	266,129	1.7	2002
1,584	34,335	-	36,460	46,781	174,721	45,742	268,287	0.8	2003
1,612	36,730	-	39,145	46,803	177,472	47,122	272,701	1.6	2004
1,692	36,563	-	39,220	47,357	175,779	49,580	274,183	0.5	2005
1,689	37,460	-	40,444	47,375	176,350	49,467	274,988	0.3	2006
1,660	38,285	-	41,516	47,637	176,412	49,467	275,588	0.2	2007
1,697	39,302	-	42,800	47,949	179,324	47,935	277,511	0.7	2008
2,745	39,162	-	43,946	47,966	181,736	48,847	281,099	1.3	2009
4,262	47,312	-	53,836	48,111	182,381	48,960	282,315	0.4	2010
4,250	49,177	-	55,821	48,419	185,309	48,960	285,729	1.2	2011
4,282	49,109	-	56,107	48,934	188,904	46,148	287,327	0.6	2012
4,256	49,357	-	57,703	48,932	191,258	44,264	289,171	0.6	2013
4,194	49,579	-	60,532	49,597	193,356	44,264	294,560	1.9	2014
4,248	47,765	-	60,352	50,035	190,805	42,048	291,836	-0.9	2015
536	19,571	-	23,888	50,058	193,963	41,482	298,407	N.A.	2016
452	20,201	-	26,324	50,014	193,462	39,132	299,209	0.3	2017
455	21,557	-	28,407	50,037	193,026	38,042	300,093	0.3	2018
398	21,024	-	27,785	50,033	189,784	33,083	293,897	-2.1	2019
398	21,498	-	28,903	50,033	191,758	33,083	298,550	1.6	2020
396	20,773	-	28,489	49,924	188,264	33,083	297,125	-0.5	2021

注:P.205共通注記(1),(2),(4),(5)を参照。

(1) 計には地熱、太陽光、燃料電池、風力、超伝導を含む。(2) 1991年度以前の火力には地熱を含む。

(3) 出水率は、一部EDMC推計。

(4) 原子力設備利用率は、2016年度以降の値についても発電端ベース。

4．電力需給

(4)発電電力量

年度	旧一般電気事業者							その他電気事業者		
	水力	火力				原子力	計	水力	火力	原子力
		石油	石炭	LNG	計					
1965	55,335	36,797	48,814	-	88,011	-	143,346	14,764	9,514	-
1970	56,320	124,320	63,913	N.A.	194,131	1,293	251,744	17,317	35,238	3,288
1973	49,519	244,434	20,141	N.A.	271,806	6,211	327,536	16,541	58,461	3,494
1975	59,970	204,712	13,129	26,920	247,652	22,710	330,332	19,306	61,918	2,392
1980	63,871	178,942	12,827	84,647	280,843	71,950	416,664	21,275	66,000	10,059
1985	61,044	125,090	29,188	135,243	296,447	148,017	505,508	20,149	67,252	10,966
1990	65,433	165,661	37,258	181,674	393,396	181,063	639,892	23,314	73,949	20,340
1991	71,861	155,259	39,982	195,989	399,341	193,778	664,980	25,745	73,736	18,564
1992	61,032	155,044	46,671	195,541	405,200	202,865	670,557	21,712	76,484	19,441
1993	72,109	119,799	55,138	192,691	371,591	229,742	674,826	25,773	76,542	18,474
1994	51,953	151,645	59,751	206,731	425,457	248,008	727,102	18,016	83,883	20,157
1995	62,315	125,620	66,308	204,545	401,129	271,369	737,630	22,292	89,468	18,534
1996	61,642	113,198	70,856	215,694	407,575	280,968	753,511	21,316	89,420	20,227
1997	69,191	89,603	71,126	223,396	395,602	300,677	768,877	24,392	93,738	17,824
1998	69,448	76,913	85,098	230,160	397,576	310,593	780,816	25,798	81,680	20,755
1999	65,141	74,745	91,374	246,487	420,943	309,852	799,077	23,138	92,691	6,061
2000	66,471	63,685	98,217	255,116	426,426	302,475	798,385	22,857	100,477	18,863
2001	64,717	40,491	106,918	251,200	408,556	301,291	777,640	21,791	104,102	18,358
2002	63,272	53,076	118,186	261,896	443,429	275,505	785,347	20,777	111,034	18,569
2003	72,388	55,538	127,363	269,086	462,900	220,528	758,968	23,666	117,910	19,485
2004	70,918	53,393	139,251	255,366	454,724	262,477	791,166	24,590	110,942	19,965
2005	60,020	65,563	147,544	243,607	459,290	286,979	809,219	19,759	122,278	17,776
2006	65,967	51,050	147,860	263,769	465,208	287,122	821,077	23,038	107,747	16,304
2007	57,179	100,022	153,498	282,102	538,279	249,538	847,747	19,674	122,803	14,294
2008	56,451	78,918	146,529	277,995	506,123	247,097	812,152	19,464	115,163	11,031
2009	57,696	39,980	138,668	273,938	456,584	266,110	782,991	16,843	111,815	13,639
2010	62,868	46,387	145,794	287,523	485,424	271,270	821,992	11,307	67,843	16,961
2011	62,814	N.A.	N.A.	N.A.	610,670	100,696	776,765	11,564	67,857	1,066
2012	57,023	N.A.	N.A.	N.A.	666,757	15,939	742,288	10,337	69,185	-
2013	58,850	107,916	173,053	392,027	672,996	9,303	743,691	9,714	70,122	-
2014	60,620	72,418	171,665	405,124	649,213	-	712,347	9,635	68,551	-
2015	63,907	57,568	170,127	376,103	603,806	9,437	679,674	11,004	71,853	-
2016	59,236	38,976	162,918	375,018	576,912	17,300	655,612	22,664	217,486	-
2017	63,725	26,999	164,846	357,840	549,686	31,278	646,792	24,149	227,809	-
2018	61,209	15,482	152,796	340,536	508,824	62,109	634,181	23,826	217,334	-
2019	60,477	8,371	151,179	321,817	481,374	61,035	604,851	23,827	214,785	-
2020	60,726	9,171	147,527	315,516	472,550	37,011	572,263	23,767	225,383	-
2021	62,265	15,408	164,083	281,637	461,443	67,767	593,463	23,495	219,967	-

出所: 経済産業省「電力需給の概要」「電力調査統計月報」、電気事業連合会「電気事業便覧」、資源エネルギー庁資料など

(百万kWh)

計	自家用				合計					年度
	水力	火力	原子力	計	水力	火力	原子力	計	伸び率 (%)	
24,278	5,102	17,499	25	22,626	75,201	115,024	25	190,250	5.9	1965
55,843	6,453	45,498	0	51,951	80,090	274,782	4,581	359,538	13.7	1970
78,496	5,618	58,635	2	64,255	71,678	388,902	9,707	470,287	9.8	1973
83,694	6,630	55,115	23	61,768	85,906	364,763	25,125	475,794	3.6	1975
97,386	6,946	55,943	582	63,471	92,092	402,838	82,591	577,521	-2.1	1980
98,418	6,755	60,676	595	68,026	87,948	424,426	159,578	671,952	3.6	1985
117,701	7,088	91,465	869	99,679	95,835	557,423	202,272	857,272	7.3	1990
118,132	7,989	95,615	1,118	104,977	105,595	567,258	213,460	888,089	3.6	1991
117,709	6,872	98,902	953	107,002	89,616	580,586	223,259	895,268	0.8	1992
120,882	7,588	102,048	1,040	110,997	105,470	550,180	249,256	906,705	1.3	1993
122,158	5,690	108,126	962	115,071	75,659	617,465	269,127	964,331	6.4	1994
130,397	6,608	113,610	1,351	121,853	91,216	604,206	291,254	989,880	2.6	1995
131,063	6,475	117,019	1,005	124,775	89,433	614,014	302,201	1,009,349	2.0	1996
136,058	6,786	125,236	676	132,955	100,369	614,576	319,177	1,037,890	2.8	1997
128,334	7,340	128,559	996	137,138	102,587	607,815	332,343	1,046,288	0.8	1998
121,985	7,298	136,814	702	145,068	95,577	650,448	316,616	1,066,130	1.9	1999
142,302	7,489	142,274	712	150,813	96,817	669,177	322,050	1,091,500	2.4	2000
144,356	7,364	145,817	209	153,893	93,872	658,475	319,859	1,075,889	-1.4	2001
150,460	7,752	156,112	1,021	165,452	91,801	710,575	295,095	1,101,259	2.4	2002
161,166	8,083	164,678	-	173,822	104,138	745,488	240,013	1,093,956	-0.7	2003
155,589	7,639	181,401	-	190,586	103,147	747,068	282,442	1,137,341	4.0	2004
159,916	6,571	180,272	-	188,791	86,350	761,841	304,755	1,157,926	1.8	2005
151,807	8,335	177,514	-	188,226	97,340	755,084	303,426	1,161,110	0.3	2006
156,875	7,381	180,207	-	190,410	84,234	841,289	263,832	1,195,032	2.9	2007
145,737	7,590	177,643	-	188,380	83,504	798,930	258,128	1,146,269	-4.1	2008
142,401	9,293	174,122	-	187,230	83,832	742,522	279,750	1,112,622	-2.9	2009
96,248	16,507	218,038	-	238,649	90,681	771,306	288,230	1,156,888	4.0	2010
80,640	17,331	228,419	-	250,424	91,709	906,946	101,762	1,107,829	-4.2	2011
79,666	16,285	250,816	-	271,996	83,645	986,758	15,939	1,093,950	-1.3	2012
79,978	16,322	244,227	-	266,813	84,885	987,345	9,303	1,090,482	-0.3	2013
78,214	16,687	237,588	-	263,156	86,942	955,352	-	1,053,717	-3.4	2014
82,883	16,469	233,130	-	261,628	91,270	908,789	9,437	1,024,185	-2.8	2015
251,946	2,670	82,618	-	90,352	84,569	877,017	17,300	997,911	N.A.	2016
266,456	2,255	83,940	-	94,092	90,128	861,435	31,278	1,007,341	0.9	2017
258,037	2,363	97,430	-	108,191	87,398	823,589	62,109	1,000,409	-0.7	2018
258,334	2,010	96,651	-	107,585	86,314	792,810	61,035	970,770	-3.0	2019
273,146	1,817	92,087	-	103,570	86,310	790,020	37,011	948,979	-2.2	2020
270,096	1,815	94,817	-	106,486	87,575	776,226	67,767	970,045	2.2	2021

注: P.205共通注記(3),(4),(5),(6)を参照。

(1) 合計には地熱、太陽光、燃料電池、風力を含む。

(2) 1991年度以前の火力には地熱を含む。

(3) 1997年度までの旧一般電気事業者火力内訳は沖縄電力を除く9電力。

4．電力需給

(5)電灯電力需要

年度	電灯電力需要 (百万kWh)						
	電気事業用						
	電灯	電力	特定規模需要	高圧	特別高圧	特定供給	自家消費
1965	28,324	119,495	-	-	-	-	-
1970	51,706	221,254	-	-	-	-	-
1973	72,548	290,821	-	-	-	-	-
1975	82,421	291,850	-	-	-	-	-
1980	105,271	358,982	-	-	-	-	-
1985	133,303	408,091	-	-	-	-	-
1990	177,419	500,712	-	-	-	-	-
1991	185,326	513,267	-	-	-	-	-
1992	192,136	512,660	-	-	-	-	-
1993	197,695	511,507	-	-	-	-	-
1994	215,515	543,498	-	-	-	-	-
1995	224,650	551,861	-	-	-	-	-
1996	228,231	566,087	-	-	-	-	-
1997	232,371	578,891	-	-	-	-	-
1998	240,938	577,397	-	-	-	-	-
1999	248,234	588,509	-	-	-	-	-
2000	254,592	363,594	239,891	-	-	-	-
2001	254,469	358,303	231,505	-	-	-	0
2002	263,439	362,405	237,088	-	-	-	0
2003	259,658	359,725	238,838	-	-	-	0
2004	272,552	250,781	368,770	-	-	-	0
2005	281,294	52,827	559,654	-	-	17,401	7,088
2006	278,316	49,427	575,451	-	-	16,284	7,663
2007	289,728	49,743	595,564	-	-	16,791	7,835
2008	285,288	46,757	571,691	-	-	12,122	9,646
2009	284,969	45,173	543,977	-	-	9,908	12,640
2010	304,234	47,453	574,937	-	-	6	4,429
2011	288,950	44,931	545,567	-	-	6	4,331
2012	286,224	43,694	540,997	-	-	5	4,355
2013	284,345	42,783	544,364	-	-	5	4,536
2014	273,107	40,473	537,824	-	-	5	3,943
2015	266,855	39,150	531,514	-	-	5	4,018
2016	271,809	37,647	N.A.	307,391	231,446	3,444	45,806
2017	279,307	38,127	N.A.	309,609	233,832	3,374	47,833
2018	270,314	36,809	N.A.	306,841	236,344	6,270	37,420
2019	266,652	35,417	N.A.	301,812	229,919	6,228	34,868
2020	277,978	35,397	N.A.	290,264	214,917	5,472	36,790
2021	278,091	34,844	N.A.	296,536	225,512	6,157	38,258

出所：電気事業連合会「電気事業便覧」，経済産業省「電力調査統計月報」、
経済産業省「電力需給の概要」

注：P.205共通注記(1),(3),(5)を参照。
(1)2000年度以降の電気事業用の電力計には、特定規模需要は含まない。

合計	自家発等	合計	伸び率(%)						年度
			電灯電力需要						
			電気事業用			合計	自家発等	合計	
			電灯	電力	特定規模需要				
147,819	21,002	168,821	12.0	5.3	-	6.5	14.0	6.8	1965
272,960	46,741	319,701	14.0	13.1	-	13.2	20.5	14.2	1970
363,369	58,399	421,768	10.9	10.7	-	10.7	3.7	9.7	1973
374,271	54,064	428,335	9.4	2.5	-	3.9	-3.1	3.0	1975
464,253	55,998	520,251	-0.5	-1.3	-	-1.1	-5.9	-1.7	1980
541,394	57,912	599,306	4.5	2.8	-	3.2	3.0	3.2	1985
678,131	87,471	765,602	8.6	6.8	-	7.2	7.2	7.2	1990
698,594	91,295	789,888	4.5	2.5	-	3.0	4.4	3.2	1991
704,796	92,956	797,752	3.7	-0.1	-	0.9	1.8	1.0	1992
709,202	95,494	804,695	2.9	-0.2	-	0.6	2.7	0.9	1993
759,013	99,804	858,817	9.0	6.3	-	7.0	4.5	6.7	1994
776,511	105,048	881,559	4.2	1.5	-	2.3	5.3	2.6	1995
794,318	109,153	903,471	1.6	2.6	-	2.3	3.9	2.5	1996
811,261	115,444	926,705	1.8	2.3	-	2.1	5.8	2.6	1997
818,334	116,327	934,661	3.7	-0.3	-	0.9	0.8	0.9	1998
836,743	120,627	957,370	3.0	1.9	-	2.2	3.7	2.4	1999
858,078	123,988	982,066	2.6	N.A.	N.A.	2.5	2.8	2.6	2000
844,277	123,378	967,655	0.0	-1.5	-3.5	-1.6	-0.5	-1.5	2001
862,932	126,760	989,692	3.5	1.1	2.4	2.2	2.7	2.3	2002
858,221	126,547	984,768	-1.4	-0.7	0.7	-0.5	-0.2	-0.5	2003
892,103	127,283	1,019,386	5.0	N.A.	N.A.	3.9	0.6	3.5	2004
918,265	125,535	1,043,800	3.2	N.A.	N.A.	2.9	-1.4	2.4	2005
927,141	121,167	1,048,308	-1.1	-6.4	2.8	1.0	-3.5	0.4	2006
959,661	117,831	1,077,492	4.1	0.6	3.5	3.5	-2.8	2.8	2007
925,503	110,029	1,035,532	-1.5	-6.0	-4.0	-3.6	-6.6	-3.9	2008
896,668	106,154	1,002,822	-0.1	-3.4	-4.8	-3.1	-3.5	-3.2	2009
931,059	125,382	1,056,441	6.8	5.0	5.7	N.A.	N.A.	5.3	2010
883,787	118,658	1,002,445	-5.0	-5.3	-5.1	-5.1	-5.4	-5.1	2011
875,276	116,336	991,612	-0.9	-2.8	-0.8	-1.0	-2.0	-1.1	2012
876,033	116,595	992,627	-0.7	-2.1	0.6	0.1	0.2	0.1	2013
855,353	114,078	969,430	-4.0	-5.4	-1.2	-2.4	-2.2	-2.3	2014
841,542	113,803	955,345	-2.3	-3.3	-1.2	-1.6	-0.2	-1.5	2015
899,799	90,352	990,151	1.9	-3.8	N.A.	N.A.	N.A.	3.6	2016
914,375	94,092	1,008,467	2.8	1.3	N.A.	1.6	4.1	1.8	2017
896,250	108,191	1,004,440	-3.2	-3.5	N.A.	-2.0	15.0	-0.4	2018
877,160	107,585	984,745	-1.4	-3.8	N.A.	-2.1	-0.6	-2.0	2019
863,204	103,570	966,774	4.2	-0.1	N.A.	-1.6	-3.7	-1.8	2020
881,774	106,486	988,260	0.0	-1.6	N.A.	2.2	2.8	2.2	2021

(2)1976年度以前の電力の内訳は沖縄電力を除く9電力会社。
(3) 特定規模需要は、2000年度以降原則2,000kW以上の受電、
2004年度以降は原則500kW以上の受電、2005年度以降は原則50kW以上の受電。

4．電力需給

(6)大口電力業種別需要電力量（電気事業者計、1965年度～2015年度）

年度	鉱業	製造業							
		食料品	繊維工業	パルプ・紙紙加工品	化学工業	石油製品・石炭製品	ゴム製品	窯業・土石製品	鉄鋼業
1965	3,611	1,428	3,565	6,366	23,087	533	716	2,738	18,610
1970	3,098	2,781	5,888	7,683	30,880	1,335	1,462	9,345	44,304
1973	2,344	4,051	7,094	9,172	27,893	2,298	1,904	12,039	62,495
1975	2,276	4,584	6,397	8,985	26,575	2,356	1,779	10,916	59,728
1980	2,099	6,124	6,387	12,222	26,787	2,688	2,341	15,071	61,803
1985	1,695	7,519	6,236	12,800	28,234	2,631	2,699	13,347	55,877
1990	1,502	11,333	6,839	11,882	28,462	2,386	3,468	14,964	58,923
1991	1,476	11,775	6,760	11,602	28,492	2,399	3,522	14,942	58,095
1992	1,454	11,983	6,412	10,979	27,153	2,379	3,464	14,601	55,978
1993	1,421	12,236	5,685	10,116	25,607	2,597	3,259	14,179	54,200
1994	1,455	12,995	5,557	9,830	26,590	2,691	3,372	14,344	55,968
1995	1,445	13,226	5,083	9,499	26,668	2,642	3,385	14,443	56,007
1996	1,449	13,670	4,945	10,328	27,056	2,608	3,386	14,324	55,938
1997	1,382	14,149	4,825	10,658	28,037	2,051	3,471	13,123	56,311
1998	1,322	14,618	4,309	10,205	27,010	1,535	3,416	11,923	51,290
1999	1,296	14,984	4,108	10,345	27,217	1,405	3,462	11,711	52,421
2000	1,286	15,268	3,860	10,519	27,417	1,486	3,504	11,874	54,098
2001	1,177	15,519	3,614	10,175	25,944	1,462	3,458	11,175	50,403
2002	1,011	15,516	3,314	10,307	27,226	1,446	3,601	11,026	52,364
2003	918	15,366	3,057	10,119	27,572	1,382	3,602	10,921	52,743
2004	926	15,391	2,977	9,920	28,562	1,484	3,534	10,748	53,597
2005	963	15,447	3,062	10,336	29,620	1,567	3,379	11,088	53,336
2006	1,014	16,252	3,178	10,572	31,223	1,689	3,342	11,878	55,625
2007	896	17,302	3,192	11,028	32,657	1,795	3,339	12,152	57,371
2008	892	17,369	2,800	10,597	29,996	1,923	3,094	11,578	51,217
2009	849	17,308	4,013	9,406	26,717	1,794	2,794	10,396	46,269
2010	889	17,887	4,478	9,899	28,102	2,138	3,069	11,642	36,335
2011	884	17,510	4,318	9,255	27,177	2,157	3,022	11,598	36,466
2012	906	17,623	4,009	8,571	26,346	2,179	2,870	11,223	35,957
2013	954	18,044	4,056	8,493	26,575	2,236	2,913	10,781	37,337
2014	963	18,001	3,966	8,076	26,278	2,348	2,888	10,490	36,641
2015	910	18,298	3,873	7,626	25,609	2,263	2,801	9,996	34,346

出所：経済産業省「電力調査統計月報」

注：P.205共通注記(4)を参照。

(1) 業種別自家発自家消費電力量は表Ⅲ-4-(7)に別掲。

(百万kWh)

非鉄金属	機械器具	その他	合計	鉄道業	その他	合計	伸び率(%)	年度
4,515	5,857	6,788	74,201	6,169	3,041	87,023	4.5	1965
16,117	14,494	4,609	138,895	9,431	5,707	157,131	12.4	1970
22,877	18,884	7,544	176,251	11,020	8,118	197,734	9.7	1973
20,233	17,567	7,801	166,919	11,718	9,472	190,385	-1.2	1975
20,542	25,749	11,060	190,773	12,713	12,494	218,079	-2.4	1980
12,451	38,016	13,943	193,753	13,440	14,689	223,575	1.1	1985
12,598	57,369	22,138	230,360	16,366	19,024	267,252	5.9	1990
12,794	60,244	22,726	233,352	16,764	19,875	271,467	1.6	1991
12,678	59,389	22,529	227,545	17,106	20,452	266,556	-1.8	1992
12,638	58,171	22,545	221,233	17,282	21,087	261,023	-2.1	1993
13,170	61,374	23,905	229,796	17,655	22,392	271,297	3.9	1994
13,508	62,987	24,399	231,846	17,864	23,057	274,212	1.1	1995
13,648	65,597	25,620	237,120	17,727	23,603	279,899	2.1	1996
14,356	67,964	26,140	241,085	18,000	24,605	285,072	1.8	1997
13,774	66,537	25,586	230,203	18,117	25,764	275,406	-3.4	1998
14,156	67,312	26,239	233,360	18,152	26,677	279,486	1.5	1999
14,730	69,842	27,029	239,627	18,159	27,684	286,756	2.6	2000
13,497	66,241	26,141	227,629	18,212	28,752	275,771	-3.8	2001
13,640	67,333	26,437	232,211	18,529	29,495	281,256	2.0	2002
13,617	68,489	26,242	233,109	18,391	29,301	281,719	0.2	2003
13,861	71,963	27,088	239,126	18,764	29,768	288,583	2.4	2004
14,678	74,513	27,659	244,685	19,057	29,663	294,368	2.0	2005
15,746	79,156	29,375	258,036	18,771	29,903	307,725	4.5	2006
17,549	83,072	30,561	270,019	18,854	30,580	320,348	4.1	2007
16,441	76,224	28,742	249,982	18,829	30,212	299,916	-6.4	2008
15,394	69,509	27,628	231,228	18,815	29,977	280,871	-6.4	2009
16,053	74,570	29,293	233,466	18,764	30,109	283,227	0.8	2010
15,703	71,637	28,158	227,001	17,667	28,505	274,057	-3.2	2011
15,228	68,950	27,395	220,351	17,714	28,414	267,386	-2.4	2012
14,382	69,223	27,798	221,839	17,861	28,672	269,326	0.7	2013
14,674	68,956	27,099	219,418	17,826	28,559	266,766	-1.0	2014
14,534	68,036	27,516	214,898	17,934	29,552	263,294	-1.3	2015

(2)1995年度以降は卸電気事業者を、1998年度以降は特定電気事業者を、
2002年度以降は特定規模電気事業者を含む。
(3)2009年度より、化学繊維工業は化学工業から繊維工業へ分類変更されている。

4．電力需給

(7) 業種別自家発自家消費電力量（全国、1965年度～2015年度）

年度	産業用								
		製造業							
	鉱業	食料品	繊維工業	パルプ・紙紙加工品	化学工業	石油製品・石炭製品	ゴム製品	窯業・土石製品	鉄鋼業
1965	977	145	34	3,202	6,659	522	15	887	4,992
1970	1,422	440	42	9,197	17,919	1,571	60	1,399	8,040
1973	1,161	549	36	11,507	23,168	2,576	82	1,813	9,272
1975	1,013	442	29	11,243	20,884	2,631	64	1,548	7,880
1980	1,051	507	32	10,908	17,927	2,804	46	2,150	11,701
1985	1,404	580	42	11,193	17,986	2,497	42	3,221	14,621
1990	1,025	1,140	713	19,952	26,722	4,002	111	4,678	19,587
1991	1,021	1,329	908	20,723	27,590	4,345	137	4,974	19,685
1992	922	1,333	936	20,564	29,030	4,558	160	5,110	19,226
1993	902	1,385	855	20,985	29,744	4,858	193	5,289	19,510
1994	783	1,555	882	22,007	31,022	5,170	200	5,443	20,181
1995	780	1,729	830	23,257	32,372	5,572	245	5,604	21,063
1996	797	1,865	847	23,092	33,110	6,073	391	6,273	22,049
1997	642	1,944	838	23,764	34,202	7,408	399	7,152	22,755
1998	631	2,169	840	23,594	34,368	7,902	417	6,575	22,228
1999	625	2,191	882	23,897	35,299	8,078	464	6,944	23,376
2000	642	2,388	882	24,383	35,402	7,940	471	6,982	24,294
2001	590	2,601	810	23,757	34,112	7,746	461	6,793	24,946
2002	602	2,739	732	23,647	34,250	7,818	471	6,868	25,551
2003	596	2,761	702	23,624	33,703	7,612	439	6,760	26,148
2004	610	3,015	641	23,864	34,608	7,643	684	6,729	27,052
2005	518	3,120	307	19,452	34,265	8,855	1,118	5,206	26,117
2006	390	2,935	659	18,684	33,799	8,082	1,015	4,887	26,174
2007	300	2,693	577	18,677	32,528	7,271	1,127	4,679	26,417
2008	282	2,542	466	17,225	30,497	7,188	957	4,253	25,478
2009	245	2,387	3,944	16,225	27,347	7,383	905	3,823	24,196
2010	235	2,324	3,733	15,912	28,534	7,528	861	3,614	39,625
2011	213	2,297	3,658	15,531	27,148	7,466	859	3,368	38,634
2012	215	2,178	3,523	15,604	26,000	6,789	879	3,500	38,764
2013	188	2,128	2,785	15,910	27,406	7,203	859	3,445	37,976
2014	153	2,095	2,730	15,850	27,010	7,664	733	3,548	36,267
2015	280	2,081	2,372	15,543	29,331	6,564	683	3,534	35,161

出所：電気事業連合会「電気事業便覧」、通産省/電気事業連合会「電気事業40年の統計」、同「電気事業30年の統計」、経済産業省「電力需給の概要」、同「電力調査統計月報」

(百万kWh)

非鉄金属	機械器具	その他	合計	鉄道業	その他	合計	業務用	合計	伸び率(%)	年度
1,688	0	204	18,348	1,675	2	21,002	N.A.	21,002	14.0	1965
4,724	10	0	43,402	1,882	36	46,741	N.A.	46,741	20.5	1970
5,905	4	3	54,915	2,212	111	58,399	N.A.	58,399	3.7	1973
5,863	6	53	50,643	2,197	211	54,064	N.A.	54,064	-3.8	1975
5,965	5	12	52,058	2,514	375	55,998	N.A.	55,998	-5.9	1980
2,589	46	56	52,873	2,863	773	57,912	N.A.	57,912	3.0	1985
2,319	1,135	626	80,985	3,568	1,398	86,977	494	87,471	7.2	1990
2,416	1,351	940	84,398	3,640	1,528	90,587	708	91,295	4.4	1991
2,266	1,623	1,179	85,985	3,607	1,619	92,134	822	92,956	1.8	1992
2,305	1,855	1,245	88,225	3,661	1,729	94,516	978	95,494	2.7	1993
2,169	2,143	1,343	92,114	3,673	1,970	98,540	1,264	99,804	4.5	1994
2,253	2,452	1,499	96,878	3,664	2,158	103,479	1,569	105,048	5.3	1995
2,268	2,944	1,580	100,490	3,712	2,384	107,384	1,769	109,153	3.9	1996
2,588	3,421	1,784	106,254	3,721	2,641	113,258	2,186	115,444	5.8	1997
2,510	3,955	1,999	106,556	3,717	2,849	113,754	2,573	116,327	0.8	1998
2,457	4,480	2,085	110,152	3,713	3,028	117,518	3,109	120,627	3.7	1999
2,618	5,111	2,380	112,852	3,631	3,162	120,286	3,702	123,988	2.8	2000
2,153	5,549	2,438	111,548	3,562	3,620	119,320	4,058	123,378	-0.5	2001
2,511	6,583	2,526	113,696	2,926	5,065	122,290	4,470	126,760	2.7	2002
2,442	7,010	2,640	113,841	3,614	4,937	122,989	3,558	126,547	-0.2	2003
2,732	8,453	2,895	118,315	2,716	5,643	127,283	3,763	131,046	3.6	2004
2,158	9,049	3,751	113,399	2,472	5,799	122,189	3,346	125,535	-4.2	2005
1,879	8,263	2,719	109,097	2,621	6,409	118,517	2,651	121,167	-3.5	2006
1,498	7,706	2,931	106,102	2,502	6,832	115,735	2,096	117,831	-2.8	2007
1,053	6,749	2,596	99,004	2,531	6,521	108,338	1,691	110,029	-6.6	2008
1,068	6,310	2,271	96,104	2,116	6,457	104,677	1,477	106,154	-3.5	2009
1,071	6,202	2,429	111,833	2,437	9,485	123,991	1,391	125,382	18.1	2010
907	6,082	1,946	107,896	2,409	6,896	117,414	1,244	118,658	-5.4	2011
814	5,708	2,113	105,872	2,286	6,798	115,171	1,165	116,336	-2.0	2012
757	5,547	1,923	105,938	3,162	6,280	115,569	1,026	116,595	0.2	2013
679	5,117	2,294	103,986	3,128	5,943	113,210	868	114,078	-2.2	2014
702	5,207	2,431	103,608	3,098	5,753	112,713	980	113,693	-0.3	2015

注:P.205共通注記(3),(4)を参照。
1969年度までは、「製造業その他」にセメント製造業以外の窯業土石製造業が含まれる。
2009年度より、化学繊維工業は化学工業から繊維工業へ分類変更されている。

4．電力需給

(8)汽力発電用燃料消費量

年度	石炭 (湿炭千t)	重油 (千kL)	原油 (千kL)	LNG (千t)	重油換算 総消費量 (千kL)	伸び率 (%)
1965	20,073	11,786	719	-	21,786	1.0
1970	18,821	34,646	7,239	717	53,237	19.0
1973	8,318	42,825	23,601	1,379	76,910	22.5
1975	7,179	35,999	22,666	3,326	72,287	3.0
1980	9,776	35,689	13,432	12,987	80,268	-7.4
1985	22,627	21,079	12,830	21,634	83,436	-3.9
1990	27,238	23,806	21,859	27,624	105,469	8.1
1991	29,264	22,678	20,329	29,431	106,628	1.1
1992	31,539	23,655	20,462	29,134	108,784	2.0
1993	34,511	18,983	15,841	29,178	101,203	-7.0
1994	37,902	22,303	21,004	31,089	114,862	13.5
1995	41,474	18,676	16,740	31,593	110,156	-4.1
1996	43,344	16,218	16,429	33,140	110,710	0.5
1997	46,332	14,481	11,969	34,346	108,078	-2.4
1998	46,072	13,101	9,469	35,359	105,127	-2.7
1999	51,803	13,098	9,184	37,662	111,564	6.1
2000	57,785	11,750	7,510	38,663	113,985	2.2
2001	62,325	8,488	4,559	38,175	110,456	-3.1
2002	67,759	11,110	6,579	37,914	118,892	7.6
2003	73,460	12,601	5,810	39,063	124,387	4.6
2004	77,876	10,147	6,501	37,170	121,815	-2.1
2005	82,460	11,673	7,799	34,639	124,085	1.9
2006	79,523	8,978	6,120	38,178	122,753	-1.1
2007	84,205	14,239	11,301	42,105	140,503	14.5
2008	80,992	12,566	7,978	41,034	131,112	-6.7
2009	76,805	7,212	3,643	40,671	118,577	-9.6
2010	72,153	6,318	4,759	41,743	113,573	-4.2
2011	69,934	11,846	11,567	52,870	139,925	23.2
2012	71,084	16,090	13,477	55,709	151,676	8.4
2013	80,884	12,697	11,576	56,092	151,993	0.2
2014	80,230	9,434	6,758	56,610	145,334	-4.4
2015	80,285	7,095	5,700	52,306	136,190	-6.3
2016	110,859	8,236	2,789	55,688	181,319	N.A.
2017	114,997	6,339	1,587	52,922	177,269	-2.2
2018	110,560	4,245	587	49,666	166,179	-6.3
2019	108,542	2,938	204	46,601	159,482	-4.0
2020	105,882	3,119	305	47,067	158,028	-0.9
2021	108,868	4,696	230	41,852	155,860	-1.4

出所：電気事業連合会「電気事業便覧」、経済産業省「電力調査統計月報」
注：(1)2016年度以降の重油換算総消費量は全投入燃料からEDMC推計。
(2)P.205共通注記(1)、(5)を参照。

4．電力需給

(9)汽力発電所熱効率・負荷率・最大電力（電気事業者）

(%、千kW)

年度	熱効率		負荷率	最大電力
	発電端	送電端		
1965	37.11	34.74	68.0	27,297
1970	37.75	35.93	67.1	49,216
1973	38.11	36.51	62.0	68,383
1975	38.03	36.39	59.9	72,481
1980	38.08	36.25	61.9	88,139
1985	38.21	36.31	59.0	109,605
1990	38.78	37.05	56.8	143,717
1991	38.80	37.06	56.8	149,038
1992	38.83	37.09	56.0	153,786
1993	38.76	36.97	59.2	144,739
1994	38.92	37.17	55.0	167,356
1995	39.00	37.21	55.3	171,133
1996	39.30	37.50	56.6	167,549
1997	39.69	37.89	58.4	167,825
1998	39.95	38.18	58.3	168,320
1999	40.40	38.70	59.4	168,663
2000	40.59	38.87	59.5	173,069
2001	40.77	39.05	56.7	182,688
2002	41.00	39.33	58.5	179,837
2003	41.08	39.42	61.2	167,267
2004	40.90	39.21	60.7	174,295
2005	40.90	39.21	62.4	177,696
2006	41.09	39.40	62.9	174,984
2007	41.01	39.45	62.8	179,282
2008	41.35	39.69	61.1	178,995
2009	41.78	40.12	66.7	159,128
2010	41.86	40.21	62.5	177,752
2011	41.74	40.21	67.8	156,596
2012	41.81	40.30	66.9	155,947
2013	42.20	40.67	65.4	159,065
2014	42.80	41.28	67.2	152,742
2015	42.93	41.39	63.3	153,674
2016	N.A.	38.24	65.8	155,890
2017	N.A.	38.24	66.0	155,770
2018	N.A.	38.06	62.1	164,820
2019	N.A.	37.90	60.7	164,610
2020	N.A.	38.60	59.5	166,450
2021	N.A.	38.48	61.4	164,600

出所：電気事業連合会「電気事業便覧」、経済産業省「電力調査統計月報」、
電力広域的運営推進機関「電力需給及び電力系統に関する概況」

注：(1)1986年度以前は、沖縄電力を除く9電力会社。
1987年度から2015年度までは10電力会社。2016年度以降は全電気事業者を表す。
(2)負荷率は2015年度までの値は送電端の平均電力/最大3日平均電力、
最大電力は発受電端の合計(合成)。2016年度以降の負荷率は、
年間電力量/(年間最大電力×暦時間数(24時間×年間日数)により算定。
(3)2016年度以降の送電端の熱効率は、EDMC推計。
(4)2015年度以前は、旧一般電気事業者の値。

4．電力需給

(10)全国主要原子力発電所

(2022年11月7日現在)

発電所名		最大出力(1,000kW)	運転開始	型式	県名	所属
泊	#1	579	1989/6	PWR	北海道	北海道電力
	#2	579	1991/4	〃	〃	〃
	#3	912	2009/12	〃	〃	〃
女　川	#2	825	1995/7	BWR	宮城	東北電力
	#3	825	2002/1	〃	〃	〃
東　通	#1	1,100	2005/12	BWR	青森	東北電力
柏崎刈羽	#1	1,100	1985/9	BWR	新潟	東京電力
	#2	1,100	1990/9	〃	〃	〃
	#3	1,100	1993/8	〃	〃	〃
	#4	1,100	1994/8	〃	〃	〃
	#5	1,100	1990/4	〃	〃	〃
	#6	1,356	1996/11	ABWR	〃	〃
	#7	1,356	1997/7	〃	〃	〃
浜　岡	#3	1,100	1987/8	BWR	静岡	中部電力
	#4	1,137	1993/9	〃	〃	〃
	#5	1,380	2005/1	ABWR	〃	〃
志　賀	#1	540	1993/7	BWR	石川	北陸電力
	#2	1,206	2006/3	ABWR	〃	〃
美　浜	#3	826	1976/12	PWR	福井	関西電力
高　浜	#1	826	1974/11	PWR	福井	関西電力
	#2	826	1975/11	〃	〃	〃
	#3	870	1985/1	〃	〃	〃
	#4	870	1985/6	〃	〃	〃
大　飯	#3	1,180	1991/12	PWR	福井	関西電力
	#4	1,180	1993/2	〃	〃	〃
島　根	#2	820	1989/2	BWR	島根	中国電力
伊　方	#3	890	1994/12	PWR	愛媛	四国電力
玄　海	#3	1,180	1994/3	PWR	佐賀	九州電力
	#4	1,180	1997/7	〃	〃	〃
川　内	#1	890	1984/7	PWR	鹿児島	九州電力
	#2	890	1985/11	〃	〃	〃
東海第二		1,100	1978/11	BWR	茨城	日本原子力発電
敦　賀	#2	1,160	1987/2	PWR	福井	日本原子力発電
合　計	33	33,083				

4. 電力需給

(11)全国主要原子力発電所（廃炉）

(2022年11月7日現在)

発電所名	最大出力(1,000kW)	運転開始	運転終了又は廃止	型式	県名	所属
女　川　#1	524	1984/6	2018/12	BWR	宮城	東北電力
福島第一　#1	460	1971/3	2012/4	BWR	福島	東京電力
#2	784	1974/7	2012/4	〃	〃	〃
#3	784	1976/3	2012/4	〃	〃	〃
#4	784	1978/10	2012/4	〃	〃	〃
#5	784	1978/4	2014/1	〃	〃	〃
#6	1,100	1979/10	2014/1	〃	〃	〃
福島第二　#1	1,100	1982/4	2019/9	BWR	福島	東京電力
#2	1,100	1984/2	2019/9	〃	〃	〃
#3	1,100	1985/6	2019/9	〃	〃	〃
#4	1,100	1987/8	2019/9	〃	〃	〃
浜　岡　#1	540	1976/3	2009/1	BWR	静岡	中部電力
#2	840	1978/11	2009/1	〃	〃	〃
大　飯　#1	1,175	1979/3	2018/3	PWR	福井	関西電力
#2	1,175	1979/12	2018/3	〃	〃	〃
美　浜　#1	340	1970/11	2015/4	PWR	福井	関西電力
#2	500	1972/7	2015/4	〃	〃	〃
島　根　#1	460	1974/3	2015/4	BWR	島根	中国電力
伊　方　#1	566	1977/3	2016/5	PWR	愛媛	四国電力
#2	566	1982/3	2018/5	〃	〃	〃
玄　海　#1	559	1975/10	2015/4	PWR	佐賀	九州電力
#2	559	1981/3	2019/4	〃	〃	〃
東　海	166	1966/7	1998/3	GCR	茨城	日本原子力発電
敦　賀　#1	357	1970/3	2015/4	BWR	福井	日本原子力発電
合　計　24	17,423					

出所：一般社団法人日本原子力産業協会「原子力発電所の運転・建設状況」
注：BWRは沸騰水型軽水炉、ABWRは改良型BWR、PWRは加圧水型軽水炉、
GCRは黒鉛減速炭酸ガス冷却型原子炉。

Ⅲ.4.(1)-(8) 共通注記

注: (1) 1965年度以降の「電気事業用」は、一般電気事業者及び卸電気事業者である。
1995～2009年度の「電気事業用」には、公営・共火等卸供給事業者を含む。
1998年度以降の「電気事業用」には、特定電気事業者を含む。
2000年度以降の「電気事業用」には、特定規模電気事業者を含む。
(2) 自家用発電設備は、1965～1995年度：1発電所最大出力500kW以上、1996年度以降1発電所最大出力1,000kW以上を計上。
(3) 自家発自家消費電力量は、2002年度までは自家発電設備500kW以上、2003年度以降は1,000kW以上を計上。
(4) 「電気事業用」のうち「その他電気事業者」は、平成22年3月末で卸電気事業とみなす期限が切れた為、2010年度から「自家用」として計上。
(5) 平成28年4月1日改正電気事業法（第2弾改正）に伴い統計が改訂され、2016年度以降は調査対象が変更されている。
(6) 発電量は2015年度以前は発電端、2016年度以降は送電端ベース。

5. 新エネルギー等

5．新エネルギー等

(1)新エネルギー供給量

年度	供給量 (10^{10}kcal)			対前年伸び率 (%)		
	太陽熱	地熱	ごみ発電	太陽熱	地熱	ごみ発電
1965	-	-	5	-	-	-
1970	-	66	10	-	20.0	11.1
1973	-	66	20	-	1.5	81.8
1975	136	96	34	-	29.7	17.2
1980	370	290	107	73.7	3.9	40.8
1985	878	398	227	8.5	6.4	8.1
1990	1,167	465	407	13.3	26.4	19.0
1991	1,129	506	437	-3.3	8.8	7.4
1992	1,077	510	465	-4.6	0.8	6.4
1993	1,051	504	491	-2.4	-1.2	5.6
1994	1,031	589	516	-1.9	16.9	5.1
1995	1,006	922	631	-2.4	56.5	22.3
1996	958	1,071	756	-4.8	16.2	19.8
1997	958	1,097	896	0.0	2.4	18.5
1998	845	1,031	1,007	-11.8	-6.0	12.4
1999	768	1,008	1,047	-9.1	-2.2	4.0
2000	808	964	1,012	5.2	-4.4	-3.3
2001	747	999	1,148	-7.5	3.6	13.4
2002	684	990	1,303	-8.4	-0.9	13.5
2003	635	1,017	1,482	-7.2	2.7	13.7
2004	600	984	1,470	-5.5	-3.2	-0.8
2005	569	943	1,431	-5.2	-4.2	-2.7
2006	540	899	1,451	-5.1	-4.7	1.4
2007	513	889	1,440	-5.0	-1.1	-0.8
2008	489	802	1,400	-4.7	-9.8	-2.8
2009	444	843	1,388	-9.2	5.1	-0.9
2010	411	769	1,455	-7.4	-8.8	4.8
2011	376	783	1,511	-8.5	1.8	3.8
2012	348	764	1,564	-7.4	-2.4	3.5
2013	317	759	1,585	-8.9	-0.7	1.3
2014	290	753	1,583	-8.5	-0.8	-0.1
2015	267	706	1,626	-7.9	-6.2	2.7
2016	238	685	1,743	-10.9	-3.0	7.2
2017	219	671	1,832	-8.0	-2.0	5.1
2018	202	664	1,874	-7.8	-1.0	2.3
2019	185	709	1,960	-8.4	6.8	4.6
2020	169	732	1,992	-8.6	3.2	1.6
2021	154	739	2,087	-8.9	1.0	4.8

出所：経済産業省/EDMC「総合エネルギー統計」、EDMC推計

5. 新エネルギー等

(2)コージェネレーション設備の導入実績

年度	民生用									
	ガスタービン		ガスエンジン		ディーゼルエンジン		蒸気タービン・燃料電池		合計	
	台数	発電容量	台数	発電容量	台数	発電容量	台数	発電容量	台数	発電容量
1970	-	-	-	-	-	-	-	-	-	-
1973	-	-	-	-	2	300	-	-	2	300
1975	-	-	-	-	2	300	-	-	2	300
1980	-	-	-	-	9	12,796	-	-	9	12,796
1985	8	4,580	66	14,149	43	21,064	-	-	117	39,793
1990	24	25,900	427	92,481	642	186,528	1	200	1,094	305,109
1991	35	39,980	512	109,065	796	239,045	1	200	1,344	388,290
1992	42	50,860	589	131,097	913	270,425	28	2,658	1,572	455,040
1993	54	105,610	688	154,698	990	293,048	44	4,878	1,776	558,234
1994	61	118,280	770	178,010	1,093	319,360	57	7,552	1,981	623,202
1995	67	124,300	842	194,532	1,198	353,453	60	8,002	2,167	680,287
1996	79	160,970	968	218,948	1,337	399,756	63	8,452	2,447	788,126
1997	87	179,870	1,137	266,829	1,444	435,935	64	8,552	2,732	891,186
1998	107	222,492	1,300	305,038	1,536	467,753	76	10,602	3,019	1,005,885
1999	124	263,754	1,527	348,024	1,632	509,360	83	11,872	3,366	1,133,010
2000	188	295,770	1,790	413,411	1,777	562,633	87	12,472	3,842	1,284,286
2001	267	363,712	2,114	459,890	1,878	594,680	96	14,381	4,355	1,432,663
2002	370	391,732	2,627	510,885	1,964	634,701	98	14,681	5,059	1,551,999
2003	460	418,401	3,196	546,013	2,026	668,556	103	15,181	5,785	1,648,151
2004	534	438,081	3,903	608,988	2,067	683,816	107	15,981	6,611	1,746,866
2005	552	469,511	4,674	660,024	2,093	699,409	114	17,331	7,433	1,846,275
2006	567	493,012	5,449	733,606	2,102	703,484	114	17,331	8,232	1,947,433
2007	575	505,028	6,019	789,343	2,107	707,784	117	17,831	8,818	2,019,986
2008	579	512,939	6,543	859,844	2,107	707,784	120	18,041	9,349	2,098,608
2009	579	512,939	6,875	886,071	2,109	709,704	122	18,261	9,685	2,126,975
2010	581	524,199	7,097	902,952	2,109	709,704	123	18,361	9,910	2,155,216
2011	582	527,399	7,508	925,060	2,109	709,704	127	18,761	10,326	2,180,924
2012	583	528,899	8,228	972,017	2,111	710,804	130	19,061	11,052	2,230,781
2013	585	528,999	8,884	1,006,550	2,112	711,304	132	19,311	11,713	2,266,164
2014	585	528,999	9,526	1,058,028	2,112	711,304	145	20,611	12,368	2,318,942
2015	586	529,999	10,159	1,109,325	2,114	712,504	154	22,076	13,013	2,373,904
2016	592	531,505	10,694	1,168,676	2,114	712,504	163	22,931	13,563	2,435,615
2017	593	533,020	11,137	1,226,505	2,115	712,529	182	23,186	14,027	2,495,239
2018	593	533,020	11,596	1,303,686	2,117	713,689	193	23,219	14,499	2,573,613
2019	594	535,145	12,104	1,396,203	2,117	713,689	205	23,453	15,020	2,668,490
2020	594	535,145	12,482	1,421,898	2,117	713,689	207	23,460	15,400	2,694,192
2021	596	555,145	12,795	1,449,104	2,119	715,689	209	23,468	15,719	2,743,406

出所：コージェネレーション・エネルギー高度利用センター
「コージェネレーションシステム導入実績表」、「コージェネ導入実績報告」

(台、kW)

産業用										年度
ガスタービン		ガスエンジン		ディーゼルエンジン		蒸気タービン・燃料電池		合計		
台数	発電容量	台数	発電容量	台数	発電容量	台数	発電容量	台数	発電容量	
1	7,260	-	-	11	60,500	-	-	12	67,760	1970
1	7,260	-	-	13	71,500	1	8,500	15	87,260	1973
2	32,260	-	-	13	71,500	1	8,500	16	112,260	1975
3	36,110	-	-	15	81,500	1	8,500	19	126,110	1980
12	96,720	16	1,129	24	94,854	1	8,500	53	201,203	1985
123	814,117	164	51,798	532	863,710	2	17,900	821	1,747,525	1990
161	993,117	194	61,432	629	938,592	2	17,900	986	2,011,041	1991
183	1,084,897	218	72,721	703	999,660	3	18,100	1,107	2,175,378	1992
209	1,234,725	237	95,384	747	1,044,221	9	19,100	1,202	2,393,430	1993
232	1,359,805	260	115,556	808	1,105,149	13	19,920	1,313	2,600,430	1994
264	1,529,020	295	127,858	901	1,195,650	18	21,800	1,478	2,874,328	1995
309	1,825,985	326	141,069	1,002	1,294,140	21	31,050	1,658	3,292,244	1996
353	2,036,045	355	165,357	1,082	1,369,067	23	31,450	1,813	3,601,919	1997
391	2,219,085	375	172,818	1,172	1,452,654	28	37,050	1,966	3,881,607	1998
434	2,417,606	404	184,312	1,277	1,552,768	30	37,650	2,145	4,192,336	1999
567	2,542,748	460	221,374	1,424	1,710,676	31	47,200	2,482	4,521,998	2000
627	2,788,285	508	244,140	1,545	1,815,013	33	53,700	2,713	4,901,138	2001
684	2,946,301	570	315,316	1,745	1,957,463	34	53,950	3,033	5,273,030	2002
749	3,111,245	692	440,913	1,988	2,135,246	42	65,420	3,471	5,752,824	2003
788	3,437,644	840	692,397	2,302	2,399,987	43	72,450	3,973	6,602,478	2004
819	3,641,279	1,002	1,006,197	2,380	2,503,811	45	82,960	4,246	7,234,247	2005
838	3,756,869	1,171	1,333,167	2,391	2,518,911	52	93,210	4,452	7,702,157	2006
856	3,960,240	1,254	1,521,094	2,391	2,518,911	52	93,210	4,553	8,093,455	2007
873	4,071,955	1,294	1,575,274	2,398	2,536,951	52	93,210	4,617	8,277,390	2008
892	4,157,515	1,322	1,590,959	2,398	2,536,951	54	116,210	4,666	8,401,635	2009
899	4,224,810	1,335	1,603,005	2,398	2,536,951	54	116,210	4,686	8,480,976	2010
906	4,244,620	1,397	1,642,235	2,401	2,543,791	56	116,410	4,760	8,547,056	2011
922	4,319,995	1,584	1,800,873	2,401	2,543,791	65	198,485	4,972	8,863,144	2012
934	4,414,730	1,715	1,904,624	2,401	2,543,791	72	366,845	5,122	9,229,990	2013
945	4,483,787	1,824	1,981,594	2,401	2,543,791	84	389,456	5,254	9,398,628	2014
959	4,558,937	1,914	2,063,029	2,401	2,543,791	87	391,981	5,361	9,557,738	2015
973	4,638,297	2,009	2,154,857	2,401	2,543,791	89	392,481	5,472	9,729,426	2016
983	4,675,472	2,072	2,255,843	2,402	2,543,971	93	394,651	5,550	9,869,937	2017
1,002	4,776,407	2,158	2,433,077	2,405	2,546,971	93	394,651	5,658	10,151,106	2018
1,014	4,815,234	2,279	2,549,646	2,405	2,546,971	97	394,663	5,795	10,306,514	2019
1,024	4,974,274	2,433	2,697,045	2,405	2,546,971	99	407,703	5,961	10,625,993	2020
1,028	5,057,304	2,498	2,749,120	2,405	2,546,971	103	417,807	6,034	10,771,203	2021

注:民生用に個別設置型の家庭用燃料電池(エネファーム)、ガスエンジン(エコウィル)等は含まない。

5．新エネルギー等

(3)ソーラーシステム販売・施工実績

(件)

年	戸建住宅	共同住宅	業務用	(公共用)	産業用	計
1975-1991	378,376	666	6,293	2,223	304	385,639
1992	16,300	5	42	21	3	16,350
1993	19,540	4	48	25	3	19,595
1994	23,141	5	88	57	2	23,236
1995	24,142	3	62	40	66	24,273
1996	24,341	5	87	47	62	24,495
1997	22,171	6	108	70	3	22,288
1998	15,971	8	124	72	-	16,103
1999	17,168	-	125	82	1	17,294
2000	14,957	10	131	76	2	15,100
2001	12,739	12	104	72	5	12,860
2002	14,538	-	92	53	-	14,630
2003	10,940	2	110	54	1	11,053
2004	9,554	2	110	61	-	9,666
2005	10,158	-	88	40	1	10,247
2006	6,618	-	56	24	-	6,674
2007	4,193	-	69	26	2	4,264
2008	4,605	-	52	20	9	4,666
2009	3,481	-	65	26	7	3,553
2010	5,670	10	68	39	1	5,749
2011	4,652	1	87	34	5	4,745
2012	4,632	390	98	27	18	5,138
2013	4,517	80	85	23	9	4,691
2014	3,781	197	70	24	5	4,053
2015	3,353	40	78	30	3	3,474
2016	2,586	44	65	22	3	2,698
2017	2,226	3	50	18	7	2,286
2018	1,931	3	45	19	-	1,979
2019	1,653	-	26	20	35	1,714
2020	1,480	-	35	6	3	1,518
2021	1,607	-	12	4	2	1,621
累積	671,021	1,496	8,573	3,355	562	681,652

出所：ソーラーシステム振興協会資料
注：(1) 年次は暦年である。
(2) 公共用の数字は、業務用の内数である。

(4)用途別ソーラーシステム施工実績

(件)

(1975-2021)	給湯	暖房	冷房	その他	合計
戸建住宅	648,958	21,891	91	81	671,021
共同住宅	1,426	54	13	3	1,496
業務用	7,188	772	424	189	8,573
(内公共用)	(2,677)	(352)	(216)	(110)	(3,355)
産業用	414	31	23	94	562
計	657,986	22,748	551	367	681,652
構成比(%)	96.53	3.34	0.08	0.05	100.00

出所：ソーラーシステム振興協会資料
注：暖房には暖房給湯、冷房には冷房給湯、冷暖房給湯及び冷暖房システムを含む。

5. 新エネルギー等

(5)家庭用コージェネレーション設備の導入実績

(千台)

年度	燃料電池コジェネ			家庭用ガスエンジンコジェネ
	都市ガス	LPガス	合計	
2005	N.A.	N.A.	N.A.	29
2006	N.A.	N.A.	N.A.	48
2007	N.A.	N.A.	N.A.	67
2008	N.A.	N.A.	N.A.	87
2009	N.A.	N.A.	5.0	98
2010	N.A.	N.A.	11.5	108
2011	11.7	1.8	24.9	117
2012	32.2	5.7	49.4	126
2013	60.0	11.5	83.0	134
2014	93.3	16.2	121.0	138
2015	129.8	20.2	161.4	141
2016	173.6	23.4	208.5	142
2017	219.2	26.6	257.3	N.A.
2018	262.7	29.8	303.9	N.A.
2019	300.4	33.0	344.9	N.A.
2020	344.8	36.7	392.9	N.A.
2021	382.1	39.7	433.2	N.A.

出所：日本ガス協会、コージェネレーション・エネルギー高度利用センター
注：年度末値。エコウィルは2017年9月で販売終了。
2017年10月まで注文受け付け。

(6)固定価格買取制度認定設備容量・買取量

①認定設備容量(新規認定分) (千kW)

年度	太陽光		風力		中小水力		地熱		バイオマス		合計	
	認定	運転	認定	運転	認定	運転	認定	運転	認定	運転	認定	運転
2012	20,022	1,673	798	63	71	2	4	0	194	30	21,089	1,768
2013	65,725	8,716	1,040	110	298	6	14	0	1,565	122	68,642	8,954
2014	82,630	18,108	2,291	331	656	89	71	5	2,027	224	87,676	18,757
2015	79,930	27,268	2,839	479	776	160	76	10	3,700	518	87,322	28,435
2016	84,540	33,499	6,972	789	1,118	239	88	15	12,417	851	105,136	35,392
2017	70,173	38,934	6,532	964	1,168	314	82	21	8,402	1,260	86,358	41,493
2018	76,681	44,569	8,276	1,136	1,228	362	84	30	9,010	1,708	95,279	47,805
2019	74,314	50,208	9,071	1,604	1,293	509	101	78	8,531	2,198	93,311	54,597
2020	75,497	55,952	13,063	1,970	1,560	697	159	91	7,962	2,651	98,242	61,361
2021	77,056	60,536	13,204	2,268	2,415	825	216	93	8,298	3,327	101,188	67,048

②認定設備容量(移行認定分) (千kW)

年度	太陽光		風力		中小水力		地熱		バイオマス		合計	
	認定	運転	認定	運転	認定	運転	認定	運転	認定	運転	認定	運転
2012	N.A.	N.A.	N.A.	N.A.	N.A.	N.A.	N.A.	N.A.	N.A.	N.A.	N.A.	N.A.
2013	N.A.	N.A.	N.A.	N.A.	N.A.	N.A.	N.A.	N.A.	N.A.	N.A.	N.A.	N.A.
2014	N.A.	4,950	N.A.	2,530	N.A.	208	N.A.	1	N.A.	1,133	N.A.	8,822
2015	N.A.	4,965	N.A.	2,529	N.A.	208	N.A.	1	N.A.	1,128	N.A.	8,831
2016	N.A.	4,972	N.A.	2,525	N.A.	208	N.A.	1	N.A.	1,123	N.A.	8,829
2017	N.A.	4,977	N.A.	2,524	N.A.	208	N.A.	1	N.A.	1,102	N.A.	8,812
2018	N.A.	4,980	N.A.	2,517	N.A.	210	N.A.	1	N.A.	1,192	N.A.	8,900
2019	N.A.	4,984	N.A.	2,507	N.A.	212	N.A.	1	N.A.	1,306	N.A.	9,012
2020	N.A.	4,990	N.A.	2,519	N.A.	233	N.A.	1	N.A.	1,420	N.A.	9,163
2021	N.A.	4,991	N.A.	2,503	N.A.	250	N.A.	1	N.A.	1,408	N.A.	9,153

③買取実績(買取電力量、買取金額) (百万kWh、億円)

年度	太陽光		風力		中小水力		地熱		バイオマス		合計	
	電力量	金額	電力量	金額	電力量	金額	電力量	金額	電力量	金額	電力量	金額
2012	2,510	1,124	2,742	586	120	30	1	1	217	41	5,590	1,782
2013	9,112	3,917	4,896	1,046	936	238	6	2	3,169	588	18,119	5,791
2014	18,957	7,972	4,921	1,087	1,073	282	6	3	3,644	743	28,602	10,087
2015	31,077	12,683	5,233	1,163	1,476	391	59	25	5,390	1,233	43,235	15,495
2016	41,666	16,604	5,862	1,312	2,008	534	76	33	7,365	1,808	56,977	20,291
2017	50,442	19,668	6,167	1,388	2,458	655	101	44	10,248	2,598	69,416	24,352
2018	57,641	22,029	7,081	1,607	2,776	738	148	64	12,517	3,217	80,162	27,654
2019	63,659	23,834	7,272	1,681	3,465	921	496	170	15,473	4,053	90,365	30,659
2020	71,665	26,276	8,611	2,019	3,935	1,043	566	189	18,859	5,016	103,635	34,542
2021	77,686	27,759	9,007	2,121	4,485	1,175	600	194	21,728	5,795	113,506	37,043

出所：経済産業省
注：①②は年度末値。②は2013年度以前はデータなし。

5. 新エネルギー等

(7)新エネルギーの導入量

年度	太陽光発電		風力発電		廃棄物発電＋バイオマス発電		バイオマス熱利用	太陽熱利用	廃棄物熱利用	未利用エネルギー*	黒液・廃材等	合計	一次エネルギー総供給に占める比率
	(万kl)	(万kW)	(万kl)	(万kW)	(万kl)	(万kW)	(万kl)	(万kl)	(万kl)	(万kl)	(万kl)	(万kl)	(%)
1990	0.3	-	0.0	0.1	44.0	-	N.A.	132.0	2.7	0.8	477.0	657.0	1.2
1991	0.4	-	0.1	0.3	47.0	-	N.A.	135.0	3.2	1.1	490.0	677.0	1.3
1992	0.5	-	0.1	0.3	50.0	-	N.A.	136.0	3.6	1.3	478.0	670.0	1.2
1993	0.6	-	0.2	0.5	53.0	-	N.A.	137.0	3.6	1.4	462.0	658.0	1.2
1994	0.8	-	0.3	0.5	66.0	54.0	N.A.	138.0	3.5	2.4	449.0	660.0	1.1
1995	1.1	-	0.4	1.0	81.0	65.0	N.A.	135.0	3.8	3.0	472.0	696.0	1.2
1996	1.5	-	0.6	1.4	91.0	76.0	N.A.	130.0	4.4	3.3	477.0	708.0	1.2
1997	2.3	-	0.9	2.2	101.0	82.0	N.A.	122.0	4.6	3.7	493.0	728.0	1.2
1998	3.4	-	1.6	3.8	114.0	93.0	N.A.	110.0	4.4	4.1	457.0	695.0	1.2
1999	5.3	20.9	3.5	8.3	120.0	98.0	N.A.	98.0	4.4	4.1	457.0	693.0	1.2
2000	8.1	33.0	5.9	14.4	120.0	110.0	N.A.	89.0	4.5	4.5	490.0	722.0	1.2
2001	11.0	45.2	12.7	31.2	130.0	118.0	N.A.	82.0	4.5	4.4	446.0	690.0	1.2
2002	15.6	63.7	18.9	46.3	174.6	161.8	68.0	74.0	164.0	4.6	471.0	991.0	1.7
2003	21.0	86.0	27.6	67.8	213.7	173.9	79.0	69.0	161.0	4.2	478.0	1,054.0	1.8
2004	27.7	113.2	37.8	92.7	227.0	201.0	122.0	65.0	165.0	4.6	470.0	1,119.0	N.A.
2005	34.7	142.2	44.2	108.5	252.0	214.7	142.0	61.4	149.0	4.9	470.0	1,159.0	N.A.
2006	41.8	170.9	60.7	149.1	290.5	210.4	156.3	58.4	150.1	4.7	499.0	1,262.0	N.A.
2007	46.9	191.9	68.2	167.5	269.1	215.8	197.8	55.4	151.8	5.0	499.0	1,293.0	N.A.
2008	52.4	214.4	75.3	185.0	314.3	237.0	175.3	51.3	148.1	4.6	486.0	1,307.0	N.A.
2009	64.2	262.7	89.0	218.6	312.1	236.6	170.9	47.9	146.9	4.5	447.0	1,282.0	N.A.
2010	88.4	361.8	99.4	244.2	327.2	240.4	173.7	44.4	137.8	4.7	492.0	1,368.0	N.A.
2011	120.0	491.0	104.1	255.5	332.6	242.6	178.5	40.8	136.4	4.2	464.3	1,380.9	N.A.
2012	168.3	688.5	106.7	261.8	334.6	244.0	N.A.	37.1	N.A.	N.A.	N.A.	N.A.	N.A.
2013	340.4	1,392.8	108.6	266.5	347.2	253.2	N.A.	33.6	N.A.	N.A.	N.A.	N.A.	N.A.
2014	569.9	2,332.0	117.6	288.6	361.1	263.4	N.A.	30.5	N.A.	N.A.	N.A.	N.A.	N.A.
2015	793.8	3,248.0	123.6	303.4	401.4	292.8	N.A.	27.8	N.A.	N.A.	N.A.	N.A.	N.A.
2016	946.1	3,871.1	136.2	334.4	447.1	326.1	N.A.	25.7	N.A.	N.A.	N.A.	N.A.	N.A.
2017	1,078.9	4,414.6	143.4	351.9	503.2	367.0	N.A.	23.7	N.A.	N.A.	N.A.	N.A.	N.A.
2018	1,216.6	4,978.1	150.4	369.1	564.6	411.8	N.A.	21.8	N.A.	N.A.	N.A.	N.A.	N.A.
2019	1,354.5	5,542.0	169.4	415.9	631.8	460.8	N.A.	20.0	N.A.	N.A.	N.A.	N.A.	N.A.
2020	1,494.8	6,116.4	184.4	452.5	693.9	506.1	N.A.	18.2	N.A.	N.A.	N.A.	N.A.	N.A.
2021	1,606.9	6,574.8	196.5	482.3	786.5	573.7	N.A.	16.7	N.A.	N.A.	N.A.	N.A.	N.A.

出所：経済産業省、新エネルギー部会資料他
注：2012年度以降はEDMC推計。
*雪氷熱利用も含む。

IV. 世界のエネルギー・経済指標

(1)世界のGDP・人口・エネルギー消費・CO_2排出量の概要

	1973年				2020年			
	実質GDP	人口	一次消費	CO_2	実質GDP	人口	一次消費	CO_2
	十億ドル	百万人	Mtoe	Mt-CO_2	十億ドル	百万人	Mtoe	Mt-CO_2
北　米	6,479	234	1,889	4,956	20,902	370	2,322	4,766
アメリカ	5,954	212	1,730	4,596	19,294	332	2,038	4,258
カナダ	525	22.5	159	360	1,607	38.0	284	508
中南米	1,581	304	257	516	5,130	650	734	1,259
メキシコ	330	56.3	52.6	123	1,149	129	177	351
ブラジル	487	102	82.0	116	1,749	213	286	389
チ　リ	42.2	10.3	8.50	21.0	248	19.1	37.9	83.9
欧　州	8,629	757	2,319	6,349	21,094	923	2,741	5,228
欧州OECD	7,639	456	1,376	3,768	18,608	581	1,607	2,809
イギリス	1,258	56.2	218	654	2,892	67.2	154	303
ドイツ	1,577	78.9	335	1,047	3,436	83.2	278	590
フランス	1,066	53.2	180	482	2,411	67.4	218	261
イタリア	958	54.8	119	314	1,745	59.4	137	274
欧州非OECD	989	301	943	2,581	2,487	342	1,133	2,419
ロシア	690	133	N.A.	N.A.	1,416	144	758	1,552
ウクライナ	38.7	48.1	N.A.	N.A.	97.9	44.1	86.4	170
アフリカ	555	383	210	285	2,519	1,293	830	1,144
南アフリカ	127	23.9	49.2	178	335	59.3	125	388
中　東	682	72.3	58.3	147	2,529	256	792	1,753
イラン	233	30.9	20.6	52.5	484	84.0	264	568
サウジアラビア	229	6.71	7.23	21.0	651	34.8	230	484
アジア	2,838	2,142	1,088	2,325	27,854	4,230	6,052	15,896
中　国	278	882	427	916	14,632	1,411	3,499	10,081
日　本	1,791	109	320	899	4,381	126	385	990
香　港	35.8	4.24	3.14	9.23	312	7.48	12.6	34.4
台　湾	39.4	15.6	13.2	41.7	597	23.6	107	255
韓　国	86.8	34.1	21.6	59.6	1,624	51.8	276	547
シンガポール	20.4	2.19	3.75	9.32	330	5.69	32.1	43.7
ブルネイ	6.41	0.149	0.345	0.740	13.4	0.437	3.93	9.79
インドネシア	95.6	124	38.2	31.5	1,028	274	233	532
マレーシア	25.4	11.6	5.78	12.2	344	32.4	92.2	229
フィリピン	61.3	39.0	16.7	27.1	358	110	58.0	124
タ　イ	42.0	40.2	15.7	20.3	433	69.8	133	243
インド	215	595	141	184	2,551	1,380	872	2,075
ベトナム	15.2	46.6	14.0	16.7	259	97.3	97.2	294
オセアニア	406	16.3	64.9	188	1,551	30.8	151	405
オーストラリア	337	13.4	57.1	170	1,346	25.7	131	374
ニュージーランド	69.7	2.96	7.88	17.5	204	5.08	19.7	30.8
OECD 38	16,830	919	3,756	10,014	48,807	1,317	5,026	9,951
非OECD	4,340	2,989	2,144	4,752	32,771	6,436	8,645	20,501
EU 27	5,868	386	N.A.	N.A.	13,890	447	1,311	2,394
旧ソ連15	867	248	849	2,304	2,141	298	1,057	2,236
APEC 20	10,497	1,773	N.A.	N.A.	49,766	2,934	8,397	20,583
ASEAN 10	275	304	N.A.	N.A.	2,887	667	687	1,520
バンカー	-	-	184	578	-	-	297	929
世　界	21,170	3,908	6,084	15,344	81,578	7,753	13,963	31,381

出所: 表IV-(22)、(21)、(2)、(20)と同じ。　注: 実質GDPは2015年価格。地域定義はP.280参照。

(2)世界の一次エネルギー消費

年	1971	1973	1975	1980	1985	1990	1995	2000	2005
北　米	1,729	1,889	1,820	1,997	1,967	2,126	2,300	2,527	2,590
アメリカ	1,588	1,730	1,654	1,805	1,774	1,914	2,067	2,273	2,318
カナダ	141	159	166	192	193	211	234	254	272
中南米	227	257	277	363	392	441	494	582	665
メキシコ	43.0	52.6	59.1	95.1	109	124	132	151	181
ブラジル	69.8	82.0	91.1	114	130	141	162	188	217
チ　リ	8.70	8.50	7.63	9.48	9.58	14.0	18.3	25.2	28.4
欧　州	2,097	2,319	2,369	2,734	2,917	3,158	2,737	2,747	2,927
欧州OECD	1,243	1,376	1,326	1,494	1,530	1,644	1,679	1,759	1,867
イギリス	209	218	199	198	201	206	216	223	223
ドイツ	305	335	314	357	357	351	337	337	339
フランス	159	180	165	192	204	224	237	252	273
イタリア	105	119	117	131	129	147	159	172	186
欧州非OECD	854	943	1,043	1,240	1,387	1,514	1,058	988	1,060
ロシア	N.A.	N.A.	N.A.	N.A.	N.A.	879	637	619	652
ウクライナ	N.A.	N.A.	N.A.	N.A.	N.A.	252	164	134	141
アフリカ	194	210	226	280	344	391	444	496	590
南アフリカ	45.4	49.2	54.3	68.0	88.4	89.7	104	109	118
中　東	47.1	58.3	68.0	121	176	223	321	381	495
イラン	16.6	20.6	26.6	38.1	53.8	69.3	101	123	173
サウジアラビア	5.78	7.23	8.77	31.1	46.0	58.0	83.9	107	129
アジア	971	1,088	1,157	1,413	1,630	2,081	2,532	2,861	3,732
中　国	391	427	483	598	691	874	1,044	1,133	1,781
日　本	268	320	305	345	363	437	491	516	520
香　港	2.97	3.14	3.60	4.61	6.91	9.38	11.0	14.1	12.7
台　湾	10.0	13.2	14.4	27.9	32.4	46.7	62.3	82.5	99.7
韓　国	17.0	21.6	24.5	41.3	53.1	92.9	145	187	210
シンガポール	2.73	3.75	3.71	5.13	6.77	11.5	18.8	18.7	21.0
ブルネイ	0.177	0.345	0.741	1.35	1.78	1.73	2.25	2.39	2.22
インドネシア	35.1	38.2	41.1	55.7	65.8	98.7	131	156	179
マレーシア	6.05	5.78	6.88	11.5	15.0	21.2	34.0	48.3	65.0
フィリピン	14.9	16.7	17.8	21.9	23.1	26.9	32.6	39.0	38.4
タ　イ	13.7	15.7	17.4	22.1	24.8	42.4	62.2	72.7	99.6
インド	133	141	152	175	221	280	347	418	491
ベトナム	13.2	14.0	13.9	14.4	16.0	17.9	21.9	28.7	41.3
オセアニア	58.4	64.9	68.9	78.6	84.1	98.9	107	125	130
オーストラリア	51.6	57.1	60.4	69.6	72.9	86.1	92.5	108	113
ニュージーランド	6.83	7.88	8.55	8.99	11.2	12.8	14.9	16.9	16.7
OECD 38	3,388	3,756	3,635	4,088	4,146	4,576	4,921	5,339	5,580
非OECD	1,951	2,144	2,367	2,919	3,387	3,971	4,047	4,412	5,584
EU 27	N.A.	N.A.	N.A.	N.A.	N.A.	1,441	1,432	1,471	1,574
旧ソ連 15	768	849	940	1,110	1,248	1,415	978	914	978
APEC 20	N.A.	N.A.	N.A.	N.A.	N.A.	4,931	5,262	5,758	6,666
ASEAN 10	N.A.	N.A.	N.A.	N.A.	N.A.	N.A.	N.A.	383	467
バンカー	167	184	164	179	171	203	231	275	318
世　界	5,504	6,084	6,165	7,185	7,702	8,747	9,196	10,022	11,478

出所: IEA「World Energy Balances」より集計

(石油換算百万トン)

2009	2010	2011	2012	2013	2014	2015	2016	2017	2018	2019	2020
2,423	2,475	2,451	2,414	2,457	2,491	2,464	2,453	2,457	2,523	2,523	2,322
2,164	2,216	2,186	2,147	2,185	2,211	2,186	2,163	2,155	2,216	2,215	2,038
259	259	265	267	273	280	278	290	302	307	308	284
703	752	765	792	816	813	806	794	791	777	777	734
180	179	187	192	192	188	185	185	181	184	182	177
242	268	271	282	295	304	298	287	292	288	293	286
29.5	30.9	33.6	37.2	38.5	34.8	35.5	37.8	38.3	39.1	41.4	37.9
2,794	2,947	2,919	2,911	2,868	2,774	2,764	2,810	2,859	2,913	2,879	2,741
1,761	1,835	1,771	1,768	1,755	1,689	1,716	1,730	1,761	1,746	1,716	1,607
196	203	188	193	190	179	181	178	175	174	168	154
313	330	312	315	321	307	309	310	311	303	297	278
255	263	258	258	259	249	252	248	247	246	242	218
170	174	168	161	155	147	153	151	153	151	149	137
1,034	1,112	1,148	1,142	1,113	1,085	1,048	1,080	1,098	1,167	1,163	1,133
647	693	716	725	704	706	692	713	726	772	773	758
114	132	127	123	116	106	92.8	91.6	89.4	93.5	89.4	86.4
673	688	716	732	747	784	778	800	811	821	847	830
143	133	136	130	129	136	129	134	133	129	129	125
619	649	664	697	700	744	760	777	800	806	811	792
204	204	208	217	222	238	238	245	267	273	269	264
174	194	203	210	207	229	234	236	240	232	232	230
4,427	4,783	4,976	5,121	5,259	5,407	5,438	5,480	5,668	5,894	6,061	6,052
2,297	2,536	2,722	2,820	2,911	2,985	2,998	2,981	3,093	3,241	3,389	3,499
475	500	463	451	455	439	432	429	431	424	413	385
14.2	13.5	14.4	13.9	13.7	13.8	14.8	15.3	13.8	14.3	14.1	12.6
102	109	108	108	110	112	111	111	111	112	110	107
229	250	261	263	264	268	273	282	282	282	280	276
25.3	23.5	20.7	24.4	26.5	29.0	31.7	32.6	35.4	32.7	34.7	32.1
3.04	3.24	3.87	3.83	3.04	3.55	2.72	3.00	3.63	3.62	4.08	3.93
196	204	208	207	199	208	204	209	219	235	244	233
69.9	72.5	75.6	76.8	86.6	88.4	84.5	87.7	84.7	93.4	96.3	92.2
39.9	41.7	42.2	44.0	45.4	48.5	52.7	55.8	59.1	60.9	61.3	58.0
108	118	118	126	136	135	136	139	138	135	139	133
633	667	694	732	753	804	824	840	883	927	927	872
53.2	58.6	58.7	59.5	61.1	68.4	63.1	69.5	72.1	85.2	95.9	97.2
143	144	145	144	146	147	147	146	148	148	150	151
126	126	127	126	127	127	127	126	128	129	129	131
17.2	17.9	17.8	18.8	19.1	20.0	20.2	20.0	20.0	19.7	20.5	19.7
5,302	5,476	5,375	5,334	5,379	5,328	5,326	5,337	5,371	5,417	5,381	5,026
6,521	7,003	7,301	7,518	7,665	7,882	7,883	7,975	8,214	8,515	8,721	8,645
1,468	1,527	1,479	1,460	1,445	1,392	1,408	1,419	1,443	1,432	1,407	1,311
956	1,034	1,065	1,065	1,041	1,014	973	1,006	1,021	1,090	1,085	1,057
7,051	7,469	7,647	7,732	7,870	7,986	7,950	7,973	8,117	8,411	8,576	8,397
516	543	549	565	582	607	603	628	647	682	712	687
337	359	364	350	352	364	382	395	415	424	423	297
12,156	12,833	13,035	13,197	13,391	13,569	13,586	13,702	13,994	14,351	14,519	13,963

注: (1) 地域定義はP.280参照。
(2) 真発熱量ベース。
(3) バンカーは国際海運と国際航空のエネルギー消費。
(4) 出所がIEA (国際エネルギー機関) の表(IEA資料)については巻頭解説10を参照。

(3)世界の一次エネルギー消費（石炭）

(石油換算百万トン)

年	1971	1973	1980	1990	2000	2010	2015	2019	2020
北　米	295	326	397	484	565	525	393	287	231
アメリカ	279	311	376	460	533	501	374	275	222
カナダ	15.9	15.3	20.6	24.3	31.7	23.1	18.5	11.9	9.17
中南米	6.25	6.59	11.0	18.1	24.7	35.5	40.2	39.1	33.0
メキシコ	1.50	1.82	2.37	4.13	6.88	13.3	11.4	11.8	8.81
ブラジル	2.21	2.31	5.93	9.67	13.0	14.5	17.7	15.5	14.0
チ　リ	1.32	1.20	1.22	2.50	3.07	4.46	6.57	8.23	6.73
欧　州	767	773	826	815	540	512	491	431	381
欧州OECD	436	425	464	450	331	301	286	215	183
イギリス	84.0	76.4	68.8	63.1	36.5	31.0	23.9	5.93	5.51
ドイツ	142	139	141	129	84.8	78.9	79.4	56.4	44.5
フランス	33.5	29.3	32.9	20.1	14.9	12.0	9.33	7.33	5.30
イタリア	8.55	8.10	11.7	14.6	12.6	13.7	12.3	6.48	5.10
欧州非OECD	331	348	362	365	209	211	205	216	199
ロシア	N.A.	N.A.	N.A.	191	120	106	116	125	115
ウクライナ	N.A.	N.A.	N.A.	83.1	38.5	38.1	30.1	26.1	22.8
アフリカ	36.0	37.9	51.7	74.3	90.2	108	105	110	105
南アフリカ	32.1	33.8	47.7	66.5	81.8	101	94.7	95.0	91.1
中　東	0.239	0.610	1.20	3.00	8.07	9.81	9.90	7.96	8.02
イラン	0.227	0.596	1.20	0.710	1.46	1.49	1.14	0.996	0.990
サウジアラビア	-	-	-	-	-	-	-	-	-
アジア	309	326	466	788	1,036	2,409	2,751	2,930	2,938
中　国	192	205	313	531	668	1,790	1,999	2,072	2,125
日　本	56.0	57.9	59.6	76.7	97.0	115	119	112	102
香　港	0.025	0.010	0.026	6.31	4.33	6.22	6.69	6.17	3.28
台　湾	2.54	2.28	3.85	10.5	27.5	38.0	38.6	39.1	36.4
韓　国	6.27	8.15	13.5	25.4	40.4	73.5	80.8	80.0	74.3
シンガポール	0.004	0.004	0.003	0.021	-	0.007	0.407	0.458	0.433
ブルネイ	-	-	-	-	-	-	-	0.153	0.540
インドネシア	0.133	0.084	0.157	3.55	12.0	31.8	39.7	68.8	68.3
マレーシア	0.009	0.007	0.053	1.36	2.31	14.6	17.5	21.1	21.7
フィリピン	0.022	0.018	0.510	1.47	4.80	7.16	11.8	17.7	17.5
タ　イ	0.114	0.096	0.471	3.82	7.67	16.4	16.9	16.3	17.1
インド	30.9	31.5	44.3	92.7	146	279	377	407	379
ベトナム	1.43	1.55	2.27	2.22	4.37	14.7	24.4	46.5	50.8
オセアニア	22.1	23.7	28.3	36.1	49.3	51.8	44.3	43.2	40.5
オーストラリア	21.1	22.6	27.3	34.9	48.1	50.5	42.9	41.7	38.9
ニュージーランド	1.00	1.13	1.02	1.18	1.11	1.29	1.36	1.50	1.58
OECD 38	820	846	967	1,084	1,102	1,095	952	767	655
非OECD	617	650	815	1,138	1,214	2,559	2,888	3,086	3,086
EU 27	N.A.	N.A.	N.A.	393	285	252	239	177	144
旧ソ連 15	306	321	328	335	184	185	181	194	179
APEC 20	N.A.	N.A.	N.A.	1,380	1,613	2,809	2,927	2,955	2,919
ASEAN 10	N.A.	N.A.	N.A.	N.A.	31.5	85.2	113	177	182
バンカー	0.025	-	-	-	-	-	-	-	-
世　界	1,437	1,496	1,783	2,222	2,315	3,654	3,840	3,853	3,741

出所: 表IV-(2)と同じ。注: 表IV-(2)と同じ。

(4)世界の一次エネルギー消費（石油）

(石油換算百万トン)

年	1971	1973	1980	1990	2000	2010	2015	2019	2020
北　米	794	897	885	833	958	903	894	902	794
アメリカ	722	817	797	757	871	807	790	795	702
カナダ	71.9	79.4	88.5	76.5	87.1	96.3	105	106	92.0
中南米	125	147	214	229	300	351	356	316	276
メキシコ	25.5	32.5	64.4	80.8	89.3	94.4	90.3	83.0	69.0
ブラジル	28.2	37.9	55.6	58.9	88.3	105	115	105	98.8
チ　リ	4.94	4.97	5.07	6.47	10.5	15.0	15.3	16.5	15.2
欧　州	926	1,068	1,153	1,077	853	822	776	797	739
欧州OECD	640	732	688	617	654	606	557	559	508
イギリス	101	109	79.3	76.4	73.2	63.6	60.2	58.6	49.3
ドイツ	141	159	144	121	125	105	101	99.7	94.3
フランス	99.3	120	106	84.0	82.2	77.0	75.4	71.0	62.2
イタリア	79.1	90.3	88.2	83.3	86.9	65.3	53.6	50.1	43.3
欧州非OECD	285	336	464	459	199	216	219	237	231
ロシア	N.A.	N.A.	N.A.	264	126	139	139	149	150
ウクライナ	N.A.	N.A.	N.A.	58.5	11.9	13.2	10.5	13.5	14.1
アフリカ	34.6	40.9	64.5	84.9	101	161	184	192	176
南アフリカ	8.62	10.1	13.2	9.08	10.7	17.7	20.1	19.0	19.3
中　東	35.2	42.6	89.5	146	226	324	354	355	331
イラン	13.6	16.4	32.6	50.4	68.5	79.5	78.8	83.5	76.2
サウジアラビア	4.63	5.70	22.0	38.5	76.0	134	163	152	149
アジア	321	400	477	615	915	1,161	1,344	1,485	1,435
中　国	39.1	51.9	88.6	119	221	428	539	647	661
日　本	199	249	234	249	253	201	184	161	148
香　港	2.93	3.11	4.60	3.21	6.57	3.36	4.45	4.00	3.80
台　湾	6.34	9.39	20.1	25.6	38.0	44.4	42.8	39.7	38.7
韓　国	10.6	13.3	26.6	49.7	99.0	95.1	103	104	101
シンガポール	2.72	3.75	5.13	11.4	17.3	16.4	22.1	24.4	22.1
ブルネイ	0.064	0.064	0.177	0.049	0.535	0.564	0.580	1.32	1.06
インドネシア	8.27	10.7	20.2	33.3	57.9	67.4	71.2	76.6	68.4
マレーシア	4.47	4.40	7.88	11.5	19.4	25.3	27.6	32.6	31.2
フィリピン	7.90	9.13	10.4	9.72	15.9	13.6	17.7	19.1	16.5
タ　イ	5.85	7.51	10.8	18.2	32.2	45.0	54.1	55.1	55.1
インド	21.8	24.3	33.2	61.1	112	162	206	235	207
ベトナム	3.48	3.71	1.85	2.71	7.81	18.3	17.3	25.2	24.2
オセアニア	27.7	30.8	34.1	34.7	39.9	47.8	49.2	50.6	50.3
オーストラリア	24.1	26.6	30.1	31.2	34.2	41.6	42.4	43.9	44.1
ニュージーランド	3.51	4.17	4.01	3.51	5.71	6.18	6.78	6.76	6.15
OECD 38	1,714	1,975	1,955	1,892	2,130	1,989	1,922	1,908	1,713
非OECD	556	659	972	1,140	1,278	1,798	2,054	2,211	2,108
EU 27	N.A.	N.A.	N.A.	531	550	506	456	460	418
旧ソ連 15	254	299	414	429	178	193	196	213	208
APEC 20	N.A.	N.A.	N.A.	1,758	2,000	2,164	2,280	2,403	2,259
ASEAN 10	N.A.	N.A.	N.A.	N.A.	154	190	217	245	229
バンカー	167	184	179	203	275	359	382	423	296
世　界	2,437	2,818	3,105	3,234	3,681	4,144	4,356	4,539	4,115

出所: 表IV-(2)と同じ。注: 表IV-(2)と同じ。

(5)世界の一次エネルギー消費（天然ガス）

(石油換算百万トン)

年	1971	1973	1980	1990	2000	2010	2015	2019	2020
北　米	548	552	522	493	622	632	732	860	832
アメリカ	517	515	477	438	548	556	647	742	719
カナダ	31.2	37.3	45.6	54.7	74.3	75.7	85.4	118	113
中南米	23.8	28.7	45.0	67.6	112	170	201	196	194
メキシコ	8.78	10.5	19.1	23.1	35.5	54.2	64.7	68.6	80.2
ブラジル	0.115	0.174	0.869	3.43	8.36	24.3	37.2	31.8	30.1
チ　リ	0.639	0.526	0.720	1.14	5.21	4.47	3.98	5.27	4.83
欧　州	293	357	561	863	878	1,039	889	1,002	980
欧州OECD	92.9	135	206	267	396	473	393	431	421
イギリス	16.4	25.1	40.3	47.2	87.4	84.8	61.9	65.6	61.9
ドイツ	16.8	28.7	51.2	55.0	71.9	75.9	65.2	75.6	74.6
フランス	9.74	13.5	21.6	26.0	35.8	42.6	35.0	37.5	34.9
イタリア	10.9	14.2	22.7	39.0	57.9	68.1	55.3	60.9	58.3
欧州非OECD	200	222	355	596	481	566	496	571	559
ロシア	N.A.	N.A.	N.A.	367	319	384	364	418	409
ウクライナ	N.A.	N.A.	N.A.	91.9	62.3	55.2	26.1	23.4	23.8
アフリカ	2.33	3.44	11.8	29.5	47.2	88.2	110	136	133
南アフリカ	-	-	-	1.50	1.40	3.87	4.29	4.30	4.21
中　東	11.1	14.4	29.4	71.6	145	311	392	439	445
イラン	2.35	3.22	3.66	17.5	52.6	122	155	181	183
サウジアラビア	1.15	1.54	9.15	19.5	30.8	59.9	71.3	80.2	80.7
アジア	11.3	16.2	51.0	116	233	453	550	665	670
中　国	3.13	5.01	12.0	12.8	20.8	89.4	159	248	265
日　本	3.32	5.07	21.4	44.1	65.6	86.0	100	92.0	92.2
香　港	-	-	-	-	2.45	3.13	2.65	2.72	4.31
台　湾	0.908	1.22	1.59	1.41	5.61	13.3	17.3	19.8	21.4
韓　国	-	-	-	2.73	17.0	38.6	39.3	48.9	49.5
シンガポール	-	-	-	-	1.12	6.49	8.55	9.13	8.91
ブルネイ	0.097	0.266	1.16	1.68	1.85	2.68	2.14	2.61	2.33
インドネシア	0.242	0.332	4.95	15.8	26.6	38.8	37.9	39.2	34.1
マレーシア	0.071	0.100	2.24	6.80	24.7	31.2	37.5	39.2	35.9
フィリピン	-	-	-	-	0.009	3.05	2.88	3.65	3.31
タ　イ	-	-	-	4.99	17.4	33.0	37.8	36.6	34.5
インド	0.595	0.631	1.26	10.6	23.1	54.4	45.1	55.5	52.6
ベトナム	-	-	-	0.003	1.12	8.12	7.90	8.54	7.40
オセアニア	1.90	3.66	8.26	18.7	24.3	31.1	37.2	38.3	41.8
オーストラリア	1.79	3.38	7.47	14.8	19.3	27.4	33.1	34.2	37.9
ニュージーランド	0.105	0.283	0.791	3.87	5.06	3.73	4.09	4.00	3.88
OECD 38	657	708	781	853	1,172	1,332	1,386	1,562	1,539
非OECD	236	269	451	809	896	1,401	1,535	1,784	1,767
EU 27	N.A.	N.A.	N.A.	250	309	363	296	335	326
旧ソ連 15	177	196	316	564	465	553	484	557	545
APEC 20	N.A.	N.A.	N.A.	994	1,191	1,464	1,663	1,948	1,932
ASEAN 10	N.A.	N.A.	N.A.	N.A.	74.0	125	138	142	130
バンカー	-	-	-	-	-	-	0.040	0.195	0.239
世　界	893	977	1,231	1,662	2,067	2,732	2,921	3,347	3,306

出所: 表IV-(2)と同じ。注: 表IV-(2)と同じ。

(6)世界の一次エネルギー消費（原子力）

(石油換算百万トン)

年	1971	1973	1980	1990	2000	2010	2015	2019	2020
北　米	11.7	27.3	79.8	179	227	242	243	246	240
アメリカ	10.6	23.2	69.4	159	208	219	216	220	214
カナダ	1.11	4.07	10.4	19.4	19.0	23.6	26.5	26.4	25.6
中南米	-	-	0.610	3.25	5.33	7.18	8.69	9.33	8.57
メキシコ	-	-	-	0.765	2.14	1.53	3.02	2.92	2.12
ブラジル	-	-	-	0.583	1.58	3.78	3.84	4.20	3.66
チ　リ	-	-	-	-	-	-	-	-	-
欧　州	14.8	22.5	79.6	265	308	315	304	298	275
欧州OECD	13.3	19.4	60.0	210	247	239	222	214	190
イギリス	7.18	7.29	9.65	17.1	22.2	16.2	18.3	14.6	13.1
ドイツ	1.62	3.15	14.5	39.8	44.2	36.6	23.9	19.6	16.8
フランス	2.43	3.84	16.0	81.8	108	112	114	104	92.2
イタリア	0.877	0.819	0.575	-	-	-	-	-	-
欧州非OECD	1.59	3.13	19.6	55.0	61.3	75.7	82.0	84.5	84.7
ロシア	N.A.	N.A.	N.A.	31.3	34.4	44.8	51.3	54.8	56.6
ウクライナ	N.A.	N.A.	N.A.	19.8	20.2	23.4	23.0	21.8	20.0
アフリカ	-	-	-	2.20	3.39	3.15	3.19	3.45	2.58
南アフリカ	-	-	-	2.20	3.39	3.15	3.19	3.45	2.58
中　東	-	-	-	-	-	-	0.759	1.53	1.51
イラン	-	-	-	-	-	-	0.759	1.53	1.51
サウジアラビア	-	-	-	-	-	-	-	-	-
アジア	2.42	3.23	25.3	76.7	132	152	110	169	170
中　国	-	-	-	-	4.36	19.3	44.5	90.8	95.4
日　本	2.08	2.53	21.5	52.7	83.9	75.1	2.46	16.6	10.1
香　港	-	-	-	-	-	-	-	-	-
台　湾	-	-	2.14	8.56	10.0	10.8	9.50	8.42	8.19
韓　国	-	-	0.906	13.8	28.4	38.7	42.9	38.0	41.7
シンガポール	-	-	-	-	-	-	-	-	-
ブルネイ	-	-	-	-	-	-	-	-	-
インドネシア	-	-	-	-	-	-	-	-	-
マレーシア	-	-	-	-	-	-	-	-	-
フィリピン	-	-	-	-	-	-	-	-	-
タ　イ	-	-	-	-	-	-	-	-	-
インド	0.310	0.624	0.782	1.60	4.40	6.84	9.75	12.1	11.2
ベトナム	-	-	-	-	-	-	-	-	-
オセアニア	-	-	-	-	-	-	-	-	-
オーストラリア	-	-	-	-	-	-	-	-	-
ニュージーランド	-	-	-	-	-	-	-	-	-
OECD 38	27.0	49.2	162	456	588	596	514	517	484
非OECD	1.93	3.83	23.1	69.9	87.1	122	157	210	213
EU 27	N.A.	N.A.	N.A.	190	224	223	205	199	178
旧ソ連 15	1.59	3.13	19.0	55.6	57.3	68.8	75.1	77.2	77.4
APEC 20	N.A.	N.A.	N.A.	286	390	432	397	458	454
ASEAN 10	N.A.	N.A.	N.A.	N.A.	-	-	-	-	-
バンカー	-	-	-	-	-	-	-	-	-
世 界	28.9	53.0	185	526	675	719	670	727	697

出所: 表IV-(2)と同じ。注: 表IV-(2)と同じ。

(7)世界の一次エネルギー消費（水力）

(石油換算百万トン)

年	1971	1973	1980	1990	2000	2010	2015	2019	2020
北　米	36.6	39.6	45.6	49.0	52.6	52.8	54.4	57.7	57.9
アメリカ	22.7	22.8	24.0	23.5	21.8	22.6	21.6	24.9	24.7
カナダ	14.0	16.7	21.6	25.5	30.8	30.2	32.9	32.8	33.2
中南米	6.88	8.63	17.4	30.5	47.0	58.8	55.1	56.3	56.8
メキシコ	1.24	1.39	1.45	2.02	2.85	3.19	2.65	2.04	2.31
ブラジル	3.71	4.98	11.1	17.8	26.2	34.7	30.9	34.2	34.1
チ　リ	0.414	0.481	0.677	0.768	1.59	1.87	2.05	1.93	1.88
欧　州	40.6	42.3	55.7	61.1	70.1	74.5	73.4	75.7	79.4
欧州OECD	27.8	29.4	35.7	38.8	47.2	48.2	49.0	48.8	51.5
イギリス	0.289	0.332	0.335	0.448	0.437	0.309	0.541	0.503	0.581
ドイツ	1.16	1.31	1.64	1.50	1.87	1.80	1.63	1.70	1.58
フランス	4.20	4.10	5.98	4.63	5.71	5.39	4.78	4.89	5.34
イタリア	3.36	3.23	3.89	2.72	3.80	4.40	3.92	3.98	4.09
欧州非OECD	12.8	12.9	20.0	22.3	23.0	26.3	24.4	26.9	27.9
ロシア	N.A.	N.A.	N.A.	14.3	14.1	14.3	14.4	16.7	18.3
ウクライナ	N.A.	N.A.	N.A.	0.904	0.969	1.13	0.464	0.560	0.650
アフリカ	2.02	2.59	4.08	4.82	6.44	9.43	10.4	12.0	12.5
南アフリカ	0.010	0.085	0.085	0.087	0.095	0.182	0.070	0.063	0.124
中　東	0.324	0.312	0.836	1.03	0.690	1.53	1.51	1.94	1.95
イラン	0.230	0.244	0.483	0.523	0.315	0.819	1.21	1.36	1.37
サウジアラビア	-	-	-	-	-	-	-	-	-
アジア	14.3	13.9	19.9	31.7	41.1	92.2	132	152	156
中　国	2.58	3.27	5.01	10.9	19.1	61.2	95.8	109	114
日　本	7.24	5.74	7.59	7.56	7.23	7.21	7.49	6.88	6.78
香　港	-	-	-	-	-	-	-	-	-
台　湾	0.266	0.292	0.252	0.549	0.392	0.361	0.384	0.477	0.260
韓　国	0.114	0.110	0.171	0.547	0.345	0.317	0.185	0.240	0.333
シンガポール	-	-	-	-	-	-	-	-	-
ブルネイ	-	-	-	-	-	-	-	-	-
インドネシア	0.066	0.089	0.116	0.491	0.861	1.50	1.18	1.82	2.09
マレーシア	0.090	0.095	0.120	0.343	0.599	0.556	1.20	2.25	2.25
フィリピン	-	0.161	0.303	0.521	0.671	0.671	0.745	0.690	0.618
タ　イ	0.176	0.162	0.109	0.428	0.518	0.478	0.333	0.554	0.402
インド	2.41	2.49	4.00	6.16	6.40	10.7	11.7	14.8	13.8
ベトナム	0.053	0.036	0.128	0.462	1.25	2.37	4.83	5.69	6.27
オセアニア	2.12	2.21	2.74	3.21	3.51	3.29	3.25	3.54	3.36
オーストラリア	0.996	0.981	1.11	1.22	1.41	1.16	1.15	1.34	1.27
ニュージーランド	1.13	1.23	1.63	1.99	2.10	2.13	2.11	2.20	2.09
OECD 38	76.3	79.8	95.5	105	119	122	125	127	130
非OECD	27.3	30.6	52.3	79.4	106	176	211	238	244
EU 27	N.A.	N.A.	N.A.	24.5	30.2	32.1	28.9	27.5	29.8
旧ソ連 15	10.8	10.5	15.9	20.0	19.4	20.9	20.0	22.9	24.2
APEC 20	N.A.	N.A.	N.A.	92.0	107	152	191	213	219
ASEAN 10	N.A.	N.A.	N.A.	N.A.	4.36	6.84	10.5	14.0	15.3
バンカー	-	-	-	-	-	-	-	-	-
世　界	104	110	148	184	225	297	335	364	373

出所: 表IV-(2)と同じ。注: 表IV-(2)と同じ。

(8)世界の一次エネルギー消費（可燃再生・廃棄物）

(石油換算百万トン)

年	1971	1973	1980	1990	2000	2010	2015	2019	2020
北　米	42.7	45.3	62.1	73.1	87.1	101	114	122	112
アメリカ	35.1	37.5	54.5	62.3	73.2	89.3	101	108	99.7
カナダ	7.63	7.82	7.65	10.9	13.8	11.7	12.6	13.8	12.6
中南米	64.4	65.7	73.5	86.7	86.0	124	135	144	146
メキシコ	5.97	6.21	6.88	8.55	8.94	8.12	8.63	8.72	8.77
ブラジル	35.6	36.6	40.6	47.9	46.8	81.8	87.2	93.5	96.6
チ　リ	1.40	1.33	1.79	3.13	4.72	4.93	7.30	8.18	7.90
欧　州	53.1	53.3	56.3	72.4	87.3	156	172	195	198
欧州OECD	29.3	31.0	35.7	55.6	72.3	136	151	168	169
イギリス	-	-	-	0.627	1.92	5.86	9.96	13.9	14.3
ドイツ	2.54	2.50	4.35	4.80	7.88	28.0	30.5	30.9	31.5
フランス	9.42	9.79	8.64	11.0	10.8	15.7	16.4	17.9	16.9
イタリア	0.218	0.244	0.917	0.941	2.25	12.7	14.6	14.8	14.6
欧州非OECD	23.8	22.3	20.6	16.8	15.0	19.5	21.5	27.4	29.2
ロシア	N.A.	N.A.	N.A.	12.2	6.90	6.94	7.66	10.2	10.3
ウクライナ	N.A.	N.A.	N.A.	0.360	0.262	1.60	2.10	3.35	4.24
アフリカ	119	124	147	195	247	316	359	387	393
南アフリカ	4.70	5.14	6.31	10.4	10.8	7.84	6.07	6.04	6.30
中　東	0.335	0.353	0.342	0.453	0.437	1.01	0.945	1.15	1.16
イラン	0.147	0.147	0.138	0.218	0.153	0.621	0.510	0.513	0.520
サウジアラビア	0.001	0.001	0.001	0.012	0.004	0.006	0.007	0.008	0.008
アジア	313	328	371	444	480	469	462	504	510
中　国	154	162	180	200	198	133	114	127	134
日　本	-	-	-	4.22	5.05	11.2	12.7	15.8	15.3
香　港	0.015	0.012	0.015	0.011	0.004	0.068	0.100	0.139	0.114
台　湾	-	-	-	0.045	0.849	1.58	1.61	1.53	1.51
韓　国	-	-	-	0.731	1.38	3.48	5.82	6.58	6.49
シンガポール	0.010	0.004	0.005	0.070	0.202	0.587	0.678	0.675	0.628
ブルネイ	0.016	0.014	0.009	0.002	-	-	-	-	-
インドネシア	26.3	26.9	30.3	43.5	50.0	48.5	37.1	33.1	33.5
マレーシア	1.40	1.18	1.17	1.24	1.26	0.817	0.667	1.03	1.13
フィリピン	6.98	7.41	8.88	10.5	7.61	8.67	10.1	10.9	10.7
タ　イ	7.60	7.91	10.6	14.9	14.6	22.6	25.3	27.3	23.0
インド	76.9	81.4	91.3	108	126	152	169	191	196
ベトナム	8.26	8.66	10.1	12.5	14.2	14.7	8.50	9.35	7.49
オセアニア	3.56	3.53	4.13	4.67	5.97	5.92	6.21	5.96	5.66
オーストラリア	3.56	3.53	3.61	3.96	5.04	4.90	5.18	4.94	4.72
ニュージーランド	-	-	0.519	0.708	0.932	1.03	1.04	1.02	0.942
OECD 38	87.9	91.3	116	156	189	277	313	341	331
非OECD	513	533	604	727	808	901	944	1,024	1,042
EU 27	N.A.	N.A.	N.A.	46.9	65.1	128	140	153	154
旧ソ連15	20.2	19.5	18.4	14.6	11.0	14.1	16.2	20.7	21.9
APEC 20	N.A.	N.A.	N.A.	392	410	376	363	392	382
ASEAN 10	N.A.	N.A.	N.A.	N.A.	101	111	97.8	98.3	92.3
バンカー	-	-	-	-	-	-	0.175	0.252	0.604
世　界	600	624	719	883	997	1,177	1,256	1,365	1,374

出所: 表IV-(2)と同じ。注: 表IV-(2)と同じ。

(9)世界の一次エネルギー自給率

(%)

年	1971	1973	1980	1990	2000	2010	2015	2019	2020
北　米	92.1	87.6	88.2	90.7	80.8	85.7	101	113	115
アメリカ	90.5	84.2	86.1	86.3	73.3	77.8	92.5	104	106
カナダ	110	124	108	131	148	153	169	175	183
中南米	163	150	126	130	134	121	110	100	102
メキシコ	101	89.9	155	158	152	125	103	81.9	83.7
ブラジル	70.6	62.7	56.9	74.9	79.6	94.8	93.4	107	112
チリ	61.4	59.8	61.2	56.6	34.1	29.9	34.0	33.0	33.7
欧　州	75.3	73.2	84.0	88.4	90.9	95.7	101	103	103
欧州OECD	49.0	46.3	57.3	64.0	67.0	57.7	57.5	55.3	56.9
イギリス	52.6	49.8	99.7	101	122	72.8	64.8	72.2	76.0
ドイツ	57.4	51.3	52.0	53.0	40.2	39.9	38.8	35.1	34.7
フランス	30.0	24.5	27.4	50.0	51.9	51.6	55.1	54.2	54.9
イタリア	18.5	17.1	15.2	17.3	16.4	19.0	23.7	23.1	25.6
欧州非OECD	114	112	116	115	133	158	172	174	167
ロシア	N.A.	N.A.	N.A.	147	158	185	193	198	189
ウクライナ	N.A.	N.A.	N.A.	53.9	57.1	59.8	69.5	67.7	66.0
アフリカ	229	224	197	176	178	169	143	140	131
南アフリカ	83.1	82.1	108	128	131	118	121	123	121
中　東	1,786	1,895	823	422	349	252	250	245	237
イラン	1,438	1,501	212	271	206	168	136	131	125
サウジアラビア	4,223	5,372	1,716	635	446	274	277	276	265
アジア	74.5	73.3	78.4	78.9	75.6	77.8	73.7	72.3	72.5
中　国	101	101	103	101	99.2	88.6	83.5	80.3	79.9
日　本	13.4	9.21	12.6	17.0	20.3	20.2	7.30	12.1	11.3
香　港	-	-	-	-	-	0.486	0.651	0.977	0.892
台　湾	38.5	28.5	20.5	22.9	15.3	13.3	10.9	10.5	10.5
韓　国	37.6	31.3	22.5	24.3	18.5	18.0	18.8	17.2	19.1
シンガポール	-	-	-	1.12	1.98	6.08	1.96	1.83	1.87
ブルネイ	3,751	3,819	1,566	906	825	573	593	374	367
インドネシア	205	249	224	171	153	184	199	193	191
マレーシア	81.5	100	150	225	159	123	113	104	99.5
フィリピン	47.4	45.4	53.2	62.2	48.7	60.7	52.6	52.6	53.8
タイ	57.5	52.0	50.7	63.2	61.1	61.8	55.4	54.2	49.6
インド	88.9	88.9	89.2	91.0	78.6	72.0	64.0	62.4	65.1
ベトナム	75.5	74.3	91.6	102	139	112	96.9	63.9	57.4
オセアニア	97.8	111	116	171	198	236	272	308	310
オーストラリア	104	119	123	183	216	256	303	345	346
ニュージーランド	48.8	49.6	60.9	89.8	83.4	91.5	79.6	74.8	74.9
OECD 38	70.1	65.9	71.7	76.5	73.4	73.3	80.9	86.6	88.1
非OECD	167	174	149	133	138	126	120	116	113
EU 27	N.A.	N.A.	N.A.	51.6	46.1	45.7	46.4	43.4	43.1
旧ソ連15	118	117	122	118	139	165	180	182	175
APEC 20	N.A.	N.A.	N.A.	99.1	90.8	94.4	97.3	100	99.7
ASEAN 10	N.A.	N.A.	N.A.	N.A.	119	125	119	112	109
バンカー	-	-	-	-	-	-	-	-	-
世　界	102	102	101	100	100	99.9	101	102	101

出所：表IV-(2)と同じ。

注：自給率は国内生産/一次エネルギー消費で算出、在庫変動により世界計は100%にならない。

(10)世界の総発電量

(TWh)

年	1971	1973	1980	1990	2000	2010	2015	2019	2020
北　米	1,925	2,236	2,801	3,685	4,631	4,957	4,955	5,024	4,891
アメリカ	1,703	1,966	2,427	3,203	4,026	4,354	4,297	4,371	4,239
カナダ	222	270	373	482	606	603	658	653	652
中南米	164	197	357	584	959	1,335	1,516	1,556	1,500
メキシコ	31.0	37.1	67.0	116	206	276	311	344	315
ブラジル	51.6	64.7	139	223	349	516	581	626	621
チ　リ	8.52	8.77	11.8	18.4	40.1	60.4	75.4	84.6	84.0
欧　州	2,295	2,640	3,510	4,552	4,653	5,313	5,294	5,401	5,252
欧州OECD	1,403	1,618	2,049	2,696	3,238	3,624	3,575	3,609	3,499
イギリス	256	281	284	318	374	380	337	322	310
ドイツ	327	374	466	548	572	627	642	601	566
フランス	156	183	257	417	535	564	575	566	527
イタリア	124	144	183	213	270	299	282	292	279
欧州非OECD	893	1,021	1,461	1,856	1,415	1,689	1,719	1,792	1,752
ロシア	N.A.	N.A.	N.A.	1,082	876	1,036	1,066	1,120	1,088
ウクライナ	N.A.	N.A.	N.A.	299	171	189	162	153	148
アフリカ	91.8	111	184	316	442	687	789	859	836
南アフリカ	54.6	64.4	99.0	165	208	257	247	248	235
中　東	27.4	36.4	95.1	244	472	888	1,134	1,269	1,275
イラン	8.11	12.1	22.4	59.1	121	233	281	322	325
サウジアラビア	2.08	2.95	20.5	69.2	126	240	360	388	395
アジア	673	816	1,195	2,237	3,971	7,990	10,215	12,448	12,567
中　国	139	169	301	621	1,356	4,197	5,838	7,472	7,732
日　本	383	465	573	862	1,055	1,164	1,055	1,033	1,009
香　港	5.57	6.80	12.6	28.9	31.3	38.3	38.0	36.9	35.2
台　湾	15.8	20.7	42.6	87.5	181	244	255	271	277
韓　国	10.5	14.8	37.2	105	289	497	549	578	575
シンガポール	2.59	3.72	6.99	15.7	31.7	46.4	50.4	54.5	53.4
ブルネイ	0.250	0.246	0.343	1.17	2.54	3.79	4.20	4.93	5.74
インドネシア	1.76	2.37	7.50	32.7	93.3	170	234	295	292
マレーシア	3.80	4.77	10.0	23.0	69.3	125	150	178	183
フィリピン	9.15	13.2	18.0	26.3	45.3	67.7	82.4	106	102
タ　イ	5.08	6.97	14.4	44.2	96.0	159	177	191	179
インド	66.4	72.8	119	289	561	974	1,357	1,647	1,533
ベトナム	2.30	2.35	3.56	8.68	26.6	94.9	162	237	240
オセアニア	68.5	82.9	118	187	249	298	296	309	309
オーストラリア	53.0	64.4	95.2	154	210	253	251	264	265
ニュージーランド	15.5	18.5	22.6	32.6	39.4	45.0	44.7	45.1	44.5
OECD 38	3,848	4,484	5,693	7,733	9,808	11,014	10,980	11,157	10,858
非OECD	1,409	1,646	2,592	4,115	5,627	10,534	13,318	15,812	15,875
EU 27	N.A.	N.A.	N.A.	2,258	2,631	2,956	2,879	2,882	2,758
旧ソ連 15	800	915	1,294	1,727	1,273	1,506	1,533	1,611	1,578
APEC 20	N.A.	N.A.	N.A.	6,958	9,299	13,470	15,346	17,396	17,423
ASEAN 10	N.A.	N.A.	N.A.	N.A.	374	685	897	1,126	1,124
バンカー	-	-	-	-	-	-	-	-	-
世　界	5,256	6,130	8,282	11,844	15,428	21,539	24,287	26,958	26,721

出所: 表IV-(2)と同じ。

注: (1) 1kWh=860kcal。(2) 揚水分を除く。他、表IV-(2)と同じ。

(11)世界の電源構成（2020年、発電量ベース）

(TWh)

	発電量							合計
	石炭	石油	天然ガス	原子力	水力	太陽光・風力他	バイオマス・廃棄物	
北　米	894	42.4	1,753	921	674	526	80.7	4,891
アメリカ	856	37.4	1,680	823	287	485	70.5	4,239
カナダ	38.7	5.03	72.4	98.2	387	40.8	10.2	652
中南米	68.7	116	394	32.9	661	146	80.8	1,500
メキシコ	17.4	46.1	180	8.13	26.8	34.1	2.21	315
ブラジル	17.5	10.7	53.5	14.1	396	68.1	61.0	621
チ　リ	26.1	1.73	15.3	-	21.9	13.8	5.24	84.0
欧　州	841	60.5	1,406	1,053	924	726	242	5,252
欧州OECD	471	44.6	728	730	599	694	233	3,499
イギリス	6.46	1.22	111	50.3	6.75	88.5	45.2	310
ドイツ	143	4.89	95.2	64.4	18.3	183	57.4	566
フランス	4.94	5.61	35.3	354	62.1	54.4	11.2	527
イタリア	15.0	10.0	134	-	47.6	50.2	22.0	279
欧州非OECD	369	15.9	678	323	324	32.6	8.72	1,752
ロシア	176	7.49	469	216	213	3.68	3.57	1,088
ウクライナ	40.1	0.252	14.2	76.2	7.56	9.38	0.758	148
アフリカ	248	47.0	346	9.90	145	38.4	1.97	836
南アフリカ	212	0.322	-	9.90	1.44	11.0	0.350	235
中　東	19.8	289	921	5.79	22.6	17.2	0.047	1,275
イラン	0.754	26.3	275	5.79	15.9	1.08	0.022	325
サウジアラビア	-	164	230	-	-	0.779	-	395
アジア	7,224	106	1,439	651	1,818	1,056	272	12,567
中　国	4,928	11.5	235	366	1,322	729	141	7,732
日　本	311	31.9	395	38.8	78.8	108	45.9	1,009
香　港	13.7	0.163	21.2	-	-	0.018	0.114	35.2
台　湾	126	4.42	99.9	31.4	3.02	8.52	3.76	277
韓　国	206	7.29	163	160	3.88	25.2	9.24	575
シンガポール	0.531	0.212	50.9	-	-	0.497	1.31	53.4
ブルネイ	1.23	0.040	4.47	-	-	0.002	-	5.74
インドネシア	181	7.91	48.1	-	24.3	16.2	14.5	292
マレーシア	85.8	0.953	66.2	-	26.2	2.34	1.02	183
フィリピン	58.2	2.47	19.5	-	7.19	13.2	1.26	102
タ　イ	37.0	0.205	113	-	4.68	8.25	16.6	179
インド	1,097	3.19	65.7	43.0	161	129	35.1	1,533
ベトナム	119	1.06	34.8	-	72.9	10.6	1.66	240
オセアニア	148	4.53	61.6	-	39.0	52.2	4.14	309
オーストラリア	146	4.51	55.2	-	14.8	41.4	3.35	265
ニュージーランド	2.31	0.019	6.35	-	24.3	10.8	0.784	44.5
OECD 38	2,103	181	3,358	1,858	1,510	1,464	383	10,858
非OECD	7,350	487	2,977	816	2,839	1,105	301	15,875
EU 27	383	48.1	560	684	346	554	183	2,758
旧ソ連15	299	10.7	663	295	282	19.4	8.68	1,578
APEC 20	7,329	171	3,747	1,742	2,547	1,554	333	17,423
ASEAN 10	501	13.4	344	-	178	51.4	36.5	1,124
バンカー	-	-	-	-	-	-	-	-
世　界	9,452	668	6,335	2,674	4,341	2,566	685	26,721

出所: 表IV-(2)と同じ。

(12)世界の電源構成(2020年、投入ベース)

(石油換算百万トン)

	燃料投入量							合計	発電量
	石炭	石油	天然ガス	原子力	水力	太陽光・風力他	バイオマス・廃棄物		
北　米	208	10.1	306	240	57.9	52.5	21.4	895	421
アメリカ	199	8.54	289	214	24.7	49.0	19.0	804	364
カナダ	8.46	1.57	16.5	25.6	33.2	3.48	2.39	91.3	56.0
中南米	18.2	26.4	70.2	8.57	56.8	17.1	21.9	219	129
メキシコ	4.46	10.4	30.9	2.12	2.31	4.99	1.91	57.1	27.0
ブラジル	4.22	2.33	10.8	3.66	34.1	5.83	10.7	71.7	53.4
チ　リ	7.04	0.394	2.52	-	1.88	1.35	4.31	17.5	7.22
欧　州	217	16.0	326	275	79.4	79.9	67.8	1,061	451
欧州OECD	111	11.1	122	190	51.5	77.0	63.6	627	301
イギリス	1.90	0.310	18.3	13.1	0.581	7.61	9.59	51.4	26.6
ドイツ	32.4	1.02	17.5	16.8	1.58	15.7	13.6	98.6	48.7
フランス	1.34	1.16	5.87	92.2	5.34	4.73	4.46	115	45.3
イタリア	3.62	3.50	24.0	-	4.09	8.94	6.28	50.4	24.0
欧州非OECD	106	4.90	203	84.7	27.9	2.90	4.23	434	151
ロシア	50.5	2.71	152	56.6	18.3	0.382	2.45	283	93.5
ウクライナ	11.7	0.084	4.25	20.0	0.650	0.795	0.252	37.7	12.7
アフリカ	64.2	11.8	68.5	2.58	12.5	7.53	0.885	168	71.7
南アフリカ	54.7	0.085	-	2.58	0.124	1.19	0.110	58.8	20.2
中　東	4.57	71.4	198	1.51	1.95	1.64	0.036	279	110
イラン	0.253	7.55	56.9	1.51	1.37	0.093	0.006	67.7	27.9
サウジアラビア	-	37.9	52.1	-	-	0.067	-	90.0	34.0
アジア	1,791	29.4	267	170	156	126	97.1	2,636	1,081
中　国	1,247	2.82	51.5	95.4	114	63.1	48.5	1,622	665
日　本	64.6	8.63	65.1	10.1	6.78	10.1	9.05	174	86.8
香　港	3.28	0.054	3.94	-	-	0.002	0.098	7.38	3.03
台　湾	28.1	1.17	16.9	8.19	0.260	0.734	1.12	56.5	23.8
韓　国	48.1	1.86	27.4	41.7	0.333	2.16	2.25	124	49.5
シンガポール	0.250	0.092	7.74	-	-	0.043	0.628	8.75	4.59
ブルネイ	0.540	0.011	1.19	-	-	1.3E-04	-	1.74	0.493
インドネシア	47.0	3.19	11.0	-	2.09	26.8	5.86	95.9	25.1
マレーシア	21.7	0.572	13.2	-	2.25	0.201	0.337	38.3	15.7
フィリピン	15.7	0.508	3.10	-	0.618	9.46	0.497	29.9	8.75
タ　イ	8.61	0.054	21.1	-	0.403	0.710	8.79	39.6	15.4
インド	256	1.64	13.9	11.2	13.8	11.1	18.6	326	132
ベトナム	33.2	0.184	5.90	-	6.27	0.908	0.933	47.4	20.6
オセアニア	36.7	1.06	13.8	-	3.36	8.41	1.55	64.9	26.6
オーストラリア	36.2	1.03	12.6	-	1.27	3.56	1.06	55.8	22.8
ニュージーランド	0.562	0.032	1.16	-	2.09	4.85	0.487	9.17	3.83
OECD 38	487	44.2	578	484	130	160	105	1,987	933
非OECD	1,855	122	674	213	244	136	107	3,352	1,365
EU 27	91.8	11.8	96.7	178	29.8	54.4	52.2	515	237
旧ソ連15	87.4	3.70	200	77.4	24.2	1.71	4.48	398	136
APEC 20	1,824	44.0	737	454	219	182	110	3,570	1,498
ASEAN 10	132	4.75	65.4	-	15.3	38.2	17.1	273	96.6
バンカー	-	-	-	-	-	-	-	-	-
世界	2,342	167	1,252	697	373	294	211	5,337	2,297

出所:表IV-(2)と同じ。

注:表IV-(2)と同じ。原子力と水力の変換係数はそれぞれ2,606 kcal/kWhと860 kcal/kWh。

(13)世界の最終エネルギー消費（合計）

(石油換算百万トン)

年	1971	1973	1980	1990	2000	2010	2015	2019	2020
北　米	1,345	1,447	1,466	1,452	1,734	1,699	1,706	1,794	1,651
アメリカ	1,229	1,315	1,311	1,294	1,546	1,513	1,511	1,588	1,461
カナダ	117	131	155	158	187	186	195	206	190
中南米	177	199	271	323	419	544	573	563	518
メキシコ	34.3	39.7	65.9	83.3	95.3	117	120	117	96.4
ブラジル	62.5	72.7	95.9	111	154	212	228	227	223
チ　リ	6.54	6.52	7.30	11.1	20.4	23.9	25.0	28.3	27.0
欧　州	1,487	1,655	1,950	2,200	1,882	1,999	1,898	2,011	1,934
欧州OECD	919	1,022	1,081	1,142	1,235	1,288	1,213	1,245	1,182
イギリス	134	143	131	138	151	137	125	125	114
ドイツ	218	242	249	241	231	232	221	222	214
フランス	126	142	141	142	161	160	154	150	138
イタリア	86.3	96.6	102	115	129	134	119	118	107
欧州非OECD	568	633	869	1,057	647	711	685	766	752
ロシア	N.A.	N.A.	N.A.	625	418	447	453	521	506
ウクライナ	N.A.	N.A.	N.A.	150	72.4	73.9	50.8	49.7	47.8
アフリカ	159	172	218	285	365	494	564	605	598
南アフリカ	33.2	37.1	43.7	51.0	54.7	61.2	64.3	63.4	59.6
中　東	29.4	37.0	84.1	157	261	451	528	548	527
イラン	12.4	16.6	27.6	54.7	94.8	158	182	199	195
サウジアラビア	2.08	3.07	21.1	39.5	72.3	140	172	161	152
アジア	805	887	1,105	1,529	1,973	3,159	3,627	3,931	3,923
中　国	337	364	487	658	781	1,645	1,972	2,116	2,182
日　本	199	234	236	291	336	314	293	279	263
香　港	2.08	2.03	2.89	5.19	9.34	7.20	7.64	8.14	7.89
台　湾	7.32	9.43	18.5	29.8	50.1	69.7	70.9	69.8	70.5
韓　国	13.6	17.5	31.3	64.9	127	158	173	182	175
シンガポール	1.09	1.40	2.13	5.01	8.31	15.3	18.8	18.5	17.7
ブルネイ	0.097	0.097	0.212	0.351	0.575	1.31	1.30	1.58	1.51
インドネシア	32.1	34.1	49.6	79.2	120	148	149	163	152
マレーシア	4.62	4.51	6.91	13.4	29.1	41.7	50.7	64.4	60.6
フィリピン	12.5	13.9	15.8	19.0	23.1	25.1	31.0	36.2	32.4
タ　イ	9.61	11.0	15.3	29.1	51.1	84.4	98.1	102	96.7
インド	117	123	147	215	290	444	546	620	596
ベトナム	12.4	13.0	13.0	15.9	24.9	48.4	40.2	65.0	66.6
オセアニア	41.2	45.4	53.7	66.1	82.1	89.1	94.8	97.9	94.1
オーストラリア	36.1	39.6	46.8	56.7	69.6	76.5	81.0	83.1	80.7
ニュージーランド	5.09	5.83	6.91	9.46	12.5	12.6	13.9	14.7	13.5
OECD 38	2,576	2,828	2,962	3,140	3,667	3,733	3,676	3,797	3,539
非OECD	1,481	1,626	2,203	2,895	3,075	4,732	5,352	5,791	5,741
EU 27	N.A.	N.A.	N.A.	995	1,027	1,070	994	1,018	963
旧ソ連 15	502	563	768	990	602	663	638	716	702
APEC 20	N.A.	N.A.	N.A.	3,457	3,922	4,949	5,322	5,685	5,517
ASEAN 10	N.A.	N.A.	N.A.	N.A.	273	384	413	481	457
バンカー	167	184	179	203	275	359	382	423	297
世 界	4,222	4,638	5,343	6,236	7,014	8,820	9,407	10,008	9,573

出所: 表IV-(2)と同じ。注: 表IV-(2)と同じ。

(14)世界の最終エネルギー消費（産業）

(石油換算百万トン)

年	1971	1973	1980	1990	2000	2010	2015	2019	2020
北　米	406	440	437	331	388	313	307	316	310
アメリカ	369	394	387	284	332	270	263	268	265
カナダ	37.8	45.7	50.1	47.2	55.2	42.4	43.9	47.8	44.9
中南米	57.6	65.8	94.1	108	136	173	173	162	159
メキシコ	12.1	14.1	22.2	25.8	27.8	32.8	35.4	33.5	30.7
ブラジル	17.8	21.8	35.1	40.0	56.6	80.5	79.2	74.0	77.2
チ　リ	2.28	2.31	2.78	3.41	6.64	8.71	10.5	10.6	10.3
欧　州	607	665	751	721	530	501	486	500	487
欧州OECD	344	373	356	330	325	296	285	293	285
イギリス	49.8	52.5	39.3	32.1	33.9	25.9	23.3	21.4	20.1
ドイツ	79.2	88.2	78.8	66.2	51.3	56.7	56.1	55.7	54.2
フランス	44.1	41.7	41.2	31.5	33.0	28.6	28.8	27.5	25.8
イタリア	35.5	39.1	35.8	34.1	38.3	30.1	25.0	25.0	23.9
欧州非OECD	263	292	395	391	205	205	201	207	202
ロシア	N.A.	N.A.	N.A.	209	128	126	139	146	143
ウクライナ	N.A.	N.A.	N.A.	79.2	32.8	24.9	16.4	16.1	16.0
アフリカ	29.0	32.9	45.8	53.1	57.0	82.7	84.8	86.2	83.9
南アフリカ	13.9	16.2	22.8	21.7	20.5	24.5	23.6	24.1	22.7
中　東	9.41	12.1	30.2	46.9	70.5	134	154	150	147
イラン	3.57	4.67	6.78	14.2	18.6	38.5	40.8	48.0	48.3
サウジアラビア	0.717	1.28	12.5	10.9	20.2	43.4	48.1	38.7	35.6
アジア	268	299	378	506	654	1,402	1,540	1,625	1,650
中　国	107	118	181	234	302	924	1,020	1,028	1,073
日　本	91.2	105	91.2	108	103	91.5	84.6	80.4	75.2
香　港	1.01	0.893	1.06	1.56	1.81	0.882	0.963	1.08	1.04
台　湾	4.26	5.40	10.1	12.3	20.0	23.6	23.4	23.9	23.9
韓　国	5.34	6.42	10.3	19.3	38.5	45.0	48.1	47.0	45.6
シンガポール	0.211	0.233	0.470	0.605	2.18	5.11	6.47	6.49	6.40
ブルネイ	0.026	0.022	0.046	0.061	0.070	0.164	0.151	0.194	0.240
インドネシア	1.63	1.88	6.75	17.4	30.0	49.1	45.4	58.4	55.7
マレーシア	2.27	1.91	3.07	5.56	11.7	14.9	15.2	19.4	18.3
フィリピン	1.97	2.50	3.14	4.23	4.63	6.00	6.82	7.38	6.25
タ　イ	2.92	3.20	3.98	8.65	16.7	26.5	32.1	33.6	31.3
インド	31.1	33.3	37.6	59.0	84.7	158	203	235	226
ベトナム	1.87	1.96	3.81	4.54	7.86	17.4	12.0	31.9	36.4
オセアニア	16.3	17.2	20.0	22.6	27.6	26.3	26.5	27.3	26.7
オーストラリア	14.7	15.3	17.6	19.3	23.8	22.6	22.5	23.1	22.9
ニュージーランド	1.58	1.94	2.41	3.31	3.81	3.70	4.01	4.20	3.85
OECD 38	883	962	946	848	926	824	810	820	796
非OECD	515	573	815	947	944	1,816	1,972	2,055	2,078
EU 27	N.A.	N.A.	N.A.	313	274	247	235	240	232
旧ソ連 15	234	264	343	355	189	192	189	194	190
APEC 20	N.A.	N.A.	N.A.	1,010	1,119	1,715	1,820	1,877	1,899
ASEAN 10	N.A.	N.A.	N.A.	N.A.	75.1	122	122	163	161
バンカー	-	-	-	-	-	-	-	-	-
世　界	1,398	1,534	1,761	1,795	1,869	2,639	2,780	2,875	2,873

出所: 表IV-(2)と同じ。注: 表IV-(2)と同じ。

(15) 世界の最終エネルギー消費（運輸）

(石油換算百万トン)

年	1971	1973	1980	1990	2000	2010	2015	2019	2020
北　米	402	448	470	531	640	656	677	702	605
アメリカ	374	414	425	488	588	596	614	637	549
カナダ	28.7	33.6	44.3	43.1	52.1	60.6	63.6	65.1	56.5
中南米	46.5	55.6	80.5	97.3	133	188	211	214	180
メキシコ	10.3	12.4	22.8	28.3	35.8	51.1	51.1	51.0	36.2
ブラジル	14.4	19.1	25.7	33.0	47.4	70.1	84.8	86.2	80.5
チ　リ	2.01	1.84	2.09	3.05	5.67	7.14	8.46	9.63	8.53
欧　州	229	256	315	439	428	480	479	511	453
欧州OECD	154	174	209	269	318	335	337	356	309
イギリス	25.0	27.6	30.4	39.2	41.9	40.2	40.5	41.2	33.1
ドイツ	33.6	36.1	44.2	54.5	59.5	53.1	55.7	56.7	51.4
フランス	20.9	24.7	30.3	38.4	44.8	43.6	45.5	45.1	38.2
イタリア	16.6	19.0	24.4	32.7	39.7	38.6	36.4	35.9	29.0
欧州非OECD	74.3	82.1	107	170	110	145	142	155	144
ロシア	N.A.	N.A.	N.A.	116	74.5	96.5	93.9	99.1	90.4
ウクライナ	N.A.	N.A.	N.A.	19.4	10.4	12.9	8.72	10.0	8.01
アフリカ	18.1	20.6	27.7	38.1	54.5	87.1	111	122	112
南アフリカ	8.87	9.53	8.55	10.3	12.3	15.9	18.3	18.0	15.1
中　東	7.76	10.0	26.4	50.8	75.2	121	144	147	131
イラン	2.50	3.44	7.12	13.0	25.5	40.1	47.6	47.7	44.7
サウジアラビア	1.11	1.45	6.59	16.4	20.4	35.2	49.1	45.7	40.9
アジア	78.9	89.4	124	188	322	494	642	731	681
中　国	13.3	16.2	21.7	30.2	83.6	197	290	336	323
日　本	35.5	40.8	54.0	72.3	89.1	78.6	72.8	69.1	62.5
香　港	0.423	0.504	0.819	1.50	3.76	2.19	2.43	2.72	2.60
台　湾	0.787	1.21	2.85	6.61	11.2	11.8	12.1	12.1	12.2
韓　国	2.12	2.50	4.78	14.6	26.3	29.9	33.9	36.7	34.2
シンガポール	0.507	0.595	0.945	1.36	1.75	2.43	2.59	2.35	2.29
ブルネイ	0.028	0.029	0.112	0.188	0.274	0.395	0.457	0.446	0.406
インドネシア	2.69	3.08	5.95	10.7	20.8	30.1	44.8	54.1	48.1
マレーシア	1.36	1.56	2.14	4.88	10.8	14.9	21.0	22.5	20.8
フィリピン	3.21	3.42	3.26	4.53	8.30	8.04	10.6	12.7	9.87
タ　イ	1.95	2.47	3.28	9.23	15.0	19.4	22.8	27.0	26.7
インド	12.6	12.5	16.8	20.7	31.9	65.0	87.3	105	92.6
ベトナム	0.968	0.966	0.649	1.38	3.50	10.3	11.1	14.6	12.3
オセアニア	13.0	14.9	19.1	24.1	29.7	34.6	37.2	39.2	36.2
オーストラリア	11.3	12.9	16.8	21.1	25.7	30.0	32.4	33.8	31.6
ニュージーランド	1.72	1.94	2.29	2.96	4.06	4.57	4.82	5.41	4.62
OECD 38	624	699	787	951	1,158	1,208	1,237	1,286	1,111
非OECD	175	199	281	424	533	864	1,078	1,197	1,101
EU 27	N.A.	N.A.	N.A.	220	262	279	273	289	252
旧ソ連 15	65.5	73.2	97.7	163	102	133	129	140	130
APEC 20	N.A.	N.A.	N.A.	862	1,064	1,257	1,400	1,501	1,338
ASEAN 10	N.A.	N.A.	N.A.	N.A.	62.3	88.0	117	139	125
バンカー	167	184	179	203	275	359	382	423	297
世界	965	1,081	1,246	1,577	1,964	2,430	2,696	2,904	2,507

出所: 表IV-(2)と同じ。注: 表IV-(2)と同じ。

(16)世界の最終エネルギー消費(民生・農業・他)

(石油換算百万トン)

年	1971	1973	1980	1990	2000	2010	2015	2019	2020
北　米	457	463	446	456	533	572	564	595	572
アメリカ	412	419	397	403	473	511	499	525	505
カナダ	44.2	44.8	49.0	53.1	60.0	60.2	65.1	69.7	67.4
中南米	66.0	69.5	81.3	92.0	114	139	151	152	148
メキシコ	9.96	10.9	15.9	20.2	24.3	26.1	28.0	27.9	24.8
ブラジル	29.0	29.5	29.7	29.0	36.2	44.3	49.7	53.5	53.5
チ　リ	2.23	2.36	2.42	3.73	5.68	6.98	5.84	7.27	7.15
欧　州	550	609	727	873	763	825	759	802	791
欧州OECD	354	394	425	442	477	544	487	492	485
イギリス	49.0	51.0	54.5	56.0	63.4	63.2	53.9	54.8	54.4
ドイツ	90.7	100	103	97.2	95.5	99.5	87.9	87.7	87.1
フランス	49.0	61.2	56.4	58.4	67.5	73.6	65.7	63.9	61.4
イタリア	26.9	30.3	33.3	37.7	42.5	55.5	50.9	49.8	47.7
欧州非OECD	195	214	301	431	285	281	272	310	306
ロシア	N.A.	N.A.	N.A.	260	179	157	160	194	185
ウクライナ	N.A.	N.A.	N.A.	45.1	27.9	30.5	22.4	20.7	20.1
アフリカ	109	116	139	183	238	306	350	378	383
南アフリカ	9.49	10.4	10.8	14.8	16.3	16.5	18.6	17.9	17.4
中　東	9.16	11.3	21.8	39.9	73.9	119	134	144	142
イラン	4.20	5.65	11.0	21.2	43.0	64.4	69.4	72.9	72.4
サウジアラビア	0.254	0.334	1.84	4.94	8.67	16.6	24.5	23.8	23.6
アジア	418	451	545	720	817	975	1,075	1,169	1,177
中　国	214	227	274	351	338	411	496	569	587
日　本	41.6	51.5	58.3	77.5	108	109	100	96.4	95.7
香　港	0.585	0.546	0.929	1.98	3.45	4.03	4.17	4.25	4.18
台　湾	1.64	2.09	3.53	6.50	10.3	12.0	12.1	12.1	12.4
韓　国	5.51	7.44	13.1	24.3	37.3	44.4	43.9	45.4	45.3
シンガポール	0.224	0.232	0.387	1.13	1.65	2.26	2.50	2.72	2.68
ブルネイ	0.037	0.035	0.039	0.085	0.209	0.276	0.322	0.335	0.343
インドネシア	27.7	29.1	35.7	43.7	59.4	59.0	51.4	41.3	39.7
マレーシア	0.990	1.04	1.43	2.12	4.30	8.19	8.53	8.93	8.66
フィリピン	7.10	7.67	9.14	9.97	9.92	10.9	12.5	15.1	15.1
タ　イ	4.43	4.98	7.77	10.8	13.6	20.4	20.5	18.2	16.4
インド	69.4	72.4	87.2	122	147	187	209	229	223
ベトナム	9.51	10.1	8.46	10.0	13.5	18.4	15.1	16.5	15.9
オセアニア	9.30	10.5	11.5	14.8	18.7	22.8	24.3	24.5	24.5
オーストラリア	7.72	8.84	9.50	12.3	15.7	19.4	20.7	20.9	20.8
ニュージーランド	1.58	1.71	1.99	2.57	3.01	3.39	3.62	3.53	3.68
OECD 38	887	947	980	1,050	1,216	1,340	1,271	1,304	1,271
非OECD	738	789	998	1,338	1,350	1,628	1,800	1,971	1,978
EU 27	N.A.	N.A.	N.A.	374	391	447	397	397	390
旧ソ連 15	169	185	265	410	267	260	252	289	284
APEC 20	N.A.	N.A.	N.A.	1,298	1,365	1,490	1,555	1,684	1,663
ASEAN 10	N.A.	N.A.	N.A.	N.A.	115	134	127	122	117
バンカー	-	-	-	-	-	-	-	-	-
世　界	1,624	1,736	1,978	2,387	2,565	2,967	3,070	3,275	3,248

出所: 表IV-(2)と同じ。注: 表IV-(2)と同じ。

(17)世界の最終エネルギー消費（非エネルギー消費）

(石油換算百万トン)

年	1971	1973	1980	1990	2000	2010	2015	2019	2020
北　米	80.0	96.0	114	134	173	158	157	181	164
アメリカ	74.2	88.7	102	119	153	135	134	158	143
カナダ	5.85	7.31	11.7	15.0	20.0	22.5	22.9	23.3	21.3
中南米	6.63	8.06	15.4	25.8	36.0	43.8	38.0	34.7	31.5
メキシコ	1.97	2.35	4.99	9.10	7.32	7.34	5.32	4.22	4.59
ブラジル	1.26	2.31	5.43	9.51	13.6	16.8	14.7	13.7	11.8
チ　リ	0.025	0.010	0.009	0.917	2.40	1.02	0.226	0.848	1.01
欧　州	102	125	157	167	161	193	173	198	203
欧州OECD	66.2	81.2	90.2	101	114	113	103	104	103
イギリス	10.6	12.1	7.10	10.8	11.5	7.93	7.29	7.15	6.53
ドイツ	14.7	17.2	23.0	22.9	25.1	22.6	21.3	21.9	21.3
フランス	11.5	14.6	13.4	13.4	16.2	13.9	13.9	13.5	12.6
イタリア	7.38	8.28	8.70	10.4	8.43	9.56	6.61	7.00	6.77
欧州非OECD	35.4	44.1	66.7	65.1	46.9	80.1	70.3	93.6	99.6
ロシア	N.A.	N.A.	N.A.	40.2	36.3	66.4	59.2	82.6	87.5
ウクライナ	N.A.	N.A.	N.A.	6.47	1.21	5.56	3.32	2.80	3.68
アフリカ	2.17	2.52	5.30	10.9	15.2	18.4	17.2	18.9	18.9
南アフリカ	0.932	0.926	1.57	4.22	5.65	4.34	3.80	3.48	4.43
中　東	3.02	3.63	5.63	19.5	41.3	76.5	96.4	108	106
イラン	2.16	2.85	2.63	6.34	7.67	14.6	23.7	30.5	29.2
サウジアラビア	-	-	0.240	7.24	23.1	45.2	50.2	52.4	52.1
アジア	39.8	48.0	57.5	115	181	288	370	405	414
中　国	2.42	2.72	10.5	42.9	57.6	113	165	183	199
日　本	30.9	36.9	32.2	33.4	35.9	35.1	35.6	33.5	29.6
香　港	0.069	0.083	0.082	0.152	0.315	0.095	0.072	0.087	0.063
台　湾	0.637	0.727	2.00	4.44	8.60	22.3	23.3	21.7	22.0
韓　国	0.630	1.13	3.06	6.73	25.0	38.4	47.3	52.7	49.6
シンガポール	0.152	0.337	0.325	1.91	2.72	5.48	7.24	6.92	6.31
ブルネイ	0.007	0.011	0.015	0.017	0.022	0.477	0.367	0.602	0.524
インドネシア	0.100	0.107	1.21	7.36	9.81	10.1	7.09	8.79	7.95
マレーシア	0.001	0.002	0.269	0.838	2.25	3.70	5.93	13.6	12.9
フィリピン	0.238	0.330	0.258	0.228	0.274	0.120	1.05	0.996	1.16
タ　イ	0.311	0.311	0.228	0.429	5.75	18.1	22.6	23.6	22.3
インド	3.63	4.44	5.68	13.3	26.8	34.1	46.5	51.4	54.8
ベトナム	0.024	0.010	0.043	0.028	0.132	2.26	2.02	1.89	1.93
オセアニア	2.50	2.78	3.10	4.57	6.07	5.42	6.89	6.82	6.67
オーストラリア	2.28	2.54	2.88	3.95	4.43	4.45	5.48	5.25	5.36
ニュージーランド	0.213	0.241	0.216	0.617	1.64	0.967	1.42	1.57	1.31
OECD 38	183	221	248	291	367	360	359	387	362
非OECD	53.1	65.6	110	186	248	424	502	567	584
EU 27	N.A.	N.A.	N.A.	88.3	100	97.6	88.3	90.8	89.6
旧ソ連 15	32.5	40.5	62.0	62.4	43.7	77.1	68.4	91.7	97.7
APEC 20	N.A.	N.A.	N.A.	287	374	487	547	623	617
ASEAN 10	N.A.	N.A.	N.A.	N.A.	21.1	40.4	46.6	57.0	53.6
バンカー	-	-	-	-	-	-	-	-	-
世　界	236	286	358	477	615	784	860	954	946

出所: 表IV-(2)と同じ。注: 非エネルギーは潤滑油、アスファルトなどを指す。他、表IV-(2)と同じ。

(18)世界の最終エネルギー消費（電力）

(石油換算百万トン)

年	1971	1973	1980	1990	2000	2010	2015	2019	2020
北　米	140	162	200	262	342	367	368	375	370
アメリカ	124	143	174	226	301	326	325	329	325
カナダ	16.6	18.9	26.1	35.9	41.4	41.0	42.8	45.8	45.0
中南米	11.6	14.1	25.7	41.8	65.2	92.1	106	108	104
メキシコ	2.23	2.71	4.91	8.62	12.5	18.5	22.1	24.1	22.3
ブラジル	3.65	4.66	10.2	18.1	27.6	37.6	42.3	44.2	43.8
チ　リ	0.609	0.628	0.840	1.33	3.16	4.71	5.76	6.37	6.41
欧　州	161	185	242	318	320	370	368	377	367
欧州OECD	99.8	115	147	193	234	267	263	268	259
イギリス	18.0	20.0	20.1	23.6	28.3	28.3	26.1	25.5	24.1
ドイツ	23.3	26.9	33.7	39.1	41.6	45.7	44.3	42.7	41.3
フランス	10.9	12.8	18.0	26.0	33.1	38.2	37.4	37.1	35.4
イタリア	9.23	10.6	13.7	18.5	23.5	25.7	24.7	25.1	23.7
欧州非OECD	60.8	69.7	94.6	125	86.1	103	105	109	108
ロシア	N.A.	N.A.	N.A.	71.1	52.3	62.5	63.0	65.0	64.5
ウクライナ	N.A.	N.A.	N.A.	17.7	9.76	11.5	10.2	10.0	9.76
アフリカ	6.93	8.17	13.8	22.0	31.1	46.6	53.4	57.9	57.4
南アフリカ	4.01	4.74	7.96	11.9	15.0	17.4	16.5	17.1	16.3
中　東	2.01	2.66	6.45	17.1	32.6	62.1	78.7	87.2	87.0
イラン	0.613	0.908	1.67	4.24	8.12	16.0	18.1	22.5	22.9
サウジアラビア	0.166	0.234	1.09	4.72	8.51	17.4	26.2	25.8	26.0
アジア	49.6	60.0	87.8	157	280	574	734	928	945
中　国	9.82	11.8	21.3	39.0	89.1	297	419	561	587
日　本	29.3	35.7	44.1	65.8	83.6	89.0	81.6	79.7	78.0
香　港	0.451	0.517	0.939	2.05	3.12	3.60	3.78	3.86	3.80
台　湾	1.15	1.50	3.17	6.59	13.8	18.8	19.9	21.2	21.7
韓　国	0.792	1.10	2.81	8.12	22.6	38.6	42.6	45.0	44.1
シンガポール	0.180	0.252	0.473	1.11	2.35	3.63	4.09	4.45	4.36
ブルネイ	0.018	0.018	0.026	0.087	0.211	0.251	0.292	0.336	0.410
インドネシア	0.145	0.169	0.562	2.43	6.81	12.7	17.4	23.3	23.7
マレーシア	0.283	0.354	0.747	1.71	5.26	9.53	11.4	13.6	13.1
フィリピン	0.712	1.03	1.46	1.82	3.14	4.75	5.83	7.49	7.16
タ　イ	0.373	0.527	1.12	3.30	7.56	12.8	15.0	16.6	16.1
インド	4.45	4.77	7.70	18.2	31.6	61.9	87.5	109	102
ベトナム	0.154	0.158	0.232	0.532	1.93	7.47	5.65	18.0	18.7
オセアニア	5.02	5.88	8.49	13.6	17.8	21.7	21.7	22.0	22.0
オーストラリア	3.89	4.51	6.81	11.1	14.9	18.2	18.3	18.6	18.6
ニュージーランド	1.13	1.37	1.68	2.45	2.94	3.44	3.44	3.40	3.33
OECD 38	280	325	411	558	723	816	817	833	814
非OECD	97.5	114	175	277	369	722	920	1,129	1,145
EU 27	N.A.	N.A.	N.A.	162	189	216	211	213	205
旧ソ連15	54.7	62.4	82.8	114	77.1	91.6	93.6	97.5	96.4
APEC 20	N.A.	N.A.	N.A.	491	669	975	1,111	1,291	1,307
ASEAN 10	N.A.	N.A.	N.A.	N.A.	27.6	52.1	61.6	86.9	86.9
バンカー	-	-	-	-	-	-	-	-	-
世　界	377	439	586	834	1,092	1,538	1,736	1,962	1,958

出所: 表IV-(2)と同じ。注: 表IV-(2)と同じ。

(19)世界の最終エネルギー消費における電力化率

(%)

年	1971	1973	1980	1990	2000	2010	2015	2019	2020
北 米	10.4	11.2	13.7	18.1	19.7	21.6	21.6	20.9	22.4
アメリカ	10.1	10.9	13.3	17.5	19.5	21.5	21.5	20.7	22.2
カナダ	14.2	14.4	16.8	22.7	22.1	22.1	21.9	22.2	23.7
中南米	6.58	7.08	9.46	12.9	15.5	16.9	18.5	19.1	20.1
メキシコ	6.49	6.83	7.45	10.3	13.1	15.8	18.5	20.6	23.1
ブラジル	5.84	6.40	10.6	16.3	18.0	17.8	18.5	19.4	19.6
チ リ	9.30	9.62	11.5	12.0	15.5	19.7	23.0	22.5	23.7
欧 州	10.8	11.2	12.4	14.5	17.0	18.5	19.4	18.8	19.0
欧州OECD	10.9	11.3	13.6	16.9	18.9	20.7	21.7	21.6	21.9
イギリス	13.4	14.0	15.3	17.1	18.8	20.6	20.9	20.5	21.1
ドイツ	10.7	11.1	13.6	16.3	18.0	19.7	20.0	19.2	19.3
フランス	8.64	8.99	12.7	18.4	20.5	23.9	24.3	24.8	25.6
イタリア	10.7	11.0	13.4	16.1	18.2	19.2	20.8	21.3	22.0
欧州非OECD	10.7	11.0	10.9	11.8	13.3	14.4	15.3	14.2	14.3
ロシア	N.A.	N.A.	N.A.	11.4	12.5	14.0	13.9	12.5	12.7
ウクライナ	N.A.	N.A.	N.A.	11.8	13.5	15.6	20.1	20.2	20.4
アフリカ	4.37	4.76	6.33	7.73	8.51	9.42	9.46	9.58	9.60
南アフリカ	12.1	12.8	18.2	23.3	27.4	28.5	25.6	27.0	27.3
中 東	6.86	7.19	7.67	10.9	12.5	13.8	14.9	15.9	16.5
イラン	4.94	5.47	6.04	7.75	8.57	10.2	10.0	11.3	11.8
サウジアラビア	7.97	7.60	5.17	12.0	11.8	12.4	15.2	16.0	17.1
アジア	6.16	6.76	7.94	10.2	14.2	18.2	20.2	23.6	24.1
中 国	2.92	3.25	4.38	5.93	11.4	18.0	21.2	26.5	26.9
日 本	14.7	15.3	18.7	22.6	24.9	28.4	27.9	28.5	29.7
香 港	21.7	25.5	32.5	39.5	33.4	50.0	49.5	47.4	48.1
台 湾	15.7	15.9	17.1	22.1	27.5	27.0	28.0	30.3	30.7
韓 国	5.82	6.31	9.00	12.5	17.8	24.5	24.6	24.8	25.2
シンガポール	16.4	18.0	22.2	22.3	28.3	23.8	21.7	24.1	24.7
ブルネイ	19.0	18.8	12.0	24.8	36.7	19.1	22.5	21.3	27.1
インドネシア	0.454	0.495	1.13	3.07	5.67	8.54	11.7	14.3	15.6
マレーシア	6.12	7.86	10.8	12.8	18.1	22.8	22.5	21.2	21.6
フィリピン	5.69	7.40	9.27	9.62	13.6	19.0	18.8	20.7	22.1
タ イ	3.88	4.81	7.34	11.3	14.8	15.2	15.3	16.2	16.7
インド	3.81	3.89	5.23	8.47	10.9	14.0	16.0	17.6	17.0
ベトナム	1.25	1.21	1.79	3.34	7.72	15.5	14.1	27.7	28.2
オセアニア	12.2	12.9	15.8	20.5	21.7	24.3	22.9	22.5	23.3
オーストラリア	10.8	11.4	14.6	19.6	21.3	23.8	22.6	22.4	23.1
ニュージーランド	22.1	23.5	24.3	25.9	23.5	27.3	24.9	23.1	24.8
OECD 38	10.9	11.5	13.9	17.8	19.7	21.9	22.2	21.9	23.0
非OECD	6.58	7.00	7.93	9.56	12.0	15.3	17.2	19.5	19.9
EU 27	N.A.	N.A.	N.A.	16.3	18.4	20.2	21.2	21.0	21.3
旧ソ連 15	10.9	11.1	10.8	11.5	12.8	13.8	14.7	13.6	13.7
APEC 20	N.A.	N.A.	N.A.	14.2	17.1	19.7	20.9	22.7	23.7
ASEAN 10	N.A.	N.A.	N.A.	N.A.	10.1	13.6	14.9	18.1	19.0
バンカー	-	-	-	-	-	-	-	-	-
世 界	8.93	9.47	11.0	13.4	15.6	17.4	18.4	19.6	20.5

出所: 表IV-(13)、表IV-(18)より算出。注: 表IV-(2)と同じ。

(20)世界のCO_2排出量

(二酸化炭素百万トン)

年	1971	1973	1980	1990	2000	2010	2015	2019	2020
北　米	4,526	4,956	4,959	5,146	6,108	5,726	5,434	5,297	4,766
アメリカ	4,203	4,596	4,555	4,755	5,629	5,220	4,902	4,736	4,258
カナダ	323	360	404	390	479	505	531	560	508
中南米	438	516	722	824	1,146	1,461	1,600	1,455	1,259
メキシコ	99.9	123	215	271	363	456	461	422	351
ブラジル	89.1	116	174	194	298	375	457	411	389
チ　リ	21.5	21.0	21.9	30.0	50.4	71.9	82.5	93.3	83.9
欧　州	5,830	6,349	7,237	7,632	6,024	6,096	5,652	5,604	5,228
欧州OECD	3,510	3,768	3,914	3,754	3,685	3,589	3,278	3,088	2,809
イギリス	647	654	571	551	530	481	395	338	303
ドイツ	977	1,047	1,058	943	811	759	728	645	590
フランス	439	482	467	351	367	346	309	294	261
イタリア	278	314	343	372	423	390	329	309	274
欧州非OECD	2,320	2,581	3,323	3,879	2,339	2,507	2,373	2,517	2,419
ロシア	N.A.	N.A.	N.A.	2,183	1,422	1,490	1,512	1,627	1,552
ウクライナ	N.A.	N.A.	N.A.	674	312	266	188	178	170
アフリカ	249	285	391	530	658	1,016	1,157	1,239	1,144
南アフリカ	158	178	208	244	282	421	421	444	388
中　東	119	147	308	562	937	1,536	1,785	1,811	1,753
イラン	39.0	52.5	89.1	177	316	498	553	580	568
サウジアラビア	16.8	21.0	91.1	145	237	421	532	499	484
アジア	2,035	2,325	3,137	4,697	6,827	13,039	15,107	16,167	15,896
中　国	828	916	1,434	2,202	3,217	8,133	9,430	9,962	10,081
日　本	747	899	906	1,055	1,160	1,137	1,152	1,053	990
香　港	8.83	9.23	14.0	34.1	40.5	41.5	43.2	42.7	34.4
台　湾	31.9	41.7	79.5	110	215	249	257	260	255
韓　国	47.6	59.6	109	211	404	532	574	584	547
シンガポール	7.04	9.32	13.1	26.5	40.7	48.5	48.7	43.6	43.7
ブルネイ	0.382	0.740	3.04	4.08	5.50	6.65	6.55	8.13	9.79
インドネシア	24.5	31.5	63.8	130	254	396	456	570	532
マレーシア	12.5	12.2	26.7	52.5	114	192	219	231	229
フィリピン	23.9	27.1	31.6	36.3	65.6	75.4	102	135	124
タ　イ	15.9	20.3	32.1	79.5	150	222	250	251	243
インド	176	184	258	531	891	1,587	2,054	2,283	2,075
ベトナム	15.5	16.7	14.3	16.6	41.9	123	163	283	294
オセアニア	169	188	228	279	360	421	413	422	405
オーストラリア	155	170	210	256	331	391	382	389	374
ニュージーランド	14.2	17.5	17.3	23.0	28.8	30.4	31.4	32.9	30.8
OECD 38	9,121	10,014	10,353	10,745	12,131	11,933	11,395	10,958	9,951
非OECD	4,245	4,752	6,629	8,926	9,930	17,361	19,752	21,038	20,501
EU 27	N.A.	N.A.	N.A.	3,467	3,267	3,137	2,827	2,657	2,394
旧ソ連15	2,070	2,304	2,956	3,582	2,143	2,309	2,183	2,324	2,236
APEC 20	N.A.	N.A.	N.A.	11,885	14,039	19,364	20,656	21,336	20,583
ASEAN 10	N.A.	N.A.	N.A.	N.A.	684	1,076	1,273	1,565	1,520
バンカー	523	578	561	636	862	1,127	1,200	1,327	929
世界	13,889	15,344	17,543	20,307	22,923	30,422	32,347	33,323	31,381

出所: IEA「World Energy Balances」、「CO_2 emissions from fuel combustion」よりEDMC推計。

注:(1)一次エネルギー消費から非エネルギー分を差し引き、最新年の各国のエネルギー源別CO_2排出量原単位（巻頭解説8参照）を乗じて算出。

(2)出所がIEA (国際エネルギー機関) の表(IEA資料)については巻頭解説10を参照

(21)世界の人口

年	1971	1973	1975	1980	1985	1990	1995	2000	2005
北　米	230	234	239	252	264	277	296	313	328
アメリカ	208	212	216	227	238	250	266	282	296
カナダ	22.0	22.5	23.1	24.5	25.8	27.7	29.3	30.7	32.2
中南米	290	304	319	357	398	439	479	517	553
メキシコ	53.1	56.3	59.6	67.8	76.0	83.9	91.7	98.9	106
ブラジル	97.5	102	107	121	135	149	162	175	186
チ　リ	9.94	10.3	10.6	11.4	12.3	13.3	14.4	15.3	16.2
欧　州	745	757	768	795	820	841	855	861	871
欧州OECD	449	456	462	475	485	505	517	527	542
イギリス	55.9	56.2	56.2	56.3	56.6	57.2	58.0	58.9	60.4
ドイツ	78.3	78.9	78.7	78.3	77.7	79.4	81.7	82.2	82.5
フランス	52.4	53.2	53.9	55.2	56.7	58.2	59.5	60.9	63.2
イタリア	54.1	54.8	55.4	56.4	56.6	56.7	56.8	56.9	58.0
欧州非OECD	295	301	306	320	334	336	338	334	330
ロシア	131	133	134	139	144	148	148	147	144
ウクライナ	47.4	48.1	48.8	50.0	50.9	51.9	51.5	49.2	47.1
アフリカ	363	383	404	463	534	612	696	786	887
南アフリカ	22.7	23.9	25.2	28.6	32.7	36.8	41.4	45.0	47.9
中　東	67.9	72.3	77.1	91.8	111	132	150	168	187
イラン	29.3	30.9	32.7	38.7	47.3	56.4	61.4	65.6	69.8
サウジアラビア	6.10	6.71	7.42	9.69	13.1	16.2	18.6	20.7	23.8
アジア	2,045	2,142	2,234	2,451	2,689	2,951	3,201	3,437	3,651
中　国	841	882	916	981	1,051	1,135	1,205	1,263	1,304
日　本	106	109	112	117	121	123	125	127	128
香　港	4.05	4.24	4.46	5.06	5.46	5.70	6.16	6.67	6.81
台　湾	15.0	15.6	16.2	17.9	19.3	20.4	21.4	22.3	22.8
韓　国	32.9	34.1	35.3	38.1	40.8	42.9	45.1	47.0	48.2
シンガポール	2.11	2.19	2.26	2.41	2.74	3.05	3.52	4.03	4.27
ブルネイ	0.136	0.149	0.162	0.194	0.224	0.259	0.297	0.333	0.365
インドネシア	118	124	131	147	165	181	197	212	226
マレーシア	11.1	11.6	12.2	13.8	15.6	18.0	20.5	23.2	25.7
フィリピン	36.8	39.0	41.3	47.4	54.3	61.9	69.8	78.0	86.3
タ　イ	38.0	40.2	42.3	47.4	52.0	56.6	59.5	63.0	65.4
インド	568	595	623	699	784	873	964	1,057	1,148
ベトナム	44.5	46.6	48.7	54.3	60.9	68.0	74.9	79.9	83.8
オセアニア	15.8	16.3	17.0	17.8	19.0	20.4	21.7	23.0	24.5
オーストラリア	12.9	13.4	13.9	14.7	15.8	17.1	18.1	19.2	20.4
ニュージーランド	2.85	2.96	3.08	3.11	3.25	3.33	3.67	3.86	4.13
OECD 38	899	919	938	982	1,022	1,071	1,117	1,157	1,199
非OECD	2,857	2,989	3,120	3,446	3,812	4,201	4,582	4,948	5,303
EU 27	381	386	391	400	406	420	426	429	436
旧ソ連15	243	248	252	264	275	287	289	286	283
APEC 20	1,703	1,773	1,837	1,977	2,123	2,282	2,424	2,549	2,647
ASEAN 10	288	304	319	357	400	444	485	524	560
バンカー	-	-	-	-	-	-	-	-	-
世　界	3,756	3,908	4,058	4,428	4,834	5,272	5,698	6,105	6,502

出所: World Bank「World Development Indicators」等よりEDMC推計。

(百万人)

2009	2010	2011	2012	2013	2014	2015	2016	2017	2018	2019	2020
340	343	346	349	351	354	356	359	362	364	366	370
307	309	312	314	316	318	321	323	325	327	328	332
33.6	34.0	34.3	34.7	35.1	35.4	35.7	36.1	36.5	37.1	37.6	38.0
580	587	593	600	606	613	619	626	632	638	644	650
112	114	116	117	119	120	122	123	125	126	128	129
194	196	198	199	201	203	204	206	208	209	211	213
16.9	17.1	17.2	17.4	17.6	17.8	18.0	18.2	18.5	18.7	19.0	19.1
884	888	890	894	898	902	907	911	914	918	921	923
554	556	557	560	563	566	569	572	575	578	580	581
62.3	62.8	63.3	63.7	64.1	64.6	65.1	65.6	66.1	66.5	66.8	67.2
81.9	81.8	80.3	80.4	80.6	81.0	81.7	82.3	82.7	82.9	83.1	83.2
64.7	65.0	65.3	65.7	66.0	66.3	66.5	66.7	66.9	67.1	67.2	67.4
59.1	59.3	59.4	59.5	60.2	60.8	60.7	60.6	60.5	60.4	59.7	59.4
331	332	333	334	335	336	337	339	340	340	341	342
143	143	143	143	144	144	144	144	144	144	144	144
46.1	45.9	45.7	45.6	45.5	45.3	45.2	45.0	44.8	44.6	44.4	44.1
980	1,005	1,031	1,058	1,086	1,114	1,143	1,172	1,202	1,232	1,262	1,293
50.5	51.2	52.0	52.8	53.7	54.5	55.4	56.2	57.0	57.8	58.6	59.3
208	213	218	223	227	231	236	240	244	248	252	256
72.9	73.8	74.6	75.5	76.5	77.5	78.5	79.6	80.7	81.8	82.9	84.0
26.6	27.4	28.3	29.2	30.1	30.9	31.7	32.4	33.1	33.7	34.3	34.8
3,811	3,849	3,888	3,929	3,969	4,009	4,048	4,087	4,126	4,163	4,198	4,230
1,331	1,338	1,345	1,354	1,363	1,372	1,380	1,388	1,396	1,403	1,408	1,411
128	128	128	128	127	127	127	127	127	127	126	126
6.97	7.02	7.07	7.15	7.18	7.23	7.29	7.34	7.39	7.45	7.51	7.48
23.1	23.2	23.2	23.3	23.4	23.4	23.5	23.5	23.6	23.6	23.6	23.6
49.3	49.6	49.9	50.2	50.4	50.7	51.0	51.2	51.4	51.6	51.8	51.8
4.99	5.08	5.18	5.31	5.40	5.47	5.54	5.61	5.61	5.64	5.70	5.69
0.384	0.389	0.394	0.399	0.404	0.410	0.415	0.420	0.424	0.429	0.433	0.437
239	242	245	248	252	255	258	262	265	268	271	274
27.7	28.2	28.7	29.1	29.5	29.9	30.3	30.7	31.1	31.5	31.9	32.4
92.4	94.0	95.6	97.2	98.9	101	102	104	105	107	108	110
66.9	67.2	67.5	67.8	68.1	68.4	68.7	69.0	69.2	69.4	69.6	69.8
1,218	1,234	1,250	1,266	1,281	1,296	1,310	1,325	1,339	1,353	1,366	1,380
87.1	88.0	88.9	89.8	90.8	91.7	92.7	93.6	94.6	95.5	96.5	97.3
26.0	26.4	26.7	27.1	27.6	28.0	28.4	28.9	29.4	29.9	30.3	30.8
21.7	22.0	22.3	22.7	23.1	23.5	23.8	24.2	24.6	25.0	25.4	25.7
4.30	4.35	4.38	4.41	4.44	4.52	4.61	4.71	4.81	4.90	4.98	5.08
1,234	1,242	1,248	1,256	1,264	1,272	1,280	1,289	1,296	1,303	1,310	1,317
5,595	5,669	5,745	5,823	5,901	5,979	6,057	6,135	6,213	6,289	6,363	6,436
441	442	441	441	442	444	445	445	446	447	447	447
285	286	287	289	290	291	293	294	295	296	297	298
2,724	2,743	2,762	2,784	2,805	2,826	2,846	2,866	2,886	2,904	2,920	2,934
589	596	603	611	618	626	633	640	647	654	661	667
-	-	-	-	-	-	-	-	-	-	-	-
6,830	6,912	6,994	7,079	7,165	7,252	7,337	7,423	7,509	7,592	7,673	7,753

(22)世界の実質GDP

年	1971	1973	1975	1980	1985	1990	1995	2000	2005
北　米	5,818	6,479	6,450	7,712	9,040	10,620	12,017	14,785	16,846
アメリカ	5,354	5,954	5,910	7,076	8,324	9,805	11,129	13,738	15,602
カナダ	464	525	540	635	716	815	888	1,047	1,244
中南米	1,376	1,581	1,737	2,260	2,368	2,589	3,032	3,527	4,011
メキシコ	283	330	369	520	573	626	677	876	941
ブラジル	382	487	554	785	836	917	1,067	1,186	1,368
チ　リ	44.9	42.2	37.7	54.5	53.1	72.6	106	133	167
欧　州	7,771	8,629	8,871	10,464	11,482	13,464	13,769	15,901	17,802
欧州OECD	6,900	7,639	7,763	9,064	9,858	11,651	12,609	14,636	16,078
イギリス	1,132	1,258	1,209	1,350	1,517	1,802	1,952	2,310	2,606
ドイツ	1,443	1,577	1,577	1,861	1,991	2,342	2,583	2,835	2,912
フランス	959	1,066	1,101	1,300	1,407	1,661	1,771	2,046	2,225
イタリア	862	958	989	1,230	1,337	1,559	1,664	1,842	1,928
スペイン	405	472	501	552	592	737	795	971	1,141
欧州非OECD	871	989	1,107	1,400	1,625	1,813	1,160	1,265	1,723
ロシア	607	690	767	950	1,103	1,161	721	780	1,051
ウクライナ	34.3	38.7	41.7	49.6	59.9	161	77.2	69.8	101
アフリカ	511	555	599	729	777	914	979	1,202	1,540
南アフリカ	119	127	137	159	170	185	193	222	267
中　東	531	682	718	837	749	912	1,114	1,367	1,665
イラン	188	233	243	153	186	192	226	261	330
サウジアラビア	150	229	242	343	200	283	337	366	445
アジア	2,470	2,838	2,984	3,843	4,989	6,688	8,544	10,377	13,334
中　国	248	278	309	423	701	1,027	1,831	2,770	4,421
日　本	1,529	1,791	1,823	2,260	2,770	3,520	3,786	3,987	4,229
香　港	28.8	35.8	36.8	63.6	84.0	122	158	180	221
台　湾	30.7	39.4	43.0	73.1	103	161	231	308	375
韓　国	70.5	86.8	103	155	243	402	605	799	1,021
シンガポール	16.3	20.4	22.6	33.7	46.9	70.9	107	140	178
ブルネイ	5.31	6.41	6.73	10.9	9.06	9.09	10.6	11.3	12.6
インドネシア	82.6	95.6	108	158	199	270	381	395	498
マレーシア	20.8	25.4	27.7	41.8	53.6	74.6	117	148	187
フィリピン	53.5	61.3	66.9	89.7	84.9	107	119	143	179
タ　イ	36.6	42.0	46.1	67.7	88.2	144	214	221	289
インド	209	215	237	277	356	475	608	817	1,117
ベトナム	15.1	15.2	16.0	21.2	29.2	36.8	54.7	76.5	107
オセアニア	377	406	428	481	554	658	743	907	1,072
オーストラリア	316	337	355	408	469	570	640	788	927
ニュージーランド	61.5	69.7	72.6	72.9	84.8	87.9	103	119	145
OECD 38	15,069	16,830	17,035	20,316	23,173	27,651	30,683	36,305	40,555
非OECD	3,786	4,340	4,751	6,010	6,787	8,194	9,515	11,762	15,714
EU 27	5,286	5,868	6,055	7,184	7,732	9,083	9,771	11,260	12,274
旧ソ連15	765	867	964	1,193	1,390	1,611	978	1,069	1,480
APEC 20	9,316	10,497	10,721	13,180	15,801	19,142	21,957	26,749	31,902
ASEAN 10	240	275	303	433	524	727	1,021	1,160	1,491
バンカー	-	-	-	-	-	-	-	-	-
世界	18,855	21,170	21,786	26,326	29,960	35,845	40,198	48,067	56,269

出所: World Bank「World Development Indicators」等よりEDMC推計。
注: 米ドル換算に用いる為替レートは2015年平均を採用。

(2015年価格、十億米ドル)

2009	2010	2011	2012	2013	2014	2015	2016	2017	2018	2019	2020
17,270	17,720	18,017	18,415	18,761	19,240	19,795	20,123	20,603	21,217	21,671	20,902
15,912	16,320	16,573	16,946	17,258	17,694	18,238	18,550	18,983	19,552	19,975	19,294
1,358	1,399	1,444	1,469	1,503	1,546	1,557	1,572	1,620	1,665	1,696	1,607
4,558	4,833	5,052	5,191	5,338	5,390	5,399	5,335	5,395	5,438	5,478	5,130
964	1,013	1,050	1,088	1,103	1,135	1,172	1,203	1,228	1,255	1,253	1,149
1,584	1,703	1,771	1,805	1,859	1,868	1,802	1,743	1,766	1,798	1,823	1,749
190	201	214	225	234	238	244	248	251	260	263	248
18,503	18,996	19,445	19,513	19,688	20,059	20,485	20,888	21,478	21,945	22,338	21,094
16,493	16,908	17,267	17,262	17,383	17,727	18,169	18,543	19,065	19,451	19,774	18,608
2,611	2,667	2,706	2,745	2,797	2,881	2,957	3,023	3,088	3,139	3,191	2,892
2,964	3,088	3,209	3,223	3,237	3,308	3,358	3,432	3,524	3,563	3,600	3,436
2,273	2,318	2,368	2,376	2,389	2,412	2,439	2,466	2,522	2,569	2,617	2,411
1,868	1,900	1,914	1,857	1,823	1,822	1,837	1,860	1,891	1,909	1,917	1,745
1,195	1,197	1,187	1,152	1,136	1,151	1,196	1,232	1,268	1,298	1,325	1,181
2,010	2,088	2,178	2,251	2,306	2,332	2,316	2,345	2,413	2,493	2,564	2,487
1,197	1,251	1,304	1,357	1,381	1,391	1,363	1,366	1,391	1,430	1,459	1,416
102	106	112	112	112	101	91.0	93.3	95.5	98.8	102	97.9
1,891	1,992	2,025	2,094	2,177	2,261	2,327	2,368	2,438	2,511	2,579	2,519
302	311	321	329	337	342	346	349	353	358	358	335
1,943	2,043	2,169	2,219	2,285	2,361	2,409	2,530	2,554	2,570	2,579	2,470
380	402	413	382	381	399	393	446	463	435	405	419
485	509	560	590	606	628	654	665	660	676	679	651
16,530	17,857	18,867	19,869	20,962	22,035	23,171	24,357	25,668	26,965	28,093	27,854
6,828	7,554	8,276	8,926	9,620	10,334	11,062	11,819	12,640	13,493	14,296	14,632
4,053	4,219	4,220	4,278	4,364	4,377	4,445	4,478	4,553	4,579	4,591	4,381
251	268	280	285	294	302	309	316	328	337	332	312
419	463	481	491	501	522	526	533	549	565	581	597
1,181	1,261	1,308	1,339	1,382	1,426	1,466	1,509	1,557	1,602	1,638	1,624
216	247	263	274	288	299	308	318	333	344	349	330
12.7	13.0	13.5	13.6	13.3	13.0	12.9	12.6	12.8	12.8	13.3	13.4
619	658	698	741	782	821	861	904	950	999	1,049	1,028
217	233	245	258	271	287	301	315	333	349	365	344
213	229	237	254	271	288	306	328	351	373	396	358
323	347	350	375	385	389	401	415	432	451	461	433
1,445	1,567	1,650	1,740	1,851	1,988	2,147	2,324	2,482	2,644	2,751	2,551
136	145	154	162	171	181	193	205	219	235	251	259
1,194	1,219	1,249	1,295	1,329	1,365	1,398	1,438	1,473	1,516	1,547	1,551
1,043	1,065	1,091	1,134	1,164	1,194	1,219	1,253	1,282	1,318	1,346	1,346
152	154	158	161	165	172	178	185	191	198	201	204
41,579	42,789	43,586	44,172	44,838	45,802	46,988	47,855	49,058	50,221	51,090	48,807
20,309	21,870	23,238	24,424	25,704	26,909	27,996	29,183	30,551	31,941	33,194	32,712
12,614	12,898	13,137	13,045	13,040	13,246	13,552	13,824	14,213	14,507	14,770	13,890
1,720	1,801	1,889	1,964	2,014	2,036	2,010	2,026	2,075	2,143	2,199	2,141
35,421	37,190	38,519	39,948	41,329	42,792	44,353	45,729	47,407	49,229	50,730	49,766
1,796	1,937	2,032	2,154	2,262	2,366	2,476	2,599	2,738	2,878	3,005	2,887
-	-	-	-	-	-	-	-	-	-	-	-
61,888	64,659	66,823	68,596	70,542	72,711	74,984	77,038	79,609	82,162	84,284	81,520

(23)世界の実質GDP（購買力平価ベース）

(2015年価格、十億国際ドル)

年	1971	1973	1980	1990	2000	2010	2015	2019	2020
北　米	5,344	5,952	7,084	9,756	13,582	16,278	18,184	19,907	19,201
アメリカ	4,919	5,470	6,500	9,007	12,620	14,992	16,754	18,349	17,724
カナダ	426	482	584	749	962	1,286	1,430	1,558	1,477
中南米	N.A.	N.A.	N.A.	N.A.	N.A.	N.A.	N.A.	N.A.	N.A.
メキシコ	427	499	787	947	1,325	1,532	1,772	1,895	1,737
ブラジル	545	696	1,121	1,310	1,695	2,433	2,574	2,604	2,498
チ　リ	66.6	62.6	80.7	108	198	299	362	390	367
欧　州	N.A.	N.A.	N.A.	N.A.	N.A.	N.A.	N.A.	N.A.	N.A.
欧州OECD	6,690	7,415	8,891	11,452	14,428	16,860	18,228	19,940	18,821
イギリス	880	978	1,050	1,400	1,796	2,073	2,298	2,481	2,248
ドイツ	1,406	1,536	1,813	2,282	2,763	3,009	3,272	3,508	3,348
フランス	920	1,023	1,248	1,594	1,964	2,224	2,340	2,511	2,314
イタリア	893	992	1,274	1,615	1,908	1,968	1,902	1,985	1,808
欧州非OECD	N.A.	N.A.	N.A.	N.A.	N.A.	N.A.	N.A.	N.A.	N.A.
ロシア	1,346	1,528	2,104	2,573	1,729	2,771	3,021	3,233	3,137
ウクライナ	119	134	172	560	242	369	316	354	340
アフリカ	N.A.	N.A.	N.A.	N.A.	N.A.	N.A.	N.A.	N.A.	N.A.
南アフリカ	237	252	316	367	440	618	688	712	666
中　東	N.A.	N.A.	N.A.	N.A.	N.A.	N.A.	N.A.	N.A.	N.A.
イラン	N.A.	N.A.	N.A.	N.A.	N.A.	N.A.	N.A.	N.A.	N.A.
サウジアラビア	393	599	897	741	957	1,332	1,712	1,776	1,703
アジア	N.A.	N.A.	N.A.	N.A.	N.A.	N.A.	N.A.	N.A.	N.A.
中　国	375	420	638	1,551	4,182	11,405	16,700	21,584	22,090
日　本	1,514	1,773	2,237	3,485	3,947	4,177	4,401	4,546	4,337
香　港	34.6	42.9	76.3	146	215	321	371	398	374
台　湾	N.A.	N.A.	N.A.	N.A.	N.A.	N.A.	N.A.	N.A.	N.A.
韓　国	81.3	100	179	464	922	1,456	1,692	1,891	1,875
シンガポール	20.2	25.3	41.6	87.6	174	305	381	431	408
ブルネイ	8.91	10.8	18.3	15.3	19.0	21.8	21.7	22.3	22.5
インドネシア	226	262	433	739	1,082	1,801	2,357	2,873	2,814
マレーシア	46.3	56.5	93.0	166	330	518	671	812	766
フィリピン	119	136	199	238	317	508	681	881	797
タ　イ	89.8	103	166	354	544	852	986	1,132	1,063
インド	703	722	930	1,597	2,748	5,272	7,220	9,252	8,581
ベトナム	34.3	34.5	48.1	83.8	174	330	439	571	588
オセアニア	299	323	382	521	718	966	1,107	1,225	1,228
オーストラリア	249	265	321	448	620	838	959	1,059	1,059
ニュージーランド	50.9	57.6	60.3	72.8	98.5	127	147	166	169
OECD 38	14,461	16,169	19,697	26,815	35,267	41,768	45,989	50,080	47,847
非OECD	N.A.	N.A.	N.A.	N.A.	N.A.	N.A.	N.A.	N.A.	N.A.
EU 27	5,470	6,080	7,520	9,473	11,692	13,552	14,255	15,610	14,678
旧ソ連15	N.A.	N.A.	N.A.	N.A.	N.A.	N.A.	N.A.	N.A.	N.A.
APEC 20	N.A.	N.A.	N.A.	N.A.	N.A.	N.A.	N.A.	N.A.	N.A.
ASEAN 10	N.A.	N.A.	N.A.	N.A.	N.A.	N.A.	N.A.	N.A.	N.A.
バンカー	-	-	-	-	-	-	-	-	-
世　界	N.A.	N.A.	N.A.	N.A.	N.A.	N.A.	N.A.	N.A.	N.A.

出所: World Bank「World Development Indicators」等よりEDMC推計。
注: 為替レートは2015年平均を採用。

(24)世界の名目GDP

(十億米ドル)

年	1971	1973	1980	1990	2000	2010	2015	2019	2020
北　米	1,264	1,557	3,131	6,557	10,997	16,609	19,795	23,175	22,598
アメリカ	1,165	1,425	2,857	5,963	10,252	14,992	18,238	21,433	20,953
カナダ	99.3	131	274	594	745	1,617	1,557	1,742	1,645
中南米	182	309	841	1,060	2,214	5,252	5,399	5,452	4,596
メキシコ	39.2	55.3	206	261	708	1,058	1,172	1,269	1,074
ブラジル	41.0	70.2	199	391	655	2,209	1,802	1,878	1,445
チ　リ	10.9	16.8	29.0	33.1	77.8	219	244	279	253
欧　州	1,594	2,240	4,647	8,876	10,041	20,997	20,485	22,900	22,091
欧州OECD	1,322	1,947	4,114	8,068	9,579	18,560	18,169	20,069	19,493
イギリス	148	193	565	1,093	1,662	2,491	2,957	2,879	2,760
ドイツ	250	398	950	1,772	1,948	3,400	3,358	3,888	3,846
フランス	166	264	701	1,269	1,366	2,645	2,439	2,729	2,630
イタリア	125	175	477	1,181	1,147	2,136	1,837	2,009	1,889
欧州非OECD	271	293	533	808	462	2,438	2,316	2,832	2,598
ロシア	145	177	306	517	260	1,525	1,363	1,687	1,483
ウクライナ	25.0	30.9	48.6	81.5	32.4	141	91.0	154	155
アフリカ	98.1	138	448	557	707	1,997	2,327	2,686	3,550
南アフリカ	20.3	29.3	83.0	116	152	417	346	388	335
中　東	40.2	73.0	381	375	763	2,356	2,409	3,002	2,981
イラン	13.7	27.1	95.6	96.4	112	491	393	581	835
サウジアラビア	7.18	14.9	165	117	190	528	654	793	700
アジア	582	804	2,048	4,850	8,548	17,818	23,171	28,970	28,896
中　国	99.8	139	306	395	1,211	6,087	11,062	14,280	14,723
日　本	240	432	1,105	3,133	4,968	5,759	4,445	5,149	5,058
香　港	4.46	8.03	28.9	76.9	172	229	309	363	347
台　湾	6.72	11.0	42.3	167	332	446	526	590	590
韓　国	9.90	13.9	65.4	283	576	1,144	1,466	1,651	1,638
シンガポール	2.27	4.23	12.1	38.9	96.1	240	308	374	340
ブルネイ	0.198	0.433	4.93	3.52	6.00	13.7	12.9	13.5	12.0
インドネシア	9.37	16.3	72.5	106	165	755	861	1,119	1,058
マレーシア	4.24	7.66	24.5	44.0	93.8	255	301	365	337
フィリピン	8.38	11.4	36.8	50.5	83.7	208	306	377	361
タ　イ	7.38	10.8	32.4	85.3	126	341	401	544	502
インド	66.9	86.9	187	329	476	1,670	2,147	2,890	2,665
ベトナム	86.7	22.6	26.0	6.42	31.2	116	193	262	271
オセアニア	53.5	83.3	177	361	438	1,342	1,398	1,566	1,574
オーストラリア	45.7	70.8	153	316	384	1,195	1,219	1,353	1,363
ニュージーランド	7.78	12.5	23.5	45.4	54.4	147	178	213	211
OECD 38	2,947	4,116	8,830	18,722	27,477	44,924	46,988	53,557	52,095
非OECD	866	1,088	2,842	3,914	6,231	21,447	27,996	34,195	34,191
EU 27	1,177	1,695	3,373	6,524	7,269	14,558	13,552	15,689	15,292
旧ソ連15	199	245	422	710	379	2,116	2,010	2,417	2,191
APEC 20	2,000	2,577	5,624	12,148	20,394	36,494	44,353	53,294	52,422
ASEAN 10	121	76.2	217	342	614	1,986	2,476	3,171	3,009
バンカー	-	-	-	-	-	-	-	-	-
世　界	3,813	5,204	11,672	22,636	33,708	66,372	74,983	87,752	86,286

出所: World Bank「World Development Indicators」等よりEDMC推計。

注: 米ドル換算に用いる為替レートは各年値を採用。

(25) 世界のGDPデフレーター

(2015年=100)

年	1971	1973	1980	1990	2000	2010	2015	2019	2020
北　米	21.32	23.55	40.30	61.23	75.17	91.96	100.0	107.2	108.5
アメリカ	21.76	23.94	40.38	60.82	74.63	91.86	100.0	107.3	108.6
カナダ	16.91	19.56	39.40	66.47	82.61	93.09	100.0	106.6	107.4
中南米	8.22E-7	9.89E-7	1.17E-5	0.1486	25.56	61.20	100.0	201.2	219.9
メキシコ	0.0109	0.0132	0.0572	7.403	48.19	83.26	100.0	123.2	126.7
ブラジル	7.39E-12	1.15E-11	1.74E-10	3.78E-4	30.38	68.58	100.0	122.1	128.0
チ　リ	4.52E-4	0.0044	3.179	21.25	48.19	84.60	100.0	114.2	123.8
欧　州	3.249	3.589	5.623	10.04	65.35	89.24	100.0	110.1	113.4
欧州OECD	9.538	10.95	22.21	46.33	73.45	93.08	100.0	108.0	111.3
イギリス	8.211	9.541	27.50	52.21	72.64	92.36	100.0	108.0	113.7
ドイツ	34.48	38.31	52.67	69.33	82.53	92.14	100.0	107.0	108.7
フランス	16.22	18.68	38.55	70.37	80.16	95.52	100.0	103.4	106.0
イタリア	5.139	6.120	19.04	52.01	74.78	94.08	100.0	103.9	105.1
欧州非OECD	6.39E-4	6.53E-4	7.71E-4	5.43E-4	16.90	63.40	100.0	127.8	130.9
ロシア	6.16E-4	6.06E-4	6.31E-4	9.10E-4	15.36	60.76	100.0	122.9	124.0
ウクライナ	9.58E-5	9.57E-5	9.76E-5	4.73E-5	11.55	48.31	100.0	178.6	196.1
アフリカ	0.0330	0.0404	0.2268	1.419	26.71	68.75	100.0	148.2	161.2
南アフリカ	0.9559	1.257	3.180	12.66	37.26	76.89	100.0	122.5	129.0
中　東	0.2506	0.3835	4.173	8.995	36.30	81.97	100.0	123.1	123.6
イラン	0.0191	0.0276	0.1523	0.6818	8.302	43.18	100.0	207.5	288.5
サウジアラビア	5.728	6.450	42.57	41.46	51.84	103.7	100.0	116.9	107.6
アジア	17.99	22.65	37.40	53.69	71.55	88.64	100.0	108.9	110.1
中　国	15.88	15.92	17.42	29.50	58.13	87.60	100.0	110.8	111.5
日　本	45.51	54.16	91.63	106.5	111.0	98.99	100.0	101.0	101.8
香　港	11.95	14.90	29.15	63.45	96.12	85.65	100.0	110.6	111.3
台　湾	27.48	33.26	65.29	87.25	105.4	95.59	100.0	96.07	93.49
韓　国	4.313	5.629	22.71	44.16	72.12	92.71	100.0	103.9	105.2
シンガポール	30.91	37.00	55.90	72.36	85.76	96.26	100.0	106.5	103.4
ブルネイ	8.255	12.08	70.29	51.03	66.31	104.6	100.0	100.6	89.71
インドネシア	0.3318	0.5274	2.146	5.412	26.28	77.93	100.0	112.7	112.2
マレーシア	15.96	18.88	32.69	40.86	61.55	90.40	100.0	106.2	105.4
フィリピン	2.214	2.763	6.779	25.19	56.91	90.35	100.0	108.3	110.0
タ　イ	12.25	15.43	28.59	44.26	66.85	90.96	100.0	107.1	105.9
インド	3.737	4.881	8.291	18.91	40.83	75.92	100.0	115.3	120.6
ベトナム	7.81E-4	8.61E-4	0.0015	5.248	26.62	68.59	100.0	110.8	112.2
オセアニア	9.279	10.76	24.50	54.24	63.98	91.91	100.0	109.1	110.6
オーストラリア	9.604	11.11	24.77	53.35	63.10	91.89	100.0	108.6	110.5
ニュージーランド	7.776	9.210	23.05	60.37	70.17	92.05	100.0	112.3	110.8
OECD 38	12.63	14.51	27.10	54.79	76.40	92.84	100.0	107.3	109.3
非OECD	0.0013	0.0016	0.0062	0.3217	33.46	75.14	100.0	127.2	130.2
EU 27	10.12	11.51	20.53	46.70	76.55	94.08	100.0	105.9	107.9
旧ソ連15	5.76E-4	5.67E-4	5.88E-4	6.26E-4	15.19	60.13	100.0	129.9	132.9
APEC 20	7.405	8.401	13.09	28.93	71.16	89.90	100.0	108.4	109.5
ASEAN 10	1.162	1.743	5.002	16.45	44.81	84.57	100.0	109.5	109.2
バンカー	-	-	-	-	-	-	-	-	-
世　界	2.012	2.234	3.996	16.93	62.42	86.43	100.0	114.7	117.3

出所: World Bank「World Development Indicators」等よりEDMC推計。

注: 地域値は実質GDPをウェイトとする加重相乗平均によって算出。

(26)世界の対米ドル為替レート

(自国通貨/米ドル、年平均)

年	1971	1973	1980	1990	2000	2010	2015	2019	2020
北　米	N.A.	N.A.	N.A.	N.A.	N.A.	N.A.	N.A.	N.A.	N.A.
アメリカ	1.000	1.000	1.000	1.000	1.000	1.000	1.000	1.000	1.000
カナダ	1.010	1.000	1.169	1.167	1.485	1.030	1.279	1.327	1.341
中南米	N.A.	N.A.	N.A.	N.A.	N.A.	N.A.	N.A.	N.A.	N.A.
メキシコ	0.0125	0.0125	0.0230	2.813	9.456	12.64	15.85	19.26	21.49
ブラジル	2.29E-12	2.65E-12	2.28E-11	2.96E-5	1.829	1.759	3.327	3.944	5.155
チ　リ	0.0122	0.0716	39.00	304.9	539.6	510.2	654.1	702.9	792.7
欧　州	N.A.	N.A.	N.A.	N.A.	N.A.	N.A.	N.A.	N.A.	N.A.
欧州OECD	N.A.	N.A.	N.A.	N.A.	N.A.	N.A.	N.A.	N.A.	N.A.
イギリス	0.4109	0.4082	0.4303	0.5632	0.6609	0.6472	0.6545	0.7834	0.7800
ドイツ	1.793	1.366	0.9294	0.8261	1.083	0.7543	0.9013	0.8933	0.8755
フランス	0.8447	0.6788	0.6442	0.8301	1.083	0.7543	0.9013	0.8933	0.8755
イタリア	0.3204	0.3011	0.4423	0.6188	1.083	0.7543	0.9013	0.8933	0.8755
欧州非OECD	N.A.	N.A.	N.A.	N.A.	N.A.	N.A.	N.A.	N.A.	N.A.
ロシア	N.A.	N.A.	N.A.	N.A.	28.13	30.37	60.94	64.74	72.10
ウクライナ	N.A.	N.A.	N.A.	N.A.	5.440	7.936	21.84	25.85	26.96
アフリカ	N.A.	N.A.	N.A.	N.A.	N.A.	N.A.	N.A.	N.A.	N.A.
南アフリカ	0.7152	0.6940	0.7788	2.587	6.940	7.321	12.76	14.45	16.46
中　東	N.A.	N.A.	N.A.	N.A.	N.A.	N.A.	N.A.	N.A.	N.A.
イラン	75.75	68.89	70.64	394.2	5,627	10,254	29,011	42,000	42,000
サウジアラビア	4.487	3.707	3.327	3.750	3.750	3.750	3.750	3.750	3.750
アジア	N.A.	N.A.	N.A.	N.A.	N.A.	N.A.	N.A.	N.A.	N.A.
中　国	2.462	1.989	1.498	4.783	8.279	6.770	6.227	6.908	6.901
日　本	350.7	271.7	226.7	144.8	107.8	87.78	121.0	109.0	106.8
香　港	5.980	5.147	4.976	7.790	7.791	7.769	7.752	7.836	7.757
台　湾	40.05	38.00	36.01	26.89	31.23	31.64	31.90	30.16	30.16
韓　国	347.1	398.3	607.7	707.8	1,130	1,156	1,131	1,165	1,180
シンガポール	3.051	2.457	2.141	1.813	1.724	1.364	1.375	1.364	1.380
ブルネイ	3.052	2.459	2.141	1.813	1.724	1.364	1.375	1.364	1.380
インドネシア	391.9	415.0	627.0	1,843	8,422	9,090	13,389	14,148	14,582
マレーシア	3.052	2.443	2.177	2.705	3.800	3.221	3.906	4.142	4.203
フィリピン	6.432	6.756	7.511	24.31	44.19	45.11	45.50	51.80	49.62
タイ	20.80	20.62	20.48	25.59	40.11	31.69	34.25	31.05	31.29
インド	7.492	7.742	7.863	17.50	44.94	45.73	64.15	70.42	74.10
ベトナム	0.0295	0.1254	0.2565	6,538	14,168	18,613	21,698	23,050	23,208
オセアニア	N.A.	N.A.	N.A.	N.A.	N.A.	N.A.	N.A.	N.A.	N.A.
オーストラリア	0.8827	0.7041	0.8782	1.281	1.725	1.090	1.331	1.439	1.453
ニュージーランド	0.8806	0.7368	1.027	1.676	2.201	1.388	1.434	1.518	1.542
OECD 38	N.A.	N.A.	N.A.	N.A.	N.A.	N.A.	N.A.	N.A.	N.A.
非OECD	N.A.	N.A.	N.A.	N.A.	N.A.	N.A.	N.A.	N.A.	N.A.
EU 27	N.A.	N.A.	N.A.	N.A.	N.A.	N.A.	N.A.	N.A.	N.A.
旧ソ連15	0.7257	0.6591	0.5416	0.5542	N.A.	N.A.	N.A.	N.A.	N.A.
APEC 20	N.A.	N.A.	N.A.	N.A.	N.A.	N.A.	N.A.	N.A.	N.A.
ASEAN 10	N.A.	N.A.	N.A.	N.A.	N.A.	N.A.	N.A.	N.A.	N.A.
バンカー	-	-	-	-	-	-	-	-	-
世　界	N.A.	N.A.	N.A.	N.A.	N.A.	N.A.	N.A.	N.A.	N.A.

出所:World Bank「World Development Indicators」等よりEDMC推計。

注:(1)市場相場。一部、公式相場など。(2)1990年以前のドイツは旧西ドイツを指す。

(27) 世界の対国際ドル購買力平価レート

(自国通貨/国際ドル)

年	1971	1973	1980	1990	2000	2010	2015	2019	2020
北　米	N.A.	N.A.	N.A.	N.A.	N.A.	N.A.	N.A.	N.A.	N.A.
アメリカ	N.A.	N.A.	N.A.	1.000	1.000	1.000	1.000	1.000	1.000
カナダ	N.A.	N.A.	N.A.	1.296	1.270	1.296	1.340	1.331	1.322
中南米	N.A.	N.A.	N.A.	N.A.	N.A.	N.A.	N.A.	N.A.	N.A.
メキシコ	N.A.	N.A.	N.A.	1.479	6.751	8.725	9.434	10.79	10.74
ブラジル	N.A.	N.A.	N.A.	N.A.	1.063	1.597	2.083	2.400	2.446
チ　リ	N.A.	N.A.	N.A.	204.3	363.5	373.3	447.3	465.2	469.1
欧州OECD	N.A.	N.A.	N.A.	N.A.	N.A.	N.A.	N.A.	N.A.	N.A.
イギリス	N.A.	N.A.	N.A.	0.7477	0.7777	0.7778	0.8058	0.7887	0.7815
ドイツ	N.A.	N.A.	N.A.	0.9551	0.9424	0.8523	0.8329	0.8000	0.7789
フランス	N.A.	N.A.	N.A.	1.052	0.9356	0.8973	0.8719	0.8478	0.8241
イタリア	N.A.	N.A.	N.A.	0.7117	0.8495	0.8186	0.8286	0.7598	0.7382
欧州非OECD	N.A.	N.A.	N.A.	N.A.	N.A.	N.A.	N.A.	N.A.	N.A.
ロシア	N.A.	N.A.	N.A.	N.A.	7.554	16.71	25.25	26.78	26.67
ウクライナ	N.A.	N.A.	N.A.	N.A.	1.342	3.040	5.506	8.040	8.159
アフリカ	N.A.	N.A.	N.A.	N.A.	N.A.	N.A.	N.A.	N.A.	N.A.
南アフリカ	N.A.	N.A.	N.A.	2.098	3.749	4.943	5.997	6.833	6.967
中　東	N.A.	N.A.	N.A.	N.A.	N.A.	N.A.	N.A.	N.A.	N.A.
イラン	N.A.	N.A.	N.A.	215.8	1,410	N.A.	N.A.	N.A.	N.A.
サウジアラビア	N.A.	N.A.	N.A.	1.731	1.444	1.487	N.A.	N.A.	N.A.
アジア	N.A.	N.A.	N.A.	N.A.	N.A.	N.A.	N.A.	N.A.	N.A.
中　国	N.A.	N.A.	N.A.	2.439	3.705	3.614	4.027	4.176	4.225
日　本	N.A.	N.A.	N.A.	208.3	176.8	121.0	109.0	116.4	113.8
香　港	N.A.	N.A.	N.A.	5.262	6.717	5.532	6.199	6.305	6.244
台　湾	N.A.	N.A.	N.A.	N.A.	N.A.	N.A.	N.A.	N.A.	N.A.
韓　国	N.A.	N.A.	N.A.	519.6	824.6	908.4	959.7	1,001	968.5
シンガポール	N.A.	N.A.	N.A.	1.283	1.155	1.071	1.095	1.046	1.032
ブルネイ	N.A.	N.A.	N.A.	1.116	1.031	0.8570	0.7600	0.6721	0.6768
インドネシア	N.A.	N.A.	N.A.	804.7	2,124	3,811	4,721	5,189	5,224
マレーシア	N.A.	N.A.	N.A.	1.504	1.617	1.586	1.641	1.681	1.642
フィリピン	N.A.	N.A.	N.A.	8.822	14.90	18.49	19.04	20.05	20.32
タ　イ	N.A.	N.A.	N.A.	10.53	12.42	12.68	12.98	12.97	12.70
インド	N.A.	N.A.	N.A.	5.547	9.965	14.48	18.42	20.13	21.20
ベトナム	N.A.	N.A.	N.A.	N.A.	3,985	6,544	7,789	7,967	8,124
オセアニア	N.A.	N.A.	N.A.	N.A.	N.A.	N.A.	N.A.	N.A.	N.A.
オーストラリア	N.A.	N.A.	N.A.	1.386	1.384	1.555	1.545	1.587	1.568
ニュージーランド	N.A.	N.A.	N.A.	1.564	1.508	1.595	1.631	1.583	1.617
OECD 38	N.A.	N.A.	N.A.	N.A.	N.A.	N.A.	N.A.	N.A.	N.A.
非OECD	N.A.	N.A.	N.A.	N.A.	N.A.	N.A.	N.A.	N.A.	N.A.
EU 27	N.A.	N.A.	N.A.	N.A.	N.A.	N.A.	N.A.	N.A.	N.A.
旧ソ連 15	N.A.	N.A.	N.A.	N.A.	N.A.	N.A.	N.A.	N.A.	N.A.
APEC 20	N.A.	N.A.	N.A.	N.A.	N.A.	N.A.	N.A.	N.A.	N.A.
ASEAN 10	N.A.	N.A.	N.A.	N.A.	N.A.	N.A.	N.A.	N.A.	N.A.
バンカー	-	-	-	-	-	-	-	-	-
世　界	N.A.	N.A.	N.A.	N.A.	N.A.	N.A.	N.A.	N.A.	N.A.

出所: World Bank「World Development Indicators」注: 1990年以前のドイツは旧西ドイツを指す。

(28)世界の一人当たり一次エネルギー消費

(石油換算トン/人)

年	1971	1973	1980	1990	2000	2010	2015	2019	2020
北　米	7.53	8.06	7.93	7.67	8.08	7.21	6.91	6.89	6.28
アメリカ	7.65	8.16	7.94	7.67	8.06	7.16	6.82	6.75	6.15
カナダ	6.44	7.09	7.83	7.63	8.27	7.62	7.79	8.19	7.46
中南米	0.782	0.844	1.02	1.00	1.12	1.28	1.30	1.21	1.13
メキシコ	0.810	0.933	1.40	1.47	1.53	1.56	1.52	1.43	1.37
ブラジル	0.716	0.802	0.945	0.943	1.08	1.37	1.46	1.39	1.35
チ　リ	0.875	0.828	0.830	1.06	1.64	1.81	1.98	2.18	1.99
欧　州	2.82	3.06	3.44	3.75	3.19	3.32	3.05	3.13	2.97
欧州OECD	2.77	3.02	3.15	3.26	3.34	3.30	3.02	2.96	2.76
イギリス	3.73	3.88	3.52	3.60	3.79	3.23	2.78	2.51	2.29
ドイツ	3.90	4.24	4.56	4.42	4.09	4.03	3.78	3.57	3.35
フランス	3.03	3.39	3.48	3.84	4.13	4.04	3.79	3.60	3.24
イタリア	1.95	2.18	2.32	2.58	3.01	2.93	2.51	2.49	2.31
欧州非OECD	2.89	3.13	3.87	4.50	2.96	3.36	3.11	3.41	3.32
ロシア	N.A.	N.A.	N.A.	5.94	4.22	4.85	4.80	5.35	5.26
ウクライナ	N.A.	N.A.	N.A.	4.86	2.72	2.89	2.06	2.01	1.96
アフリカ	0.535	0.548	0.604	0.639	0.631	0.685	0.681	0.671	0.642
南アフリカ	2.00	2.06	2.38	2.44	2.43	2.60	2.33	2.20	2.10
中　東	0.694	0.806	1.32	1.69	2.27	3.05	3.22	3.22	3.09
イラン	0.567	0.668	0.985	1.23	1.87	2.77	3.03	3.25	3.14
サウジアラビア	0.948	1.08	3.21	3.57	5.17	7.08	7.38	6.77	6.60
アジア	0.475	0.508	0.577	0.705	0.832	1.24	1.34	1.44	1.43
中　国	0.465	0.484	0.609	0.770	0.897	1.90	2.17	2.41	2.48
日　本	2.53	2.95	2.95	3.54	4.07	3.90	3.40	3.27	3.06
香　港	0.734	0.739	0.911	1.64	2.12	1.92	2.03	1.88	1.68
台　湾	0.670	0.843	1.56	2.29	3.70	4.69	4.71	4.64	4.55
韓　国	0.516	0.632	1.08	2.17	3.97	5.05	5.34	5.41	5.33
シンガポール	1.29	1.71	2.13	3.78	4.63	4.63	5.73	6.09	5.65
ブルネイ	1.31	2.32	6.96	6.68	7.16	8.34	6.55	9.42	8.99
インドネシア	0.297	0.307	0.378	0.544	0.736	0.844	0.791	0.901	0.853
マレーシア	0.547	0.499	0.831	1.18	2.08	2.57	2.79	3.01	2.85
フィリピン	0.405	0.429	0.462	0.434	0.500	0.444	0.516	0.567	0.530
タ　イ	0.362	0.391	0.466	0.750	1.15	1.75	1.97	1.99	1.91
インド	0.234	0.237	0.250	0.321	0.396	0.541	0.629	0.679	0.632
ベトナム	0.297	0.300	0.265	0.263	0.360	0.666	0.681	0.995	0.999
オセアニア	3.70	3.97	4.41	4.85	5.43	5.46	5.17	4.94	4.90
オーストラリア	3.99	4.26	4.74	5.05	5.64	5.73	5.32	5.10	5.10
ニュージーランド	2.39	2.66	2.89	3.85	4.39	4.10	4.39	4.12	3.87
OECD 38	3.77	4.09	4.16	4.27	4.61	4.41	4.16	4.11	3.82
非OECD	0.683	0.717	0.847	0.945	0.892	1.24	1.30	1.37	1.34
EU 27	N.A.	N.A.	N.A.	3.43	3.43	3.46	3.17	3.15	2.93
旧ソ連15	3.16	3.43	4.21	4.94	3.19	3.61	3.32	3.65	3.55
APEC 20	N.A.	N.A.	N.A.	2.16	2.26	2.72	2.79	2.94	2.86
ASEAN 10	N.A.	N.A.	N.A.	N.A.	0.731	0.911	0.953	1.08	1.03
バンカー	-	-	-	-	-	-	-	-	-
世　界	1.47	1.56	1.62	1.66	1.64	1.86	1.85	1.89	1.80

出所: 表IV-(2)、表IV-(21)より算出。注: 表IV-(2)と同じ。

(29)世界の一人当たり実質GDP

(2015年価格米ドル/人)

年	1971	1973	1980	1990	2000	2010	2015	2019	2020
北　米	25,337	27,641	30,634	38,296	47,260	51,611	55,534	59,221	56,562
アメリカ	25,784	28,097	31,142	39,279	48,689	52,760	56,863	60,837	58,203
カナダ	21,109	23,343	25,921	29,443	34,122	41,155	43,596	45,109	42,259
中南米	4,744	5,196	6,330	5,902	6,816	8,237	8,718	8,508	7,897
メキシコ	5,326	5,858	7,677	7,461	8,862	8,879	9,617	9,820	8,910
ブラジル	3,917	4,764	6,500	6,156	6,788	8,702	8,814	8,638	8,229
チ　リ	4,519	4,114	4,769	5,470	8,685	11,809	13,574	13,867	12,954
欧　州	10,437	11,403	13,161	16,002	18,465	21,398	22,597	24,261	22,852
欧州OECD	15,366	16,762	19,093	23,069	27,773	30,399	31,920	34,114	32,002
イギリス	20,260	22,395	23,978	31,469	39,229	42,488	45,405	47,751	43,020
ドイツ	18,421	19,972	23,766	29,486	34,490	37,761	41,103	43,329	41,315
フランス	18,313	20,033	23,572	28,524	33,597	35,640	36,653	38,912	35,786
イタリア	15,948	17,495	21,795	27,491	32,351	32,058	30,242	32,091	29,360
欧州非OECD	2,947	3,288	4,370	5,391	3,786	6,298	6,866	7,518	7,279
ロシア	4,631	5,197	6,832	7,850	5,324	8,755	9,462	10,105	9,827
ウクライナ	724.0	804.2	992.4	3,112	1,420	2,315	2,016	2,297	2,217
アフリカ	1,407	1,449	1,574	1,493	1,528	1,982	2,036	2,044	1,948
南アフリカ	5,261	5,301	5,578	5,028	4,927	6,081	6,256	6,122	5,656
中　東	7,826	9,437	9,113	6,917	8,161	9,592	10,217	10,227	9,632
イラン	6,408	7,541	3,954	3,407	3,974	5,450	5,012	4,890	4,991
サウジアラビア	24,599	34,129	35,380	17,453	17,691	18,568	20,628	19,802	18,691
アジア	1,208	1,325	1,568	2,267	3,019	4,639	5,724	6,692	6,585
中　国	295.4	315.1	430.9	905.0	2,194	5,647	8,016	10,155	10,370
日　本	14,465	16,473	19,345	28,508	31,431	32,942	34,961	36,362	34,813
香　港	7,122	8,436	12,553	21,357	26,933	38,090	42,432	44,190	41,645
台　湾	2,048	2,522	4,092	7,890	13,825	19,992	22,380	24,616	25,295
韓　国	2,143	2,546	4,057	9,367	16,996	25,456	28,737	31,646	31,333
シンガポール	7,718	9,319	13,944	23,256	34,876	48,668	55,646	61,173	58,056
ブルネイ	39,152	43,166	56,324	35,154	34,063	33,437	31,164	30,646	30,697
インドネシア	701.1	769.9	1,073	1,488	1,868	2,720	3,332	3,877	3,757
マレーシア	1,878	2,190	3,026	4,139	6,393	8,248	9,955	11,415	10,632
フィリピン	1,451	1,572	1,895	1,730	1,831	2,433	3,001	3,665	3,270
タ　イ	963.2	1,047	1,428	2,547	3,518	5,164	5,840	6,618	6,198
インド	368.1	361.0	395.6	543.7	773.2	1,270	1,639	2,013	1,849
ベトナム	339.3	325.5	389.7	541.9	957.0	1,648	2,085	2,604	2,656
オセアニア	23,898	24,874	27,035	32,247	39,417	46,212	49,165	50,982	50,385
オーストラリア	24,416	25,173	27,803	33,386	41,137	48,346	51,203	53,076	52,397
ニュージーランド	21,548	23,525	23,410	26,408	30,875	35,407	38,631	40,315	40,218
OECD 38	16,760	18,310	20,683	25,819	31,372	34,443	36,697	39,014	37,068
非OECD	1,325	1,452	1,744	1,950	2,377	3,858	4,622	5,216	5,083
EU 27	13,858	15,185	17,940	21,601	26,227	29,211	30,485	33,028	31,042
旧ソ連 15	3,147	3,503	4,525	5,620	3,734	6,293	6,865	7,393	7,179
APEC 20	5,471	5,920	6,666	8,389	10,496	13,559	15,583	17,376	16,963
ASEAN 10	833.4	907.5	1,212	1,639	2,214	3,251	3,911	4,549	4,328
バンカー	-	-	-	-	-	-	-	-	-
世　界	5,020	5,417	5,945	6,799	7,873	9,355	10,219	10,985	10,515

出所: 表IV-(21)、表IV-(22)より算出。注: 表IV-(2)と同じ。

(30)世界の一人当たり名目GDP

(米ドル/人)

年	1971	1973	1980	1990	2000	2010	2015	2019	2020
北　米	5,505	6,641	12,438	23,645	35,151	48,377	55,534	63,332	61,153
アメリカ	5,609	6,726	12,575	23,889	36,335	48,467	56,863	65,280	63,207
カナダ	4,520	5,839	11,170	21,449	24,266	47,562	43,596	46,329	43,258
中南米	626.4	1,014	2,354	2,417	4,279	8,952	8,718	8,469	7,075
メキシコ	738.6	981.5	3,034	3,112	7,158	9,271	9,617	9,950	8,329
ブラジル	421.1	686.6	1,652	2,622	3,750	11,286	8,814	8,898	6,797
チ　リ	1,094	1,639	2,543	2,494	5,074	12,808	13,574	14,742	13,232
欧　州	2,140	2,960	5,845	10,549	11,660	23,652	22,597	24,872	23,932
欧州OECD	2,944	4,272	8,666	15,975	18,176	33,369	31,920	34,623	33,524
イギリス	2,650	3,427	10,032	19,096	28,222	39,689	45,405	43,070	41,059
ドイツ	3,192	5,047	12,139	22,304	23,695	41,572	41,103	46,795	46,253
フランス	3,169	4,970	12,714	21,793	22,420	40,678	36,653	40,579	39,037
イタリア	2,306	3,205	8,457	20,827	20,138	36,036	30,242	33,642	31,770
欧州非OECD	918.8	973.0	1,664	2,403	1,383	7,353	6,866	8,302	7,605
ロシア	1,103	1,337	2,199	3,493	1,772	10,675	9,462	11,685	10,295
ウクライナ	527.6	642.4	971.9	1,570	658.3	3,078	2,016	3,467	3,523
アフリカ	270.2	361.2	967.1	909.2	899.2	1,986	2,036	2,128	2,745
南アフリカ	897.1	1,225	2,906	3,140	3,375	8,149	6,256	6,625	5,656
中　東	592.2	1,010	4,143	2,841	4,554	11,064	10,217	11,905	11,623
イラン	469.0	876.2	2,474	1,710	1,701	6,658	5,012	7,010	9,945
サウジアラビア	1,178	2,227	16,978	7,236	9,171	19,263	20,628	23,140	20,110
アジア	284.7	375.3	835.4	1,644	2,487	4,629	5,724	6,901	6,831
中　国	118.7	157.1	312.0	347.6	959.4	4,550	8,016	10,144	10,435
日　本	2,272	3,975	9,463	25,371	39,169	44,968	34,961	40,778	40,193
香　港	1,103	1,893	5,700	13,486	25,757	32,550	42,432	48,354	46,324
台　湾	448.1	704.0	2,367	8,167	14,881	19,265	22,380	25,013	25,013
韓　国	301.2	406.9	1,715	6,610	12,263	23,079	28,737	31,902	31,598
シンガポール	1,075	1,929	5,005	12,763	23,853	47,237	55,646	65,643	59,796
ブルネイ	1,456	2,916	25,422	13,608	18,013	35,270	31,164	31,086	27,443
インドネシア	79.49	131.0	491.6	585.1	780.2	3,122	3,332	4,135	3,870
マレーシア	383.7	661.0	1,775	2,442	4,044	9,041	9,955	11,433	10,412
フィリピン	227.3	292.5	778.1	816.0	1,073	2,217	3,001	3,485	3,299
タ　イ	194.3	268.2	682.9	1,509	2,008	5,076	5,840	7,817	7,187
インド	117.8	146.0	267.6	376.9	450.7	1,353	1,639	2,115	1,931
ベトナム	1,949	484.8	479.9	94.39	390.1	1,318	2,085	2,715	2,786
オセアニア	3,390	5,095	9,929	17,712	19,039	50,853	49,165	51,601	51,138
オーストラリア	3,536	5,289	10,436	18,506	20,031	54,245	51,203	53,338	53,057
ニュージーランド	2,728	4,217	7,536	13,639	14,113	33,677	38,631	42,755	41,441
OECD 38	3,277	4,478	8,989	17,482	23,743	36,162	36,697	40,898	39,564
非OECD	303.3	363.9	824.9	931.5	1,259	3,783	4,622	5,374	5,312
EU 27	3,086	4,385	8,422	15,515	16,930	32,971	30,485	35,084	34,173
旧ソ連15	820.3	989.0	1,601	2,476	1,322	7,394	6,865	8,125	7,348
APEC 20	1,175	1,453	2,844	5,324	8,002	13,305	15,583	18,255	17,868
ASEAN 10	420.9	251.0	606.7	770.3	1,172	3,333	3,911	4,799	4,511
バンカー	-	-	-	-	-	-	-	-	-
世　界	1,015	1,331	2,636	4,293	5,521	9,603	10,219	11,436	11,130

出所: 表IV-(21)、表IV-(24)より算出。注: 表IV-(2)と同じ。

(31)世界の一人当たりCO_2排出量

(二酸化炭素トン/人)

年	1971	1973	1980	1990	2000	2010	2015	2019	2020
北　米	19.7	21.1	19.7	18.6	19.5	16.7	15.2	14.5	12.9
アメリカ	20.2	21.7	20.0	19.1	20.0	16.9	15.3	14.4	12.8
カナダ	14.7	16.0	16.5	14.1	15.6	14.9	14.9	14.9	13.4
中南米	1.51	1.70	2.02	1.88	2.21	2.49	2.58	2.26	1.94
メキシコ	1.88	2.18	3.17	3.23	3.67	4.00	3.78	3.30	2.72
ブラジル	0.914	1.13	1.44	1.30	1.71	1.91	2.23	1.95	1.83
チ　リ	2.16	2.04	1.92	2.26	3.29	4.21	4.59	4.92	4.39
欧　州	7.83	8.39	9.10	9.07	7.00	6.87	6.23	6.09	5.66
欧州OECD	7.82	8.27	8.25	7.43	6.99	6.45	5.76	5.33	4.83
イギリス	11.6	11.6	10.1	9.62	9.01	7.66	6.06	5.06	4.50
ドイツ	12.5	13.3	13.5	11.9	9.87	9.28	8.92	7.76	7.09
フランス	8.39	9.06	8.46	6.04	6.03	5.32	4.65	4.38	3.87
イタリア	5.13	5.74	6.07	6.56	7.43	6.57	5.42	5.18	4.61
欧州非OECD	7.85	8.58	10.4	11.5	7.00	7.56	7.04	7.38	7.08
ロシア	N.A.	N.A.	N.A.	14.8	9.70	10.4	10.5	11.3	10.8
ウクライナ	N.A.	N.A.	N.A.	13.0	6.34	5.80	4.17	4.01	3.85
アフリカ	0.686	0.744	0.844	0.866	0.837	1.01	1.01	0.982	0.885
南アフリカ	6.95	7.46	7.30	6.64	6.27	8.22	7.61	7.58	6.54
中　東	1.75	2.03	3.35	4.26	5.59	7.21	7.57	7.18	6.84
イラン	1.33	1.70	2.31	3.14	4.81	6.75	7.05	6.99	6.76
サウジアラビア	2.75	3.13	9.40	8.96	11.5	15.3	16.8	14.6	13.9
アジア	0.995	1.09	1.28	1.59	1.99	3.39	3.73	3.85	3.76
中　国	0.984	1.04	1.46	1.94	2.55	6.08	6.83	7.08	7.15
日　本	7.07	8.27	7.75	8.55	9.14	8.88	9.06	8.34	7.86
香　港	2.18	2.18	2.77	5.97	6.08	5.91	5.93	5.68	4.59
台　湾	2.13	2.66	4.45	5.41	9.63	10.8	11.0	11.0	10.8
韓　国	1.45	1.75	2.87	4.91	8.59	10.7	11.3	11.3	10.5
シンガポール	3.33	4.25	5.41	8.69	10.1	9.56	8.80	7.65	7.69
ブルネイ	2.82	4.99	15.7	15.8	16.5	17.1	15.8	18.8	22.4
インドネシア	0.208	0.254	0.433	0.717	1.20	1.64	1.77	2.11	1.95
マレーシア	1.13	1.05	1.94	2.91	4.92	6.80	7.25	7.23	7.08
フィリピン	0.649	0.695	0.668	0.586	0.841	0.802	0.996	1.25	1.14
タ　イ	0.418	0.504	0.679	1.41	2.38	3.30	3.64	3.60	3.48
インド	0.310	0.309	0.370	0.608	0.844	1.29	1.57	1.67	1.50
ベトナム	0.349	0.358	0.264	0.244	0.525	1.40	1.76	2.93	3.02
オセアニア	10.7	11.5	12.8	13.7	15.6	16.0	14.5	13.9	13.2
オーストラリア	12.0	12.7	14.3	15.0	17.3	17.7	16.0	15.3	14.6
ニュージーランド	4.99	5.89	5.56	6.91	7.46	6.98	6.81	6.60	6.06
OECD 38	10.1	10.9	10.5	10.0	10.5	9.61	8.90	8.37	7.56
非OECD	1.49	1.59	1.92	2.12	2.01	3.06	3.26	3.31	3.19
EU 27	N.A.	N.A.	N.A.	8.24	7.61	7.11	6.36	5.94	5.35
旧ソ連 15	8.51	9.30	11.2	12.5	7.48	8.07	7.46	7.81	7.50
APEC 20	N.A.	N.A.	N.A.	5.21	5.51	7.06	7.26	7.31	7.02
ASEAN 10	N.A.	N.A.	N.A.	N.A.	1.30	1.81	2.01	2.37	2.28
バンカー	-	-	-	-	-	-	-	-	-
世　界	3.70	3.93	3.96	3.85	3.75	4.40	4.41	4.34	4.05

出所: 表IV-(20)、表IV-(21)より算出。注: 表IV-(2)と同じ。

(32) 世界の実質GDP当たり一次エネルギー消費

(石油換算トン/2015年価格百万米ドル)

年	1971	1973	1980	1990	2000	2010	2015	2019	2020
北　米	297.2	291.6	258.9	200.2	170.9	139.7	124.5	116.4	111.1
アメリカ	296.5	290.6	255.1	195.3	165.4	135.8	119.9	110.9	105.6
カナダ	304.9	303.5	302.1	259.1	242.3	185.2	178.6	181.5	176.5
中南米	164.8	162.4	160.4	170.2	165.0	155.7	149.3	141.9	143.1
メキシコ	152.0	159.3	182.8	197.5	172.1	176.3	157.8	145.5	154.0
ブラジル	182.8	168.3	145.4	153.2	158.6	157.1	165.1	160.6	163.6
チ　リ	193.7	201.3	174.1	192.9	188.9	153.1	145.6	157.4	153.2
欧　州	269.9	268.7	261.3	234.6	172.8	155.1	134.9	128.9	129.9
欧州OECD	180.2	180.1	164.9	141.1	120.2	108.5	94.48	86.80	86.39
イギリス	184.3	173.3	147.0	114.3	96.52	76.10	61.15	52.53	53.23
ドイツ	211.5	212.3	192.0	150.0	118.7	106.7	91.98	82.41	81.02
フランス	165.3	169.0	147.5	134.8	123.0	113.4	103.5	92.63	90.53
イタリア	122.2	124.4	106.4	94.00	93.12	91.42	83.07	77.72	78.77
欧州非OECD	980.8	953.1	886.0	834.8	781.3	532.7	452.4	453.6	455.7
ロシア	N.A.	N.A.	N.A.	757.1	793.6	554.3	507.6	529.5	535.1
ウクライナ	N.A.	N.A.	N.A.	1,561	1,916	1,246	1,020	876.5	882.5
アフリカ	379.9	377.8	384.0	428.1	413.0	345.5	334.3	328.5	329.6
南アフリカ	381.0	388.0	427.2	484.8	493.3	427.6	371.7	359.4	371.6
中　東	88.72	85.45	144.9	244.0	278.7	317.6	315.6	314.4	320.7
イラン	88.44	88.53	249.0	361.0	471.8	508.3	603.7	663.6	628.7
サウジアラビア	38.52	31.58	90.71	204.7	292.1	381.3	357.8	342.1	353.3
アジア	392.9	383.2	367.7	311.2	275.7	267.9	234.7	215.7	217.3
中　国	1,574	1,535	1,415	850.4	409.1	335.7	271.1	237.0	239.2
日　本	175.0	178.9	152.5	124.1	129.4	118.4	97.27	90.00	87.83
香　港	103.0	87.65	72.54	76.97	78.76	50.48	47.85	42.47	40.44
台　湾	327.3	334.1	381.8	289.9	267.8	234.8	210.3	188.6	179.8
韓　国	240.8	248.4	266.8	231.4	233.5	198.2	186.0	171.0	170.0
シンガポール	167.4	183.7	152.5	162.7	132.9	95.12	103.0	99.51	97.29
ブルネイ	33.38	53.74	123.6	189.9	210.2	249.4	210.2	307.4	292.7
インドネシア	424.1	399.0	352.3	365.5	394.1	310.3	237.4	232.5	227.1
マレーシア	291.0	227.8	274.7	284.2	325.7	311.6	280.5	263.9	268.0
フィリピン	278.8	272.7	243.8	250.9	273.0	182.4	172.1	154.8	162.0
タ　イ	375.6	373.3	326.3	294.3	328.1	339.7	337.9	300.9	307.7
インド	636.0	656.3	632.4	590.2	511.5	425.7	383.7	337.1	341.9
ベトナム	876.1	920.0	680.4	485.0	375.8	404.2	326.4	381.9	376.1
オセアニア	154.9	159.8	163.3	150.4	137.8	118.2	105.1	96.84	97.16
オーストラリア	163.4	169.4	170.4	151.2	137.2	118.5	103.8	96.03	97.31
ニュージーランド	111.1	113.2	123.3	145.6	142.0	115.9	113.7	102.2	96.21
OECD 38	224.8	223.2	201.2	165.5	147.0	128.0	113.3	105.3	103.0
非OECD	515.3	494.1	485.7	484.6	375.1	320.2	281.6	262.7	264.3
EU 27	N.A.	N.A.	N.A.	158.7	130.7	118.4	103.9	95.25	94.36
旧ソ連15	1,004	978.4	930.5	878.4	854.8	573.8	484.1	493.6	493.9
APEC 20	N.A.	N.A.	N.A.	257.6	215.3	200.8	179.2	169.0	168.7
ASEAN 10	N.A.	N.A.	N.A.	N.A.	330.3	280.3	243.6	236.8	237.8
バンカー	-	-	-	-	-	-	-	-	-
世　界	291.9	287.4	272.9	244.0	208.5	198.5	181.2	172.3	171.3

出所: 表IV-(2)、表IV-(22)より算出。注: 表IV-(2)と同じ。

(33) 世界の名目GDP当たり一次エネルギー消費

(石油換算トン/百万米ドル)

年	1971	1973	1980	1990	2000	2010	2015	2019	2020
北　米	1,368	1,214	637.7	324.2	229.7	149.0	124.5	108.9	102.7
アメリカ	1,363	1,214	631.6	321.1	221.7	147.8	119.9	103.3	97.26
カナダ	1,424	1,213	701.0	355.7	340.6	160.3	178.6	176.8	172.4
中南米	1,248	831.8	431.2	415.6	262.9	143.2	149.3	142.6	159.8
メキシコ	1,096	950.8	462.7	473.4	213.1	168.8	157.8	143.6	164.7
ブラジル	1,701	1,168	572.2	359.6	287.1	121.1	165.1	155.9	198.1
チ　リ	800.3	505.2	326.4	423.1	323.3	141.2	145.6	148.0	150.0
欧　州	1,316	1,035	588.4	355.8	273.6	140.4	134.9	125.7	124.1
欧州OECD	940.3	706.5	363.2	203.8	183.6	98.86	94.48	85.52	82.46
イギリス	1,409	1,133	351.3	188.4	134.2	81.47	61.15	58.24	55.77
ドイツ	1,220	840.2	375.9	198.3	172.8	96.94	91.98	76.31	72.37
フランス	955.4	681.3	273.5	176.4	184.3	99.37	103.5	88.82	82.99
イタリア	845.4	678.8	274.2	124.1	149.6	81.33	83.07	74.14	72.79
欧州非OECD	3,146	3,220	2,327	1,873	2,139	456.3	452.4	410.8	436.2
ロシア	N.A.	N.A.	N.A.	1,701	2,385	454.6	507.6	457.9	510.8
ウクライナ	N.A.	N.A.	N.A.	3,094	4,133	937.2	1,020	580.7	555.4
アフリカ	1,978	1,516	624.9	702.8	702.0	344.7	334.3	315.5	233.9
南アフリカ	2,234	1,679	820.0	776.4	720.2	319.1	371.7	332.1	371.6
中　東	1,172	798.4	318.6	594.3	499.5	275.3	315.6	270.1	265.8
イラン	1,208	761.9	398.0	719.4	1,102	416.0	603.7	463.0	315.5
サウジアラビア	804.7	483.9	189.0	493.8	563.5	367.5	357.8	292.8	328.3
アジア	1,667	1,353	690.1	429.2	334.7	268.5	234.7	209.2	209.4
中　国	3,919	3,079	1,953	2,214	935.5	416.6	271.1	237.3	237.7
日　本	1,114	741.5	311.7	139.5	103.8	86.74	97.27	80.26	76.07
香　港	665.3	390.5	159.7	121.9	82.36	59.07	47.85	38.82	36.35
台　湾	1,496	1,197	660.2	280.1	248.8	243.6	210.3	185.6	181.8
韓　国	1,714	1,554	631.2	327.9	323.6	218.6	186.0	169.6	168.6
シンガポール	1,202	887.4	424.8	296.4	194.3	98.00	103.0	92.74	94.46
ブルネイ	897.6	795.5	273.9	490.7	397.4	236.5	210.2	303.0	327.5
インドネシア	3,741	2,345	768.6	929.5	943.4	270.3	237.4	218.0	220.5
マレーシア	1,425	754.7	468.5	481.8	514.9	284.2	280.5	263.5	273.6
フィリピン	1,780	1,465	593.7	532.0	466.0	200.1	172.1	162.8	160.6
タ　イ	1,862	1,457	682.3	496.8	574.8	345.5	337.9	254.7	265.4
インド	1,987	1,623	935.0	851.4	877.6	399.6	383.7	320.8	327.3
ベトナム	152.5	617.8	552.5	2,784	921.9	505.5	326.4	366.3	358.6
オセアニア	1,092	780.0	444.6	273.9	285.4	107.4	105.1	95.67	95.73
オーストラリア	1,128	806.2	454.0	272.8	281.8	105.6	103.8	95.56	96.10
ニュージーランド	877.1	631.3	383.0	282.0	310.8	121.9	113.7	96.40	93.37
OECD 38	1,150	912.7	463.0	244.4	194.3	121.9	113.3	100.5	96.48
非OECD	2,251	1,971	1,027	1,015	708.0	326.5	281.6	255.0	252.8
EU 27	N.A.	N.A.	N.A.	220.9	202.4	104.9	103.9	89.67	85.71
旧ソ連 15	3,852	3,465	2,630	1,994	2,414	488.4	484.1	449.1	482.5
APEC 20	N.A.	N.A.	N.A.	405.9	282.3	204.7	179.2	160.9	160.2
ASEAN 10	N.A.	N.A.	N.A.	N.A.	623.9	273.3	243.6	224.4	228.2
バンカー	-	-	-	-	-	-	-	-	-
世　界	1,443	1,169	615.5	386.4	297.3	193.4	181.2	165.5	161.8

出所: 表IV-(2)、表IV-(24)より算出。注: 表IV-(2)と同じ。

(34)世界の実質GDP当たりCO_2排出量

(二酸化炭素トン/2015年価格百万米ドル)

年	1971	1973	1980	1990	2000	2010	2015	2019	2020
北　米	777.9	765.0	643.1	484.5	413.1	323.1	274.5	244.4	228.0
アメリカ	785.0	772.0	643.7	485.0	409.8	319.9	268.8	237.1	220.7
カナダ	696.2	685.9	636.5	478.9	457.5	361.1	341.4	330.4	316.1
中南米	318.0	326.3	319.5	318.3	324.9	302.4	296.3	265.6	245.4
メキシコ	353.3	372.8	413.0	432.6	414.2	450.3	393.2	336.5	305.4
ブラジル	233.4	237.5	222.1	211.4	251.4	220.0	253.4	225.5	222.3
チ　リ	479.1	496.8	401.8	413.2	378.6	356.7	338.2	354.9	338.6
欧　州	750.3	735.8	691.7	566.8	378.9	320.9	275.9	250.9	247.9
欧州OECD	508.7	493.2	431.9	322.2	251.8	212.3	180.4	156.1	151.0
イギリス	571.2	519.6	422.8	305.6	229.6	180.2	133.5	105.9	104.7
ドイツ	677.4	663.8	568.4	402.8	286.1	245.8	216.9	179.1	171.7
フランス	457.9	452.1	358.8	211.6	179.4	149.2	126.8	112.5	108.2
イタリア	321.8	328.2	278.7	238.7	229.5	205.0	179.2	161.3	157.1
欧州非OECD	2,665	2,609	2,374	2,139	1,849	1,200	1,025	981.5	973.0
ロシア	N.A.	N.A.	N.A.	1,880	1,823	1,192	1,109	1,115	1,096
ウクライナ	N.A.	N.A.	N.A.	4,174	4,461	2,506	2,070	1,746	1,738
アフリカ	487.7	513.4	536.5	580.4	547.9	509.8	497.1	480.5	454.3
南アフリカ	1,322	1,408	1,308	1,321	1,273	1,353	1,216	1,238	1,157
中　東	224.1	215.6	367.6	616.1	685.3	751.8	741.1	702.2	709.7
イラン	207.6	225.5	583.3	921.8	1,211	1,239	1,406	1,430	1,355
サウジアラビア	111.8	91.60	265.7	513.4	648.8	826.2	813.1	735.3	743.2
アジア	823.8	819.3	816.3	702.4	657.9	730.2	652.0	575.5	570.7
中　国	3,331	3,296	3,391	2,143	1,161	1,077	852.5	696.8	689.0
日　本	488.5	501.8	400.8	299.7	290.9	269.5	259.3	229.2	225.9
香　港	306.6	258.1	220.5	279.7	225.7	155.2	139.7	128.6	110.3
台　湾	1,039	1,056	1,088	685.2	696.9	538.3	489.5	447.0	427.4
韓　国	675.6	686.8	707.4	524.2	505.6	422.1	391.8	356.4	336.7
シンガポール	432.0	456.0	387.7	373.8	289.5	196.4	158.2	125.0	132.4
ブルネイ	71.94	115.5	278.0	449.0	484.4	511.7	506.6	611.9	728.7
インドネシア	296.8	329.5	403.7	481.8	644.0	602.0	530.2	543.0	517.9
マレーシア	601.0	481.0	640.1	704.1	770.0	824.1	728.3	633.1	665.8
フィリピン	446.9	442.0	352.6	338.8	459.2	329.7	331.9	341.3	347.4
タ　イ	433.9	481.9	475.1	552.2	677.7	640.0	623.9	543.9	561.6
インド	842.8	856.2	934.4	1,118	1,091	1,012	956.7	829.8	813.2
ベトナム	1,027	1,100	676.2	449.5	548.5	848.3	842.6	1,125	1,137
オセアニア	448.3	461.9	472.8	424.8	396.8	345.5	295.6	272.8	261.2
オーストラリア	490.5	505.7	514.8	450.0	420.3	366.9	313.0	289.0	278.0
ニュージーランド	231.7	250.6	237.5	261.5	241.7	197.3	176.2	163.8	150.6
OECD 38	605.3	595.0	509.6	388.6	334.1	278.9	242.5	214.5	203.9
非OECD	1,121	1,095	1,103	1,089	844.3	793.8	705.5	633.8	626.7
EU 27	N.A.	N.A.	N.A.	381.7	290.2	243.2	208.6	179.9	172.4
旧ソ連15	2,705	2,656	2,479	2,223	2,004	1,282	1,086	1,057	1,045
APEC 20	N.A.	N.A.	N.A.	620.9	524.8	520.7	465.7	420.6	413.6
ASEAN 10	N.A.	N.A.	N.A.	N.A.	589.3	555.7	514.0	520.7	526.5
バンカー	-	-	-	-	-	-	-	-	-
世　界	736.6	724.8	666.4	566.5	476.9	470.5	431.4	395.4	385.0

出所: 表IV-(20)、表IV-(22)より算出。注: 表IV-(2)と同じ。

(35)世界の一次エネルギー消費当たりCO_2排出量

(二酸化炭素トン/石油換算トン)

年	1971	1973	1980	1990	2000	2010	2015	2019	2020
北　米	2.62	2.62	2.48	2.42	2.42	2.31	2.20	2.10	2.05
アメリカ	2.65	2.66	2.52	2.48	2.48	2.36	2.24	2.14	2.09
カナダ	2.28	2.26	2.11	1.85	1.89	1.95	1.91	1.82	1.79
中南米	1.93	2.01	1.99	1.87	1.97	1.94	1.98	1.87	1.71
メキシコ	2.32	2.34	2.26	2.19	2.41	2.55	2.49	2.31	1.98
ブラジル	1.28	1.41	1.53	1.38	1.59	1.40	1.53	1.40	1.36
チ　リ	2.47	2.47	2.31	2.14	2.00	2.33	2.32	2.26	2.21
欧　州	2.78	2.74	2.65	2.42	2.19	2.07	2.04	1.95	1.91
欧州OECD	2.82	2.74	2.62	2.28	2.10	1.96	1.91	1.80	1.75
イギリス	3.10	3.00	2.88	2.67	2.38	2.37	2.18	2.02	1.97
ドイツ	3.20	3.13	2.96	2.69	2.41	2.30	2.36	2.17	2.12
フランス	2.77	2.68	2.43	1.57	1.46	1.32	1.23	1.21	1.20
イタリア	2.63	2.64	2.62	2.54	2.46	2.24	2.16	2.08	1.99
欧州非OECD	2.72	2.74	2.68	2.56	2.37	2.25	2.26	2.16	2.14
ロシア	N.A.	N.A.	N.A.	2.48	2.30	2.15	2.19	2.11	2.05
ウクライナ	N.A.	N.A.	N.A.	2.67	2.33	2.01	2.03	1.99	1.97
アフリカ	1.28	1.36	1.40	1.36	1.33	1.48	1.49	1.46	1.38
南アフリカ	3.47	3.63	3.06	2.72	2.58	3.16	3.27	3.44	3.11
中　東	2.53	2.52	2.54	2.52	2.46	2.37	2.35	2.23	2.21
イラン	2.35	2.55	2.34	2.55	2.57	2.44	2.33	2.15	2.16
サウジアラビア	2.90	2.90	2.93	2.51	2.22	2.17	2.27	2.15	2.10
アジア	2.10	2.14	2.22	2.26	2.39	2.73	2.78	2.67	2.63
中　国	2.12	2.15	2.40	2.52	2.84	3.21	3.14	2.94	2.88
日　本	2.79	2.80	2.63	2.42	2.25	2.28	2.67	2.55	2.57
香　港	2.98	2.94	3.04	3.63	2.87	3.07	2.92	3.03	2.73
台　湾	3.17	3.16	2.85	2.36	2.60	2.29	2.33	2.37	2.38
韓　国	2.81	2.77	2.65	2.27	2.17	2.13	2.11	2.08	1.98
シンガポール	2.58	2.48	2.54	2.30	2.18	2.06	1.54	1.26	1.36
ブルネイ	2.16	2.15	2.25	2.36	2.31	2.05	2.41	1.99	2.49
インドネシア	0.700	0.826	1.15	1.32	1.63	1.94	2.23	2.34	2.28
マレーシア	2.06	2.11	2.33	2.48	2.36	2.64	2.60	2.40	2.48
フィリピン	1.60	1.62	1.45	1.35	1.68	1.81	1.93	2.20	2.14
タ　イ	1.16	1.29	1.46	1.88	2.07	1.88	1.85	1.81	1.83
インド	1.33	1.30	1.48	1.89	2.13	2.38	2.49	2.46	2.38
ベトナム	1.17	1.20	0.994	0.927	1.46	2.10	2.58	2.95	3.02
オセアニア	2.89	2.89	2.90	2.82	2.88	2.92	2.81	2.82	2.69
オーストラリア	3.00	2.98	3.02	2.98	3.06	3.10	3.01	3.01	2.86
ニュージーランド	2.09	2.21	1.93	1.80	1.70	1.70	1.55	1.60	1.57
OECD 38	2.69	2.67	2.53	2.35	2.27	2.18	2.14	2.04	1.98
非OECD	2.18	2.22	2.27	2.25	2.25	2.48	2.51	2.41	2.37
EU 27	N.A.	N.A.	N.A.	2.41	2.22	2.05	2.01	1.89	1.83
旧ソ連15	2.69	2.71	2.66	2.53	2.34	2.23	2.24	2.14	2.12
APEC 20	N.A.	N.A.	N.A.	2.41	2.44	2.59	2.60	2.49	2.45
ASEAN 10	N.A.	N.A.	N.A.	N.A.	1.78	1.98	2.11	2.20	2.21
バンカー	3.14	3.14	3.14	3.14	3.14	3.14	3.14	3.14	3.13
世　界	2.52	2.52	2.44	2.32	2.29	2.37	2.38	2.30	2.25

出所: 表IV-(2)、表IV-(20)より算出。注: 表IV-(2)と同じ。

(36)世界の自動車保有台数

(千台)

年	1971	1973	1980	1990	2000	2010	2015	2018	2019
北　米	121,804	135,518	168,998	205,337	239,023	269,401	287,372	305,830	311,705
アメリカ	112,981	125,648	155,787	188,783	221,452	248,200	264,157	281,499	286,884
カナダ	8,823	9,871	13,211	16,553	17,571	21,201	23,215	24,331	24,821
中南米	15,066	17,221	27,915	37,735	53,671	94,160	121,301	135,450	139,977
メキシコ	1,956	3,212	5,713	9,978	14,995	30,721	37,402	43,200	44,867
ブラジル	3,300	3,964	11,078	13,070	18,276	32,065	40,838	44,439	45,479
チ　リ	367	378	629	991	2,006	3,130	4,422	5,150	5,362
欧　州	89,876	103,186	149,059	216,495	286,057	371,764	398,108	430,063	440,679
欧州OECD	83,445	94,746	128,178	186,153	241,967	292,791	305,801	326,583	331,617
イギリス	14,127	15,690	17,351	26,412	31,463	35,479	38,220	40,413	41,009
ドイツ	16,759	18,384	24,853	32,684	47,306	49,265	49,603	50,848	51,605
フランス	15,277	16,914	21,804	28,861	34,274	38,263	39,194	40,045	40,252
イタリア	12,300	14,508	19,115	29,910	36,165	41,650	42,242	44,169	44,837
欧州非OECD	6,431	8,440	20,881	30,342	44,091	78,973	92,306	103,479	109,062
ロシア	3,224	4,289	11,130	15,497	27,189	42,896	51,846	58,424	61,924
ウクライナ	N.A.	N.A.	N.A.	N.A.	N.A.	9,430	9,511	10,312	10,647
アフリカ	4,282	4,912	9,456	13,934	19,059	28,259	38,781	46,909	49,997
南アフリカ	2,170	2,509	3,270	4,794	5,637	7,267	9,313	13,004	14,095
中　東	1,396	1,952	5,765	10,222	14,071	28,024	34,749	41,124	42,962
イラン	430	680	1,485	2,110	2,156	11,429	12,052	14,472	15,259
サウジアラビア	114	244	1,711	3,004	4,135	5,425	6,770	7,924	8,345
アジア	25,141	30,539	47,240	85,497	138,559	247,514	375,927	467,376	500,115
中　国	578	685	1,151	5,307	15,701	78,018	162,745	230,173	252,526
日　本	20,435	25,166	37,915	57,669	72,370	74,997	77,139	77,963	77,990
香　港	156	193	264	374	524	575	682	729	735
台　湾	112	174	482	2,883	5,536	6,826	7,677	7,970	8,053
韓　国	132	139	519	3,395	12,059	17,941	20,990	23,203	23,634
シンガポール	180	205	248	428	561	784	813	820	833
ブルネイ	13.4	20.1	45.6	120	181	233	262	278	278
インドネシア	392	482	1,294	2,806	5,412	15,829	22,513	26,870	27,788
マレーシア	389	434	897	2,427	5,242	10,050	12,614	15,368	18,058
フィリピン	474	571	852	1,218	2,431	3,116	3,561	4,394	4,707
タ　イ	398	437	881	2,814	6,120	10,700	15,490	17,784	18,597
インド	1,119	1,112	1,667	4,320	9,420	22,338	41,800	50,037	54,250
ベトナム	125	128	138	154	314	1,274	2,101	3,162	3,383
オセアニア	6,240	6,898	8,864	11,621	14,959	18,707	20,879	22,793	23,186
オーストラリア	5,037	5,573	7,263	9,777	12,288	15,352	17,142	18,635	18,924
ニュージーランド	1,203	1,325	1,601	1,845	2,671	3,354	3,737	4,158	4,262
OECD 38	235,484	267,223	352,289	477,757	601,189	714,030	762,862	815,722	830,138
非OECD	28,321	33,002	65,008	103,084	164,210	343,799	514,254	633,823	678,484
EU 27	67,119	76,362	106,989	154,481	204,114	249,523	256,141	273,540	278,580
旧ソ連 15	5,400	7,000	17,158	23,989	34,695	64,376	75,620	83,341	87,784
APEC 20	157,350	179,333	240,507	323,623	425,787	587,329	731,075	846,848	886,641
ASEAN 10	2,057	2,361	4,450	10,056	20,426	42,318	57,885	69,354	74,348
バンカー	-	-	-	-	-	-	-	-	-
世　界	263,805	300,226	417,297	580,841	765,400	1,057,829	1,277,116	1,449,545	1,508,621

出所：日本自動車工業会「世界自動車統計年報」、Wards Intelligence「Ward's World Motor Vehicle Data」等よりEDMC推計。

(37)世界の千人当たり自動車保有台数

(台/千人)

年	1971	1973	1980	1990	2000	2010	2015	2018	2019
北　米	530	578	671	740	764	785	806	841	852
アメリカ	544	593	686	756	785	802	824	862	874
カナダ	402	439	539	598	573	623	650	656	660
中南米	52.0	56.6	78.2	86.1	104	161	196	213	218
メキシコ	36.9	57.0	84.3	119	152	269	307	342	352
ブラジル	33.9	38.8	91.8	87.7	105	164	200	212	215
チリ	36.9	36.8	55.1	74.6	131	183	246	275	283
欧　州	121	136	187	257	332	419	439	469	478
欧州OECD	186	208	270	369	459	526	537	566	572
イギリス	253	279	308	461	534	565	587	608	614
ドイツ	214	233	317	411	575	602	607	613	621
フランス	292	318	395	496	563	588	589	598	600
イタリア	227	265	339	527	635	703	696	731	744
欧州非OECD	21.8	28.0	65.2	90.2	132	238	274	304	320
ロシア	24.6	32.3	80.1	105	185	300	360	404	429
ウクライナ	N.A.	N.A.	N.A.	N.A.	N.A.	206	211	231	240
アフリカ	11.5	12.5	19.9	22.1	23.5	27.2	32.8	36.8	38.4
南アフリカ	95.8	105	114	130	125	142	168	225	241
中　東	20.6	27.0	62.8	77.5	84.0	132	147	166	170
イラン	14.7	22.0	38.4	37.4	32.9	155	154	177	184
サウジアラビア	18.6	36.3	177	185	200	198	213	235	244
アジア	12.3	14.3	19.3	29.1	40.5	64.7	93.8	113	121
中　国	0.687	0.777	1.17	4.67	12.4	58.3	119	165	181
日　本	193	233	325	467	571	586	607	616	618
香　港	38.6	45.5	52.1	65.5	78.6	81.9	93.5	97.8	97.9
台　湾	7.44	11.1	27.0	141	248	295	327	338	341
韓　国	4.02	4.08	13.6	79.2	257	362	411	450	457
シンガポール	85.2	93.5	103	140	139	155	147	145	146
ブルネイ	98.9	135	235	465	544	599	632	647	641
インドネシア	3.33	3.88	8.77	15.5	25.6	65.5	87.1	100	103
マレーシア	35.1	37.5	65.0	135	226	356	417	487	565
フィリピン	12.9	14.6	18.0	19.7	31.2	33.2	34.9	41.2	43.5
タイ	10.5	10.9	18.6	49.8	97.2	159	225	256	267
インド	1.97	1.87	2.38	4.95	8.92	18.1	31.9	37.0	39.7
ベトナム	2.81	2.74	2.54	2.26	3.93	14.5	22.7	33.1	35.1
オセアニア	395	422	498	570	650	709	735	763	764
オーストラリア	389	417	494	573	642	697	720	746	746
ニュージーランド	422	447	514	554	692	771	811	849	856
OECD 38	255	283	348	431	501	553	572	601	608
非OECD	9.99	11.1	19.0	24.7	33.4	61.1	85.7	102	108
EU 27	176	198	267	367	475	565	576	612	622
旧ソ連 15	22.2	28.3	65.1	83.7	121	225	258	281	295
APEC 20	92.4	101	122	142	167	214	258	293	305
ASEAN 10	7.14	7.78	12.5	22.7	39.0	71.0	91.4	106	113
バンカー	-	-	-	-	-	-	-	-	-
世　界	70.2	76.8	94.2	110	125	153	174	191	197

出所:表Ⅳ-(21)、表Ⅳ-(36)より算出。

(38)一次エネルギー消費に関するBP統計・国連統計・IEA統計の比較

(2020年、石油換算百万トン)

		石炭	石油	天然ガス	水力 原子力	水力	原子力	合計
アメリカ	BP統計	219.8 (99.2)	776.7 (110.6)	715.3 (99.5)	244.0 (102.0)	63.9 (258.7)	180.2 (84.0)	1,955.9 (103.9)
	国連統計	218.8 (98.7)	693.3 (98.7)	706.3 (98.2)	241.0 (100.8)	26.5 (107.3)	214.5 (100.0)	1,859.5 (98.8)
	IEA統計	221.7 (100.0)	702.2 (100.0)	719.0 (100.0)	239.2 (100.0)	24.7 (100.0)	214.5 (100.0)	1,882.1 (100.0)
日本	BP統計	109.3 (107.1)	154.9 (104.7)	89.5 (97.2)	26.8 (158.8)	17.5 (258.0)	9.3 (92.3)	380.6 (106.0)
	国連統計	100.3 (98.2)	146.3 (98.9)	90.5 (98.2)	17.6 (104.5)	7.5 (111.1)	10.1 (100.0)	354.7 (98.8)
	IEA統計	102.1 (100.0)	147.9 (100.0)	92.2 (100.0)	16.9 (100.0)	6.8 (100.0)	10.1 (100.0)	359.0 (100.0)
世界	BP統計	3,608.4 (96.5)	4,160.2 (101.0)	3,306.8 (100.0)	1,565.3 (146.2)	981.5 (263.0)	583.8 (83.7)	12,640.7 (103.3)
	国連統計	3,661.1 (97.9)	4,213.3 (102.3)	3,351.4 (101.4)	1,079.2 (100.8)	382.4 (102.5)	696.7 (99.9)	12,304.9 (100.6)
	IEA統計	3,738.7 (100.0)	4,117.5 (100.0)	3,306.5 (100.0)	1,070.6 (100.0)	373.3 (100.0)	697.3 (100.0)	12,233.2 (100.0)

出所:BP「BP Statistical Review of World Energy 2022」、
United Nations「2020 Energy Statistics Yearbook」、「2020 Energy Balances」
IEA「World Energy Balances 2022 Edition」

注:(1)BP統計の水力、原子力は発電効率40.4%換算。
(2)国連統計は世界の石油、天然ガスは生産量;水力は100%、原子力は33%換算。
(3)下段( )内はIEA統計を100とする場合の比率である。
(4)合計は石炭、石油、天然ガス、水力・原子力の合計値。
(5)出所がIEA (国際エネルギー機関) の表(IEA資料)については巻頭解説10を参照。

(39)世界の原油生産量 (2017年～2021年)

	年間生産量 (1,000 b/d)					2021	
	2017	2018	2019	2020	2021	伸び率 (%)	シェア (%)
北　米	20,180	22,625	24,407	23,500	23,942	1.9	26.6
アメリカ	13,140	15,310	17,114	16,458	16,585	0.8	18.5
カナダ	4,813	5,244	5,372	5,130	5,429	5.8	6.0
メキシコ	2,227	2,072	1,921	1,912	1,928	0.8	2.1
中南米	7,295	6,649	6,297	5,925	5,909	-0.3	6.6
アルゼンチン	590	591	620	601	627	4.4	0.7
ブラジル	2,731	2,691	2,890	3,030	2,987	-1.4	3.3
コロンビア	854	865	886	781	738	-5.5	0.8
エクアドル	531	517	531	479	473	-1.4	0.5
ペルー	136	139	144	131	128	-2.8	0.1
トリニダード・トバゴ	99	87	82	76	77	0.5	0.1
ベネズエラ	2,220	1,631	1,022	640	654	2.1	0.7
その他	133	128	122	186	225	20.9	0.2
欧　州	3,579	3,538	3,449	3,597	3,420	-4.9	3.8
デンマーク	138	116	103	72	65	-10.2	0.1
イタリア	86	97	89	112	100	-10.0	0.1
ノルウェー	1,971	1,851	1,762	2,003	2,025	1.1	2.3
ルーマニア	76	75	75	72	70	-3.6	0.1
イギリス	1,005	1,092	1,118	1,049	874	-16.6	1.0
その他	303	308	302	290	286	-1.3	0.3
CIS	14,371	14,622	14,733	13,506	13,829	2.4	15.4
アゼルバイジャン	793	796	775	714	722	1.2	0.8
カザフスタン	1,838	1,904	1,919	1,806	1,811	0.3	2.0
ロシア	11,374	11,562	11,679	10,667	10,944	2.6	12.2
トルクメニスタン	269	259	254	219	252	15.3	0.3
ウズベキスタン	61	64	67	61	60	-2.2	0.1
その他	37	38	39	39	40	1.0	+
中　東	31,233	31,559	30,026	27,609	28,156	2.0	31.3
イラン	4,854	4,608	3,399	3,084	3,620	17.4	4.0
イラク	4,538	4,632	4,779	4,114	4,102	-0.3	4.6
クウェート	3,009	3,050	2,976	2,695	2,741	1.7	3.0
オマーン	971	978	971	951	971	2.2	1.1
カタール	1,756	1,793	1,727	1,714	1,746	1.9	1.9
サウジアラビア	11,892	12,261	11,832	11,039	10,954	-0.8	12.2
シリア	25	24	34	43	96	123.2	0.1
UAE	3,910	3,912	3,999	3,693	3,668	-0.7	4.1
イエメン	71	94	95	88	67	-23.7	0.1
その他	208	207	214	188	191	1.1	0.2

	年間生産量 (1,000 b/d)					2021	
	2017	2018	2019	2020	2021	伸び率 (%)	シェア (%)
アフリカ	7,661	8,123	8,269	8,362	6,928	5.2	8.1
アルジェリア	1,577	1,540	1,511	1,487	1,330	1.7	1.5
アンゴラ	1,745	1,671	1,519	1,420	1,318	-11.6	1.3
チャド	117	98	116	127	126	-7.7	0.1
コンゴ共和国	232	270	330	336	307	-10.7	0.3
エジプト	691	660	674	653	632	-3.8	0.7
赤道ギニア	223	195	176	160	158	-11.7	0.2
ガボン	221	210	193	218	207	-12.7	0.2
リビア	412	929	1,165	1,228	425	198.4	1.4
ナイジェリア	1,898	1,968	2,005	2,101	1,828	-11.1	1.8
南スーダン	137	147	144	172	165	-7.3	0.2
スーダン	84	70	74	72	63	1.1	0.1
チュニジア	54	46	44	41	37	21.3	0.1
その他	270	317	315	348	331	-11.5	0.3
アジア・オセアニア	8,033	7,765	7,610	7,642	7,428	-1.3	8.2
オーストラリア	353	322	342	453	453	-3.9	0.5
ブルネイ	121	113	112	121	110	-3.2	0.1
中国	3,999	3,846	3,802	3,848	3,901	2.4	4.4
インド	874	885	869	826	771	-3.2	0.8
インドネシア	873	837	808	781	742	-6.8	0.8
マレーシア	726	718	713	672	616	-7.0	0.6
タイ	489	486	475	475	421	-5.3	0.4
ベトナム	317	284	257	236	207	-7.2	0.2
その他	281	273	234	230	208	-4.7	0.2
世界	92,053	92,546	94,874	94,916	88,494	1.6	100.0
OECD	24,011	24,811	27,236	29,056	28,198	0.7	31.6
OPEC	37,467	37,206	36,995	34,957	30,839	2.9	35.3
非OPEC	54,586	55,340	57,879	59,959	57,655	0.8	64.7

出所:BP「BP Statistical Review of World Energy 2022」

注:(1)生産量は原油、シェールオイル、オイルサンド、コンデンセート、天然ガス液を含む。

(2)伸び率は対前年伸び率である。

(3)シェアは世界計に対する比率である。

(4)+は0.05未満を表す。

(5)地域区分は出所に従う。

(40)世界の天然ガス生産量(2017年～2021年)

	年間生産量(十億立方メートル)					2021	
	2017	2018	2019	2020	2021	伸び率(%)	シェア(%)
北　米	955.7	1,052.9	1,129.2	1,112.1	1,135.8	2.4	28.1
アメリカ	746.2	840.9	928.1	915.9	934.2	2.3	23.1
カナダ	171.3	176.8	169.8	165.7	172.3	4.3	4.3
メキシコ	38.3	35.2	31.3	30.5	29.2	-3.8	0.7
中南米	180.9	175.4	171.8	155.3	153.3	-1.0	3.8
アルゼンチン	37.1	39.4	41.6	38.3	38.6	1.1	1.0
ボリビア	18.3	17.1	15.0	14.5	15.1	4.7	0.4
ブラジル	27.2	25.2	25.7	24.2	24.3	0.7	0.6
コロンビア	11.8	12.4	12.6	12.5	12.6	1.2	0.3
ペルー	13.0	12.8	13.5	12.2	11.5	-5.4	0.3
トリニダード・トバゴ	31.9	34.0	34.6	29.5	24.7	-15.9	0.6
ベネズエラ	38.6	31.6	25.6	21.6	24.0	11.5	0.6
その他	3.1	3.0	3.2	2.7	2.6	-4.1	0.1
欧　州	262.7	251.3	234.8	218.7	210.4	-3.5	5.2
デンマーク	5.1	4.3	3.2	1.4	1.3	-4.9	+
ドイツ	6.4	5.5	5.3	4.5	4.5	0.4	0.1
イタリア	5.3	5.2	4.6	3.9	3.2	-18.4	0.1
オランダ	37.9	32.3	27.8	20.1	18.1	-9.6	0.4
ノルウェー	123.7	121.3	114.3	111.5	114.3	2.8	2.8
ポーランド	4.0	4.0	4.0	3.9	3.9	-1.2	0.1
ルーマニア	10.0	10.0	9.6	8.6	8.5	-1.3	0.2
ウクライナ	19.4	19.7	19.4	19.1	18.6	-2.5	0.5
イギリス	41.9	40.6	39.2	39.5	32.7	-16.9	0.8
その他	9.0	8.4	7.4	6.3	5.4	-14.5	0.1
CIS	799.3	841.1	857.0	809.9	896.0	10.9	22.2
アゼルバイジャン	17.8	18.8	23.9	25.9	31.8	23.3	0.8
カザフスタン	33.4	33.1	33.1	33.3	32.0	-3.8	0.8
ロシア	635.6	669.1	679.0	637.3	701.7	10.4	17.4
トルクメニスタン	58.7	61.5	63.2	66.0	79.3	20.4	2.0
ウズベキスタン	53.6	58.3	57.5	47.1	50.9	8.4	1.3
その他	0.3	0.3	0.3	0.3	0.3	5.1	+
中　東	639.6	662.4	674.6	687.8	714.9	4.2	17.7
バーレーン	14.5	14.6	16.3	16.4	17.2	5.1	0.4
イラン	213.9	224.9	232.9	249.5	256.7	3.1	6.4
イラク	10.1	10.6	11.0	7.0	9.4	33.9	0.2
クウェート	16.2	16.9	18.2	16.5	17.4	5.9	0.4
オマーン	32.3	36.3	36.7	36.9	41.8	13.5	1.0
カタール	170.5	175.2	177.2	174.9	177.0	1.4	4.4
サウジアラビア	109.3	112.1	111.2	113.1	117.3	4.0	2.9
シリア	3.5	3.5	3.3	2.7	2.9	5.3	0.1
UAE	59.5	58.1	57.5	55.4	57.0	3.1	1.4
イエメン	0.3	0.1	0.3	0.3	0.4	30.2	+
その他	9.5	10.1	10.1	15.0	17.9	19.9	0.4

	年間生産量 (十億立方メートル)					2021	
	2017	2018	2019	2020	2021	伸び率 (%)	シェア (%)
アフリカ	229.5	241.7	242.9	231.2	257.5	11.7	6.4
アルジェリア	93.0	93.8	87.0	81.5	100.8	24.1	2.5
エジプト	48.8	58.6	64.9	58.5	67.8	16.3	1.7
リビア	13.6	13.2	13.5	12.1	12.4	2.7	0.3
ナイジェリア	47.2	48.3	49.3	49.4	45.9	-6.9	1.1
その他	26.9	27.9	28.3	29.8	30.6	3.3	0.8
アジア・オセアニア	605.7	626.8	657.4	646.4	669.0	3.8	16.6
オーストラリア	110.1	127.4	146.1	146.0	147.2	1.1	3.6
バングラデシュ	26.6	26.6	25.3	23.7	24.1	2.0	0.6
ブルネイ	12.9	12.6	13.0	12.6	11.5	-8.5	0.3
中国	149.2	161.4	176.7	194.0	209.2	8.1	5.2
インド	27.7	27.5	26.9	23.8	28.5	20.4	0.7
インドネシア	72.7	72.8	67.6	59.5	59.3	-0.1	1.5
マレーシア	79.6	76.1	76.4	68.7	74.2	8.3	1.8
ミャンマー	17.8	17.0	18.5	17.5	16.9	-3.0	0.4
パキスタン	34.7	34.2	32.7	30.6	32.7	7.1	0.8
タイ	35.9	34.7	35.8	32.7	31.5	-3.3	0.8
ベトナム	9.5	9.7	9.8	8.8	7.1	-19.2	0.2
その他	29.1	26.9	28.6	28.4	26.6	-6.1	0.7
世界	3,673.5	3,851.7	3,967.7	3,861.5	4,036.9	4.8	100.0
OECD	1,328.0	1,431.7	1,511.6	1,483.5	1,503.0	1.6	37.2
EU	76.8	68.8	61.1	47.8	44.0	-7.7	1.1

出所:BP「BP Statistical Review of World Energy 2022」
注:(1)伸び率は対前年伸び率である。
(2)シェアは世界計に対する比率である。
(3)+は0.05未満を表す。
(4)地域区分は出所に従う。

(41)世界の石炭生産量（2017年～2021年）

	年間生産量(百万トン)					2021	
	2017	2018	2019	2020	2021	伸び率(%)	シェア(%)
北　米	776.2	752.9	703.7	538.8	578.6	7.7	7.1
アメリカ	702.7	686.0	640.8	485.7	524.4	8.3	6.4
カナダ	60.6	55.0	53.2	45.3	46.7	3.5	0.6
メキシコ	12.9	11.9	9.8	7.7	7.4	-3.7	0.1
中南米	99.7	95.1	92.5	60.1	68.2	13.7	0.8
ブラジル	5.8	6.4	5.8	7.1	8.2	17.0	0.1
コロンビア	91.3	86.3	85.2	52.3	59.6	14.2	0.7
ベネズエラ	0.7	0.7	0.4	0.3	0.2	-44.5	+
その他	1.8	1.6	1.1	0.4	0.2	-61.2	+
欧州	660.1	681.0	564.5	480.5	516.0	7.7	6.3
ブルガリア	34.3	30.6	28.3	22.5	28.5	26.8	0.3
チェコ	44.9	43.8	41.0	31.6	31.5	-0.2	0.4
ドイツ	175.1	168.8	131.3	107.4	126.0	17.6	1.5
ギリシャ	37.7	36.5	12.7	6.5	5.7	-12.4	0.1
ハンガリー	8.0	7.9	6.8	6.1	5.0	-18.3	0.1
ポーランド	127.1	122.4	112.4	100.7	107.6	7.2	1.3
ルーマニア	25.8	23.7	21.7	15.0	17.8	18.5	0.2
セルビア	39.9	37.7	39.0	39.7	36.4	-7.9	0.4
スペイン	3.0	2.4	0.1	0.1	0.1	4.1	+
トルコ	74.1	83.9	87.1	74.7	85.6	14.9	1.0
ウクライナ	24.7	26.8	26.1	24.4	24.9	2.3	0.3
イギリス	3.0	2.6	2.2	1.7	1.1	-36.8	+
その他	62.5	94.0	55.8	49.9	45.7	-8.1	0.6
CIS	534.5	571.9	567.8	523.5	561.0	7.5	6.9
カザフスタン	112.3	118.5	115.0	113.4	115.7	2.3	1.4
ロシア	412.5	441.6	440.9	399.7	433.7	8.8	5.3
ウズベキスタン	4.0	4.2	4.0	4.1	4.8	16.0	0.1
その他	5.7	7.7	7.9	6.3	6.9	9.9	0.1
中　東	2.0	2.1	1.9	1.9	1.9	0.0	+

	年間生産量(百万トン)					2021	
	2017	2018	2019	2020	2021	伸び率(%)	シェア(%)
アフリカ	271.2	273.4	271.7	260.8	253.5	-2.6	3.1
南アフリカ	252.3	250.0	254.4	245.8	234.5	-4.3	2.9
ジンバブエ	2.9	3.3	2.6	2.7	3.2	20.0	+
その他	15.9	20.0	14.6	12.3	15.7	28.3	0.2
アジア・オセアニア	5,352.0	5,692.1	5,909.2	5,866.4	6,193.5	5.9	75.8
オーストラリア	487.2	502.0	505.4	470.0	478.6	2.1	5.9
中国	3,523.6	3,697.7	3,846.3	3,901.6	4,126.0	6.0	50.5
インド	711.7	760.4	753.9	759.3	811.3	7.1	9.9
インドネシア	461.2	557.8	616.2	563.7	614.0	9.2	7.5
日本	1.4	1.0	0.8	0.8	0.7	-12.4	+
モンゴル	49.5	54.6	57.1	43.1	32.3	-24.8	0.4
ニュージーランド	2.9	3.2	3.0	2.8	2.9	2.0	+
パキスタン	4.2	4.4	7.1	8.8	7.5	-13.9	0.1
韓国	1.5	1.2	1.1	1.0	0.9	-11.6	+
タイ	16.3	14.9	14.1	13.3	14.2	7.6	0.2
ベトナム	38.4	42.4	46.4	48.4	47.8	-0.8	0.6
その他	54.1	52.5	57.9	53.8	57.3	6.9	0.7
世界	7,695.7	8,068.5	8,111.4	7,732.0	8,172.6	6.0	100.0
OECD	1,869.4	1,856.0	1,721.4	1,416.2	1,502.5	6.4	18.4
EU	489.7	475.1	381.6	311.0	340.3	9.7	4.2

出所:BP「BP Statistical Review of World Energy 2022」
注:(1)伸び率は対前年伸び率である。
(2)シェアは世界計に対する比率である。
(3)+は0.05未満を表す。
(4)地域区分は出所に従う。

(42)世界のウラン生産量（2017年～2021年）

	年間生産量(ウラニウムトン)					2021	
	2017	2018	2019	2020	2021	伸び率(%)	シェア(%)
北　米	14,056	7,583	6,996	3,891	4,701	20.8	9.7
アメリカ	940	582	58	6	8	33.3	0.0
カナダ	13,116	7,001	6,938	3,885	4,693	20.8	9.7
中南米	-	-	-	15	29	93.3	0.1
ブラジル	-	-	-	15	29	93.3	0.1
欧　州・ユーラシア	30,345	28,849	30,019	26,567	28,409	6.9	58.8
カザフスタン	23,321	21,705	22,808	19,477	21,819	12.0	45.1
ロシア	2,917	2,904	2,911	2,846	2,635	-7.4	5.5
ウズベキスタン	3,400	3,450	3,500	3,500	3,500	0.0	7.2
ウクライナ	707	790	800	744	455	-38.8	0.9

	年間生産量(ウラニウムトン)					2021	
	2017	2018	2019	2020	2021	伸び率(%)	シェア(%)
アフリカ	7,981	8,782	8,805	8,654	8,386	-3.1	17.4
南アフリカ	308	346	346	250	385	54.0	0.8
ナミビア	4,224	5,525	5,476	5,413	5,753	6.3	11.9
ニジェール	3,449	2,911	2,983	2,991	2,248	-24.8	4.7
アジア・オセアニア	8,080	8,941	8,922	8,604	6,808	-20.9	14.1
オーストラリア	5,882	6,517	6,613	6,203	4,192	-32.4	8.7
中　国	1,692	1,885	1,885	1,885	1,885	0.0	3.9
インド	421	423	308	400	615	53.8	1.3
パキスタン	45	45	45	45	45	0.0	0.1
イラン	40	71	71	71	71	0.0	0.1
世　界	60,514	54,154	54,742	47,731	48,332	1.3	100.0

出所:World Nuclear Association「World Uranium Mining Production」(Updated July 2022)
注:(1) ウズベキスタン、南アフリカ、中国、インド、パキスタン、イランは推計値を含む。
(2) 伸び率は対前年伸び率である。
(3) シェアは世界計に対する比率である。

(43)世界の石油確認可採埋蔵量（2020年末）

	確認可採埋蔵量			シェア (%)	可採年数 (年)
	十億トン	十億バレル	十億kL		
北　米	36.1	242.9	38.6	14.0	28.2
アメリカ	8.2	68.8	10.9	4.0	11.4
カナダ	27.1	168.1	26.7	9.7	89.4
メキシコ	0.9	6.1	1.0	0.4	8.7
中南米	50.8	323.4	51.4	18.7	151.3
アルゼンチン	0.3	2.5	0.4	0.1	11.3
ブラジル	1.7	11.9	1.9	0.7	10.8
コロンビア	0.3	2.0	0.3	0.1	7.1
エクアドル	0.2	1.3	0.2	0.1	7.4
ペルー	0.1	0.7	0.1	+	15.5
トリニダード・トバゴ	+	0.2	+	+	8.7
ベネズエラ	48.0	303.8	48.3	17.5	1,537.8
その他	0.1	0.8	0.1	+	10.9
欧　州	1.8	13.6	2.2	0.8	10.4
デンマーク	0.1	0.4	0.1	+	16.2
イタリア	0.1	0.6	0.1	+	14.7
ノルウェー	1.0	7.9	1.3	0.5	10.8
ルーマニア	0.1	0.6	0.1	+	22.7
イギリス	0.3	2.5	0.4	0.1	6.6
その他	0.2	1.6	0.3	0.1	14.9
CIS	19.9	146.2	23.3	8.4	29.6
アゼルバイジャン	1.0	7.0	1.1	0.4	26.7
カザフスタン	3.9	30.0	4.8	1.7	45.3
ロシア	14.8	107.8	17.1	6.2	27.6
トルクメニスタン	0.1	0.6	0.1	+	7.6
ウズベキスタン	0.1	0.6	0.1	+	34.7
その他	+	0.3	+	+	17.3
中　東	113.2	835.9	132.9	48.3	82.6
イラン	21.7	157.8	25.1	9.1	139.8
イラク	19.6	145.0	23.1	8.4	96.3
クウェート	14.0	101.5	16.1	5.9	103.2
オマーン	0.7	5.4	0.9	0.3	15.4
カタール	2.6	25.2	4.0	1.5	38.1
サウジアラビア	40.9	297.5	47.3	17.2	73.6
シリア	0.3	2.5	0.4	0.1	158.8
UAE	13.0	97.8	15.6	5.6	73.1
イエメン	0.4	3.0	0.5	0.2	86.7
その他	+	0.2	+	+	2.6

	確認可採埋蔵量			シェア (%)	可採年数 (年)
	十億トン	十億バレル	十億kL		
アフリカ	16.6	125.1	19.9	7.2	49.8
アルジェリア	1.5	12.2	1.9	0.7	25.0
アンゴラ	1.1	7.8	1.2	0.4	16.1
チャド	0.2	1.5	0.2	0.1	32.5
コンゴ共和国	0.4	2.9	0.5	0.2	25.7
エジプト	0.4	3.1	0.5	0.2	14.0
赤道ギニア	0.1	1.1	0.2	0.1	18.7
ガボン	0.3	2.0	0.3	0.1	26.4
リビア	6.3	48.4	7.7	2.8	339.2
ナイジェリア	5.0	36.9	5.9	2.1	56.1
南スーダン	0.5	3.5	0.6	0.2	56.4
スーダン	0.2	1.5	0.2	0.1	47.9
チュニジア	0.1	0.4	0.1	+	32.7
その他	0.5	3.8	0.6	0.2	33.2
アジア・オセアニア	6.1	45.2	7.2	2.6	16.6
オーストラリア	0.3	2.4	0.4	0.1	13.9
ブルネイ	0.1	1.1	0.2	0.1	27.3
中国	3.5	26.0	4.1	1.5	18.2
インド	0.6	4.5	0.7	0.3	16.1
インドネシア	0.3	2.4	0.4	0.1	9.0
マレーシア	0.4	2.7	0.4	0.2	12.5
タイ	+	0.3	+	+	1.7
ベトナム	0.6	4.4	0.7	0.3	58.1
その他	0.2	1.3	0.2	0.1	17.4
世界	244.4	1,732.4	275.4	100.0	53.5
OECD	38.3	260.0	41.3	15.0	25.2
OPEC	171.8	1,214.7	193.1	70.1	108.3
非OPEC	72.6	517.7	82.3	29.9	24.5

出所：BP「BP Statistical Review of World Energy 2022」

注：(1)kL表示は0.159 kL/バレルでバレル表示から換算。

(2)+ は0.05未満を表す。

(3)確認可採埋蔵量は、存在が確認され、経済的にも生産され得ると推定されるもの。

(4)可採年数は、ある年の年末における確認可採埋蔵量をその年の生産量で割って得られる。可採埋蔵量に追加がないとした場合、当該年の生産量を何年維持できるかを表す。

(5)地域区分は出所に従う。

(44)世界の天然ガス確認可採埋蔵量（2020年末）

	確認可採埋蔵量			シェア (%)	可採年数 (年)
	兆 立方フィート	兆 立方メートル	石油換算 十億トン		
北　米	535.0	15.2	13.6	8.1	13.7
アメリカ	445.6	12.6	11.4	6.7	13.8
カナダ	83.1	2.4	2.1	1.3	14.2
メキシコ	6.3	0.2	0.2	0.1	5.9
中南米	278.9	7.9	7.1	4.2	51.7
アルゼンチン	13.6	0.4	0.3	0.2	10.1
ボリビア	7.5	0.2	0.2	0.1	14.8
ブラジル	12.3	0.3	0.3	0.2	14.6
コロンビア	3.0	0.1	0.1	+	6.5
ペルー	9.2	0.3	0.2	0.1	21.6
トリニダード・トバゴ	10.2	0.3	0.3	0.2	9.8
ベネズエラ	221.1	6.3	5.6	3.3	333.9
その他	1.9	0.1	+	+	19.7
欧　州・ユーラシア	111.9	3.2	2.9	1.7	14.5
デンマーク	1.0	+	+	+	20.3
ドイツ	0.7	+	+	+	4.4
イタリア	1.5	+	+	+	10.9
オランダ	4.6	0.1	0.1	0.1	6.5
ノルウェー	50.5	1.4	1.3	0.8	12.8
ポーランド	2.6	0.1	0.1	+	18.4
ルーマニア	2.8	0.1	0.1	+	9.1
ウクライナ	38.5	1.1	1.0	0.6	57.5
イギリス	6.6	0.2	0.2	0.1	4.7
その他	3.2	0.1	0.1	+	14.3
CIS	1,998.9	56.6	51.0	30.1	70.5
アゼルバイジャン	88.4	2.5	2.3	1.3	96.9
カザフスタン	79.7	2.3	2.0	1.2	71.2
ロシア	1,320.5	37.4	33.7	19.9	58.6
トルクメニスタン	480.3	13.6	12.2	7.2	230.7
ウズベキスタン	29.9	0.8	0.8	0.4	18.0
その他	0.1	+	+	+	9.1

出所：BP「BP Statistical Review of World Energy 2022」

注：(1)石油換算トン表示は0.0000255トン/立方フィートで換算。

(2)表IV-(43)注(2)～(5)参照。

	確認可採埋蔵量			シェア (%)	可採年数 (年)
	兆 立方フィート	兆 立方メートル	石油換算 十億トン		
中　東	2,677.1	75.8	68.3	40.3	110.4
バーレーン	2.3	0.1	0.1	+	3.9
イラン	1,133.6	32.1	28.9	17.1	128.0
イラク	124.6	3.5	3.2	1.9	336.3
イスラエル	20.8	0.6	0.5	0.3	39.7
クウェート	59.9	1.7	1.5	0.9	113.2
オマーン	23.5	0.7	0.6	0.4	18.0
カタール	871.1	24.7	22.2	13.1	144.0
サウジアラビア	212.6	6.0	5.4	3.2	53.7
シリア	9.5	0.3	0.2	0.1	89.6
UAE	209.7	5.9	5.3	3.2	107.1
イエメン	9.4	0.3	0.2	0.1	2,618.8
その他	0.2	+	+	+	24.7
アフリカ	455.2	12.9	11.6	6.9	55.7
アルジェリア	80.5	2.3	2.1	1.2	28.0
エジプト	75.5	2.1	1.9	1.1	36.6
リビア	50.5	1.4	1.3	0.8	107.4
ナイジェリア	193.3	5.5	4.9	2.9	110.7
その他	55.4	1.6	1.4	0.8	54.8
アジア・オセアニア	584.8	16.6	14.9	8.8	25.4
オーストラリア	84.4	2.4	2.2	1.3	16.8
バングラデシュ	3.9	0.1	0.1	0.1	4.5
ブルネイ	7.9	0.2	0.2	0.1	17.6
中　国	296.6	8.4	7.6	4.5	43.3
インド	46.6	1.3	1.2	0.7	55.6
インドネシア	44.2	1.3	1.1	0.7	19.8
マレーシア	32.1	0.9	0.8	0.5	12.4
ミャンマー	15.3	0.4	0.4	0.2	24.4
パキスタン	13.6	0.4	0.3	0.2	12.6
パプアニューギニア	5.8	0.2	0.1	0.1	13.7
タ　イ	5.1	0.1	0.1	0.1	4.4
ベトナム	22.8	0.6	0.6	0.3	74.1
その他	6.7	0.2	0.2	0.1	11.5
世　界	6,641.8	188.1	169.4	100.0	48.8
OECD	716.2	20.3	18.3	10.8	13.7
EU	15.6	0.4	0.4	0.2	9.2

(45)世界の石炭確認可採埋蔵量(2020年末)

	確認可採埋蔵量(百万トン)			シェア (%)	可採年数 (年)
	無煙炭 瀝青炭	亜瀝青炭 褐炭	合計		
北　米	224,444	32,290	256,734	23.9	484
アメリカ	218,938	30,003	248,941	23.2	514
カナダ	4,346	2,236	6,582	0.6	166
メキシコ	1,160	51	1,211	0.1	185
中南米	8,616	5,073	13,689	1.3	240
ブラジル	1,547	5,049	6,596	0.6	1,396
コロンビア	4,554	-	4,554	0.4	90
ベネズエラ	731	-	731	0.1	1,049
その他	1,784	24	1,808	0.2	1,764
欧　州・ユーラシア	59,084	78,156	137,240	12.8	299
ブルガリア	192	2,174	2,366	0.2	192
チェコ	1,081	2,514	3,595	0.3	113
ドイツ	-	35,900	35,900	3.3	334
ギリシャ	-	2,876	2,876	0.3	205
ハンガリー	276	2,633	2,909	0.3	475
ポーランド	22,530	5,865	28,395	2.6	282
ルーマニア	11	280	291	+	19
セルビア	402	7,112	7,514	0.7	189
スペイン	868	319	1,187	0.1	282
トルコ	550	10,975	11,525	1.1	168
ウクライナ	32,039	2,336	34,375	3.2	1,429
イギリス	26	-	26	+	16
その他	1,109	5,172	6,281	0.6	189
CIS	100,208	90,447	190,655	17.8	367
カザフスタン	25,605	-	25,605	2.4	226
ロシア	71,719	90,447	162,166	15.1	407
ウズベキスタン	1,375	-	1,375	0.1	333
その他	1,509	-	1,509	0.1	336
アフリカ・中東	15,974	66	16,040	1.5	60
南アフリカ	9,893	-	9,893	0.9	40
ジンバブエ	502	-	502	+	153
その他アフリカ	4,376	66	4,442	0.4	280
中　東	1,203	-	1,203	0.1	703

	確認可採埋蔵量(百万トン)			シェア(%)	可採年数(年)
	無煙炭瀝青炭	亜瀝青炭褐炭	合計		
アジア・オセアニア	345,313	114,437	459,750	42.8	78
オーストラリア	73,719	76,508	150,227	14.0	315
中　国	135,069	8,128	143,197	13.3	37
インド	105,979	5,073	111,052	10.3	147
インドネシア	23,141	11,728	34,869	3.2	62
日　本	340	10	350	+	453
モンゴル	1,170	1,350	2,520	0.2	58
ニュージーランド	825	6,750	7,575	0.7	2,687
パキスタン	207	2,857	3,064	0.3	396
韓　国	326	-	326	+	320
タ　イ	-	1,063	1,063	0.1	80
ベトナム	3,116	244	3,360	0.3	69
その他	1,421	726	2,147	0.2	33
世　界	753,639	320,469	1,074,108	100.0	139
OECD	331,303	177,130	508,433	47.3	363
EU	25,539	53,051	78,590	7.3	266

出所：BP「BP Statistical Review of World Energy 2022」
注：表IV-(43)注(2)～(5)参照。

(46)世界のウラン確認埋蔵量（2018年末）

	生産コスト別確認埋蔵量			
	40ドル/kg未満	80ドル/kg未満	130ドル/kg未満	260ドル/kg未満
北　米	258,500	272,400	511,300	755,900
アメリカ	-	13,900	47,900	101,900
カナダ	258,500	258,500	461,600	652,200
メキシコ	-	-	1,800	1,800
中南米	138,100	175,000	180,900	184,400
アルゼンチン	-	5,100	11,000	11,000
ブラジル	138,100	155,900	155,900	155,900
チリ	-	-	-	600
ペルー	-	14,000	14,000	14,000
パラグアイ	-	-	-	2,900
欧州・ユーラシア	310,800	482,700	836,100	1,053,700
チェコ	-	-	900	50,900
フィンランド	-	-	1,200	1,200
ドイツ	-	-	-	3,000
ギリシャ	-	-	-	1,000
グリーンランド	-	-	-	51,400
イタリア	-	4,800	4,800	4,800
カザフスタン	272,200	343,800	445,100	464,700
ポルトガル	-	4,500	6,000	6,000
ルーマニア	-	-	3,000	3,000
ロシア	-	23,300	211,200	256,600
スロバキア	-	8,800	8,800	8,800
スロベニア	-	1,700	1,700	1,700
スペイン	8,100	19,100	19,100	19,100
スウェーデン	-	-	4,900	4,900
トルコ	-	-	3,700	3,700
ウクライナ	-	46,200	74,900	122,100
ウズベキスタン	30,500	30,500	50,800	50,800
中　東	-	-	9,200	9,200
イラン	-	-	3,200	3,200
ヨルダン	-	-	6,000	6,000

（ウラニウムトン）

	生産コスト別確認埋蔵量			
	40ドル/kg未満	80ドル/kg未満	130ドル/kg未満	260ドル/kg未満
アフリカ	-	214,500	878,900	1,051,800
アルジェリア	-	-	-	19,500
ボツワナ	-	-	20,400	20,400
中央アフリカ	-	-	32,000	32,000
コンゴ	-	-	-	1,400
ガボン	-	-	4,800	4,800
マラウィ	-	-	4,400	9,700
マリ	-	-	5,000	5,000
モーリタニア	-	-	5,700	5,900
ナミビア	-	-	279,400	320,700
ニジェール	-	9,900	238,700	315,500
ソマリア	-	-	-	5,000
南アフリカ	-	166,300	236,000	258,000
タンザニア	-	38,300	39,700	39,700
ザンビア	-	-	12,800	12,800
ジンバブエ	-	-	-	1,400
アジア・オセアニア	37,100	99,300	1,375,300	1,668,700
オーストラリア	N.A.	N.A.	1,183,900	1,284,800
中国	37,100	64,500	119,000	122,600
インド	N.A.	N.A.	N.A.	188,000
インドネシア	-	1,500	5,300	5,300
日本	-	-	6,600	6,600
モンゴル	-	33,300	60,500	60,500
ベトナム	-	-	-	900
世界計*	744,500	1,243,900	3,791,700	4,723,700

出所：NEA/IAEA「Uranium 2020: Resources, Production and Demand」
注：世界計は、データが存在する国のみの単純合計値。

(47)主要原油価格

年	スポット価格(BP)	スポット価格(IEA)					
	WTI	ブレント	WTS	ドバイ	ウラル	ミナス	タピス
1983	N.A.	N.A.	N.A.	30.1	N.A.	N.A.	N.A.
1984	29.4	N.A.	N.A.	28.1	N.A.	N.A.	N.A.
1985	28.0	N.A.	N.A.	27.5	N.A.	N.A.	N.A.
1990	24.5	23.7	N.A.	20.9	22.7	23.5	N.A.
1991	21.5	20.1	N.A.	17.5	19.1	19.5	N.A.
1992	20.6	19.3	N.A.	17.9	18.1	19.3	N.A.
1993	18.4	17.0	N.A.	15.7	15.4	17.8	N.A.
1994	17.2	15.8	N.A.	15.4	15.3	16.3	N.A.
1995	18.4	17.0	N.A.	16.8	16.6	17.6	N.A.
1996	22.2	20.6	N.A.	19.8	20.0	20.5	N.A.
1997	20.6	19.2	N.A.	18.8	18.4	19.1	N.A.
1998	14.4	12.8	N.A.	12.3	11.9	12.4	N.A.
1999	19.3	17.9	N.A.	17.4	17.2	15.8	N.A.
2000	30.4	28.6	N.A.	26.8	26.7	28.9	N.A.
2001	25.9	24.4	N.A.	23.1	22.9	24.2	N.A.
2002	26.2	25.0	N.A.	24.2	23.7	25.4	N.A.
2003	31.1	28.8	N.A.	27.2	27.3	29.4	N.A.
2004	41.5	38.3	N.A.	33.7	34.7	37.0	N.A.
2005	56.6	54.6	54.7	49.6	50.7	54.3	N.A.
2006	66.0	65.1	61.0	61.6	61.0	65.0	N.A.
2007	72.2	72.3	67.2	68.3	69.4	72.5	N.A.
2008	100.1	97.1	95.9	94.2	94.1	99.6	N.A.
2009	61.9	61.7	60.4	61.9	61.0	64.7	N.A.
2010	79.4	79.5	77.3	78.1	78.2	82.2	N.A.
2011	95.0	111.2	93.0	106.3	109.6	114.4	119.3
2012	94.1	111.7	88.7	109.0	110.9	116.3	117.0
2013	98.0	108.7	95.4	105.4	108.4	110.1	115.1
2014	93.3	98.9	87.3	96.5	98.0	100.3	102.8
2015	48.7	52.4	49.0	50.8	51.5	52.5	54.5
2016	43.3	43.7	42.5	41.5	42.1	41.2	45.8
2017	50.8	54.2	49.8	53.2	53.3	49.1	56.4
2018	65.2	71.3	57.4	69.6	70.2	65.4	73.7
2019	57.0	64.1	56.3	63.5	64.3	60.3	69.2
2020	39.2	41.8	39.3	42.4	41.9	41.1	43.3
2021	68.1	70.8	68.3	69.4	69.5	68.7	72.8

出所:BP「BP Statistical Review of World Energy 2022」, IEA「Energy Prices and Taxes」
OPEC「Annual Statistical Bulletin」
注:出所がIEA (国際エネルギー機関) の表(IEA資料)については巻頭解説10を参照。

(米ドル/バレル)

スポット価格(OPEC)							年
アラビアン・ライト	アラビアン・ヘビー	イラニアン・ライト	イラニアン・ヘビー	マーバン	ボニーライト	サハラブレンド	
28.8	26.6	28.1	27.2	29.3	29.9	29.9	1983
28.1	26.7	26.8	26.2	28.3	28.9	28.7	1984
27.5	25.8	26.0	25.6	27.4	27.8	27.6	1985
20.8	18.8	20.6	19.9	21.7	24.2	24.3	1990
17.4	14.0	17.3	16.3	18.2	20.6	21.0	1991
17.9	15.2	17.8	16.7	18.9	20.0	20.0	1992
15.7	13.0	15.1	14.1	16.9	17.6	17.5	1993
15.4	13.7	14.8	14.6	16.2	16.2	16.2	1994
16.7	15.6	16.2	16.3	17.2	17.3	17.4	1995
19.9	18.4	19.0	18.5	20.3	21.2	21.3	1996
18.7	17.2	18.2	18.0	19.6	19.4	19.6	1997
12.2	10.9	12.0	11.5	12.7	12.8	13.0	1998
17.5	16.4	17.3	16.9	17.9	18.1	18.1	1999
26.8	25.2	26.7	26.0	27.8	28.5	28.8	2000
23.1	21.9	22.9	21.7	24.0	24.5	24.7	2001
24.3	23.4	23.5	23.1	24.9	25.2	24.9	2002
27.7	26.4	26.9	26.3	28.2	28.8	28.7	2003
34.5	31.1	34.6	33.1	36.7	38.3	38.3	2004
50.2	45.3	50.7	48.0	54.1	55.7	54.6	2005
61.1	56.8	61.1	59.3	66.1	66.8	66.1	2006
68.8	64.2	69.3	67.1	72.9	75.1	74.7	2007
95.2	88.1	94.7	91.5	99.0	100.6	99.0	2008
61.4	60.3	61.3	60.6	63.8	63.3	62.4	2009
77.8	75.6	78.2	76.7	79.9	81.1	80.4	2010
107.8	104.1	108.3	106.1	109.8	114.2	112.9	2011
110.2	108.3	109.8	109.1	111.8	113.7	111.5	2012
106.5	103.9	107.2	105.7	108.2	111.4	109.4	2013
97.2	93.7	97.3	96.2	99.5	100.9	99.7	2014
49.9	47.0	51.4	48.8	53.9	53.0	52.8	2015
41.0	38.5	41.7	39.6	44.8	44.0	44.3	2016
52.6	51.0	52.4	51.7	54.8	54.6	54.1	2017
70.6	68.8	69.1	68.0	72.2	72.1	71.4	2018
65.0	63.9	62.7	61.9	64.7	65.6	64.5	2019
41.9	41.5	40.4	40.8	43.0	41.5	42.1	2020
70.7	70.0	67.9	69.8	70.1	70.6	70.9	2021

(48)主要国の原油輸入CIF価格

(米ドル/バレル)

年	日本	韓国	アメリカ	イギリス	フランス	ドイツ	イタリア
1965	1.98	N.A.	N.A.	N.A.	N.A.	N.A.	N.A.
1970	1.80	1.72	N.A.	N.A.	N.A.	N.A.	N.A.
1973	3.31	2.95	6.41	3.84	3.68	4.20	3.80
1975	11.86	11.28	12.70	11.77	12.17	12.42	11.61
1980	33.11	30.64	33.39	31.22	32.98	33.96	31.84
1985	27.90	27.73	26.78	27.63	28.02	27.93	27.38
1990	22.64	20.96	21.07	22.92	22.55	23.17	23.23
1991	20.14	19.62	18.23	20.06	19.71	20.36	19.14
1992	19.30	18.54	17.73	19.07	18.94	19.13	18.30
1993	17.47	16.59	15.87	16.58	16.05	16.88	15.87
1994	16.48	15.55	15.06	15.83	15.76	15.81	15.49
1995	18.02	17.32	16.74	17.29	17.14	17.07	16.90
1996	20.55	20.11	20.16	21.08	20.82	20.68	20.53
1997	20.55	20.34	18.34	19.32	18.99	19.01	18.88
1998	13.68	13.72	12.02	12.64	12.43	12.48	12.21
1999	17.38	16.91	17.06	18.01	17.45	17.51	17.10
2000	28.72	28.22	27.54	28.45	28.18	28.09	27.77
2001	25.01	24.87	22.07	24.45	24.13	24.15	23.87
2002	24.96	24.12	23.52	24.58	24.63	24.40	24.34
2003	29.26	28.80	27.66	29.13	28.87	28.44	28.58
2004	36.59	36.15	35.86	37.75	37.61	36.65	36.60
2005	51.57	50.19	48.82	53.79	52.74	52.30	51.33
2006	64.03	62.82	59.17	65.00	63.69	63.29	62.50
2007	70.09	70.01	66.77	73.80	72.22	71.60	70.20
2008	100.98	98.11	94.97	99.34	97.63	96.70	96.67
2009	61.29	61.12	58.83	62.39	61.64	61.18	60.69
2010	79.43	78.72	76.02	80.60	79.78	78.49	79.29
2011	109.30	108.63	102.43	113.49	111.78	110.63	110.23
2012	114.75	113.24	101.16	112.62	112.01	112.21	112.18
2013	110.61	108.59	97.26	110.27	109.56	109.62	109.98
2014	104.16	101.24	89.43	100.07	99.40	99.76	99.09
2015	54.20	53.32	45.81	53.81	53.14	52.65	52.06
2016	41.79	41.00	37.94	44.62	43.48	42.80	42.33
2017	54.42	53.47	48.12	54.69	54.47	54.02	53.17
2018	72.85	71.56	59.19	72.65	71.59	70.50	70.88
2019	66.78	65.42	56.33	65.58	64.98	64.43	64.70
2020	46.85	45.23	36.57	44.62	44.04	43.05	43.24
2021	70.25	70.24	64.43	71.20	71.70	71.19	71.45

出所：1975年までのデータ:
米「Monthly Energy Review」，英「Digest of United Kingdom Energy Statistics」
独「MWV/Mineralol-Zahlen」，伊「Unione Petrolifera」
日本 財務省「日本貿易月表」よりEDMCが作成
1976年以降のデータ:「Energy Prices and Taxes」(IEA)
ただし、仏データの1991年までは「CPDP/ Bulletin Mensuel」、
韓国データの1994年までは「KEEI/Yearbook of Energy Statistics」
注：出所がIEA (国際エネルギー機関) の表(IEA資料)については巻頭解説10を参照。

(49)世界主要国のガソリン価格

(USセント/L)

年	日本	アメリカ	イギリス	フランス	ドイツ	イタリア	スウェーデン	カナダ	オーストラリア
1980	64.8	32.9	65.8	79.9	64.0	81.7	69.7	22.3	34.7
1985	58.7	31.8	55.3	62.2	48.9	69.2	54.2	38.4	36.7
1990	86.3	30.7	79.8	98.1	79.3	123.1	109.3	49.3	51.1
1991	91.5	30.1	83.3	92.0	86.7	118.9	112.4	50.7	51.8
1992	94.5	29.8	84.8	95.8	98.0	119.7	113.7	45.6	49.8
1993	110.0	29.3	79.3	92.4	86.6	97.3	102.4	41.5	45.8
1994	115.2	28.4	85.7	96.8	99.6	97.8	101.7	38.4	48.7
1995	117.1	29.3	92.5	113.3	114.1	105.7	109.7	40.4	51.4
1996	96.2	32.3	99.4	117.4	111.1	116.1	122.5	42.6	56.0
1997	86.2	31.7	116.8	106.9	98.1	107.2	112.3	42.9	54.2
1998	74.6	27.2	128.9	103.2	92.1	101.4	106.4	36.5	43.0
1999	86.3	30.0	134.1	102.6	94.8	102.0	105.8	40.1	45.6
2000	96.3	39.2	132.2	102.5	95.9	99.8	108.3	48.2	51.3
2001	86.3	37.5	119.3	94.7	95.4	94.2	94.2	44.4	45.1
2002	83.2	35.5	119.7	97.7	102.5	98.6	99.6	43.8	46.5
2003	91.7	41.2	132.9	117.2	127.9	119.5	121.1	52.3	58.0
2004	103.9	48.9	157.2	134.7	146.0	139.8	140.3	62.5	71.7
2005	113.0	60.0	169.8	149.3	157.9	151.6	151.7	76.2	85.3
2006	118.2	67.9	180.4	160.0	169.4	161.3	161.3	86.1	93.5
2007	118.7	73.9	200.9	179.0	192.1	178.0	176.3	94.8	101.8
2008	151.8	85.9	208.0	203.4	214.8	201.9	197.4	106.9	117.6
2009	128.5	62.2	164.8	172.9	189.4	171.4	159.4	82.8	100.2
2010	151.5	73.5	191.3	183.0	196.1	180.7	180.9	100.5	115.5
2011	182.9	93.2	225.3	213.7	223.2	216.3	215.4	125.2	147.5
2012	184.0	95.8	226.4	208.0	215.9	229.6	219.3	127.6	148.2
2013	159.8	92.6	221.6	211.7	216.6	232.1	220.5	124.4	140.3
2014	153.9	88.9	222.4	204.8	207.6	227.2	206.9	116.1	132.3
2015	113.7	64.0	181.8	157.0	158.8	170.6	156.9	85.1	96.4
2016	110.8	56.8	159.0	150.7	150.1	159.7	152.0	77.6	86.9
2017	119.0	63.9	163.5	162.7	162.6	172.3	163.4	88.3	98.6
2018	135.6	72.0	180.3	185.5	181.4	188.8	177.0	99.4	107.0
2019	133.9	68.6	173.8	175.7	169.7	176.2	167.2	91.1	98.8
2020	127.5	57.3	163.2	161.7	163.2	163.1	153.6	76.9	85.0
2021	141.1	79.3	199.3	190.7	206.7	192.3	190.0	107.7	111.5

出所: IEA「Energy Prices and Taxes」

注: (1) 有鉛プレミアムガソリン価格(日本、アメリカ、カナダは 無鉛レギュラーガソリン価格。
オーストラリアは1991年から無鉛レギュラーガソリン価格。
イギリス、フランス、イタリアは1991年から、ドイツは1993年から 無鉛プレミアムガソリン価格。
イタリアはオクタン価95、その他の国はオクタン価98。
スウェーデンは、1993年からオクタン価98の無鉛プレミアムガソリン価格、
2009年からオクタン価95の無鉛プレミアムガソリン価格を表記。)

(2) 出所がIEA (国際エネルギー機関) の表(IEA資料)については巻頭解説10を参照。

(50)世界主要国の電力料金

年	産業用								
	日本	アメリカ	イギリス	フランス	ドイツ	イタリア	スウェーデン	カナダ	オーストラリア
1980	8.6	3.7	6.3	4.8	5.8	6.5	4.0	2.0	3.1
1985	9.5	5.2	4.6	3.4	4.7	6.2	2.8	2.6	3.4
1990	11.9	4.8	7.1	5.6	9.1	9.8	5.0	3.8	4.6
1991	12.9	4.9	7.3	5.4	8.8	10.5	5.3	4.2	4.7
1992	13.8	4.8	7.6	5.7	9.3	11.3	5.5	4.2	4.6
1993	15.8	4.9	6.8	5.5	8.9	9.1	3.5	4.0	4.2
1994	16.7	4.7	6.7	5.3	8.9	9.1	3.6	4.0	4.5
1995	18.0	4.7	6.8	6.0	10.0	9.3	3.9	3.9	6.1
1996	15.3	4.6	6.5	5.7	8.6	10.1	4.5	4.0	6.3
1997	13.9	4.5	6.5	4.9	7.2	9.4	3.4	3.9	5.7
1998	12.2	4.5	6.5	4.7	6.7	9.5	N.A.	3.8	4.7
1999	13.6	3.9	6.4	4.4	5.7	8.6	N.A.	3.8	5.0
2000	13.7	4.6	5.5	3.6	4.1	8.9	N.A.	3.8	4.5
2001	12.1	5.0	5.1	3.5	4.4	10.7	N.A.	4.1	4.4
2002	11.0	4.8	5.2	3.7	4.9	11.3	N.A.	3.9	4.9
2003	12.2	5.1	5.5	4.5	6.5	14.7	N.A.	4.7	5.4
2004	12.7	5.3	6.7	5.0	7.7	16.1	N.A.	4.9	6.1
2005	12.3	5.7	8.7	5.0	8.4	17.4	N.A.	5.5	N.A.
2006	11.7	6.2	11.7	5.1	9.4	21.0	N.A.	6.0	N.A.
2007	11.6	6.4	13.0	9.3	10.9	23.7	7.6	6.5	N.A.
2008	13.9	6.8	14.6	10.6	12.9	21.2	9.5	7.1	N.A.
2009	15.8	6.8	13.4	10.7	14.0	20.3	8.3	6.1	N.A.
2010	15.4	6.8	12.1	10.7	13.6	20.1	9.6	7.3	N.A.
2011	17.9	6.8	13.0	12.2	15.7	21.9	10.4	8.1	N.A.
2012	19.4	6.7	13.4	11.7	14.9	22.5	8.9	8.5	N.A.
2013	17.4	6.8	13.9	12.9	16.9	23.8	9.0	9.6	N.A.
2014	17.5	7.1	15.4	13.2	17.5	23.6	8.2	8.0	N.A.
2015	15.0	6.9	14.5	11.4	14.5	18.8	5.9	6.4	N.A.
2016	15.1	6.8	12.5	10.6	14.1	18.5	6.0	7.9	N.A.
2017	15.0	6.9	12.6	11.0	14.3	17.7	6.3	8.4	N.A.
2018	16.1	6.9	13.9	11.6	14.5	17.4	7.0	8.4	N.A.
2019	16.4	6.8	14.7	11.8	14.9	18.5	7.0	9.0	N.A.
2020	16.2	6.7	15.7	12.5	17.3	17.2	6.3	9.0	N.A.
2021	14.7	7.3	18.8	13.6	18.6	N.A.	N.A.	9.3	N.A.

出所：IEA「Energy Prices and Taxes」
注：出所がIEA (国際エネルギー機関) の表(IEA資料)については巻頭解説10を参照。

(USセント/kWh)

家庭用									
日本	アメリカ	イギリス	フランス	ドイツ	イタリア	スウェーデン	カナダ	オーストラリア	年
11.7	5.4	8.7	11.4	10.1	7.7	5.9	2.8	4.3	1980
12.6	7.8	6.9	8.7	8.2	8.8	3.9	3.7	4.9	1985
17.7	7.9	11.8	15.0	16.4	15.7	8.8	5.3	7.2	1990
19.1	8.1	12.9	14.1	15.9	17.3	9.7	6.1	7.5	1991
20.3	8.3	13.6	15.3	17.2	18.2	10.5	6.2	7.4	1992
23.0	8.3	11.6	14.6	16.9	14.6	8.2	6.1	7.1	1993
24.9	8.4	12.2	15.0	17.8	16.4	8.5	5.8	7.8	1994
26.9	8.4	12.7	16.7	20.3	16.9	9.4	5.7	7.9	1995
23.0	8.4	12.5	16.4	18.0	17.8	11.0	5.8	8.3	1996
20.7	8.4	12.5	13.4	15.9	15.9	10.1	5.8	8.0	1997
18.7	8.3	12.1	12.9	15.9	15.9	N.A.	5.5	6.9	1998
21.3	8.2	11.6	12.1	15.1	14.7	N.A.	5.5	7.0	1999
21.4	8.2	10.7	10.2	12.1	13.5	N.A.	5.3	6.3	2000
18.8	8.5	10.1	9.8	12.4	14.8	N.A.	5.3	6.3	2001
17.4	8.5	10.5	10.5	13.6	15.6	N.A.	5.4	6.7	2002
19.5	8.7	11.6	12.7	17.6	18.6	N.A.	6.1	8.2	2003
20.6	9.0	13.8	14.2	19.8	19.1	N.A.	6.8	9.8	2004
19.8	9.4	15.0	14.2	21.2	19.8	N.A.	7.6	N.A.	2005
18.7	10.4	17.9	14.4	22.2	22.6	N.A.	8.3	N.A.	2006
18.5	10.7	20.4	15.6	28.9	25.8	19.6	8.8	N.A.	2007
21.6	11.3	21.8	16.4	32.3	30.0	21.8	9.0	N.A.	2008
23.9	11.5	19.1	16.0	31.8	29.1	19.4	8.3	N.A.	2009
24.4	11.6	18.4	16.5	31.9	26.4	21.8	9.3	N.A.	2010
27.4	11.7	20.9	18.7	35.2	28.2	24.8	10.5	N.A.	2011
29.1	11.9	21.8	17.8	33.9	29.0	22.4	10.4	29.5	2012
25.4	12.1	23.0	19.5	38.8	31.2	23.4	10.4	28.8	2013
25.3	12.5	25.3	20.4	39.5	32.4	21.4	9.9	28.3	2014
22.5	12.7	23.0	18.0	32.7	27.4	17.1	9.3	21.2	2015
22.3	12.5	20.3	18.2	32.9	26.9	17.4	10.6	20.2	2016
22.7	12.9	20.5	18.7	34.4	26.3	17.8	10.9	23.7	2017
23.9	12.9	22.9	20.2	35.3	28.0	19.6	11.3	24.8	2018
25.4	13.0	23.9	19.9	33.4	28.9	19.5	11.2	23.2	2019
25.5	13.2	24.4	21.5	34.5	28.7	17.4	10.9	21.0	2020
24.0	13.7	27.9	22.9	38.0	N.A.	N.A.	12.4	21.2	2021

(51)世界の新エネルギー供給

年	風力発電 (年末累積設備容量、万kW)					太陽光発電 (年末累積設備容量、万kW)				
	2000	2005	2010	2015	2021	2000	2005	2010	2015	2021
北　米	248.6	940.1	4,362.2	8,705.8	15,473.3	19.7	52.7	318.8	2,449.0	10,436.9
カナダ	9.2	67.7	396.7	1,121.4	1,430.4	0.7	1.8	24.9	251.9	363.0
メキシコ	1.7	1.8	51.9	327.1	769.2	1.4	1.6	3.0	28.7	702.6
アメリカ	237.7	870.6	3,913.5	7,257.3	13,273.8	17.6	49.3	290.9	2,168.4	9,371.3
中南米	9.1	19.3	148.4	1,124.5	3,175.5	0.5	1.7	12.0	190.3	2,281.6
ブラジル	2.2	2.9	92.7	763.3	2,116.1	-	0.1	0.1	4.6	1,305.5
チリ	-	0.2	16.3	91.0	313.7	-	-	-	57.6	436.0
その他	6.9	16.2	39.4	270.2	745.7	0.5	1.6	11.9	128.1	540.1
欧　州	1,275.0	4,070.4	8,623.8	14,749.1	23,256.7	20.0	231.8	3,012.5	9,753.6	19,110.3
デンマーク	239.0	312.8	380.2	507.7	701.4	0.1	0.3	0.7	78.2	154.0
フランス	3.8	69.0	591.2	1,029.8	1,867.6	0.7	1.3	104.4	713.8	1,470.9
ドイツ	609.5	1,824.8	2,690.3	4,458.0	6,376.0	11.4	205.6	1,800.4	3,922.2	5,845.9
イタリア	36.3	163.5	579.4	913.7	1,127.6	1.9	3.4	359.2	1,890.1	2,269.2
オランダ	44.7	122.4	223.7	339.1	780.1	1.3	5.1	9.0	152.6	1,424.9
スペイン	220.6	991.8	2,069.3	2,294.3	2,749.7	1.0	5.2	387.3	470.4	1,364.8
スウェーデン	20.9	52.2	201.7	581.9	1,208.0	0.3	0.4	1.1	10.4	157.7
トルコ	1.9	2.1	132.0	450.3	1,060.7	0.0	0.2	0.6	24.9	781.6
ウクライナ	0.5	7.7	8.8	51.4	176.1	-	-	0.3	84.1	806.2
イギリス	41.2	156.5	542.1	1,430.6	2,713.0	0.2	1.1	9.5	960.1	1,368.9
その他	56.6	367.7	1,205.1	2,692.3	4,496.6	3.1	9.2	340.1	1,446.8	3,466.1
CIS	0.3	1.1	1.4	11.3	330.5	-	0.0	0.2	21.7	491.1
ロシア	0.3	1.0	1.0	1.1	195.5	-	-	0.0	6.1	166.1
その他	0.0	0.1	0.4	10.2	135.0	-	0.0	0.2	15.6	325.0
アフリカ	13.9	24.0	86.5	332.0	733.4	1.1	2.6	19.4	193.1	1,030.2
中　東	1.2	4.5	10.4	28.6	102.9	0.0	0.1	8.5	97.0	796.9
アジア・オセアニア	145.2	781.3	4,852.5	16,665.7	39,415.0	39.6	165.9	662.5	9,615.7	50,161.5
オーストラリア	3.3	74.0	186.4	418.1	895.1	2.5	5.2	108.8	594.3	1,907.4
中　国	34.1	106.0	2,963.3	13,104.8	32,897.3	3.4	14.1	102.2	4,353.8	30,640.3
インド	94.1	443.4	1,318.4	2,508.8	4,006.7	0.1	1.2	6.5	536.5	4,934.2
インドネシア	N.A.	N.A.	N.A.	N.A.	N.A.	N.A.	N.A.	N.A.	N.A.	N.A.
日　本	8.4	122.7	229.4	280.8	447.1	33.0	142.2	361.8	3,415.0	7,419.1
マレーシア	N.A.	N.A.	N.A.	N.A.	N.A.	-	-	0.1	26.6	178.7
ニュージーランド	3.6	16.8	52.4	68.9	91.7	N.A.	N.A.	N.A.	N.A.	N.A.
フィリピン	-	3.3	3.3	42.7	44.3	-	0.2	0.2	17.3	137.0
韓　国	0.7	9.9	38.2	84.7	170.8	0.4	1.4	65.0	361.5	1,816.1
タ　イ	-	-	0.6	23.4	150.7	-	-	4.9	142.0	304.4
ベトナム	N.A.	N.A.	N.A.	N.A.	N.A.	0.0	0.2	0.5	0.5	1,666.0
その他	1.0	5.3	60.5	133.5	711.3	0.2	1.4	12.6	168.3	1,158.5
世　界	1,693.2	5,840.8	18,085.2	41,617.0	82,487.4	80.9	454.8	4,033.8	22,320.4	84,308.6

出所:BP「BP Statistical Review of World Energy 2022」より集計

地熱・バイオマス他 (年間発電量、十億kWh)					バイオ燃料 (一日あたり生産量、石油換算千バレル)				
2000	2005	2010	2015	2021	2000	2005	2010	2015	2021
81.9	89.9	92.8	101.4	92.1	60.4	148.3	513.9	625.3	664.5
8.9	9.2	10.3	10.0	9.7	2.0	2.4	15.1	20.7	21.7
6.4	8.1	7.4	7.6	6.9	-	-	-	-	-
66.6	72.6	75.1	83.7	75.5	58.4	145.9	498.8	604.6	642.9
14.6	22.2	46.8	71.7	84.0	100.0	152.6	336.6	395.8	439.3
7.9	13.6	31.9	49.9	55.0	99.3	149.2	292.3	337.5	375.8
1.4	1.8	3.4	5.6	8.5	N.A.	N.A.	N.A.	N.A.	N.A.
5.3	6.8	11.4	16.3	20.5	0.7	3.4	44.3	58.3	63.4
41.0	79.0	136.9	198.9	247.9	13.1	55.9	204.1	259.8	302.0
1.3	3.2	4.6	4.2	8.7	N.A.	N.A.	N.A.	N.A.	N.A.
3.0	3.9	4.9	8.8	11.2	6.1	12.1	42.5	49.5	47.9
3.4	14.7	34.0	50.5	50.9	4.2	26.1	58.7	59.4	54.3
6.1	10.0	14.8	25.6	25.8	-	3.3	14.6	9.7	20.5
2.0	5.3	7.1	4.9	10.8	-	0.1	7.3	35.8	37.9
1.5	2.7	3.8	5.8	6.6	1.4	5.5	18.9	20.8	32.2
4.1	7.5	12.2	10.8	13.3	-	0.7	3.9	4.1	11.5
0.2	0.1	1.0	4.7	18.7	N.A.	N.A.	N.A.	N.A.	N.A.
-	-	0.2	0.1	0.8	N.A.	N.A.	N.A.	N.A.	N.A.
3.9	9.1	12.3	29.3	40.0	-	0.1	5.3	5.6	10.2
15.5	22.6	42.1	54.3	61.1	1.5	8.1	52.9	74.9	87.6
0.1	0.5	0.6	0.7	0.9	-	-	0.6	0.4	0.3
0.1	0.5	0.5	0.5	0.5	N.A.	N.A.	N.A.	N.A.	N.A.
0.0	0.0	0.1	0.2	0.4	N.A.	N.A.	N.A.	N.A.	N.A.
2.3	3.0	3.8	7.2	8.0	0.1	0.7	1.8	2.8	2.3
0.0	0.0	0.1	0.2	0.4	-	-	0.2	0.3	0.3
45.0	60.5	99.8	171.0	329.4	1.6	16.9	69.0	159.0	337.9
0.9	3.9	2.4	3.7	3.3	-	0.5	3.4	4.3	2.2
2.5	5.3	24.9	54.1	169.9	-	13.5	28.6	40.2	63.9
1.7	4.0	14.3	30.6	35.5	1.6	1.5	3.4	9.7	37.1
4.9	6.6	9.4	10.5	30.9	-	0.2	3.6	23.9	139.6
16.1	21.7	21.8	28.5	35.8	N.A.	N.A.	N.A.	N.A.	N.A.
0.6	0.6	1.3	0.8	1.6	N.A.	N.A.	N.A.	N.A.	N.A.
3.7	3.8	6.6	9.0	9.0	N.A.	N.A.	N.A.	N.A.	N.A.
11.6	9.9	10.0	11.4	10.8	N.A.	N.A.	N.A.	N.A.	N.A.
0.1	0.3	2.9	11.7	15.2	-	0.2	6.7	8.3	14.5
0.5	1.9	3.4	7.3	13.0	-	1.0	15.6	36.4	40.2
-	0.1	0.1	0.1	0.2	N.A.	N.A.	N.A.	N.A.	N.A.
2.3	2.5	2.8	3.4	4.3	0.0	0.0	7.6	36.3	40.3
184.8	255.1	380.8	551.1	762.8	175.2	374.4	1,126.2	1,443.3	1,746.5

注:(1)地域区分は出所に従う。

(2)バイオ燃料にはバイオガソリンとバイオディーゼル、バイオジェット燃料が含まれる。

この章ではIEA定義を基本としてEDMCで以下の通りの地域分類をしている。

北米:アメリカ合衆国,カナダ

中南米:アルゼンチン,ボリビア,ブラジル,チリ,コロンビア,コスタリカ,キューバ,ドミニカ共和国,エクアドル,エルサルバドル,グアテマラ,ガイアナ,ハイチ,ホンジュラス,ジャマイカ,メキシコ,旧蘭領アンティル,ニカラグア,パナマ,パラグアイ,ペルー,スリナム,トリニダード・トバゴ,ウルグアイ,ベネズエラ,IEA定義によるその他中南米。

その他中南米:アンギラ,アンティグア・バーブーダ,アルバ,バハマ,バルバドス,ベリーズ,バミューダ,英領ヴァージン諸島,ケイマン諸島,ドミニカ,フォークランド諸島,仏領ギアナ,グレナダ,グアドループ(エネルギーデータのみ),マルティニク,モントセラト(エネルギーデータのみ),プエルトリコ(天然ガス、電力),サバ,シント・ユースタティウス,セントキッツ・ネイビス,セントルシア,サンピエール・エ・ミクロン,セントビンセント・グレナディーン,シント・マールテン,スリナム,タークス・カイコス諸島。

欧州OECD:オーストリア,ベルギー,チェコ,デンマーク,エストニア(1990年以降),フィンランド,フランス,ドイツ(1990年以前の為替は旧西ドイツ),ギリシャ,ハンガリー,アイスランド,アイルランド,イタリア,ラトビア(1990年以降),リトアニア(1990年以降),ルクセンブルク,オランダ,ノルウェー,ポーランド,ポルトガル,スロバキア,スロベニア(1990年以降),スペイン,スウェーデン,スイス,トルコ,イギリス。

欧州非OECD:アルバニア,アルメニア,アゼルバイジャン,ベラルーシ,ボスニア・ヘルツェゴビナ,ブルガリア,クロアチア,キプロス,北マケドニア,ジョージア,ジブラルタル(エネルギーデータのみ),カザフスタン,コソボ,キルギスタン,マルタ,モルドバ,モンテネグロ,ルーマニア,ロシア,セルビア,タジキスタン,トルクメニスタン,ウクライナ,ウズベキスタン,旧ソ連(1989年以前),旧ユーゴスラビア(1989年以前)。

アフリカ:アルジェリア,アンゴラ,ベナン,ボツワナ(1981年以降),ブルキナファソ,カメルーン,チャド,コンゴ共和国,コンゴ民主共和国,コートジボワール,エジプト,エリトリア,赤道ギニア,エスワティニ,エチオピア,ガボン,ガーナ,ケニア,リビア,モーリシャス,マダガスカル,モロッコ,モザンビーク,ナミビア(1991年以降),ニジェール(2000年以降),ナイジェリア,セネガル,ルワンダ,南アフリカ,スーダン,南スーダン,タンザニア,トーゴ,チュニジア,ウガンダ,ザンビア, ジンバブエ,IEA定義によるその他アフリカ。

その他アフリカ:ボツワナ(1980年以前),ブルンジ,カーボベルデ,中央アフリカ,コモロ,ジブチ,ガンビア,ギニア,ギニアビサウ,レソト,リベリア,マラウイ,マリ,モーリタニア,ナミビア(1990年以前),ニジェール(1999年以前),レユニオン,ルワンダ,サントメ・プリンシペ,セーシェル,シエラレオネ,ソマリア。

中東:バーレーン,イラン,イラク,イスラエル,ヨルダン,クウェート,レバノン,オマーン,カタール,サウジアラビア,シリア,UAE,イエメン。

アジア:バングラデシュ,ブルネイ,カンボジア(1995年以降),中国,香港,インド,インドネシア,日本,韓国,北朝鮮,マレーシア,モンゴル(1985年以降),ラオス,ミャンマー,ネパール,パキスタン,フィリピン,シンガポール,スリランカ,台湾,タイ,ベトナム,IEA定義によるその他アジア・オセアニア。

オセアニア:オーストラリア,ニュージーランド

その他アジア・オセアニア:アフガニスタン,ブータン,カンボジア(1994年以前),クック諸島,東ティモール,フィジー,仏領ポリネシア,キリバス,マカオ,モルディブ,モンゴル(1984年以前),ニューカレドニア,パラオ,パプアニューギニア,サモア,ソロモン諸島,トンガ,バヌアツ。

旧ソ連:アルメニア,アゼルバイジャン,ベラルーシ,エストニア,ジョージア,カザフスタン,キルギスタン,ラトビア,リトアニア,モルドバ,ロシア,タジキスタン,トルクメニスタン,ウクライナ,ウズベキスタン。

APEC 20:オーストラリア,ブルネイ,カナダ,チリ,中国,香港,インドネシア,日本,韓国,マレーシア,メキシコ,ニュージーランド,ペルー,フィリピン,ロシア,シンガポール,台湾,タイ,アメリカ,ベトナム。

V. 超長期統計

(1) GNPと一次エネルギー消費の推移

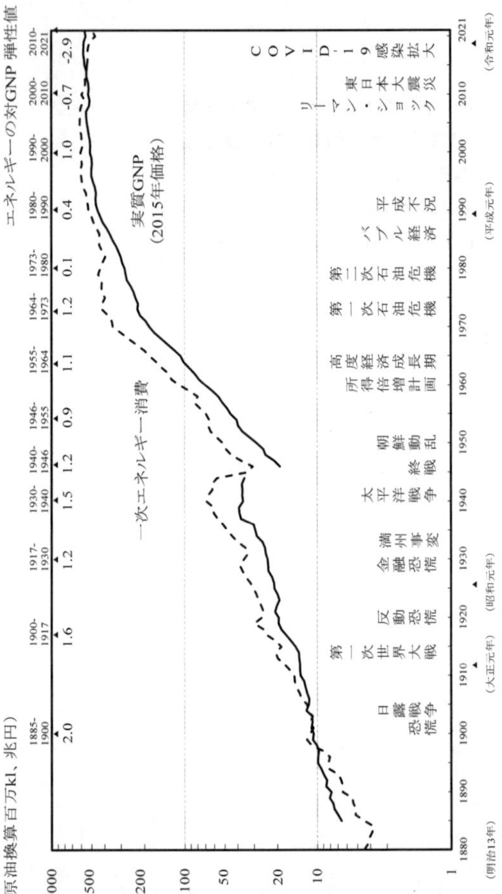

(2)一次エネルギー消費のGNP弾性値

期間		1890-1900	1900-1910	1910-1920	1920-1930	1930-1940	1940-1944	1946-1955	1955-1964	1964-1973	1973-1980	1980-1990	1990-2000	2000-2010	2010-2021
年平均伸び率(%)	一次エネルギー総供給	5.8	2.8	5.8	3.1	6.7	-4.4	9.5	10.0	11.0	0.4	2.0	1.4	-0.2	-1.7
	実質GNP(2015年価格)	3.1	2.3	3.8	2.0	4.4	-0.6	10.0	9.4	9.2	3.2	4.8	1.3	0.3	0.6
対GNP弾性値		1.86	1.20	1.51	1.60	1.54	6.99	0.95	1.05	1.19	0.14	0.43	1.04	-0.69	-2.85
							終戦（1945）	朝鮮特需（～1955）	高度経済成長期（～1973）	第一次石油危機（1973）	第二次石油危機（1979）	バブル経済	平成不況	リーマン・ショック（2008）	東日本大震災（2011） COVID-19感染拡大（2020）

出所：表V-(3)、V-(5)をもとにEDMCで算出した。

(3)GNPと一次エネルギー消費（1885年～2021年）＜その1＞

年号		名目GNP (十億円)	伸び率 (%)	実質GNP (十億円 2015年価格)	伸び率 (%)	GNP デフレータ (2015年=100)	伸び率 (%)
1885	明治 18 年	0.871	-	6,588	0.0	0.0132	-
1886	19	0.864	-0.7	6,980	5.9	0.0124	-6.3
1887	20	0.884	2.3	7,427	6.4	0.0119	-3.9
1888	21	0.935	5.9	7,610	2.5	0.0123	3.3
1889	22	1.032	10.3	8,077	6.1	0.0128	3.9
1890	23	1.141	10.6	7,839	-2.9	0.0146	13.9
1891	24	1.230	7.9	8,608	9.8	0.0143	-1.8
1892	25	1.215	-1.2	8,465	-1.7	0.0144	0.4
1893	26	1.293	6.4	8,940	5.6	0.0145	0.7
1894	27	1.445	11.8	9,337	4.4	0.0155	7.0
1895	28	1.676	16.0	9,917	6.2	0.0169	9.2
1896	29	1.800	7.3	9,874	-0.4	0.0182	7.8
1897	30	2.114	17.5	9,751	-1.2	0.0217	19.0
1898	31	2.370	12.1	10,103	3.6	0.0235	8.2
1899	32	2.499	5.5	10,806	7.0	0.0231	-1.4
1900	33	2.607	4.3	10,659	-1.4	0.0245	5.8
1901	34	2.683	2.9	11,065	3.8	0.0242	-0.9
1902	35	2.740	2.1	10,875	-1.7	0.0252	3.9
1903	36	3.207	17.0	10,930	0.5	0.0293	16.4
1904	37	3.271	2.0	12,117	10.9	0.0270	-8.0
1905	38	3.331	1.8	11,578	-4.4	0.0288	6.6
1906	39	3.567	7.1	11,516	-0.5	0.0310	7.6
1907	40	4.043	13.4	11,957	3.8	0.0338	9.2
1908	41	4.068	0.6	12,293	2.8	0.0331	-2.1
1909	42	4.083	0.4	12,583	2.4	0.0324	-1.9
1910	43	4.240	3.8	13,399	6.5	0.0316	-2.5
1911	44	4.821	13.7	13,550	1.1	0.0356	12.4
1912	大正 元 年	5.157	7.0	13,558	0.1	0.0380	6.9
1913	2	5.415	5.0	13,685	0.9	0.0396	4.0
1914	3	5.118	-5.5	13,788	0.7	0.0371	-6.2
1915	4	5.391	5.3	14,585	5.8	0.0370	-0.4
1916	5	6.641	23.2	15,792	8.3	0.0421	13.8
1917	6	9.281	39.8	17,208	9.0	0.0539	28.3
1918	7	12.788	37.8	18,693	8.6	0.0684	26.8
1919	8	16.691	30.5	19,627	5.0	0.0850	24.3

一人当たり実質GNP(千円/人)	エネルギー/GNP(kcal/円)	一人当たりエネルギー消費(千kcal/人)	年号	
172	6.22	1,070	1885	明治 18 年
181	6.88	1,246	1886	19
192	6.37	1,223	1887	20
195	6.55	1,276	1888	21
205	6.26	1,281	1889	22
196	7.62	1,498	1890	23
214	6.92	1,480	1891	24
209	7.24	1,514	1892	25
219	7.15	1,564	1893	26
227	8.15	1,849	1894	27
239	7.71	1,839	1895	28
235	7.55	1,777	1896	29
230	8.42	1,937	1897	30
236	10.12	2,385	1898	31
249	10.26	2,554	1899	32
243	9.85	2,395	1900	33
249	8.95	2,232	1901	34
242	9.63	2,328	1902	35
240	9.18	2,204	1903	36
263	9.05	2,376	1904	37
248	9.50	2,360	1905	38
245	10.53	2,578	1906	39
252	10.54	2,657	1907	40
256	10.81	2,772	1908	41
259	10.90	2,825	1909	42
272	10.31	2,808	1910	43
272	11.06	3,006	1911	44
268	12.14	3,254	1912	大正 元 年
267	13.43	3,581	1913	2
265	13.80	3,656	1914	3
276	11.87	3,282	1915	4
295	12.06	3,559	1916	5
318	12.89	4,096	1917	6
341	12.55	4,285	1918	7
357	14.11	5,032	1919	8

(3)GNPと一次エネルギー消費（1885年～2021年）＜その2＞

年号		名目GNP (十億円)	伸び率 (%)	実質GNP (十億円 2015年価格)	伸び率 (%)	GNP デフレータ (2015年=100)	伸び率 (%)
1920	大正 9 年	17.170	2.9	19,536	-0.5	0.0879	3.3
1921	10	16.079	-6.4	20,787	6.4	0.0774	-12.0
1922	11	16.821	4.6	20,236	-2.6	0.0831	7.5
1923	12	16.120	-4.2	19,314	-4.6	0.0835	0.4
1924	13	16.824	4.4	19,938	3.2	0.0844	1.1
1925	14	17.568	4.4	21,093	5.8	0.0833	-1.3
1926	昭和 元 年	17.255	-1.8	21,250	0.7	0.0812	-2.5
1927	2	17.599	2.0	21,967	3.4	0.0801	-1.3
1928	3	17.829	1.3	23,386	6.5	0.0762	-4.8
1929	4	17.591	-1.3	23,492	0.5	0.0749	-1.8
1930	5	14.960	-15.0	23,744	1.1	0.0630	-15.9
1931	6	13.523	-9.6	24,481	3.1	0.0552	-12.3
1932	7	14.088	4.2	24,809	1.3	0.0568	2.8
1933	8	15.483	9.9	25,847	4.2	0.0599	5.5
1934	9	16.928	9.3	28,636	10.8	0.0591	-1.3
1935	10	18.075	6.8	29,306	2.3	0.0617	4.3
1936	11	19.226	6.4	30,229	3.2	0.0636	3.1
1937	12	25.303	31.6	37,561	24.3	0.0674	5.9
1938	13	28.940	14.4	38,726	3.1	0.0747	10.9
1939	14	35.734	23.5	38,947	0.6	0.0918	22.8
1940	15	42.553	19.1	36,364	-6.6	0.117	27.5
1941	16	48.494	14.0	36,858	1.4	0.132	12.4
1942	17	58.742	21.1	36,703	-0.4	0.160	21.6
1943	18	67.858	15.5	37,170	1.3	0.183	14.1
1944	19	80.473	18.6	35,456	-4.6	0.227	24.3
1945	20	N.A.	N.A.	N.A.	N.A.	N.A.	N.A.
1946	21	495	N.A.	19,169	N.A.	2.58	N.A.
1947	22	1,366	176.2	21,094	10.0	6.47	151.0
1948	23	2,782	103.7	24,541	16.3	11.3	75.1
1949	24	3,521	26.6	25,507	3.9	13.8	21.8
1950	25	4,118	16.9	28,629	12.2	14.4	4.2
1951	26	5,680	37.9	32,489	13.5	17.5	21.5
1952	27	6,535	15.0	36,718	13.0	17.8	1.8
1953	28	7,361	12.6	39,634	7.9	18.6	4.4
1954	29	8,170	11.0	40,557	2.3	20.1	8.5

一人当たり実質GNP (千円/人)	エネルギー/GNP (kcal/円)	一人当たりエネルギー消費 (千kcal/人)	年号	
349	12.41	4,333	1920	大正 9 年
367	11.30	4,146	1921	10
353	12.09	4,263	1922	11
332	13.29	4,416	1923	12
339	13.38	4,533	1924	13
353	13.26	4,681	1925	14
350	13.91	4,865	1926	昭和 元 年
356	14.65	5,218	1927	2
374	14.52	5,425	1928	3
370	15.15	5,609	1929	4
368	13.93	5,130	1930	5
374	12.57	4,700	1931	6
373	12.99	4,851	1932	7
383	14.21	5,448	1933	8
419	14.20	5,954	1934	9
423	15.05	6,367	1935	10
431	15.76	6,795	1936	11
532	13.88	7,379	1937	12
545	14.44	7,872	1938	13
546	14.34	7,825	1939	14
506	17.43	8,813	1940	15
510	16.83	8,589	1941	16
504	15.62	7,867	1942	17
503	15.59	7,843	1943	18
476	14.93	7,113	1944	19
N.A.	N.A.	4,362	1945	20
253	14.79	3,744	1946	21
270	16.40	4,430	1947	22
307	16.83	5,163	1948	23
312	17.75	5,537	1949	24
344	16.69	5,744	1950	25
384	16.41	6,308	1951	26
428	16.13	6,902	1952	27
456	15.54	7,080	1953	28
460	14.95	6,871	1954	29

(3)GNPと一次エネルギー消費（1885年～2021年）<その3>

年号		名目GNP (十億円)	伸び率 (%)	実質GNP (十億円 2015年価格)	伸び率 (%)	GNP デフレータ (2015年=100)	伸び率 (%)
1955	昭和 30 年	8,998	10.1	45,179	11.4	19.9	-1.1
1956	31	10,148	12.8	48,009	6.3	21.1	6.1
1957	32	11,560	13.9	52,277	8.9	22.1	4.6
1958	33	12,022	4.0	55,873	6.9	21.5	-2.7
1959	34	13,486	12.2	62,104	11.2	21.7	0.9
1960	35	16,171	19.9	69,870	12.5	23.1	6.6
1961	36	19,955	23.4	78,126	11.8	25.5	10.4
1962	37	22,118	10.8	84,136	7.7	26.3	2.9
1963	38	25,525	15.4	92,609	10.1	27.6	4.8
1964	39	30,175	18.2	101,822	9.9	29.6	7.5
1965	40	35,358	17.2	107,111	5.2	33.0	11.4
1966	41	41,634	17.7	118,785	10.9	35.0	6.2
1967	42	48,836	17.3	133,341	12.3	36.6	4.5
1968	43	57,849	18.5	149,599	12.2	38.7	5.6
1969	44	68,875	19.1	168,046	12.3	41.0	6.0
1970	45	80,003	16.2	182,887	8.8	43.7	6.7
1971	46	88,079	10.1	194,706	6.5	45.2	3.4
1972	47	102,674	16.6	215,245	10.5	47.7	5.4
1973	48	124,606	21.4	225,075	4.6	55.4	16.1
1974	49	147,723	18.6	222,707	-1.1	66.3	19.8
1975	50	162,567	10.0	233,035	4.6	69.8	5.2
1976	51 年度	182,154	12.0	240,421	3.2	75.8	8.6
1977	52	201,813	10.8	253,307	5.4	79.7	5.2
1978	53	221,375	9.7	269,747	6.5	82.1	3.0
1979	54	239,462	8.2	275,801	2.2	86.8	5.8
1980	55	261,758	9.3	280,450	1.7	93.3	7.5
1981	56	278,316	6.3	291,987	4.1	95.3	2.1
1982	57	291,914	4.9	300,976	3.1	97.0	1.8
1983	58	306,332	4.9	313,401	4.1	97.7	0.8
1984	59	325,474	6.2	328,234	4.7	99.2	1.4
1985	60	347,406	6.7	346,713	5.6	100.2	1.0
1986	61	361,700	4.1	363,240	4.8	99.6	-0.6
1987	62	384,013	6.2	384,684	5.9	99.8	0.3
1988	63	410,276	6.8	410,089	6.6	100.0	0.2

一人当たり実質GNP(千円/人)	エネルギー/GNP(kcal/円)	一人当たりエネルギー消費(千kcal/人)	年号	
506	14.19	7,183	1955	昭和 30 年
532	14.81	7,885	1956	31
575	15.07	8,664	1957	32
609	13.23	8,053	1958	33
670	13.83	9,268	1959	34
748	14.43	10,791	1960	35
829	14.84	12,297	1961	36
884	14.38	12,712	1962	37
963	14.75	14,202	1963	38
1,048	14.79	15,498	1964	39
1,090	15.77	17,187	1965	40
1,199	15.59	18,696	1966	41
1,331	15.93	21,197	1967	42
1,476	16.26	24,000	1968	43
1,639	16.51	27,066	1969	44
1,763	17.48	30,824	1970	45
1,852	16.68	30,890	1971	46
2,001	16.12	32,254	1972	47
2,063	17.12	35,325	1973	48
2,014	17.27	34,790	1974	49
2,082	15.72	32,716	1975	50
2,126	16.11	34,249	1976	51 年度
2,219	15.29	33,922	1977	52
2,342	14.33	33,549	1978	53
2,374	14.91	35,395	1979	54
2,396	14.16	33,931	1980	55
2,477	13.09	32,414	1981	56
2,535	12.10	30,683	1982	57
2,622	12.24	32,086	1983	58
2,728	12.28	33,504	1984	59
2,864	11.69	33,484	1985	60
2,986	11.07	33,061	1986	61
3,147	10.98	34,553	1987	62
3,341	10.86	36,284	1988	63

(3) GNPと一次エネルギー消費（1885年～2021年）<その4>

年号		名目GNP (十億円)	伸び率 (%)	実質GNP (十億円 2015年価格)	伸び率 (%)	GNP デフレータ (2015年=100)	伸び率 (%)
1989	平成 元 年度	438,784	6.9	427,442	4.2	102.7	2.6
1990	2	474,185	8.1	448,590	4.9	105.7	3.0
1991	3	499,391	5.3	461,498	2.9	108.2	2.4
1992	4	510,424	2.2	465,509	0.9	109.6	1.3
1993	5	508,677	-0.3	462,590	-0.6	110.0	0.3
1994	6	516,158	1.5	470,407	1.7	109.7	-0.2
1995	7	530,239	2.7	487,403	3.6	108.8	-0.9
1996	8	545,465	2.9	500,903	2.8	108.9	0.1
1997	9	549,674	0.8	500,634	-0.1	109.8	0.8
1998	10	540,741	-1.6	495,879	-0.9	109.0	-0.7
1999	11	537,145	-0.7	499,093	0.6	107.6	-1.3
2000	12	545,845	1.6	512,516	2.7	106.5	-1.0
2001	13	535,637	-1.9	508,311	-0.8	105.4	-1.1
2002	14	531,006	-0.9	512,425	0.8	103.6	-1.7
2003	15	535,128	0.8	522,928	2.0	102.3	-1.2
2004	16	540,195	0.9	531,544	1.6	101.6	-0.7
2005	17	546,986	1.3	539,856	1.6	101.3	-0.3
2006	18	552,343	1.0	545,372	1.0	101.3	0.0
2007	19	555,059	0.5	547,515	0.4	101.4	0.1
2008	20	528,857	-4.7	520,483	-4.9	101.6	0.2
2009	21	510,168	-3.5	513,890	-1.3	99.3	-2.3
2010	22	518,661	1.7	527,439	2.6	98.3	-0.9
2011	23	514,194	-0.9	524,113	-0.6	98.1	-0.2
2012	24	513,710	-0.1	527,433	0.6	97.4	-0.7
2013	25	530,801	3.3	543,800	3.1	97.6	0.2
2014	26	543,356	2.4	544,479	0.1	99.8	2.2
2015	27	561,902	3.4	562,494	3.3	99.9	0.1
2016	28	563,984	0.4	566,919	0.8	99.5	-0.4
2017	29	576,033	2.1	574,462	1.3	100.3	0.8
2018	30	578,282	0.4	573,077	-0.2	100.9	0.6
2019	令和 元 年度	578,683	0.1	569,889	-0.6	101.5	0.6
2020	2	557,200	-3.7	550,385	-3.4	101.2	-0.3
2021	3	579,781	4.1	562,416	2.2	103.1	1.8

出所：大川一司他編「長期経済統計 1:国民所得」(東洋経済新報社)
P.200 第8表 粗国民生産(当年価格、1885～1940年)
P.213 第18表 粗国民支出(1934～1936年価格、1885～1940年)、
P.201 第8-A表 粗国民生産(当年価格、1930～1971年)、
経済企画庁「昭和40年基準改訂国民所得統計(昭和26年度～昭和42年度)」、
内閣府「国民経済計算年報」等を用い、EDMCで推計を行った。

一人当たり実質GNP (千円/人)	エネルギー/GNP (kcal/円)	一人当たりエネルギー消費 (千kcal/人)	年号	
3,469	10.80	37,475	1989	平成 元 年度
3,629	10.84	39,342	1990	2
3,719	10.64	39,562	1991	3
3,737	10.76	40,201	1992	4
3,703	10.95	40,561	1993	5
3,755	11.35	42,628	1994	6
3,882	11.16	43,315	1995	7
3,980	11.03	43,879	1996	8
3,968	11.16	44,295	1997	9
3,921	10.99	43,086	1998	10
3,940	11.01	43,379	1999	11
4,038	10.90	44,014	2000	12
3,993	10.63	42,455	2001	13
4,019	10.71	43,035	2002	14
4,095	10.53	43,141	2003	15
4,160	10.66	44,323	2004	16
4,225	10.49	44,337	2005	17
4,264	10.34	44,093	2006	18
4,276	10.32	44,115	2007	19
4,064	10.61	43,115	2008	20
4,014	10.08	40,439	2009	21
4,119	10.38	42,764	2010	22
4,100	9.90	40,595	2011	23
4,134	9.74	40,269	2012	24
4,268	9.52	40,615	2013	25
4,279	9.20	39,386	2014	26
4,426	8.86	39,204	2015	27
4,462	8.70	38,805	2016	28
4,526	8.65	39,150	2017	29
4,521	8.54	38,627	2018	30
4,503	8.38	37,757	2019	令和 元 年度
4,363	7.85	34,260	2020	2
4,481	8.09	36,256	2021	3

(4)各種経済指標（1871年～2021年）<その1>

年号		人口・主要物資生産							
		人口 (千人)	世帯総数 (千世帯)	鉱工業生産指数 (昭和35年基準)	パルプ生産量 (千トン)	紙生産量 (千トン)	粗鋼生産量 (千トン)	セメント生産量 (千トン)	乗用車保有台数年末 (千台)
1871	明治4年	34,269	-	-	-	-	-	-	-
1872	5	34,806	-	-	-	-	-	-	-
1873	6	34,985	-	-	-	-	-	-	-
1874	7	35,154	-	1.7	-	0.016	0.928	-	-
1875	8	35,316	-	1.8	-	0.081	0.696	-	-
1876	9	35,555	-	1.8	-	0.384	1.09	-	-
1877	10	35,870	-	1.9	-	0.547	1.70	0.5	-
1878	11	36,166	-	2.0	-	0.639	1.59	1.0	-
1879	12	36,464	-	2.1	-	0.770	2.47	1.2	-
1880	13	36,649	-	2.2	-	1.40	2.41	1.3	-
1881	14	36,965	-	2.2	-	1.80	2.33	1.5	-
1882	15	37,259	-	2.2	-	1.93	2.21	1.7	-
1883	16	37,569	-	2.2	-	2.09	1.93	1.9	-
1884	17	37,962	-	2.4	-	2.39	1.41	3.0	-
1885	18	38,313	-	2.2	-	2.28	0.73	4.8	-
1886	19	38,541	-	2.5	-	2.92	1.96	7.7	-
1887	20	38,703	-	2.8	-	3.06	2.38	12	-
1888	21	39,029	-	2.9	-	2.92	2.34	20	-
1889	22	39,473	-	3.2	-	3.07	2.42	32	-
1890	23	39,902	-	3.3	-	6.76	2.29	51	-
1891	24	40,251	-	3.5	-	8.25	1.75	65	-
1892	25	40,508	-	3.7	-	11.3	2.06	83	-
1893	26	40,860	-	4.0	-	14.1	1.44	106	-
1894	27	41,142	-	4.3	-	19.2	1.77	134	-
1895	28	41,557	-	4.5	-	20.8	1.67	171	-
1896	29	41,992	-	4.6	-	21.8	1.60	172	-
1897	30	42,400	-	4.8	-	21.0	1.81	173	-
1898	31	42,886	-	5.2	-	22.7	1.92	173	-
1899	32	43,404	-	5.2	-	36.7	1.38	174	-
1900	33	43,847	-	5.1	-	43.5	1.13	174	-
1901	34	44,359	-	5.4	-	51.4	9.05	175	-
1902	35	44,964	-	5.1	-	46.3	46.55	175	-
1903	36	45,546	-	5.3	-	50.8	59.68	176	-
1904	37	46,135	-	5.1	-	68.4	89.92	177	-
1905	38	46,620	-	5.3	-	77.3	106.69	177	-
1906	39	47,038	-	6.0	-	97.3	104.06	253	-
1907	40	47,416	-	6.5	-	89.6	135.90	300	-
1908	41	47,965	-	6.4	-	103	148.88	308	-
1909	42	48,554	-	6.8	-	112	154.47	400	-
1910	43	49,184	-	7.3	-	123	251.95	452	-

出所: 人口:1920年以前は東洋経済新報社「長期経済統計 2:労働力」 暦年値、
1920年より総務省統計局「我が国の推計人口(大正9年～平成12年)」、「人口推計」10月1日値
世帯数:厚生労働省「国民生活基礎調査の概況」 暦年値

物価									
卸売物価指数		消費者物価指数		原油輸入価格	電力価格			年号	
(昭和9～11年基準)	伸び率(%)	(昭和9～11年基準)	伸び率(%)	(ドル/バレル)	総合単価(円/kWh)	電灯	電力		
-	-	-	-	-	-	-	-	1871	明治4年
-	-	-	-	-	-	-	-	1872	5
-	-	-	-	-	-	-	-	1873	6
-	-	-	-	-	-	-	-	1874	7
-	-	-	-	-	-	-	-	1875	8
-	-	-	-	-	-	-	-	1876	9
-	-	-	-	-	-	-	-	1877	10
-	-	-	-	-	-	-	-	1878	11
-	-	-	-	-	-	-	-	1879	12
-	-	0.4	-	0.95	-	-	-	1880	13
-	-	0.4	10.2	0.86	-	-	-	1881	14
-	-	0.4	-6.9	0.78	-	-	-	1882	15
-	-	0.3	-14.1	1.00	-	-	-	1883	16
-	-	0.3	-3.3	0.84	-	-	-	1884	17
-	-	0.3	0.0	0.88	-	-	-	1885	18
-	-	0.3	-11.8	0.71	-	-	-	1886	19
-	-	0.3	6.3	0.67	-	-	-	1887	20
-	-	0.3	-1.7	0.88	-	-	-	1888	21
-	-	0.3	5.9	0.94	-	-	-	1889	22
-	-	0.3	6.6	0.87	-	-	-	1890	23
-	-	0.3	-4.2	0.67	-	-	-	1891	24
-	-	0.3	-6.8	0.56	-	-	-	1892	25
-	-	0.3	1.2	0.64	-	-	-	1893	26
-	-	0.3	3.2	0.84	-	-	-	1894	27
-	-	0.3	9.5	1.46	-	-	-	1895	28
-	-	0.4	10.0	1.18	-	-	-	1896	29
-	-	0.4	11.4	0.79	-	-	-	1897	30
-	-	0.5	8.5	0.91	-	-	-	1898	31
-	-	0.4	-5.6	1.29	-	-	-	1899	32
0.489	-	0.5	12.4	1.19	-	-	-	1900	33
0.469	-4.1	0.5	-2.2	0.96	-	-	-	1901	34
0.474	1.1	0.5	3.9	0.80	-	-	-	1902	35
0.504	6.3	0.5	5.0	0.94	-	-	-	1903	36
0.530	5.2	0.5	2.3	0.86	-	-	-	1904	37
0.569	7.4	0.5	3.9	0.62	-	-	-	1905	38
0.586	3.0	0.6	2.0	0.73	-	-	-	1906	39
0.632	7.8	0.6	10.5	0.72	-	-	-	1907	40
0.609	-3.6	0.6	-3.4	0.72	-	-	-	1908	41
0.581	-4.6	0.6	-3.9	0.70	-	-	-	1909	42
0.588	1.2	0.6	0.3	0.61	-	-	-	1910	43

鉱工業生産指数:東洋経済新報社「長期経済統計10:鉱工業」、経済企画庁
統計課監修「日本の経済統計 上」(昭和39年)、通商産業省編「通商産業政策史第16巻 統計・年表編」、
経済産業省「経済産業統計」 暦年値

(4)各種経済指標（1871年～2021年）＜その2＞

年号		人口・主要物資生産 人口 (千人)	世帯総数 (千世帯)	鉱工業生産指数 (昭和35年基準)	パルプ生産量 (千トン)	紙生産量 (千トン)	粗鋼生産量 (千トン)	セメント生産量 (千トン)	乗用車保有台数年末 (千台)
1911	明治 44 年	49,852	-	7.6	-	139	288	536	-
1912	大正 元 年	50,577	-	8.2	-	147	330	655	-
1913	2	51,305	-	9.1	-	170	382	782	-
1914	3	52,039	-	8.7	-	195	424	749	-
1915	4	52,752	-	9.9	-	226	514	702	-
1916	5	53,496	-	11.6	-	253	572	818	-
1917	6	54,134	-	13.2	-	279	773	798	-
1918	7	54,739	-	14.3	-	398	813	1,057	-
1919	8	55,033	-	15.0	-	328	813	1,127	-
1920	9	55,963	11,101	13.9	-	351	811	1,217	-
1921	10	56,666	-	14.9	-	349	832	1,284	-
1922	11	57,390	-	15.7	-	376	909	1,581	-
1923	12	58,119	-	15.7	-	361	959	1,900	-
1924	13	58,876	-	16.3	-	409	1,100	1,976	-
1925	14	59,737	11,879	17.3	-	484	1,300	2,292	-
1926	昭和 元 年	60,741	-	19.1	508	478	1,506	3,058	-
1927	2	61,659	-	20.3	555	506	1,685	3,295	-
1928	3	62,595	-	20.8	577	569	1,906	3,321	-
1929	4	63,461	-	22.7	629	618	2,294	3,863	-
1930	5	64,450	11,582	22.7	636	592	2,289	3,081	-
1931	6	65,457	-	20.5	576	573	1,883	3,237	-
1932	7	66,434	-	21.6	560	571	2,398	3,430	-
1933	8	67,432	-	26.4	630	624	3,198	4,322	-
1934	9	68,309	-	28.2	720	691	3,844	4,488	-
1935	10	69,254	13,378	29.9	770	747	4,704	5,538	-
1936	11	70,114	-	33.7	815	821	5,223	5,683	52.4
1937	12	70,630	-	39.5	901	967	5,801	6,116	60.1
1938	13	71,013	-	40.7	791	896	6,472	5,925	59.3
1939	14	71,380	-	45.0	1,071	932	6,696	6,210	55.0
1940	15	71,933	14,219	47.1	1,155	932	6,856	6,085	52.1
1941	16	72,218	-	48.6	1,277	936	6,844	8,848	-
1942	17	72,880	-	47.2	1,097	770	7,044	4,364	-
1943	18	73,903	-	47.8	893	699	7,650	3,776	-
1944	19	74,433	-	48.6	595	414	6,729	2,962	-
1945	20	72,147	-	21.0	243	233	1,963	1,176	31
1946	21	75,750	14,786	8.5	206	182	557	929	26
1947	22	78,101	15,871	10.6	284	253	952	1,237	26
1948	23	80,002	16,089	14.0	410	361	1,715	1,859	29
1949	24	81,773	-	18.2	541	513	3,111	3,278	31
1950	25	83,200	16,580	22.3	749	687	4,839	4,462	37

出所：パルプ:経済企画庁統計課監修「日本の経済統計」(昭和39年)、通商産業省編
「通商産業政策史 第16巻 統計年表編」、経済産業省「紙パルプ統計年報」暦年値
紙:東洋経済新報社「長期経済統計 10:鉱工業」、経済企画庁統計課監修
「日本の経済統計 上」(昭和39年)、通商産業省編「通商産業政策史 第16巻 統計・年表編」、

物価								年号	
卸売物価指数		消費者物価指数		原油輸入価格	電力価格				
(昭和9～11年基準)	伸び率(%)	(昭和9～11年基準)	伸び率(%)	(ドル/バレル)	総合単価(円/kWh)	電灯	電力		
0.610	3.7	0.6	7.4	0.61	-	-	-	1911	明治44年
0.646	5.9	0.7	5.5	0.74	-	-	-	1912	大正元年
0.647	0.2	0.7	3.0	0.95	-	-	-	1913	2
0.618	-4.5	0.6	-7.9	0.81	-	-	-	1914	3
0.625	1.1	0.6	-6.4	0.64	-	-	-	1915	4
0.756	21.0	0.6	8.0	1.10	-	-	-	1916	5
0.951	25.8	0.8	22.7	1.56	-	-	-	1917	6
1.246	31.0	1.0	34.6	1.98	-	-	-	1918	7
1.526	22.5	1.4	33.0	2.01	-	-	-	1919	8
1.678	10.0	1.4	4.6	3.07	-	-	-	1920	9
1.296	-22.8	1.3	-8.4	1.73	-	-	-	1921	10
1.267	-2.2	1.3	-1.5	1.61	-	-	-	1922	11
1.289	1.7	1.3	-0.9	1.34	-	-	-	1923	12
1.336	3.6	1.3	0.9	1.43	-	-	-	1924	13
1.305	-2.3	1.3	1.2	1.68	-	-	-	1925	14
1.156	-11.4	1.3	-4.5	1.88	-	-	-	1926	昭和元年
1.099	-4.9	1.2	-1.5	1.30	-	-	-	1927	2
1.106	0.6	1.2	-3.8	1.17	-	-	-	1928	3
1.075	-2.8	1.2	-2.3	1.27	-	-	-	1929	4
0.885	-17.7	1.0	-10.2	1.19	-	-	-	1930	5
0.748	-15.5	0.9	-11.5	0.65	-	-	-	1931	6
0.830	11.0	0.9	1.1	0.87	-	-	-	1932	7
0.951	14.6	1.0	3.1	0.67	0.05	0.11	0.03	1933	8
0.970	2.0	1.0	1.4	1.00	0.04	0.10	0.03	1934	9
0.994	2.5	1.0	2.5	0.97	0.04	0.11	0.03	1935	10
1.036	4.2	1.0	2.3	1.09	0.04	0.11	0.03	1936	11
1.258	21.4	1.1	7.8	1.18	0.04	0.11	0.03	1937	12
1.327	5.5	1.2	9.6	1.13	0.04	0.11	0.03	1938	13
1.466	10.5	-	-	1.02	0.04	0.11	0.03	1939	14
1.641	30.4	-	-	1.02	-	-	-	1940	15
1.758	7.1	-	-	1.14	-	-	-	1941	16
1.912	8.8	-	-	1.19	0.04	-	-	1942	17
2.0	7.0	-	-	1.20	0.04	-	-	1943	18
2.3	13.3	-	-	1.21	0.04	-	-	1944	19
3.5	51.1	-	-	1.05	0.07	-	-	1945	20
16.3	364.5	48.2	-	1.21	0.13	-	-	1946	21
48.2	195.9	108.6	125.3	2.20	0.56	-	-	1947	22
127.9	165.6	191.1	75.9	1.99	1.68	-	-	1948	23
208.8	63.3	240.1	25.6	1.71	2.33	-	-	1949	24
246.8	18.2	230.5	-4.0	1.71	3.00	-	-	1950	25

経済産業省「紙・パルプ統計年報」暦年値、製紙連合会「パルプ統計」
粗鋼:東洋経済新報社「長期経済統計10:鉱工業」、経済企画庁統計課監修「日本の経済統計 上」(昭和39年)、通商産業省編「通商産業政策史 第16巻 統計計・年表編」、経済産業省「鉄鋼・非鉄金属・金属製品統計年報」 暦年値

(4)各種経済指標（1871年～2021年）＜その3＞

年号		人口・主要物資生産							
		人口 (千人)	世帯総数 (千世帯)	鉱工業生産指数 (昭和35年基準)	パルプ生産量 (千トン)	紙生産量 (千トン)	粗鋼生産量 (千トン)	セメント生産量 (千トン)	乗用車保有台数年末 (千台)
1951	昭和 26 年	84,541	-	30.8	1,083	890	6,502	6,548	45
1952	27	85,808	-	33.0	1,240	1,020	6,988	7,118	59
1953	28	86,981	17,180	40.3	1,508	1,308	7,662	8,768	90
1954	29	88,239	17,337	43.7	1,632	1,422	7,750	10,675	125
1955	30	89,276	18,963	47.0	1,908	1,613	9,408	10,563	141
1956	31	90,172	19,823	57.5	2,202	1,823	11,106	13,024	162
1957	32	90,928	20,704	67.9	2,471	2,041	12,570	15,176	200
1958	33	91,767	21,310	66.7	2,372	2,050	12,118	14,984	255
1959	34	92,641	21,724	80.1	3,007	2,520	16,629	17,270	617
1960	35	93,419	22,476	100.0	3,532	2,868	22,138	22,537	569
1961	36	94,287	23,509	119.6	4,127	3,319	28,268	24,632	473
1962	37	95,181	23,850	129.7	4,205	3,445	27,546	28,787	700
1963	38	96,156	25,002	144.3	4,577	3,770	31,501	29,948	951
1964	39	97,182	25,104	167.1	5,024	4,204	39,799	32,981	1,672
1965	40	98,275	25,940	173.4	5,164	4,219	41,161	32,689	2,181
1966	41	99,036	26,765	196.2	5,692	4,616	47,784	37,564	2,833
1967	42	100,196	28,144	234.8	6,232	5,059	62,154	42,494	3,836
1968	43	101,331	28,694	270.9	6,861	5,489	66,893	47,677	5,209
1969	44	102,536	29,009	313.9	7,685	6,147	82,166	51,387	6,934
1970	45	103,720	29,887	357.0	8,801	7,135	93,322	57,189	8,779
1971	46	105,145	30,861	366.5	9,039	7,129	88,557	59,434	10,572
1972	47	107,595	31,925	393.0	9,458	7,471	96,900	66,292	12,531
1973	48	109,104	32,314	451.9	10,123	8,222	119,322	78,118	14,474
1974	49	110,573	32,731	434.2	10,039	8,444	117,131	73,108	15,854
1975	50	111,940	32,877	386.1	8,630	7,711	102,313	65,517	17,236
1976	51	113,094	34,275	429.1	9,518	8,631	107,399	68,712	18,476
1977	52	114,165	34,414	446.8	9,437	8,759	102,405	73,138	19,826
1978	53	115,190	34,466	475.3	9,392	9,364	102,105	84,882	21,280
1979	54	116,155	34,869	510.1	9,993	9,981	111,748	87,804	22,667
1980	55	117,060	35,338	534.2	9,788	10,536	111,395	87,957	23,660
1981	56	117,902	36,121	539.2	8,612	9,943	101,676	84,828	24,612
1982	57	118,728	36,248	541.1	8,627	10,353	99,548	80,686	25,539
1983	58	119,536	36,497	557.6	8,860	10,932	97,179	80,891	26,385
1984	59	120,305	37,338	610.1	9,127	11,429	105,586	78,860	27,144
1985	60	121,049	37,226	632.9	9,279	11,790	105,279	72,847	27,844
1986	61	121,660	37,544	631.3	9,240	12,272	98,275	71,264	28,654
1987	62	122,239	38,064	652.6	9,733	12,807	98,513	71,551	29,478
1988	63	122,745	39,028	715.7	10,415	14,343	105,681	77,554	30,776
1989	平成 元 年	123,205	39,417	757.4	10,987	15,726	107,908	79,717	32,621
1990	2	123,611	40,273	788.2	11,328	16,429	110,339	84,445	34,924

出所：セメント:東洋経済新報社「長期経済統計10:鉱工業」、
経済企画庁統計課監修「日本の経済統計 上」(昭和39年)、
通商産業省編「通商産業政策史 第16巻 統計・年表編」、経済産業省「窯業・建材統計年報」暦年値

物価								年号	
卸売物価指数		消費者物価指数		原油輸入価格	電力価格				
					総合単価				
(昭和9～11年基準)	伸び率(%)	(昭和9～11年基準)	伸び率(%)	(ドル/バレル)	(円/kWh)	電灯	電力		
342.5	38.8	265.1	15.0	1.71	3.59	7.30	2.66	1951	昭和26年
349.2	2.0	277.8	4.8	1.71	4.70	9.69	3.50	1952	27
351.6	0.7	297.3	7.0	1.93	4.83	10.07	3.64	1953	28
349.2	-0.7	314.9	5.9	1.93	4.88	10.25	3.65	1954	29
343.0	-1.8	315.2	0.1	1.93	5.22	10.99	4.02	1955	30
358.0	4.4	317.6	0.7	1.93	5.14	11.03	3.99	1956	31
368.8	3.0	326.5	2.8	2.08	5.21	11.33	4.07	1957	32
344.8	-6.5	328.2	0.5	2.08	5.33	11.49	4.14	1958	33
348.3	1.0	332.7	1.4	1.90	5.29	11.56	4.14	1959	34
352.1	1.1	342.9	3.1	1.80	5.31	11.60	4.16	1960	35
355.7	1.0	360.0	5.0	1.80	5.55	11.85	4.37	1961	36
349.7	-1.7	383.7	6.6	1.80	5.90	11.95	4.59	1962	37
356.0	1.8	411.7	7.3	1.80	6.00	12.05	4.64	1963	38
356.7	0.2	428.9	4.2	1.80	6.06	12.06	4.68	1964	39
359.4	0.8	462.4	7.8	1.97	6.25	12.09	4.82	1965	40
368.1	2.4	486.2	5.2	1.89	6.26	12.08	4.83	1966	41
374.7	1.8	506.1	4.1	1.94	6.24	12.03	4.84	1967	42
377.9	0.9	533.2	5.4	1.87	6.29	12.00	4.90	1968	43
385.9	2.1	563.9	5.8	1.79	6.29	11.91	4.92	1969	44
399.9	3.6	623.6	10.6	1.83	6.35	11.85	4.98	1970	45
396.7	-0.8	665.1	6.7	2.29	6.52	11.80	5.10	1971	46
399.9	0.8	695.9	4.6	2.57	6.57	11.76	5.16	1972	47
463.3	15.9	777.2	11.7	4.85	6.76	11.82	5.37	1973	48
608.7	31.4	958.0	23.3	11.53	10.62	14.89	9.37	1974	49
626.8	3.0	1,070.0	11.7	12.05	11.61	15.65	10.33	1975	50
658.3	5.0	1,171.2	9.5	12.69	13.20	17.71	11.84	1976	51
670.8	1.9	1,267.0	8.2	13.65	14.51	19.18	13.06	1977	52
653.8	-2.5	1,321.3	4.3	13.87	14.02	17.64	12.53	1978	53
701.5	7.3	1,370.1	3.7	23.37	14.69	19.40	13.21	1979	54
826.2	17.8	1,476.7	7.8	34.63	22.49	27.54	20.87	1980	55
837.7	1.4	1,547.2	4.8	36.89	23.14	28.26	21.46	1981	56
852.7	1.8	1,590.6	2.8	34.09	23.44	28.42	21.79	1982	57
833.7	-2.2	1,619.5	1.8	29.63	23.53	28.65	21.78	1983	58
831.5	-0.3	1,657.4	2.3	29.17	23.53	28.77	21.75	1984	59
822.4	-1.1	1,690.0	2.0	27.21	23.74	28.89	21.94	1985	60
747.3	-9.1	1,700.8	0.6	13.81	21.93	26.87	20.17	1986	61
719.3	-3.7	1,702.6	0.1	18.09	20.61	25.80	18.72	1987	62
712.1	-1.0	1,715.3	0.7	14.79	19.75	25.24	18.72	1988	63
730.4	2.6	1,753.2	2.2	17.92	19.78	25.57	17.68	1989	平成元年
745.4	2.1	1,807.5	3.1	22.76	19.83	25.68	17.67	1990	2

乗用車保有台数:総務庁統計局監修「日本長期統計総覧 第2巻」、通商産業省編
「通商産業政策史 第16巻 統計・年表編」、日産自動車「自動車交通」
自動車工業会「自動車統計月報」、自動車検査登録協力会「自動車保有車両数」暦年値

(4)各種経済指標（1871年～2021年）<その4>

年号		人口・主要物資生産 人口 (千人)	世帯総数 (千世帯)	鉱工業生産指数 (昭和35年基準)	パルプ生産量 (千トン)	紙生産量 (千トン)	粗鋼生産量 (千トン)	セメント生産量 (千トン)	乗用車保有台数年末 (千台)
1991	平成 3 年	124,101	40,506	801.8	11,729	17,048	109,649	89,564	37,076
1992	4	124,567	41,210	752.7	11,200	16,592	98,132	88,253	38,964
1993	5	124,938	41,826	723.3	10,593	16,207	99,623	88,046	40,772
1994	6	125,265	42,069	730.1	10,579	16,603	98,295	91,624	42,679
1995	7	125,570	40,770	754.2	11,120	17,466	101,640	90,474	44,680
1996	8	125,859	43,807	771.6	11,190	17,767	98,801	94,492	46,869
1997	9	126,157	44,669	799.5	11,491	18,268	104,545	91,938	48,611
1998	10	126,472	44,496	742.2	10,919	17,855	93,548	81,328	49,896
1999	11	126,667	44,923	748.2	10,990	18,394	94,192	80,120	51,165
2000	12	126,926	45,545	792.0	11,399	19,037	106,444	81,097	52,437
2001	13	127,316	45,664	730.1	10,813	18,385	102,866	76,550	53,541
2002	14	127,486	46,005	728.6	10,666	18,528	107,745	71,828	54,541
2003	15	127,694	45,800	752.4	10,520	18,396	110,511	68,766	55,213
2004	16	127,787	46,323	793.5	10,653	18,788	112,718	67,376	55,995
2005	17	127,768	47,043	802.3	10,756	18,901	112,471	69,629	57,091
2006	18	127,901	47,531	841.1	10,798	19,066	116,226	69,942	57,521
2007	19	128,033	48,023	861.6	10,807	19,192	120,203	67,685	57,624
2008	20	128,084	47,957	832.7	10,664	18,828	118,739	62,810	57,866
2009	21	128,032	48,013	650.6	8,501	15,832	87,534	54,800	58,020
2010	22	128,057	48,638	757.3	9,392	16,387	109,599	51,526	58,348
2011	23	127,834	46,684	736.1	9,004	15,446	107,601	51,291	58,671
2012	24	127,593	48,170	740.7	8,641	15,067	107,232	54,737	59,422
2013	25	127,414	50,112	734.6	8,766	15,181	110,595	57,962	60,036
2014	26	127,237	50,431	749.8	8,952	15,118	110,666	57,913	60,668
2015	27	127,095	50,361	740.7	8,727	14,830	105,134	54,827	60,988
2016	28	127,042	49,945	739.9	8,637	14,706	104,775	53,255	61,404
2017	29	126,919	50,425	772.5	8,742	14,581	104,661	55,195	61,804
2018	30	126,749	50,991	771.8	8,627	14,008	104,319	55,307	62,026
2019	令和 元 年	126,555	51,785	748.8	8,374	13,502	99,284	53,462	62,141
2020	2	126,146	N.A.	671.0	7,057	11,212	83,186	50,905	62,195
2021	3	125,502	51,914	708.8	7,613	11,681	96,336	50,083	62,165

出所：国内企業物価指数(2001年までは卸売物価指数):日本銀行「国内企業物価指数戦前基準指数」、
消費者物価指数:東洋経済新報社「物価総覧臨時増刊」(昭和36年版)、
同「経済統計年鑑」暦年値、消費者物価指数:総務省統計局「消費者物価指数年報」
原油価格:EDMC「エネルギー統計資料(海外編)」、財務省「日本貿易月表」年度値
電力価格:「電力百年史」、通商産業省資源エネルギー庁公益事業部監修
「電気事業便覧」年度値(但し、1999年度以降はEDMC推計)

物価								年号	
卸売物価指数		消費者物価指数		原油輸入価格	電力価格				
					総合単価				
(昭和9～11年基準)	伸び率(%)	(昭和9～11年基準)	伸び率(%)	(ドル/バレル)	(円/kWh)	電灯	電力		
741.3	-0.6	1,867.1	3.3	18.83	20.01	25.74	17.86	1991	平成3年
729.3	-1.6	1,897.8	1.6	19.28	20.25	25.80	18.09	1992	4
708.1	-2.9	1,923.1	1.3	16.76	20.24	25.65	18.08	1993	5
693.7	-4.9	1,935.8	0.7	17.26	19.96	25.55	17.66	1994	6
687.2	-0.9	1,934.0	-0.1	18.34	19.80	25.34	17.47	1995	7
688.0	-0.8	1,935.9	0.0	21.72	19.35	24.93	17.01	1996	8
698.4	1.6	1,970.7	1.9	18.80	19.99	25.72	17.60	1997	9
687.5	-0.1	1,982.3	2.4	12.76	19.07	24.55	16.71	1998	10
664.3	-3.4	1,976.5	-0.3	20.63	18.66	24.21	16.24	1999	11
664.2	0.0	1,963.0	-0.7	28.37	18.65	24.23	16.22	2000	12
658.0	-0.9	1,949.3	-0.7	23.75	18.61	23.93	16.23	2001	13
645.7	-1.9	1,931.6	-0.9	27.32	17.56	22.93	15.11	2002	14
637.3	-1.3	1,925.7	-0.3	29.34	17.20	22.57	14.78	2003	15
644.7	1.2	1,925.7	0.0	38.69	16.91	22.28	14.44	2004	16
665.0	3.1	1,919.8	-0.3	56.01	16.62	21.83	14.19	2005	17
692.7	4.2	1,925.6	0.3	63.45	16.63	21.76	14.30	2006	18
711.9	2.8	1,925.6	0.0	78.02	16.70	21.82	14.34	2007	19
736.6	3.5	1,952.5	1.4	92.72	18.22	22.98	15.98	2008	20
664.4	-9.8	1,925.6	-1.4	68.99	16.82	21.57	14.46	2009	21
668.5	0.6	1,912.1	-0.7	83.84	16.70	21.39	14.33	2010	22
680.9	1.9	1,906.4	-0.3	114.10	17.67	22.32	15.32	2011	23
674.4	-1.0	1,906.4	0.0	114.19	18.71	23.25	16.41	2012	24
711.1	5.4	1,912.1	0.3	110.11	20.48	25.21	18.09	2013	25
735.4	3.4	1,965.7	2.8	89.21	22.08	26.83	19.71	2014	26
710.0	-3.5	1,981.0	0.8	48.91	20.01	24.63	17.67	2015	27
658.2	-7.3	1,978.9	-0.1	47.69	17.33	22.01	15.11	2016	28
687.8	4.5	1,988.8	0.5	57.01	18.17	22.98	15.81	2017	29
710.6	3.3	2,006.6	0.9	72.24	18.95	24.14	16.44	2018	30
698.7	-1.7	2,016.5	0.5	67.80	18.76	24.03	16.17	2019	令和元年
675.5	-3.3	2,016.5	0.0	43.29	17.52	22.55	14.78	2020	2
733.4	8.6	2,022.4	0.3	77.43	18.86	24.32	15.92	2021	3

注：世帯総数では、一部の年で以下の都道府県の値が除かれている。
1995(平成7)年:兵庫県、2011(平成23)年:岩手県・宮城県・福島県、
2012(平成24)年:福島県、2016(平成28)年:熊本県。
また、2020(令和2)年の国民生活基礎調査は、COVID-19対応等の観点から中止。

(5)エネルギー源別一次エネルギー供給（1880年～2021年）<その1>

年号		一次エネルギー総供給				
		石炭	石油	天然ガス	水力	原子力
1880	明治 13 年	567	55	-	-	-
1881	14	602	31	-	-	-
1882	15	596	73	-	-	-
1883	16	639	84	-	-	-
1884	17	715	64	-	-	-
1885	18	816	65	-	-	-
1886	19	865	91	-	-	-
1887	20	1,100	76	-	-	-
1888	21	1,267	109	-	-	-
1889	22	1,497	132	-	-	-
1890	23	1,639	153	-	-	-
1891	24	1,996	146	-	-	-
1892	25	1,994	123	-	-	-
1893	26	2,079	184	-	-	-
1894	27	2,694	214	-	-	-
1895	28	3,032	175	-	-	-
1896	29	3,172	222	-	-	-
1897	30	3,291	248	-	-	-
1898	31	4,215	279	-	-	-
1899	32	4,238	262	-	-	-
1900	33	4,713	366	-	-	-
1901	34	5,671	410	-	-	-
1902	35	6,116	412	-	-	-
1903	36	6,390	393	-	21	-
1904	37	7,142	468	-	27	-
1905	38	7,424	411	-	31	-
1906	39	8,128	448	-	42	-
1907	40	8,641	508	-	64	-
1908	41	9,288	536	-	100	-
1909	42	9,487	503	-	122	-
1910	43	9,923	537	-	186	-
1911	44	11,150	552	-	238	-
1912	大正 元 年	12,493	501	-	268	-
1913	2	13,729	506	-	534	-
1914	3	14,608	580	1.4	640	-
1915	4	13,241	628	0.7	747	-

(10^{10} kcal)		合計	伸び率	CO_2排出量	年号	
薪炭	その他		(%)	(二酸化炭素百万トン)		
3,495	-	4,117	1.1	2.2	1880	明治 13 年
3,235	-	3,868	-6.1	2.3	1881	14
3,115	-	3,784	-2.2	2.4	1882	15
2,878	-	3,601	-4.8	2.6	1883	16
2,710	-	3,490	-3.1	2.8	1884	17
3,218	-	4,099	17.4	3.2	1885	18
3,847	-	4,803	17.2	3.4	1886	19
3,557	-	4,733	-1.5	4.2	1887	20
3,606	-	4,981	5.3	4.9	1888	21
3,427	-	5,055	1.5	5.8	1889	22
4,185	-	5,977	18.2	6.4	1890	23
3,815	-	5,957	-0.3	7.7	1891	24
4,015	-	6,132	2.9	7.6	1892	25
4,127	-	6,390	4.2	8.1	1893	26
4,698	-	7,607	19.0	10.4	1894	27
4,435	-	7,643	0.5	11.5	1895	28
4,066	-	7,460	-2.4	12.2	1896	29
4,675	-	8,214	10.1	12.7	1897	30
5,733	-	10,228	24.5	16.1	1898	31
6,586	-	11,085	8.4	16.2	1899	32
5,424	-	10,504	-5.2	18.2	1900	33
3,822	-	9,903	-5.7	21.8	1901	34
3,940	-	10,468	5.7	23.4	1902	35
3,234	-	10,038	-4.1	24.4	1903	36
3,322	-	10,960	9.2	27.3	1904	37
3,137	-	11,003	0.4	28.2	1905	38
3,508	-	12,125	10.2	30.9	1906	39
3,385	-	12,598	3.9	32.9	1907	40
3,371	-	13,294	5.5	35.3	1908	41
3,604	-	13,715	3.2	36.0	1909	42
3,167	-	13,813	0.7	37.7	1910	43
3,044	-	14,984	8.5	42.2	1911	44
3,194	-	16,456	9.8	47.0	1912	大正 元 年
3,604	-	18,372	11.6	51.5	1913	2
3,194	-	19,024	3.5	54.9	1914	3
2,694	-	17,311	-9.0	50.0	1915	4

(5)エネルギー源別一次エネルギー供給（1880年～2021年）<その2>

年号		一次エネルギー総供給				
		石炭	石油	天然ガス	水力	原子力
1916	大正 5 年	14,706	575	1.4	780	-
1917	6	17,151	550	11.2	847	-
1918	7	17,952	507	20.3	992	-
1919	8	20,042	524	23.8	1,179	-
1920	9	18,845	539	30.1	1,370	-
1921	10	16,941	530	26.6	1,519	-
1922	11	18,145	608	21.0	1,776	-
1923	12	19,292	672	24.5	2,171	-
1924	13	20,228	822	21.0	2,449	-
1925	14	20,900	892	16.1	3,013	-
1926	昭和元 年	21,328	947	17.5	3,654	-
1927	2	23,111	1,117	22.4	4,181	-
1928	3	23,353	2,029	21.7	4,854	-
1929	4	23,931	2,798	23.1	5,186	-
1930	5	21,701	2,116	34.3	5,555	-
1931	6	19,669	2,262	61.6	5,113	-
1932	7	19,791	2,334	40.6	6,268	-
1933	8	23,321	2,758	37.8	6,687	-
1934	9	26,004	3,609	37.8	6,914	-
1935	10	27,368	4,556	32.9	7,930	-
1936	11	30,536	4,661	32.9	8,339	-
1937	12	32,616	5,599	42.0	9,245	-
1938	13	35,208	6,270	40.6	9,852	-
1939	14	37,538	3,687	44.1	9,550	-
1940	15	42,123	4,465	45.5	10,143	-
1941	16	42,002	1,571	43.4	12,180	-
1942	17	39,579	882	43.4	11,716	-
1943	18	39,041	1,397	36.4	12,454	-
1944	19	35,417	428	35.0	12,578	-
1945	20	18,864	254	51.8	8,261	-
1946	21	12,739	622	28.7	11,273	-
1947	22	17,033	1,319	27.3	12,011	-
1948	23	21,719	1,887	30.8	13,078	-
1949	24	25,022	1,401	48.3	14,682	-
1950	25	24,619	3,021	57.4	15,768	-

(10^10 kcal) 薪炭	その他	合計	伸び率 (%)	CO_2排出量 (二酸化炭素 百万トン)	年号	
2,976	-	19,039	10.0	55.2	1916	大正 5 年
3,617	-	22,176	16.5	64.1	1917	6
3,986	-	23,458	5.8	66.9	1918	7
5,924	-	27,693	18.1	74.6	1919	8
3,467	-	24,251	-12.4	70.3	1920	9
4,477	-	23,493	-3.1	63.3	1921	10
3,917	-	24,467	4.1	67.9	1922	11
3,508	-	25,667	4.9	72.3	1923	12
3,167	-	26,686	4.0	76.1	1924	13
3,140	-	27,960	4.8	78.7	1925	14
3,604	-	29,551	5.7	80.4	1926	昭和元 年
3,741	-	32,172	8.9	87.4	1927	2
3,699	-	33,958	5.5	90.7	1928	3
3,660	-	35,598	4.8	94.9	1929	4
3,658	-	33,064	-7.1	84.9	1930	5
3,660	-	30,764	-7.0	78.0	1931	6
3,795	-	32,228	4.8	78.5	1932	7
3,931	-	36,735	14.0	92.6	1933	8
4,106	-	40,670	10.7	104.6	1934	9
4,204	-	44,091	8.4	112.1	1935	10
4,072	-	47,641	8.1	123.9	1936	11
4,615	-	52,117	9.4	134.0	1937	12
4,534	-	55,904	7.3	145.3	1938	13
5,038	-	55,856	-0.1	147.0	1939	14
6,622	-	63,398	13.5	165.8	1940	15
6,233	-	62,029	-2.2	157.6	1941	16
5,111	-	57,332	-7.6	147.0	1942	17
5,035	-	57,963	1.1	146.4	1943	18
4,488	-	52,946	-8.7	130.5	1944	19
4,037	-	31,467	-40.6	69.7	1945	20
3,696	-	28,357	-9.9	48.2	1946	21
4,207	-	34,597	22.0	65.8	1947	22
4,592	-	41,307	19.4	84.4	1948	23
4,123	-	45,276	9.6	95.2	1949	24
4,323	-	47,788	5.5	98.0	1950	25

(5)エネルギー源別一次エネルギー供給（1880年～2021年）<その3>

年号		一次エネルギー総供給				
		石炭	石油	天然ガス	水力	原子力
1951	昭和 26 年	28,424	4,866	68	15,584	-
1952	27	29,447	6,556	76	16,742	-
1953	28 年度	29,363	9,436	115	17,832	-
1954	29	28,173	9,907	142	17,615	-
1955	30	30,286	11,271	244	17,465	-
1956	31	34,155	14,161	294	17,606	-
1957	32	37,575	17,590	425	18,138	-
1958	33	32,611	17,909	536	18,228	-
1959	34	36,207	27,445	700	16,966	-
1960	35	41,522	37,929	939	15,780	-
1961	36	44,954	47,034	1,366	17,999	-
1962	37	41,817	57,078	1,763	15,892	-
1963	38	43,226	71,784	2,054	16,585	-
1964	39	44,450	85,173	2,027	16,194	-
1965	40	45,654	100,678	2,027	17,938	8
1966	41	47,566	114,395	2,112	18,336	134
1967	42	53,322	138,055	2,234	15,947	145
1968	43	57,391	163,121	2,409	17,096	240
1969	44	61,546	192,344	2,847	17,391	249
1970	45	63,571	229,893	3,970	17,894	1,054
1971	46	55,853	240,497	4,002	19,219	1,802
1972	47	55,872	262,014	4,029	19,475	2,133
1973	48	59,587	298,235	5,914	15,772	2,184
1974	49	63,691	286,302	7,684	18,972	4,432
1975	50	59,993	268,642	9,231	19,237	5,653
1976	51	58,642	287,310	10,457	19,514	7,668
1977	52	55,862	289,678	13,860	16,958	7,123
1978	53	51,379	283,405	18,012	16,469	13,346
1979	54	56,677	293,984	21,484	18,878	15,838
1980	55	67,327	262,436	24,164	20,481	18,583
1981	56	70,406	243,452	24,259	20,085	19,760
1982	57	67,538	225,302	25,238	18,686	23,047
1983	58	68,921	235,769	28,924	19,403	25,715
1984	59	75,771	238,560	36,962	16,419	30,209
1985	60	78,810	228,041	38,213	19,081	35,905

(10^{10} kcal) 薪炭	その他	合計	伸び率 (%)	CO_2排出量 (二酸化炭素 百万トン)	年号	
4,385	-	53,327	11.6	116.8	1951	昭和 26 年
6,404	-	59,226	11.1	125.1	1952	27
4,509	325	61,580	4.0	131.5	1953	28 年度
4,432	359	60,628	-1.5	129.5	1954	29
4,459	406	64,131	5.8	144.3	1955	30
4,425	464	71,105	10.9	161.7	1956	31
4,465	587	78,780	10.8	181.4	1957	32
4,033	586	73,903	-6.2	163.5	1958	33
3,752	791	85,861	16.2	200.4	1959	34
3,625	1,015	100,810	17.4	242.0	1960	35
3,411	1,179	115,943	15.0	270.6	1961	36
3,257	1,185	120,992	4.4	283.6	1962	37
1,560	1,355	136,564	12.9	326.2	1963	38
1,321	1,443	150,608	10.3	361.3	1964	39
1,108	1,497	168,910	12.2	387.0	1965	40
931	1,679	185,153	9.6	422.8	1966	41
788	1,895	212,386	14.7	517.0	1967	42
879	2,054	243,190	14.5	577.0	1968	43
815	2,334	277,526	14.1	662.9	1969	44
661	2,665	319,708	15.2	758.8	1970	45
617	2,800	324,790	1.6	751.1	1971	46
533	2,981	347,037	6.8	805.5	1972	47
481	3,236	385,409	11.1	909.4	1973	48
474	3,124	384,679	-0.2	891.9	1974	49
347	3,121	366,224	-4.8	859.3	1975	50
310	3,432	387,333	5.8	898.8	1976	51
281	3,509	387,271	0.0	905.4	1977	52
216	3,626	386,453	-0.2	899.1	1978	53
200	4,073	411,134	6.4	923.9	1979	54
198	4,009	397,198	-3.4	916.9	1980	55
181	4,025	382,168	-3.8	886.4	1981	56
167	4,318	364,296	-4.7	858.4	1982	57
153	4,655	383,540	5.3	887.9	1983	58
154	4,992	403,067	5.1	902.7	1984	59
139	5,134	405,323	0.6	900.7	1985	60

(5)エネルギー源別一次エネルギー供給（1880年～2021年）＜その4＞

年号		一次エネルギー総供給				
		石炭	石油	天然ガス	水力	原子力
1986	昭和 61 年度	73,285	227,541	39,592	18,532	37,869
1987	62	76,125	240,318	40,861	17,148	42,246
1988	63	80,539	255,404	42,593	20,709	40,198
1989	平成 元 年度	79,670	267,440	46,158	21,092	41,146
1990	2	80,754	283,558	49,284	20,512	45,511
1991	3	83,188	278,521	52,086	22,400	48,028
1992	4	80,787	291,271	52,941	18,938	50,233
1993	5	81,551	286,590	54,160	22,008	56,083
1994	6	87,474	306,570	57,480	15,403	60,554
1995	7	89,899	303,582	58,927	18,888	65,532
1996	8	90,639	304,784	63,026	18,487	67,995
1997	9	94,329	299,454	64,650	20,948	71,815
1998	10	89,278	285,277	66,995	21,447	74,777
1999	11	95,322	286,036	69,749	19,870	71,239
2000	12	100,222	289,204	73,398	19,253	69,241
2001	13	102,606	271,219	72,002	18,674	68,770
2002	14	109,187	275,748	74,321	18,367	63,445
2003	15	112,926	278,208	78,964	21,248	51,603
2004	16	123,159	275,169	78,427	20,964	60,725
2005	17	116,670	281,180	78,806	16,417	64,139
2006	18	117,358	268,355	86,119	18,858	63,859
2007	19	122,593	268,174	92,968	15,880	55,526
2008	20	120,760	258,710	92,721	16,379	54,326
2009	21	106,364	235,748	90,242	16,605	58,876
2010	22	120,553	242,466	95,511	17,746	60,661
2011	23	113,027	243,550	111,964	18,015	21,417
2012	24	118,544	247,714	116,602	16,277	3,355
2013	25	127,807	240,721	117,297	16,580	1,930
2014	26	123,415	226,191	118,836	17,374	-
2015	27	125,482	223,822	111,645	18,127	1,958
2016	28	123,646	217,141	113,225	16,575	3,746
2017	29	124,081	216,044	112,240	17,488	6,827
2018	30	122,639	207,932	107,954	16,659	13,280
2019	令和 元 年度	121,021	202,628	102,464	16,479	13,045
2020	2	112,019	171,032	102,099	16,219	7,926
2021	3	119,711	183,141	95,671	16,320	14,482

出所：明治13年～昭和27年のエネルギー供給は、日本エネルギー経済研究所「エネルギー経済」1976年7月号P.36-38掲載の統計ハイライトをもとにEDMCで計算。昭和28年度以降は経済産業省/EDMC「総合エネルギー統計」、EDMC推計。

注：(1)昭和27年以前のカロリー換算値は、国内炭:毎年の平均品位、輸入炭:7,700kcal/kg、亜炭:4,100kcal/kg、原油:9,400kcal/L、

(10^{10} kcal)				CO₂排出量		
薪炭	その他	合計	伸び率(%)	(二酸化炭素 百万トン)	年号	
133	5,265	402,217	-0.8	876.8	1986	昭和 61 年度
122	5,557	422,377	5.0	918.4	1987	62
114	5,809	445,366	5.4	976.4	1988	63
110	6,099	461,715	3.7	1,009.8	1989	平成 元 年度
106	6,585	486,310	5.3	1,046.2	1990	2
102	6,638	490,963	1.0	1,065.7	1991	3
97	6,505	500,772	2.0	1,077.8	1992	4
92	6,280	506,764	1.2	1,056.8	1993	5
88	6,410	533,979	5.4	1,125.1	1994	6
76	7,004	543,908	1.9	1,129.6	1995	7
66	7,255	552,252	1.5	1,144.5	1996	8
57	7,555	558,808	1.2	1,141.6	1997	9
54	7,087	544,915	-2.5	1,100.3	1998	10
62	7,194	549,472	0.8	1,138.1	1999	11
48	7,285	558,651	1.7	1,149.6	2000	12
45	7,206	540,522	-3.2	1,114.6	2001	13
42	7,531	548,641	1.5	1,173.0	2002	14
35	7,902	550,886	0.4	1,199.1	2003	15
29	7,911	566,384	2.8	1,210.1	2004	16
24	9,245	566,481	0.0	1,203.6	2005	17
24	9,386	563,959	-0.4	1,181.9	2006	18
23	9,656	564,820	0.2	1,218.1	2007	19
23	9,312	552,231	-2.2	1,155.5	2008	20
21	9,889	517,745	-6.2	1,076.0	2009	21
24	10,662	547,623	5.8	1,134.4	2010	22
23	10,942	518,938	-5.2	1,169.7	2011	23
17	11,297	513,806	-1.0	1,208.8	2012	24
23	13,138	517,496	0.7	1,237.2	2013	25
23	15,294	501,133	-3.2	1,191.3	2014	26
20	17,211	498,265	-0.6	1,158.4	2015	27
20	18,633	492,986	-1.1	1,144.9	2016	28
20	20,194	496,894	0.8	1,136.4	2017	29
18	21,110	489,592	-1.5	1,092.5	2018	30
17	22,179	477,833	-2.4	1,061.5	2019	令和 元 年度
18	22,866	432,179	-9.6	984.4	2020	2
18	25,680	455,023	5.3	1,016.9	2021	3

石油製品:10,000kcal/L、天然ガス:8,000～9,800kcal/立方メートル、
水力:4,150kcal/kWh、薪:3,500kcal/kg、木炭:7,000kcal/kgを用いている。
(2)CO_2排出量の推計は、昭和28年以前は総供給ベース、以降は国内供給ベースである。
推計方法については、巻頭の「解説」を参照。

参考資料

エネルギーバランス表／経済産業省

(1)2020年度エネルギーバランス簡約表

	NO.	1	2	3	4	5	6	7
		石 炭	石炭製品	原 油	石油製品	天然ガス	都市ガス	再生可能エネルギー
一次エネルギー供給								
国内産出	1	433		445		2,158		26,385
輸入	2	106,786	614	124,446	46,186	99,829		2,127
一次エネルギー総供給	3	107,220	614	124,891	46,186	101,987		28,511
輸出	4	-2	-2,255		-17,775			-1
供給在庫変動	5		-4	1,883	1,166	58	17	
一次エネルギー国内供給	6	107,217	-1,645	126,774	29,577	102,044	17	28,511
エネルギー転換								
石炭製品製造	7	-31,942	30,143		-322			
石油製品製造	8			-126,652	125,572	36		-469
ガス製造	9				-1,852	-38,310	40,125	-2
事業用発電	10	-58,707	-2,683	-598	-5,065	-63,855	-4,691	-9,054
自家用発電	11	-4,102	-2,287	-1	-3,725	-1,014	-2,659	-14,715
自家用蒸気発生	12	-5,065	-1,392	-1	-6,595	-518	-4,497	-3,951
地域熱供給/他転換・品種振替	13				696	3,877	-4,032	-19
純転換部門計	14	-99,815	23,781	-127,252	108,710	-99,783	24,246	-28,209
自家消費・送配損失	15	-308	-2,561	0	-4,384	-313	-555	-5
転換・消費在庫変動	16	799	-22	153	652	-733	0	-51
統計誤差	17	-114	842	-325	-2,425	-102	0	0
最終エネルギー消費計	18	8,007	18,712		136,979	1,316	23,708	246
企業・事業所他	19	8,007	18,712		61,920	1,316	13,330	95
農林水産鉱建設業	20		0		8,304	107	70	
製造業	21	8,007	18,508		41,541	1,209	5,795	3
食品飲料	22	0			635		755	
繊維	23				109	1	129	
パルプ・紙・紙加工品	24				306	10	109	3
化学工業 (含 石油石炭製品)	25	44	1,152		36,283	626	539	
窯業・土石製品	26	2,871	298		1,774	111	627	1
鉄鋼	27	5,057	16,861		903	387	1,654	
非鉄金属	28	34	159		333	31	303	
機械	29	0	38		903	43	1,391	
他製造業	30	0			294		288	
業務他 (第三次産業)	31	0	203		12,075		7,465	91
家庭	32				12,290		10,350	151
運輸	33	0			62,769		28	
旅客	34	0			34,823		1	
貨物	35				27,946		27	
非エネルギー利用	36	1	443		33,454	252		

出所：経済産業省「総合エネルギー統計」エネルギーバランス表より作成

(10^{10} kcal)

8	9	10	11	12	13	14	15
水力発電	未活用エネルギー	原子力発電	電力計	熱	合計	エネルギー利用	非エネルギー利用
15,865	12,911	7,801			65,999		
					379,987		
15,865	12,911	7,801			445,986	409,261	36,726
					-20,033		
					3,120		
15,865	12,911	7,801			429,074	392,348	36,726
	-123				-2,244	-2,244	
				-2,689	-4,201	0	-4,201
					-38	-38	
-15,262	-3,126	-7,801	72,702		-98,140	-98,140	
-604	-4,615		13,710		-20,010	-20,010	
	-4,243			21,882	-4,380	-4,380	
	-73		-77	508	880	36	843
-15,865	-12,180	-7,801	86,335	19,701	-128,133	-124,776	-3,358
			-8,605	-150	-16,882	-16,882	
	-18				781		781
0	0	0	-833	-940	-3,896	-3,896	0
	713		78,563	20,492	288,735	254,586	34,149
	713		54,323	20,466	178,881	145,567	33,314
			902	20	9,405	8,185	1,220
	713		27,192	18,892	121,860	90,423	31,437
			2,109	2,187	5,686	5,686	
			621	902	1,763	1,763	
	18		2,303	4,193	6,942	6,942	
	48		4,281	7,222	50,196	18,773	31,423
	588		1,434	466	8,170	8,160	11
	31		5,213	2,026	32,131	32,128	3
	28		1,029	227	2,144	2,144	
			7,693	819	10,888	10,888	
			2,507	850	3,940	3,940	
			26,228	1,554	47,616	46,959	657
			22,753	26	45,570	45,570	
			1,488		64,285	63,449	836
			1,426		36,250	35,623	627
			62		28,035	27,826	209
					34,149		34,149

エネルギーバランス表／経済産業省

(2)2021年度エネルギーバランス簡約表

	NO.	1 石 炭	2 石炭製品	3 原 油	4 石油製品	5 天然ガス	6 都市ガス	7 再生可能エネルギー
一次エネルギー供給								
国内産出	1	382		410		2,132		28,951
輸入	2	112,531	1,510	135,951	46,677	93,421		2,509
一次エネルギー総供給	3	112,913	1,510	136,361	46,677	95,552		31,460
輸出	4	-3	-1,581		-22,425			-1
供給在庫変動	5		-41	-874	1,149	-56	23	
一次エネルギー国内供給	6	112,909	-112	135,486	25,401	95,496	23	31,459
エネルギー転換								
石炭製品製造	7	-33,935	31,869		-349			
石油製品製造	8			-134,328	133,950	38		-477
ガス製造	9				-2,105	-39,691	41,745	-1
事業用発電	10	-59,400	-3,075	-581	-6,418	-57,076	-4,820	-10,314
自家用発電	11	-4,199	-2,329		-3,736	-1,091	-2,712	-16,142
自家用蒸気発生	12	-5,247	-1,482		-6,403	-536	-4,772	-4,188
地域熱供給/他転換・品種振替	13				-1,248	4,045	-4,199	-23
純転換部門計	14	-102,782	24,982	-134,909	113,692	-94,311	25,243	-31,145
自家消費・送配損失	15	-410	-2,642	0	-5,073	-287	-481	-7
転換・消費在庫変動	16	751	-94	97	91	1,121		-77
統計誤差	17	1,039	1,625	674	-2,331	650	0	0
最終エネルギー消費計	18	9,430	20,509	0	136,442	1,369	24,784	230
企業・事業所他	19	9,429	20,509	0	62,163	1,369	14,524	93
農林水産鉱建設業	20		0		8,186	113	74	
製造業	21	9,429	20,305	0	42,664	1,256	6,276	3
食品飲料	22	0			599		797	
繊維	23				111	1	138	
パルプ・紙・紙加工品	24				322	25	116	2
化学工業 (含 石油石炭製品)	25	47	1,173	0	37,473	604	592	
窯業・土石製品	26	2,838	307		1,769	102	672	1
鉄鋼	27	6,511	18,627		905	450	1,877	
非鉄金属	28	33	159		330	34	321	
機械	29		38		870	41	1,458	
他製造業	30	0			284		304	
業務他 (第三次産業)	31	0	203		11,314		8,174	90
家庭	32				10,840		10,237	137
運輸	33	0			63,439		23	
旅客	34	0			34,441		1	
貨物	35				28,998		22	
非エネルギー利用	36	0	467	0	34,168	260		

出所：経済産業省「総合エネルギー統計」エネルギーバランス表より作成

(10^{10} kcal)

8	9	10	11	12	13	14	15
水力発電	未活用エネルギー	原子力発電	電力計	熱	合計	エネルギー利用	非エネルギー利用
15,855	12,978	14,248			74,956		
					392,598		
15,855	12,978	14,248			467,554	430,117	37,437
					-24,010		
					200		
15,855	12,978	14,248			443,744	406,308	37,437
	-133				-2,548	-2,548	
				-2,511	-3,328	0	-3,328
					-52	-52	
-15,284	-3,152	-14,248	74,149		-100,219	-100,219	
-571	-4,693		14,910		-20,564	-20,564	
	-4,158			22,040	-4,746	-4,746	
	-74		-77	508	-1,068	35	-1,118
-15,855	-12,210	-14,248	88,982	20,037	-132,524	-128,094	-4,446
			-8,925	-161	-17,986	-17,986	
	1				1,889		1,889
0	0	0	-87	-987	583	567	0
	769		80,144	20,863	294,541	259,661	34,880
	769		57,308	20,837	187,001	152,941	34,061
			932	20	9,326	8,251	1,075
	769		28,776	19,263	128,741	96,246	32,495
			2,224	2,187	5,807	5,807	
			664	952	1,866	1,866	
	17		2,409	4,436	7,326	7,326	
	48		4,513	7,257	51,707	19,219	32,488
	644		1,489	464	8,286	8,282	4
	30		5,724	2,069	36,194	36,191	3
	31		1,058	226	2,192	2,192	
			8,051	822	11,281	11,281	
			2,644	850	4,082	4,082	
			27,599	1,554	48,935	48,444	491
			21,349	26	42,590	42,590	
			1,488		64,950	64,131	819
			1,426		35,868	35,260	609
			62		29,081	28,871	210
					34,895		34,880

エネルギーバランス表／経済産業省

(3)一次エネルギー国内供給

年度	石炭	石炭製品	原油	石油製品	天然ガス・都市ガス	再生可能エネルギー
1990	80,198	-940	214,563	48,405	49,123	6,383
1995	88,995	-2,196	242,874	39,236	59,179	6,709
2000	100,410	-91	230,165	36,524	73,073	6,542
2001	103,097	-809	220,807	38,453	73,401	6,138
2002	106,566	-77	221,474	41,013	74,427	7,024
2003	109,861	-163	223,425	37,279	79,111	7,351
2004	119,154	771	219,691	36,770	78,538	7,891
2005	113,849	378	227,364	28,042	78,627	9,098
2006	115,325	404	216,982	26,204	85,914	9,398
2007	120,152	639	223,938	20,083	92,687	10,199
2008	118,291	-288	211,395	11,626	92,593	9,640
2009	105,309	-171	194,189	16,312	90,199	9,348
2010	119,042	337	194,152	17,457	95,442	10,425
2011	111,777	-165	190,263	27,061	111,834	10,606
2012	116,936	-284	191,697	28,548	116,352	10,860
2013	126,007	671	191,972	23,091	117,017	12,801
2014	119,804	1,966	177,894	21,595	118,511	14,673
2015	121,758	1,373	176,928	17,469	111,256	17,355
2016	119,763	656	175,818	12,420	112,980	19,292
2017	120,373	94	169,927	17,408	112,186	22,308
2018	118,112	81	161,474	15,528	107,730	24,493
2019	116,398	-587	158,421	11,211	102,272	26,656
2020	107,217	-1,645	126,774	29,577	102,062	28,511
2021	112,909	-112	135,486	25,401	95,519	31,459

出所：経済産業省「総合エネルギー統計」エネルギーバランス表より作成

(4)電源構成

年度	原子力	石炭	天然ガス	石油等	水力
1990	N.A.	N.A.	N.A.	N.A.	N.A.
1995	N.A.	N.A.	N.A.	N.A.	N.A.
2000	N.A.	N.A.	N.A.	N.A.	N.A.
2001	N.A.	N.A.	N.A.	N.A.	N.A.
2002	N.A.	N.A.	N.A.	N.A.	N.A.
2003	N.A.	N.A.	N.A.	N.A.	N.A.
2004	N.A.	N.A.	N.A.	N.A.	N.A.
2005	N.A.	N.A.	N.A.	N.A.	N.A.
2006	N.A.	N.A.	N.A.	N.A.	N.A.
2007	N.A.	N.A.	N.A.	N.A.	N.A.
2008	N.A.	N.A.	N.A.	N.A.	N.A.
2009	N.A.	N.A.	N.A.	N.A.	N.A.
2010	2,882	3,199	3,339	983	838
2011	1,018	3,058	4,113	1,583	849
2012	159	3,340	4,320	1,885	765
2013	93	3,571	4,435	1,567	794
2014	-	3,544	4,552	1,161	835
2015	94	3,560	4,257	1,006	871
2016	181	3,448	4,351	999	795
2017	329	3,473	4,211	889	838
2018	649	3,324	4,028	727	810
2019	638	3,266	3,815	641	796
2020	388	3,102	3,899	636	784
2021	708	3,205	3,555	764	778

出所：経済産業省「総合エネルギー統計」エネルギーバランス表より作成

(10^{10} kcal)

未活用エネルギー	水力	原子力	国内供給合計				年度
				伸び率 (%)	エネルギー利用	非エネルギー利用	
7,596	19,553	44,995	469,876	-	431,597	38,279	1990
9,088	17,403	64,344	525,632	2.9	482,613	43,019	1995
9,785	17,819	68,277	542,504	1.4	497,723	44,781	2000
9,691	17,106	67,422	535,305	-1.3	491,634	43,671	2001
10,474	16,865	61,541	539,307	0.7	497,284	42,023	2002
10,557	19,732	49,993	537,148	-0.4	491,817	45,331	2003
10,358	19,510	58,983	551,665	2.7	502,659	49,006	2004
10,227	16,041	63,550	547,175	-0.8	500,641	46,534	2005
10,503	18,443	63,184	546,355	-0.1	501,117	45,237	2006
10,514	15,407	55,062	548,681	0.4	502,054	46,627	2007
10,452	15,969	53,412	523,092	-4.7	477,216	45,876	2008
9,669	16,074	57,234	498,163	-4.8	456,238	41,925	2009
12,656	17,101	58,820	525,432	5.5	480,802	44,631	2010
12,275	17,411	20,864	501,924	-4.5	462,297	39,627	2011
12,394	15,690	3,268	495,461	-1.3	456,755	38,706	2012
13,219	16,230	1,902	502,909	1.5	459,863	43,046	2013
12,854	16,761	-	484,058	-3.7	444,449	39,609	2014
12,797	17,342	1,879	478,156	-1.2	435,203	42,954	2015
13,562	16,203	3,681	474,375	-0.8	432,653	41,721	2016
14,048	17,068	6,704	480,116	1.2	435,439	44,677	2017
14,000	16,463	13,202	471,083	-1.9	427,612	43,471	2018
13,756	16,144	12,872	457,143	-3.0	416,008	41,135	2019
12,911	15,865	7,801	429,074	-6.1	392,348	36,726	2020
12,978	15,855	14,248	443,744	3.4	406,308	37,437	2021

(億kWh)

太陽光	風力	地熱	バイオマス	合計	ゼロエミッション電源	年度
N.A.	N.A.	N.A.	N.A.	N.A.	N.A.	1990
N.A.	N.A.	N.A.	N.A.	N.A.	N.A.	1995
N.A.	N.A.	N.A.	N.A.	N.A.	N.A.	2000
N.A.	N.A.	N.A.	N.A.	N.A.	N.A.	2001
N.A.	N.A.	N.A.	N.A.	N.A.	N.A.	2002
N.A.	N.A.	N.A.	N.A.	N.A.	N.A.	2003
N.A.	N.A.	N.A.	N.A.	N.A.	N.A.	2004
N.A.	N.A.	N.A.	N.A.	N.A.	N.A.	2005
N.A.	N.A.	N.A.	N.A.	N.A.	N.A.	2006
N.A.	N.A.	N.A.	N.A.	N.A.	N.A.	2007
N.A.	N.A.	N.A.	N.A.	N.A.	N.A.	2008
N.A.	N.A.	N.A.	N.A.	N.A.	N.A.	2009
35	40	26	152	11,494	3,974	2010
48	47	27	159	10,902	2,148	2011
66	48	26	168	10,778	1,233	2012
129	52	26	178	10,845	1,272	2013
230	52	26	182	10,583	1,326	2014
348	56	26	185	10,404	1,581	2015
458	62	25	197	10,514	1,717	2016
551	65	25	219	10,598	2,025	2017
627	75	25	236	10,501	2,422	2018
694	76	28	261	10,216	2,494	2019
791	90	30	288	10,008	2,370	2020
861	94	30	332	10,327	2,803	2021

エネルギーバランス表／経済産業省

(5)エネルギー源別最終エネルギー消費

年度	石炭	石炭製品	原油	石油製品	天然ガス	都市ガス	再生可能エネルギー
1990	9,583	29,306	-	179,774	1,377	12,205	1,347
1995	10,860	25,228	-	205,189	1,391	16,388	1,356
2000	10,081	25,099	-	208,848	1,204	19,274	1,196
2001	9,941	24,392	-	207,276	1,116	19,355	1,102
2002	9,941	25,336	-	208,109	1,216	20,367	1,060
2003	10,288	25,491	-	205,169	1,350	20,828	913
2004	9,985	25,504	-	204,989	1,507	21,693	670
2005	10,071	24,919	-	201,329	1,545	23,084	640
2006	10,003	25,759	-	196,179	1,544	26,160	605
2007	10,469	26,323	-	188,731	1,650	27,995	585
2008	9,155	24,116	-	173,937	1,530	27,262	570
2009	7,891	22,818	-	173,030	1,443	25,682	546
2010	9,357	25,205	-	173,522	1,615	26,017	508
2011	9,873	23,916	-	168,170	1,618	26,289	476
2012	10,421	23,750	-	166,052	1,670	25,831	432
2013	10,881	24,069	-	164,701	1,655	25,450	407
2014	10,598	23,818	-	158,320	1,522	25,279	387
2015	10,316	22,839	-	157,720	1,477	25,603	362
2016	10,007	22,732	-	154,758	1,496	24,940	335
2017	10,256	22,365	-	155,372	1,492	26,320	315
2018	9,892	22,114	-	151,358	1,479	25,630	292
2019	9,681	21,646	-	147,276	1,405	25,993	271
2020	8,007	18,712	-	136,979	1,316	23,708	246
2021	9,430	20,509	0	136,442	1,369	24,784	230

出所:経済産業省「総合エネルギー統計」エネルギーバランス表より作成

(6)部門別最終エネルギー消費

年度	企業・事業所他				家庭	運輸
		農林水産鉱建設業	製造業	業務他(第三次産業)		
1990	211,049	16,977	151,966	42,106	39,189	73,536
1995	226,340	15,988	158,260	52,092	47,230	87,795
2000	236,497	14,738	160,754	61,005	50,758	91,492
2001	231,784	14,645	155,850	61,289	49,522	92,990
2002	235,935	13,973	159,524	62,438	51,208	91,758
2003	235,509	13,613	159,880	62,017	49,947	90,362
2004	240,898	13,490	161,852	65,556	50,456	88,287
2005	241,276	12,597	161,664	67,014	52,230	86,358
2006	241,920	12,089	162,331	67,501	50,306	85,381
2007	240,105	11,854	162,172	66,080	50,495	84,434
2008	220,417	9,936	146,850	63,632	48,994	81,732
2009	211,282	11,201	143,242	56,839	48,505	80,583
2010	218,846	10,605	150,619	57,622	51,715	80,907
2011	212,841	10,814	146,151	55,876	49,744	79,187
2012	208,381	10,407	145,198	52,776	50,245	79,524
2013	210,443	9,278	146,454	54,711	48,798	77,296
2014	204,640	9,133	141,845	53,662	46,852	75,599
2015	202,345	9,809	140,322	52,213	45,581	75,209
2016	198,918	10,212	138,662	50,043	45,636	74,642
2017	200,877	10,365	139,633	50,880	47,564	74,045
2018	199,039	9,306	138,719	51,014	43,837	73,249
2019	194,329	9,368	134,801	50,160	43,486	71,680
2020	178,881	9,405	121,860	47,616	45,570	64,285
2021	187,001	9,326	128,741	48,935	42,590	64,950

出所:経済産業省「総合エネルギー統計」エネルギーバランス表より作成

(10^{10} kcal)

未活用エネルギー	電力	熱	最終エネルギー消費 合計	伸び率 (%)	エネルギー利用	非エネルギー利用	年度
0	65,774	24,409	323,773	-	286,980	36,793	1990
0	74,967	25,987	361,365	3.5	319,900	41,465	1995
149	83,650	29,245	378,746	1.4	336,487	42,259	2000
142	82,244	28,728	374,296	-1.2	333,616	40,680	2001
124	83,745	29,003	378,901	1.2	336,657	42,244	2002
115	83,213	28,451	375,819	-0.8	332,148	43,671	2003
106	86,092	29,094	379,640	1.0	334,890	44,751	2004
151	88,137	29,988	379,864	0.1	336,263	43,600	2005
127	88,505	28,726	377,608	-0.6	333,243	44,365	2006
116	91,273	27,893	375,034	-0.7	330,778	44,256	2007
101	87,877	26,597	351,144	-6.4	312,723	38,421	2008
80	85,047	23,833	340,370	-3.1	298,947	41,424	2009
172	89,046	26,026	351,468	3.3	310,116	41,352	2010
469	85,707	25,256	341,771	-2.8	303,101	38,671	2011
475	85,264	24,255	338,150	-1.1	299,175	38,976	2012
541	85,102	23,731	336,537	-0.5	296,905	39,632	2013
560	83,735	22,873	327,091	-2.8	289,185	37,907	2014
603	81,656	22,558	323,135	-1.2	282,948	40,186	2015
651	81,760	22,517	319,196	-1.2	279,974	39,222	2016
673	82,967	22,727	322,487	1.0	282,074	40,412	2017
715	81,329	23,315	316,125	-2.0	277,512	38,613	2018
743	79,744	22,736	309,495	-2.1	271,529	37,966	2019
713	78,563	20,492	288,735	-6.7	254,586	34,149	2020
769	80,144	20,863	294,541	2.0	259,661	34,880	2021

(10^{10} kcal)

旅客	貨物	最終エネルギー消費 合計	伸び率 (%)	エネルギー利用	非エネルギー利用	年度
37,575	35,961	323,773	-	286,980	36,793	1990
48,162	39,632	361,365	3.5	319,900	41,465	1995
53,839	37,653	378,746	1.4	336,487	42,259	2000
55,463	37,527	374,296	-1.2	333,616	40,680	2001
55,484	36,274	378,901	1.2	336,657	42,244	2002
54,712	35,650	375,819	-0.8	332,148	43,671	2003
52,842	35,444	379,640	1.0	334,890	44,751	2004
51,226	35,132	379,864	0.1	336,263	43,600	2005
50,044	35,337	377,608	-0.6	333,243	44,365	2006
49,711	34,723	375,034	-0.7	330,778	44,256	2007
48,060	33,673	351,144	-6.4	312,723	38,421	2008
48,512	32,072	340,370	-3.1	298,947	41,424	2009
48,402	32,505	351,468	3.3	310,116	41,352	2010
47,815	31,372	341,771	-2.8	303,101	38,671	2011
48,174	31,349	338,150	-1.1	299,175	38,976	2012
46,178	31,117	336,537	-0.5	296,905	39,632	2013
44,484	31,116	327,091	-2.8	289,185	37,907	2014
44,311	30,898	323,135	-1.2	282,948	40,186	2015
44,216	30,426	319,196	-1.2	279,974	39,222	2016
43,929	30,116	322,487	1.0	282,074	40,412	2017
43,409	29,839	316,125	-2.0	277,512	38,613	2018
42,299	29,381	309,495	-2.1	271,529	37,966	2019
36,250	28,035	288,735	-6.7	254,586	34,149	2020
35,868	29,081	294,541	2.0	259,661	34,880	2021

注:各部門には、非エネルギー利用を含む

1. エネルギー基本計画（2021年10月）

2021年10月に閣議決定された第6次エネルギー基本計画は、2050年カーボンニュートラル(2020年10月表明)、2030年度の46%削減、更に50%の高みを目指して挑戦を続ける新たな削減目標（2021年4月表明）の実現に向けたエネルギー政策の道筋を示すことが重要テーマとなっている。世界的な脱炭素に向けた動きの中で、国際的なルール形成を主導することや、これまで培ってきた脱炭素技術、新たな脱炭素に資するイノベーションにより国際的な競争力を高めることが重要である。同時に、日本のエネルギー需給構造が抱える課題の克服が、もう一つの重要なテーマである。安全性の確保を大前提に、気候変動対策を進める中でも、安定供給の確保やエネルギーコストの低減（S+3E）に向けた取組を進める。全体は、主として、①福島第一原発の事故後10年の歩み、②2050年カーボンニュートラル実現に向けた課題と対応、③2050年を見据えた2030年に向けた政策対応のパートから構成されている。

第1章．東京電力福島第一原子力発電所事故後10年の歩み

東京電力福島第一原子力発電所事故を含む東日本大震災から10年を迎え、東京電力福島第一原子力発電所事故の経験、反省と教訓を肝に銘じて取り組むことが、エネルギー政策の原点である。

第2章．2050年カーボンニュートラル実現に向けた課題と対応

2050年に向けては、温室効果ガス排出の8割以上を占めるエネルギー分野の取組が重要である。ものづくり産業がGDPの2割を占める産業構造や自然条件を踏まえても、その実現は容易なものではなく、実現へのハードルを越えるためにも、産業界、消費者、政府など国民各層が総力を挙げた取組が必要である。

2050年カーボンニュートラルを目指す上でも、安全の確保を大前提に、安定的で安価なエネルギーの供給確保は重要である。この前提に立ち、2050年カーボンニュートラルを実現するために、再エネについては、主力電源として最優先の原則のもとで最大限の導入に取り組み、水素・CCUSについては、社会実装を進めるとともに、原子力については、国民からの信頼確保に努め、安全性の確保を大前提に、必要な規模を持続的に活用していく。こうした取組など、安価で安定したエネルギー供給によって国際競争力の維持や国民負担の抑制を図りつつ、2050年カーボンニュートラルを実現できるよう、あらゆる選択肢を追求する。

非電力部門については脱炭素化された電力による電化を進める。電化が困難な部門（高温の熱需要等）では、水素や合成メタン、合成燃料の活用などにより脱炭素化する。特に産業部門においては、水素還元製鉄や人工光合成などのイノベーションが不可欠である。脱炭素イノベーションを日本の産業界競争力強化につなげるためにも、「グリーンイノベーション基金」などを活用し、総力

を挙げて取り組む。最終的に、CO_2の排出が避けられない分野は、DACCSやBECCS、森林吸収源などにより対応する。

第3章. 2050年を見据えた2030年に向けた政策対応

エネルギー政策の要諦は、安全性を前提とした上で、エネルギーの安定供給を第一とし、経済効率性の向上による低コストでのエネルギー供給を実現し、同時に、環境への適合を図るS+3Eの実現のため、最大限の取組を行うことである。2030年に向けた政策対応のポイントとして、需要サイドの取組、再生可能エネルギー、原子力、火力発電、電力システム改革、水素・アンモニア、資源・燃料がある。

○需要サイドの取組:徹底した省エネの更なる追求、需要サイドにおけるエネルギー転換を後押しするための省エネ法改正を視野に入れた制度的対応の検討、蓄電池等の分散型エネルギーリソースの有効活用など二次エネルギー構造の高度化

○再生可能エネルギー:S+3Eを大前提に、再エネの主力電源化を徹底し、再エネに最優先の原則で取り組み、国民負担の抑制と地域との共生を図りながら最大限の導入を促す。具体的な取組として、地域と共生する形での適地確保、事業規律の強化、コスト低減・市場への統合、系統制約の克服、規制の合理化、技術開発の推進がある。

○原子力:いかなる事情よりも安全性を全てに優先させ、国民の懸念の解消に全力を挙げる前提の下、原子力規制委員会により世界で最も厳しい水準の規制基準に適合すると認められた場合には、その判断を尊重し原子力発電所の再稼働を進める。国も前面に立ち、立地自治体等関係者の理解と協力を得るよう、取り組む。

○火力発電:安定供給を大前提に、再エネの瞬時的・継続的な発電電力量の低下にも対応可能な供給力を持つ形で設備容量を確保しつつ、できる限り電源構成に占める火力発電比率を引き下げる。政府開発援助、輸出金融、投資、金融・貿易促進支援等を通じた、排出削減対策が講じられていない石炭火力発電への政府による新規の国際的な直接支援を2021年末までに終了する。

○電力システム改革:脱炭素化の中での安定供給の実現に向けた電力システムを構築する。

○水素・アンモニア:カーボンニュートラル時代を見据え、水素を新たな資源として位置付け、社会実装を加速する。長期的に安価な水素・アンモニアを安定的かつ大量に供給するため、海外から

1. エネルギー基本計画（2021年10月）

の安価な水素活用、国内の資源を活用した水素製造基盤を確立する。

○資源・燃料：カーボンニュートラルへの円滑な移行を進めつつ、将来にわたって途切れなく必要な資源・燃料を安定的に確保する。平時のみならず緊急時にも対応できるよう燃料供給体制の強靭化を図るとともに、脱炭素化の取組を促進する。

2030年度のエネルギーの需要については、内閣府「中長期の経済財政に関する試算」(2021年7月)における経済再生ケースの経済成長率、国立社会保障・人口問題研究所による最新の人口推計(中位推計)、主要業種の活動量の推計等を踏まえ、追加的な省エネルギー対策を実施する前の需要を推計した上で、産業部門、業務部門、家庭部門、運輸部門において、技術的にも可能で現実的な省エネルギー対策として考えられ得る限りのものをそれぞれ積み上げ、最終エネルギー消費で原油換算6,200万kl程度の省エネルギーを実施することによって、2030年度のエネルギー需要は280百万kl程度を見込む(図1)。

このエネルギー需要を満たす一次エネルギー供給は、430百万kl程度を見込み、その内訳は、石油等を31%程度、再生可能エネルギーを22~23%程度、天然ガスを18%程度、石炭を19%程度、原子力を9~10%程度、水素・アンモニアを1%程度となる(図2)。

これらの需給の見通しが実現した場合、エネルギー起源CO_2は、2013年度比で45%程度削減の水準(図3)、エネルギーの安定供給を測る指標としてのエネルギー自給率は、2015年に策定した長期エネルギー需給見通しにおいて想定したおおむね25%程度を上回る30%程度の水準を見込む(図1)。また、経済効率性を測る指標である電力コストについては、コストが低下した再生可能エネルギーの導入が拡大し、燃料費の基となるIEAの見通しどおりに化石燃料の価格低下が実現すれば、平成27年策定時に想定した電力コスト(9.2~9.5兆円)を下回る8.6~8.8兆円程度の水準を見込む(FIT買取費用は3.7~4.0兆円が5.8~6.0兆円程度に上昇、燃料費は5.3兆円が2.5兆円程度に下落、系統安定化費用は0.1兆円が0.3兆円程度に上昇する)。

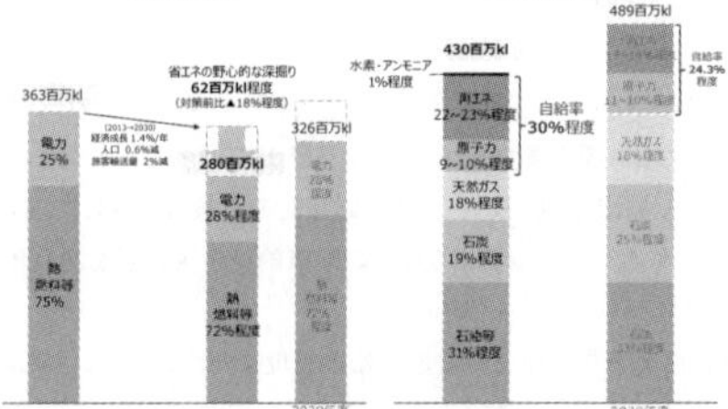

図1 エネルギー需要・一次エネルギー供給

(出所)経済産業省：2030年度におけるエネルギー需給の見通し(関連資料)

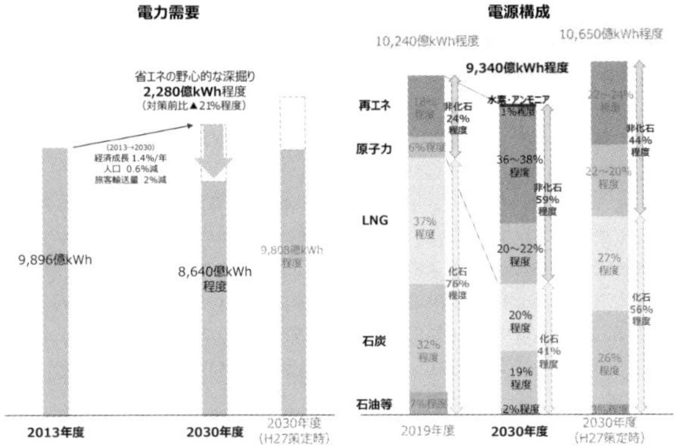

図2 電力需要・電源構成

（出所）経済産業省：2030年度におけるエネルギー需給の見通し（関連資料）

エネルギー起源CO2排出量

[百万t-CO2]		2013年度	2030年度
CO2排出量		1,235	677
削減率			
	2005年比	+1%	▲44%
	2013年比	−	▲45%

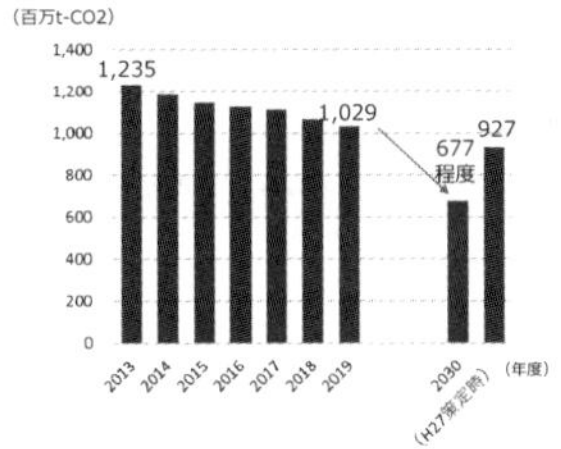

電力由来エネルギー起源CO2排出量

[百万t-CO2]		2013年度	2030年度
CO2排出量		572	219
削減率			
	2005年比	+18%	▲50%
	2013年比	−	▲62%

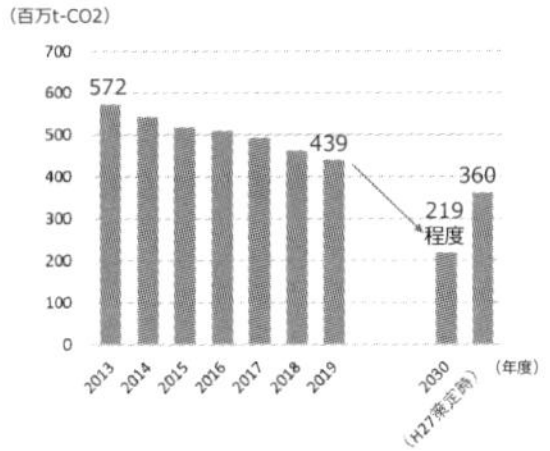

図3 エネルギー起源CO_2排出量

（出所）経済産業省：2030年度におけるエネルギー需給の見通し（関連資料）

2. 経済・エネルギー需給見通し［基準シナリオ］

マクロ経済 ｜2023年度の実質GDPは3年連続で増加するも、増加ペースは鈍化

日本経済は、2023年度の実質GDPは内需を中心に増加するも、増加ペースは鈍化(+1.3%)。鉱工業生産指数は、生産回復が遅れた自動車や堅調な設備投資に伴う重電機器を中心に増加(+2.1%)して3年連続上昇も、コロナ禍前の2019年度は下回る。

エネルギー需給 ｜エネルギー需要は輸送量の回復や産業の増産で2年ぶりに増加。CO_2は減少が続くも削減進捗は遅れたまま

一次エネルギー国内供給は、2023年度は人流増加に伴う輸送量の回復に加えて、自動車の増産で増加(+0.9%)。2021年度を上回る。エネルギー価格高騰で省エネは進むが、エネルギー多消費産業の増産でGDP原単位の改善は僅か(-0.4%)。石炭火力や太陽光発電所の運開、原子力の再稼働が進むことにより、LNG輸入量は東日本大震災後では初、13年ぶりに7千万tを下回る。CO_2排出は、原子力の増加などにより962Mtとなり(-1.4%)、2013年度比22.1%減となる。2013年度と2030年度の中間点を越えても2030年度CO_2削減目標(2030年度に2013年度比45%削減)の半分に至らず、2年連続減少も削減進捗は遅れたままである。

エネルギー販売量 ｜販売電力は、電灯が減少も電力が増加し、2年ぶりに増加。都市ガス販売も3年連続で増加し、2017年度に次ぐ高水準。燃料油販売はエチレン原料用で増加も発電用の減少が大きく、3年ぶりに減少

電力販売量は、2023年度は0.2%増加する。電力は、電気料金の高止まり等で省エネが進むも、サービス業での活動量の回復に加え、自動車の生産が大幅に回復することで増加(+0.6%)。電灯は、前年度より夏が涼しいことに加え、在宅率の下落で減少(-0.5%)。

都市ガス販売量は微増(+0.1%)となり、厳冬・冷夏であった2017年度に次ぐ高水準。しかし、2020年度以降、発電用における大幅な増加がみられる一方、一般工業用、商業用はともにコロナ禍前を下回る。

燃料油販売量は、エチレン原料用で増加するも、燃料転換や省エネに加え、発電用で減少し、全体として微減(-0.2%)。航空や貨物車は燃費改善も輸送量が回復し、ジェット燃料、軽油が増加。乗用車は輸送量回復も、燃費改善やハイブリッド車の増加で、ガソリンは微減。原子力の再稼働や石炭火力の運開が進むことで石油火力の稼働率が低下し、C重油が減少する。

再生可能エネルギー発電 ｜FIT電源設備容量は2023年度末には99GWまで拡大

FIT電源の設備容量(卒FIT分を含む)は、2023年度末には99GWに達する。非住宅用太陽光は、COVID-19感染拡大による建設工事遅延の影響はほぼ収まり、60.6GWまで拡大する。また、風力は、未稼働案件に対する運転開始期限と認定失効の設定によって、早期の運転開始への圧力が高まり6.1GWまで拡大する。2023年度のFIT電源の発電量は1,901億kWh (うち太陽光:920億kWh、中小水力: 406億kWh、バイオマス: 418億kWh、風力: 119億kWhなど)と総発電量の18.6%を占め、大型水力を含めた再生可能エネルギー全体では22.5%を占める。

		実績				見通し		前年度比増減率		
		FY2010	FY2019	FY2020	FY2021	FY2022	FY2023	FY2021	FY2022	FY2023
エネルギー	一次エネルギー国内供給(Mtoe)	515.9	444.5	415.2	431.1	427.9	431.7	3.8%	-0.7%	0.9%
	石油[2] (100万kL)	232.3	186.1	169.7	175.8	177.1	175.7	3.6%	0.7%	-0.8%
	天然ガス[2] (LNG換算100万t)	73.3	78.3	78.4	73.9	72.0	65.1	-5.8%	-2.6%	-9.5%
	石炭[2] (100万t)	184.7	187.6	174.6	184.6	184.7	190.1	5.7%	0.1%	2.9%
	原子力(10億kWh)	288.2	61.0	37.0	67.8	54.1	100.2	83.1%	-20.2%	85.1%
	再生可能電力[3] (10億kWh)	110.4	187.9	197.8	209.0	220.0	230.1	5.7%	5.3%	4.6%
	FIT電源(10億kWh)	63.2	146.2	158.1	168.8	179.4	190.1	6.8%	6.2%	6.0%
	自給率	20.2%	12.1%	11.3%	13.4%	12.8%	15.7%	2.1p	-0.5p	2.9p
	販売電力量[4] (10億kWh)	(926.6)	836.1	820.9	837.1	834.9	836.9	2.0%	-0.3%	0.2%
	都市ガス販売量[5] (10億m^3)	39.28	40.42	39.51	41.15	41.63	41.69	4.1%	1.2%	0.1%
	燃料油販売量(100万kL)	196.0	161.7	152.0	153.5	155.5	155.1	1.0%	1.3%	-0.2%
	エネルギー起源CO_2排出(Mt)	1,137	1,029	968	980	975	962	1.2%	-0.4%	-1.4%
	(FY2013比)	-8.0%	-16.7%	-21.6%	-20.7%	-21.1%	-22.1%	0.9p	-0.4p	-1.1p
輸入価格	原油CIF価格($/bbl)	84	68	43	77	100	91	78.8%	28.7%	-8.8%
	LNG CIF価格($/MBtu)	11.3	9.5	7.5	12.1	17.8	16.7	60.7%	47.6%	-6.5%
	一般炭CIF価格($/t)	114	101	80	161	366	340	101.2%	127.9%	-7.1%
	原料炭CIF価格($/t)	175	138	105	193	344	316	84.0%	78.5%	-8.0%
経済	実質GDP (2015年価格兆円)	512.1	550.1	527.4	540.8	550.1	557.3	2.5%	1.7%	1.3%
	鉱工業生産指数(CY2015=100)	101.2	99.9	90.3	95.5	96.8	98.8	5.8%	1.3%	2.1%
	貿易収支(兆円)	5.3	-1.3	1.0	-5.5	-20.7	-20.7	-649.9%	276.4%	0.2%
	化石燃料輸入額(兆円)	18.1	16.6	10.6	19.8	36.4	32.8	87.4%	83.3%	-10.0%
	為替レート(¥/$)	86.1	108.8	106.0	111.9	137.1	135.0	5.6%	22.5%	-1.6%
気温	冷房度日	559	439	442	407	506	414	-8.0%	24.4%	-18.2%
	暖房度日	1,079	818	863	966	937	973	11.8%	-2.9%	3.9%

出所：（一財）日本エネルギー経済研究所「2023年度の日本の経済・エネルギー需給見通し」

注：1. Mtoeは石油換算100万t (= 10^{13} kcal)。

2. 2012年度までは石油は9,126 kcal/L換算、LNGは13,043 kcal/kg換算、一般炭は6,139 kcal/kg換算、原料炭は6,928 kcal/kg換算。
2013年度からは石油は9,145 kcal/L換算、LNGは13,016 kcal/kg換算、一般炭は6,203 kcal/kg換算、原料炭は6,877 kcal/kg換算。
2018年度からは石油は9,139 kcal/L換算、LNGは13,068 kcal/kg換算、一般炭は6,231 kcal/kg換算、原料炭は6,866 kcal/kg換算。

3. 大規模水力を含む。 4. ( )内は旧統計値。 5. 1 m^3 = 10,000 kcal換算。

3. IEEJアウトルック2023

— エネルギー安全保障と脱炭素化の両立に向けた挑戦 —

日本エネルギー経済研究所(IEEJ : The Institute of Energy Economics, Japan)の「IEEJ Outlook 2023」は、2050 年までの世界のエネルギー需給の見通し、3E の視点からエネルギー変革に向けた課題を分析する。世界的にウクライナ危機を受けたエネルギー転換を目指そうとする動きを受けて、現状追認の世界（レファレンスシナリオ）でも、脱炭素化が進む世界（技術進展シナリオ）でも、電力需要は大きく増加する。そのため、電力の安定供給・セキュリティの重要性は今後ますます高まることを示している。化石燃料への依存は続き、レファレンスシナリオでは 2050 年時点で一次エネルギー供給の 8 割、技術進展シナリオでも 6 割は化石燃料が占める。化石燃料の安定供給は引き続き重要な課題として残る。

(1)主要な前提条件

● 経済成長

COVID-19 は、2023 年以降は世界経済に影響を与えるほどの大規模な感染の再拡大や、それに伴う厳しい都市封鎖は発生しないと見込む。また、ロシアによるウクライナ侵攻は局地的・短期的な影響はあるものの、世界経済に対してはコロナ禍による 2020 年のマイナス成長のような甚大な影響は及ぼさない。2023 年は 2022 年のプラス成長が継続し 3.1%成長となる。2023 年以降の経済成長率は 2%台後半から 2%台前半へと徐々に低下してゆく。

● 原油価格

2021 年は、多くの国でコロナ禍からの経済再開に伴う需要回復が生じ、エネルギー需要が急増したことに加え、脱炭素の流れを踏まえた化石燃料供給投資が抑制されていることで需給がひっ迫、エネルギー価格は COVID-19 前の 2019 年の水準を大きく超えて高騰した。さらに、2022 年 2 月のロシアによるウクライナ侵攻の影響も加わったことで、エネルギー価格の上昇・高止まりが今後も継続することが懸念される。

(2) シナリオ

● レファレンスシナリオ

現在までのエネルギー・環境政策等を背景とし、これまでの趨勢的な変化が継続するシナリオ。

● 技術進展シナリオ

技術進展シナリオは、社会での適用機会および受容性を踏まえた最大限の二酸化炭素(CO_2)排出削減対策を見込むシナリオ。

(3)試算結果の概要

＜レファレンスシナリオ＞

- 気候変動対策やエネルギー安全保障の観点から省エネルギーが進むものの、エネルギー消費は増え続ける。
- 供給投資不足やロシアのウクライナ侵攻により、化石燃料安定供給への懸念が高まっているが、化石燃料の消費は今後も年率0.8%で伸び続ける。
- 中東産油国が低生産コストを活かして原油供給をリードする。また、ロシアは禁輸や制裁の影響で上流投資不足が深刻化し、減少スピードが速くなる。
- LNGは、豊富な供給ポテンシャルにより拡大しつつも、ロシアによるウクライナ侵攻により見通しは不確実化する。
- 欧米をはじめ先進国では脱炭素が一段と加速し、新興・途上国においてもカーボンニュートラルの表明がなされたが、長期的には中国を除くインド、ASEAN等のアジアとアフリカ等で石炭需要は拡大し、現実的には長期的な取り込みとなる。
- 発電電力量はアジアを中心に急速に拡大し，天然ガス火力が最大の電源となる。

＜技術進展シナリオ＞

- 最大限の二酸化炭素(CO2)排出削減対策を織り込んだ技術進展シナリオにおいても、2050年世界カーボンニュートラル実現には程遠く、省エネルギー・気候変動対策のさらなる推進にはあらゆる手段の総動員が必要。
- 世界の発電量は年率1.8%で増加し、2050年には2020年の1.7倍となる45,777 TWhに増大する。その増分の95%が新興・途上国に由来する。
- 世界の発電構成において、最も大きなシェアを占めているのは石炭であるが、2050年には天然ガスが最大の電源となる。先進国、新興・途上国の双方で増加傾向が続いており、その安定供給確保は喫緊の課題であると同時に長期的な課題であり続ける。
- 原子力は、アジアを中心に新規着工が進むものの、2050年までの電力需要の増加率を上回るほどは拡大せず、発電構成に占めるシェアは7%に縮小する。

＜ウクライナ危機とエネルギー転換を踏まえたエネルギー安全保障戦略 ＞

- アジアでもカーボンニュートラルを宣言する国が増えている。炭素排出がない新しいエネルギーインフラを構築することに加え、既存設備の大量廃棄の問題や、エネルギーシステムの作り替えによる雇用の配置転換など、どれも簡単には解決できない大問題を、今後30年から40年という限られた時間の中で解決してゆかなければならない。
- アジアはエネルギー安全保障に由来するさまざまな困難を抱えている。高い経済成長が期待されるアジア新興国・途上国では、大量のエネルギーを安定的かつ低廉に供給することが不可欠である。

- 化石燃料の脱炭素化を実現させるツールとなるのが、いわゆる「4R 技術」である。その中でも特に製造時に発生する CO_2 を回収して生産されるブルー水素の活用や、製造業のプラントや発電所における二酸化炭素回収・貯留(CCS)技術の導入、回収した CO_2 を別の目的に利用するカーボンリサイクル技術などが、中核的な役割を果たす。

3. IEEJアウトルック2023

(3)世界のGDP見通し

（単位：2015年価格十億米ドル）

	実績		予測			年平均伸び率（%）				
	1990年	2020年	2030年	2040年	2050年	1990/2020	2020/2030	2030/2040	2040/2050	2020/2050
世界	**35,843**	**81,578**	**112,310**	**147,292**	**184,952**	2.8	3.2	2.7	2.3	2.8
	(100)	(100)	(100)	(100)	(100)					
アジア	**6,688**	**27,854**	**43,113**	**61,368**	**81,167**	4.9	4.5	3.6	2.8	3.6
	(18.7)	(34.1)	(38.4)	(41.7)	(43.9)					
中国	**1,027**	**14,632**	**23,979**	**34,465**	**44,383**	9.3	5.1	3.7	2.6	3.8
	(2.9)	(17.9)	(21.4)	(23.4)	(24.0)					
インド	**475**	**2,551**	**4,958**	**8,483**	**13,446**	5.8	6.9	5.5	4.7	5.7
	(1.3)	(3.1)	(4.4)	(5.8)	(7.3)					
日本	**3,520**	**4,381**	**4,889**	**5,321**	**5,739**	0.7	1.1	0.9	0.8	0.9
	(9.8)	(5.4)	(4.4)	(3.6)	(3.1)					
韓国	**402**	**1,624**	**2,091**	**2,499**	**2,796**	4.8	2.6	1.8	1.1	1.8
	(1.1)	(2.0)	(1.9)	(1.7)	(1.5)					
台湾	**161**	**597**	**781**	**944**	**1,092**	4.5	2.7	1.9	1.5	2.0
	(0.4)	(0.7)	(0.7)	(0.6)	(0.6)					
ASEAN	**720**	**2,846**	**4,495**	**6,741**	**9,557**	4.7	4.7	4.1	3.6	4.1
	(2.0)	(3.5)	(4.0)	(4.6)	(5.2)					
インドネシア	**270**	**1,028**	**1,709**	**2,721**	**3,994**	4.6	5.2	4.8	3.9	4.6
	(0.8)	(1.3)	(1.5)	(1.8)	(2.2)					
マレーシア	**75**	**344**	**527**	**745**	**998**	5.2	4.4	3.5	3.0	3.6
	(0.2)	(0.4)	(0.5)	(0.5)	(0.5)					
ミャンマー	**7**	**81**	**90**	**142**	**210**	8.4	1.1	4.7	3.9	3.2
	(0.0)	(0.1)	(0.1)	(0.1)	(0.1)					
フィリピン	**107**	**358**	**642**	**988**	**1,459**	4.1	6.0	4.4	4.0	4.8
	(0.3)	(0.4)	(0.6)	(0.7)	(0.8)					
シンガポール	**71**	**330**	**449**	**538**	**603**	5.3	3.1	1.8	1.1	2.0
	(0.2)	(0.4)	(0.4)	(0.4)	(0.3)					
タイ	**144**	**433**	**596**	**812**	**1,052**	3.7	3.3	3.1	2.6	3.0
	(0.4)	(0.5)	(0.5)	(0.6)	(0.6)					
ベトナム	**37**	**259**	**466**	**775**	**1,221**	6.7	6.1	5.2	4.6	5.3
	(0.1)	(0.3)	(0.4)	(0.5)	(0.7)					
非OECDアジア	**2,766**	**21,849**	**36,133**	**53,549**	**72,632**	7.1	5.2	4.0	3.1	4.1
	(7.7)	(26.8)	(32.2)	(36.4)	(39.3)					
北米	**10,620**	**20,902**	**26,554**	**32,406**	**38,238**	2.3	2.4	2.0	1.7	2.0
	(29.6)	(25.6)	(23.6)	(22.0)	(20.7)					
米国	**9,805**	**19,294**	**24,520**	**29,928**	**35,322**	2.3	2.4	2.0	1.7	2.0
	(27.4)	(23.7)	(21.8)	(20.3)	(19.1)					
中南米	**2,589**	**5,130**	**6,932**	**9,441**	**11,959**	2.3	3.1	3.1	2.4	2.9
	(7.2)	(6.3)	(6.2)	(6.4)	(6.5)					
欧州先進国	**11,651**	**18,608**	**23,351**	**26,826**	**30,136**	1.6	2.3	1.4	1.2	1.6
	(32.5)	(22.8)	(20.8)	(18.2)	(16.3)					
欧州連合	**9,083**	**13,890**	**17,337**	**19,839**	**22,158**	1.4	2.2	1.4	1.1	1.6
	(25.3)	(17.0)	(15.4)	(13.5)	(12.0)					
他欧州/ユーラシア	**1,813**	**2,487**	**2,961**	**3,784**	**4,763**	1.1	1.8	2.5	2.3	2.2
	(5.1)	(3.0)	(2.6)	(2.6)	(2.6)					
アフリカ	**914**	**2,519**	**3,864**	**6,255**	**9,561**	3.4	4.4	4.9	4.3	4.5
	(2.5)	(3.1)	(3.4)	(4.2)	(5.2)					
中東	**910**	**2,529**	**3,482**	**4,630**	**6,001**	3.5	3.3	2.9	2.6	2.9
	(2.5)	(3.1)	(3.1)	(3.1)	(3.2)					
オセアニア	**658**	**1,551**	**2,053**	**2,582**	**3,128**	2.9	2.8	2.3	1.9	2.4
	(1.8)	(1.9)	(1.8)	(1.8)	(1.7)					
先進国	**27,204**	**48,304**	**60,587**	**71,616**	**82,280**	1.9	2.3	1.7	1.4	1.8
	(75.9)	(59.2)	(53.9)	(48.6)	(44.5)					
新興国・途上国	**8,639**	**33,275**	**51,724**	**75,676**	**102,672**	4.6	4.5	3.9	3.1	3.8
	(24.1)	(40.8)	(46.1)	(51.4)	(55.5)					

出所：世界銀行"World Development Indicators"他、見通しは(一財)日本エネルギー経済研究所

注：カッコ内は対世界比（%）

3. IEEJアウトルック2023

(4)世界の一次エネルギー消費の見通し（レファレンスシナリオ）

（単位:石油換算百万トン）

	実績		予測			年平均伸び率(%)				
	1990年	2020年	2030年	2040年	2050年	1990/2020	2020/2030	2030/2040	2040/2050	2020/2050
世界	8,747 (100)	13,963 (100)	16,007 (100)	16,948 (100)	17,649 (100)	1.6	1.4	0.6	0.4	0.8
アジア	2,081 (23.8)	6,052 (43.3)	7,175 (44.8)	7,735 (45.6)	8,200 (46.5)	3.6	1.7	0.8	0.6	1.0
中国	874 (10.0)	3,499 (25.1)	3,791 (23.7)	3,662 (21.6)	3,407 (19.3)	4.7	0.8	-0.3	-0.7	-0.1
インド	280 (3.2)	872 (6.2)	1,299 (8.1)	1,712 (10.1)	2,172 (12.3)	3.9	4.1	2.8	2.4	3.1
日本	437 (5.0)	385 (2.8)	392 (2.5)	363 (2.1)	335 (1.9)	-0.4	0.2	-0.8	-0.8	-0.5
韓国	93 (1.1)	276 (2.0)	303 (1.9)	292 (1.7)	268 (1.5)	3.7	0.9	-0.4	-0.8	-0.1
台湾	47 (0.5)	107 (0.8)	111 (0.7)	108 (0.6)	101 (0.6)	2.8	0.3	-0.3	-0.7	-0.2
ASEAN	231 (2.6)	673 (4.8)	954 (6.0)	1,192 (7.0)	1,420 (8.0)	3.6	3.6	2.2	1.8	2.5
インドネシア	99 (1.1)	233 (1.7)	346 (2.2)	460 (2.7)	575 (3.3)	2.9	4.0	2.9	2.3	3.1
マレーシア	21 (0.2)	92 (0.7)	142 (0.9)	161 (0.9)	172 (1.0)	5.0	4.4	1.3	0.7	2.1
ミャンマー	11 (0.1)	23 (0.2)	29 (0.2)	39 (0.2)	48 (0.3)	2.5	2.6	2.8	2.3	2.6
フィリピン	27 (0.3)	58 (0.4)	90 (0.6)	116 (0.7)	144 (0.8)	2.6	4.5	2.5	2.2	3.1
シンガポール	12 (0.1)	32 (0.2)	37 (0.2)	39 (0.2)	39 (0.2)	3.5	1.5	0.5	0.0	0.7
タイ	42 (0.5)	133 (1.0)	159 (1.0)	179 (1.1)	193 (1.1)	3.9	1.8	1.2	0.8	1.2
ベトナム	18 (0.2)	97 (0.7)	147 (0.9)	195 (1.1)	245 (1.4)	5.8	4.2	2.9	2.3	3.1
非OECDアジア	1,552 (17.7)	5,391 (38.6)	6,480 (40.5)	7,080 (41.8)	7,596 (43.0)	4.2	1.9	0.9	0.7	1.1
北米	2,126 (24.3)	2,322 (16.6)	2,458 (15.4)	2,382 (14.1)	2,264 (12.8)	0.3	0.6	-0.3	-0.5	-0.1
米国	1,914 (21.9)	2,038 (14.6)	2,141 (13.4)	2,057 (12.1)	1,943 (11.0)	0.2	0.5	-0.4	-0.6	-0.2
中南米	467 (5.3)	779 (5.6)	959 (6.0)	1,089 (6.4)	1,173 (6.6)	1.7	2.1	1.3	0.7	1.4
欧州先進国	1,644 (18.8)	1,607 (11.5)	1,627 (10.2)	1,506 (8.9)	1,398 (7.9)	-0.1	0.1	-0.8	-0.7	-0.5
欧州連合	1,441 (16.5)	1,311 (9.4)	1,331 (8.3)	1,225 (7.2)	1,130 (6.4)	-0.3	0.2	-0.8	-0.8	-0.5
他欧州/ユーラシア	1,514 (17.3)	1,133 (8.1)	1,114 (7.0)	1,154 (6.8)	1,204 (6.8)	-1.0	-0.2	0.4	0.4	0.2
アフリカ	391 (4.5)	830 (5.9)	1,012 (6.3)	1,168 (6.9)	1,300 (7.4)	2.5	2.0	1.4	1.1	1.5
中東	223 (2.5)	792 (5.7)	989 (6.2)	1,119 (6.6)	1,221 (6.9)	4.3	2.2	1.2	0.9	1.5
オセアニア	99 (1.1)	151 (1.1)	160 (1.0)	161 (1.0)	156 (0.9)	1.4	0.6	0.1	-0.3	0.1
先進国	4,467 (51.1)	4,893 (35.0)	5,102 (31.9)	4,864 (28.7)	4,575 (25.9)	0.3	0.4	-0.5	-0.6	-0.2
新興国・途上国	4,078 (46.6)	8,774 (62.8)	10,392 (64.9)	11,450 (67.6)	12,341 (69.9)	2.6	1.7	1.0	0.8	1.1

出所：IEA「World Energy Balances 2022 Edition」、見通しは(一財)日本エネルギー経済研究所

注：カッコ内は対世界比(%)、世界は国際バンカーを含む

3. IEEJアウトルック2023

(5)世界のCO_2排出量の見通し（レファレンスシナリオ）

（単位：百万トン）

	実績		予測			年平均伸び率(%)				
	1990年	2020年	2030年	2040年	2050年	1990/2020	2020/2030	2030/2040	2040/2050	2020/2050
世界	**20,556** (100)	**31,666** (100)	**35,531** (100)	**36,608** (100)	**37,028** (100)	1.5	1.2	0.3	0.1	0.5
アジア	**4,699** (22.9)	**15,889** (50.2)	**18,312** (51.5)	**19,075** (52.1)	**19,403** (52.4)	4.1	1.4	0.4	0.2	0.7
中国	**2,202** (10.7)	**10,081** (31.8)	**10,703** (30.1)	**9,680** (26.4)	**8,272** (22.3)	5.2	0.6	-1.0	-1.6	-0.7
インド	**531** (2.6)	**2,075** (6.6)	**3,206** (9.0)	**4,391** (12.0)	**5,633** (15.2)	4.7	4.4	3.2	2.5	3.4
日本	**1,055** (5.1)	**990** (3.1)	**880** (2.5)	**772** (2.1)	**664** (1.8)	-0.2	-1.2	-1.3	-1.5	-1.3
韓国	**211** (1.0)	**547** (1.7)	**591** (1.7)	**566** (1.5)	**507** (1.4)	3.2	0.8	-0.4	-1.1	-0.3
台湾	**101** (0.5)	**247** (0.8)	**274** (0.8)	**258** (0.7)	**230** (0.6)	3.0	1.0	-0.6	-1.1	-0.2
ASEAN	**350** (1.7)	**1,507** (4.8)	**2,023** (5.7)	**2,540** (6.9)	**2,988** (8.1)	5.0	3.0	2.3	1.6	2.3
インドネシア	**130** (0.6)	**532** (1.7)	**758** (2.1)	**1,027** (2.8)	**1,262** (3.4)	4.8	3.6	3.1	2.1	2.9
マレーシア	**53** (0.3)	**229** (0.7)	**278** (0.8)	**292** (0.8)	**292** (0.8)	5.0	2.0	0.5	0.0	0.8
ミャンマー	**4** (0.0)	**31** (0.1)	**57** (0.2)	**90** (0.2)	**126** (0.3)	7.0	6.5	4.6	3.4	4.8
フィリピン	**36** (0.2)	**124** (0.4)	**197** (0.6)	**263** (0.7)	**329** (0.9)	4.2	4.7	2.9	2.2	3.3
シンガポール	**26** (0.1)	**44** (0.1)	**50** (0.1)	**51** (0.1)	**49** (0.1)	1.7	1.3	0.3	-0.4	0.4
タイ	**80** (0.4)	**243** (0.8)	**256** (0.7)	**262** (0.7)	**247** (0.7)	3.8	0.5	0.3	-0.6	0.1
ベトナム	**17** (0.1)	**294** (0.9)	**419** (1.2)	**546** (1.5)	**675** (1.8)	10.1	3.6	2.7	2.2	2.8
非OECDアジア	**3,433** (16.7)	**14,353** (45.3)	**16,841** (47.4)	**17,736** (48.4)	**18,232** (49.2)	4.9	1.6	0.5	0.3	0.8
北米	**5,146** (25.0)	**4,766** (15.1)	**4,857** (13.7)	**4,399** (12.0)	**3,802** (10.3)	-0.3	0.2	-1.0	-1.4	-0.8
米国	**4,755** (23.1)	**4,258** (13.4)	**4,299** (12.1)	**3,826** (10.5)	**3,237** (8.7)	-0.4	0.1	-1.2	-1.7	-0.9
中南米	**868** (4.2)	**1,339** (4.2)	**1,627** (4.6)	**1,852** (5.1)	**1,975** (5.3)	1.5	2.0	1.3	0.6	1.3
欧州先進国	**3,956** (19.2)	**3,014** (9.5)	**2,876** (8.1)	**2,480** (6.8)	**2,141** (5.8)	-0.9	-0.5	-1.5	-1.5	-1.1
欧州連合	**3,467** (16.9)	**2,394** (7.6)	**2,226** (6.3)	**1,903** (5.2)	**1,651** (4.5)	-1.2	-0.7	-1.6	-1.4	-1.2
他欧州/ユーラシア	**3,877** (18.9)	**2,419** (7.6)	**2,256** (6.3)	**2,251** (6.1)	**2,313** (6.2)	-1.6	-0.7	-0.0	0.3	-0.1
アフリカ	**528** (2.6)	**1,144** (3.6)	**1,495** (4.2)	**1,964** (5.4)	**2,479** (6.7)	2.6	2.7	2.8	2.4	2.6
中東	**567** (2.8)	**1,761** (5.6)	**2,119** (6.0)	**2,311** (6.3)	**2,422** (6.5)	3.9	1.9	0.9	0.5	1.1
オセアニア	**279** (1.4)	**405** (1.3)	**396** (1.1)	**380** (1.0)	**349** (0.9)	1.2	-0.2	-0.4	-0.9	-0.5
先進国	**10,808** (52.6)	**10,046** (31.7)	**9,966** (28.0)	**8,947** (24.4)	**7,780** (21.0)	-0.2	-0.1	-1.1	-1.4	-0.8
新興国・途上国	**9,112** (44.3)	**20,690** (65.3)	**23,973** (67.5)	**25,766** (70.4)	**27,103** (73.2)	2.8	1.5	0.7	0.5	0.9

出所：IEA「World Energy Balances 2022 Edition」を基に(一財)日本エネルギー経済研究所作成
　　見通しは(一財)日本エネルギー経済研究所
注：カッコ内は対世界比(%)。世界は国際バンカーを含む

3. IEEJアウトルック2023

(6)世界のエネルギー消費見通し（レファレンスシナリオ）

	(石油換算百万トン = Mtoe)						シェア(%)			年平均伸び率(%)	
	1990	2000	2020	2030	2040	2050	1990	2020	2050	1990/2020	2020/2050
一次エネルギー消費合計*1	8,747	10,022	13,963	16,007	16,948	17,649	100	100	100	1.6	0.8
石炭	2,222	2,315	3,741	3,942	3,867	3,688	25	27	21	1.8	0.0
石油	3,234	3,681	4,115	4,897	5,040	5,122	37	29	29	0.8	0.7
天然ガス	1,662	2,067	3,306	3,806	4,343	4,820	19	24	27	2.3	1.3
原子力	526	675	697	802	839	864	6.0	5.0	4.9	0.9	0.7
水力	184	225	373	422	471	517	2.1	2.7	2.9	2.4	1.1
地熱	34	52	107	193	251	300	0.4	0.8	1.7	3.9	3.5
太陽光・風力等	3	8	247	436	634	873	0.0	1.8	4.9	16.5	4.3
バイオマス・廃棄物	883	997	1,374	1,505	1,501	1,462	10	9.8	8.3	1.5	0.2
最終エネルギー消費合計	6,236	7,014	9,573	10,918	11,467	11,951	100	100	100	1.4	1.3
[部門別]											
産業	1,577	1,964	2,507	3,167	3,328	3,502	29	30	29	1.6	1.0
運輸	2,387	2,565	3,248	3,443	3,531	3,578	25	26	29	1.6	2.4
民生・農業他	477	615	946	1,147	1,271	1,375	38	34	30	1.0	0.6
非エネルギー	752	542	924	871	816	780	8	10	12	2.3	1.9
[エネルギー源別]											
石炭	752	542	924	871	816	780	12	10	7	0.7	-0.6
石油	2,606	3,126	3,700	4,457	4,607	4,718	42	39	39	1.2	0.8
天然ガス	944	1,119	1,580	1,717	1,807	1,880	15	17	16	1.7	0.6
電力	834	1,092	1,958	2,460	2,934	3,408	13	20	29	2.9	1.9
熱	336	248	309	316	304	287	5	3	2	-0.3	-0.2
水素	-	-	-	0	0	0	-	-	0	n.a.	n.a.
再生可能	764	887	1,101	1,096	1,000	878	12	12	7	1.2	-0.8

発電量	(TWh)						シェア(%)			年平均伸び率(%)	
	1990	2000	2020	2030	2040	2050	1990	2020	2050	1990/2020	2020/2050
合計	11,844	15,428	26,721	33,593	39,845	45,777	100	100	100	2.7	1.8
石炭	4,429	5,995	9,452	11,078	11,463	11,434	37	35	25	2.6	0.6
石油	1,324	1,188	668	659	615	490	11	2	1	-2.3	-1.0
天然ガス	1,748	2,771	6,335	8,220	10,988	13,658	15	24	30	4.4	2.6
原子力	2,013	2,591	2,674	3,077	3,220	3,314	17	10	7	1.0	0.7
水力	2,140	2,613	4,341	4,910	5,476	6,010	18	16	13	2.4	1.1
地熱	36	52	95	191	264	319	0	0	1	3.2	4.1
太陽光	0	1	824	1,516	2,503	3,904	0	3	9	35.5	5.3
風力	4	31	1,598	2,757	3,768	4,717	0	6	10	22.2	3.7
太陽熱・海洋	1	1	15	120	215	352	0	0	1	8.7	11.2
バイオマス・廃棄物	130	162	685	1,030	1,300	1,545	1	3	3	5.7	2.7
水素	-	-	-	-	-	-	-	-	-	n.a.	n.a.

エネルギー・経済指標他							年平均伸び率(%)	
	1990	2000	2020	2030	2040	2050	1990/2020	2020/2050
GDP (2015年価格10億ドル)	35,843	48,064	81,578	112,310	147,292	184,952	2.8	2.8
人口(100万人)	5,272	6,105	7,753	8,448	9,082	9,597	1.3	0.7
エネルギー起源CO_2排出*2(100万t)	20,556	23,207	31,666	35,531	36,608	37,028	1.5	0.5
一人あたりGDP (2015年価格1,000ドル/人)	6.8	7.9	10.5	13.3	16.2	19.3	1.5	2.0
一人あたり一次エネルギー消費(toe/人)	1.7	1.6	1.8	1.9	1.9	1.8	0.3	0.1
GDPあたり一次エネルギー消費*2	244.0	208.5	171.2	142.5	115.1	95.4	-1.2	-1.9
GDPあたりCO_2排出量*3	573.5	482.8	388.2	316.4	248.5	200.2	-1.3	-2.2
一次エネルギー消費あたりCO_2排出(t/toe)	2.3	2.3	2.3	2.2	2.2	2.1	-0.1	-0.3

*1 電力、熱、水素の輸出入を掲載していないため、合計と内訳は必ずしも一致しない

*2 toe/2015年価格100万ドル, *3 t/2015年価格100万ドル

3. IEEJアウトルック2023

(7)世界のエネルギー消費見通し（技術進展シナリオ）

	(石油換算百万トン = Mtoe)						シェア(%)			年平均伸び率(%)	
	1990	2000	2020	2030	2040	2050	1990	2020	2050	1990/2020	2020/2050
一次エネルギー消費合計[*1]	8,747	10,022	13,963	15,297	14,928	14,377	100	100	100	1.6	0.1
石炭	2,222	2,315	3,741	3,442	2,726	1,905	25	27	13	1.8	-2.2
石油	3,234	3,681	4,115	4,467	3,740	2,876	37	29	20	0.8	-1.2
天然ガス	1,662	2,067	3,306	3,616	3,837	3,764	19	24	26	2.3	0.4
原子力	526	675	697	959	1,196	1,381	6.0	5.0	9.6	0.9	2.3
水力	184	225	373	433	494	556	2.1	2.7	3.9	2.4	1.3
地熱	34	52	107	238	342	434	0.4	0.8	3.0	3.9	4.8
太陽光・風力等	3	8	247	653	1,188	2,009	0.0	1.8	14.0	16.5	7.2
バイオマス・廃棄物	883	997	1,374	1,486	1,402	1,448	10	9.8	10.1	1.5	0.2
最終エネルギー消費合計	6,236	7,014	9,573	10,351	9,763	9,144	100	100	100	1.4	0.8
[部門別]											
産業	1,577	1,964	2,507	2,912	2,610	2,404	29	30	29	1.6	0.7
運輸	2,387	2,565	3,248	3,205	2,954	2,736	25	26	26	1.6	1.5
民生・農業他	477	615	946	1,146	1,270	1,373	38	34	30	1.0	-0.1
非エネルギー	752	542	924	816	650	505	8	10	15	2.3	1.9
[エネルギー源別]											
石炭	752	542	924	816	650	505	12	10	6	0.7	-2.0
石油	2,606	3,126	3,700	4,081	3,491	2,801	42	39	31	1.2	-0.9
天然ガス	944	1,119	1,580	1,628	1,422	1,128	15	17	12	1.7	-1.1
電力	834	1,092	1,958	2,535	3,100	3,583	13	20	39	2.9	2.0
熱	336	248	309	295	235	166	5	3	2	-0.3	-2.1
水素	-	-	-	0	77	250	-	-	3	n.a.	n.a.
再生可能	764	887	1,101	995	787	711	12	12	8	1.2	-1.4

発電量	(TWh)						シェア(%)			年平均伸び率(%)	
	1990	2000	2020	2030	2040	2050	1990	2020	2050	1990/2020	2020/2050
合計	11,844	15,428	26,721	34,600	42,310	50,800	100	100	100	2.7	2.2
石炭	4,429	5,995	9,452	9,182	7,033	4,254	37	35	8	2.6	-2.6
石油	1,324	1,188	668	560	401	203	11	2	0	-2.3	-3.9
天然ガス	1,748	2,771	6,335	7,745	9,421	9,542	15	24	19	4.4	1.4
原子力	2,013	2,591	2,674	3,679	4,592	5,300	17	10	10	1.0	2.3
水力	2,140	2,613	4,341	5,038	5,742	6,464	18	16	13	2.4	1.3
地熱	36	52	95	248	370	482	0	0	1	3.2	5.6
太陽光	0	1	824	2,483	5,139	9,846	0	3	19	35.5	8.6
風力	4	31	1,598	4,189	6,948	10,290	0	6	20	22.2	6.4
太陽熱・海洋	1	1	15	174	462	988	0	0	2	8.7	15.1
バイオマス・廃棄物	130	162	685	1,251	1,594	1,938	1	3	4	5.7	3.5
水素	-	-	-	18	575	1,459	-	-	3	n.a.	n.a.

エネルギー・経済指標他							年平均伸び率(%)	
	1990	2000	2020	2030	2040	2050	1990/2020	2020/2050
GDP (2015年価格10億ドル)	35,843	48,064	81,578	112,310	147,292	184,952	2.8	2.8
人口(100万人)	5,272	6,105	7,753	8,448	9,082	9,597	1.3	0.7
エネルギー起源CO_2排出[*2](100万t)	20,556	23,207	31,666	31,220	24,732	16,936	1.5	-2.1
一人あたりGDP (2015年価格1,000ドル/人)	6.8	7.9	10.5	13.3	16.2	19.3	1.5	2.0
一人あたり一次エネルギー消費(toe/人)	1.7	1.6	1.8	1.8	1.6	1.5	0.3	-0.6
GDPあたり一次エネルギー消費[*2]	244.0	208.5	171.2	136.2	101.4	77.7	-1.2	-2.6
GDPあたりCO_2排出量[*3]	573.5	482.8	388.2	278.0	167.9	91.6	-1.3	-4.7
一次エネルギー消費あたりCO_2排出(t/toe)	2.3	2.3	2.3	2.0	1.7	1.2	-0.1	-2.2

*1 電力、熱、水素の輸出入を掲載していないため、合計と内訳は必ずしも一致しない

*2 toe/2015年価格100万ドル, *3 t/2015年価格100万ドル

3. IEEJアウトルック2023

(8)アジアのエネルギー消費見通し（レファレンスシナリオ）

	(石油換算百万トン = Mtoe)						シェア(%)			年平均伸び率(%)	
	1990	2000	2020	2030	2040	2050	1990	2020	2050	1990/2020	2020/2050
一次エネルギー消費合計[*1]	2,081	2,861	6,052	7,175	7,735	8,200	100	100	100	3.6	1.0
石炭	788	1,036	2,938	3,238	3,247	3,142	38	49	38	4.5	0.2
石油	615	915	1,435	1,739	1,864	1,982	30	24	24	2.9	1.1
天然ガス	116	233	670	905	1,128	1,342	6	11	16	6.0	2.3
原子力	77	132	170	265	308	356	3.7	2.8	4.3	2.7	2.5
水力	32	41	156	185	215	240	1.5	2.6	2.9	5.5	1.4
地熱	8	23	60	106	132	158	0.4	1.0	1.9	6.9	3.3
太陽光・風力等	1	2	111	198	295	403	0.1	1.8	4.9	16.0	4.4
バイオマス・廃棄物	444	480	510	538	546	577	21	8.4	7.0	0.5	0.4
最終エネルギー消費合計	1,529	1,973	3,923	4,545	4,892	5,264	100	100	100	3.2	1.5
[部門別]											
産業	188	322	681	900	999	1,116	33	42	37	4.0	0.9
運輸	720	817	1,177	1,300	1,419	1,543	12	17	21	4.4	2.8
民生・農業他	115	181	414	536	599	646	47	30	29	1.7	1.0
非エネルギー	422	372	779	734	686	658	8	11	12	4.4	2.6
[エネルギー源別]											
石炭	422	372	779	734	686	658	28	20	13	2.1	-0.6
石油	463	740	1,275	1,561	1,682	1,799	30	33	34	3.4	1.2
天然ガス	46	89	350	434	496	548	3	9	10	7.0	1.5
電力	157	280	945	1,260	1,515	1,760	10	24	33	6.2	2.1
熱	14	30	130	141	137	130	1	3	2	7.7	0.0
水素	-	-	-	0	-	-	-	-	-	n.a.	n.a.
再生可能	426	462	444	414	377	369	28	11	7	0.1	-0.6

発電量	(TWh)						シェア(%)			年平均伸び率(%)	
	1990	2000	2020	2030	2040	2050	1990	2020	2050	1990/2020	2020/2050
合計	2,237	3,971	12,567	16,925	20,264	23,313	100	100	100	5.9	2.1
石炭	868	1,984	7,224	8,984	9,653	9,920	39	57	43	7.3	1.1
石油	433	381	106	111	108	99	19	1	0	-4.6	-0.2
天然ガス	237	566	1,439	2,166	3,071	4,016	11	11	17	6.2	3.5
原子力	294	505	651	1,015	1,184	1,366	13	5	6	2.7	2.5
水力	368	477	1,818	2,151	2,499	2,792	16	14	12	5.5	1.4
地熱	8	20	29	61	78	95	0	0	0	4.3	4.0
太陽光	0	0	446	851	1,364	2,080	0	4	9	33.9	5.3
風力	0	2	558	1,134	1,711	2,207	0	4	9	38.2	4.7
太陽熱・海洋	0	0	2	9	15	26	0	0	0	21.0	8.7
バイオマス・廃棄物	9	15	272	422	561	690	0	2	3	12.1	3.1
水素	-	-	-	-	-	-	-	-	-	n.a.	n.a.

エネルギー・経済指標他	1990	2000	2020	2030	2040	2050	年平均伸び率(%) 1990/2020	2020/2050
GDP (2015年価格10億ドル)	6,688	10,377	27,854	43,113	61,368	81,167	4.9	3.6
人口(100万人)	2,951	3,437	4,230	4,479	4,656	4,740	1.2	0.4
エネルギー起源CO_2排出[*2](100万t)	4,699	6,816	15,889	18,312	19,075	19,403	4.1	0.7
一人あたりGDP (2015年価格1,000ドル/人)	2.3	3.0	6.6	9.6	13.2	17.1	3.6	3.2
一人あたり一次エネルギー消費(toe/人)	0.7	0.8	1.4	1.6	1.7	1.7	2.4	0.6
GDPあたり一次エネルギー消費[*2]	311.2	275.7	217.3	166.4	126.0	101.0	-1.2	-2.5
GDPあたりCO_2排出量[*3]	702.6	656.9	570.4	424.7	310.8	239.0	-0.7	-2.9
一次エネルギー消費あたりCO_2排出(t/toe)	2.3	2.4	2.6	2.6	2.5	2.4	0.5	-0.3

*1 電力、熱、水素の輸出入を掲載していないため、合計と内訳は必ずしも一致しない

*2 toe/2015年価格100万ドル, *3 t/2015年価格100万ドル

3. IEEJアウトルック2023

(9)アジアのエネルギー消費見通し（技術進展シナリオ）

	(石油換算百万トン＝Mtoe)						シェア(%)			年平均伸び率(%)	
	1990	2000	2020	2030	2040	2050	1990	2020	2050	1990 /2020	2020 /2050
一次エネルギー消費合計[*1]	2,081	2,861	6,052	6,881	6,765	6,416	100	100	100	3.6	0.2
石炭	788	1,036	2,938	2,861	2,302	1,578	38	49	25	4.5	-2.1
石油	615	915	1,435	1,622	1,459	1,218	30	24	19	2.9	-0.5
天然ガス	116	233	670	858	954	907	6	11	14	6.0	1.0
原子力	77	132	170	361	492	610	3.7	2.8	9.5	2.7	4.4
水力	32	41	156	190	228	264	1.5	2.6	4.1	5.5	1.8
地熱	8	23	60	127	185	233	0.4	1.0	3.6	6.9	4.6
太陽光・風力等	1	2	111	315	560	915	0.1	1.8	14.3	16.0	7.3
バイオマス・廃棄物	444	480	510	544	522	545	21	8.4	8.5	0.5	0.2
最終エネルギー消費合計	1,529	1,973	3,923	4,361	4,241	4,063	100	100	100	3.2	1.1
[部門別]											
産業	188	322	681	833	783	747	33	42	35	4.0	0.7
運輸	720	817	1,177	1,232	1,235	1,230	12	17	18	4.4	2.0
民生・農業他	115	181	414	535	598	645	47	30	30	1.7	0.5
非エネルギー	422	372	779	690	549	427	8	11	16	4.4	2.6
[エネルギー源別]											
石炭	422	372	779	690	549	427	28	20	10	2.1	-2.0
石油	463	740	1,275	1,457	1,324	1,125	30	33	28	3.4	-0.4
天然ガス	46	89	350	411	389	332	3	9	8	7.0	-0.2
電力	157	280	945	1,293	1,567	1,815	10	24	45	6.2	2.2
熱	14	30	130	133	107	74	1	3	2	7.7	-1.8
水素	-	-	-	0	11	37	-	-	1	n.a.	n.a.
再生可能	426	462	444	377	294	253	28	11	6	0.1	-1.9

発電量	(TWh)						シェア(%)			年平均伸び率(%)	
	1990	2000	2020	2030	2040	2050	1990	2020	2050	1990 /2020	2020 /2050
合計	2,237	3,971	12,567	17,347	20,886	24,447	100	100	100	5.9	2.2
石炭	868	1,984	7,224	7,592	6,036	3,635	39	57	15	7.3	-2.3
石油	433	381	106	94	89	74	19	1	0	-4.6	-1.2
天然ガス	237	566	1,439	2,065	2,771	3,019	11	11	12	6.2	2.5
原子力	294	505	651	1,386	1,890	2,341	13	5	10	2.7	4.4
水力	368	477	1,818	2,213	2,648	3,067	16	14	13	5.5	1.8
地熱	8	20	29	76	116	151	0	0	1	4.3	5.6
太陽光	0	0	446	1,355	2,666	4,823	0	4	20	33.9	8.3
風力	0	2	558	1,993	3,531	5,438	0	4	22	38.2	7.9
太陽熱・海洋	0	0	2	13	30	71	0	0	0	21.0	12.4
バイオマス・廃棄物	9	15	272	527	695	876	0	2	4	12.1	4.0
水素	-	-	-	13	393	930	-	-	4	n.a.	n.a.

エネルギー・経済指標他							年平均伸び率(%)	
	1990	2000	2020	2030	2040	2050	1990 /2020	2020 /2050
GDP (2015年価格10億ドル)	6,688	10,377	27,854	43,113	61,368	81,167	4.9	3.6
人口(100万人)	2,951	3,437	4,230	4,479	4,656	4,740	1.2	0.4
エネルギー起源CO_2排出[*2](100万t)	4,699	6,816	15,889	16,143	13,044	8,879	4.1	-1.9
一人あたりGDP (2015年価格1,000ドル/人)	2.3	3.0	6.6	9.6	13.2	17.1	3.6	3.2
一人あたり一次エネルギー消費(toe/人)	0.7	0.8	1.4	1.5	1.5	1.4	2.4	-0.2
GDPあたり一次エネルギー消費[*2]	311.2	275.7	217.3	159.6	110.2	79.1	-1.2	-3.3
GDPあたりCO_2排出量[*3]	702.6	656.9	570.4	374.4	212.6	109.4	-0.7	-5.4
一次エネルギー消費あたりCO_2排出(t/toe)	2.3	2.4	2.6	2.3	1.9	1.4	0.5	-2.1

*1 電力、熱、水素の輸出入を掲載していないため、合計と内訳は必ずしも一致しない

*2 toe/2015年価格100万ドル, *3 t/2015年価格100万ドル

3. IEEJアウトルック2023

(10)中国のエネルギー消費見通し（レファレンスシナリオ）

	(石油換算百万トン = Mtoe)						シェア(%)			年平均伸び率(%)	
	1990	2000	2020	2030	2040	2050	1990	2020	2050	1990 /2020	2020 /2050
一次エネルギー消費合計*1	874	1,133	3,499	3,791	3,662	3,407	100	100	100	4.7	-0.1
石炭	531	668	2,125	2,167	1,919	1,597	61	61	47	4.7	-0.9
石油	119	221	661	749	710	636	14	19	19	5.9	-0.1
天然ガス	13	21	265	338	387	421	1	8	12	10.6	1.6
原子力	-	4	95	130	163	196	-	2.7	5.7	n.a.	2.4
水力	11	19	114	127	144	155	1.2	3.2	4.5	8.1	1.0
地熱	-	2	21	25	27	28	-	0.6	0.8	n.a.	0.9
太陽光・風力等	0	1	86	141	202	256	0.0	2.4	7.5	29.9	3.7
バイオマス・廃棄物	200	198	134	117	113	119	23	3.8	3.5	-1.3	-0.4
最終エネルギー消費合計	658	781	2,182	2,301	2,218	2,105	100	100	100	4.1	0.5
[部門別]											
産業	30	84	323	423	417	383	36	49	36	5.2	-0.6
運輸	351	338	587	641	695	738	5	15	18	8.2	2.7
民生・農業他	43	58	199	228	240	236	53	27	35	1.7	0.9
非エネルギー	311	274	576	456	352	275	7	9	11	5.2	1.4
[エネルギー源別]											
石炭	311	274	576	456	352	275	47	26	13	2.1	-2.4
石油	85	180	577	659	626	561	13	26	27	6.6	-0.1
天然ガス	9	12	192	198	196	191	1	9	9	10.8	0.0
電力	39	89	587	750	833	879	6	27	42	9.5	1.4
熱	13	26	121	131	127	121	2	6	6	7.7	0.0
水素	-	-	-	-	-	-	-	-	-	n.a.	n.a.
再生可能	200	199	128	107	85	78	30	6	4	-1.5	-1.6

発電量	(TWh)						シェア(%)			年平均伸び率(%)	
	1990	2000	2020	2030	2040	2050	1990	2020	2050	1990 /2020	2020 /2050
合計	621	1,356	7,732	9,933	10,969	11,473	100	100	100	8.8	1.3
石炭	441	1,060	4,928	5,897	5,633	5,056	71	64	44	8.4	0.1
石油	50	47	11	10	7	4	8	0	0	-4.8	-3.1
天然ガス	3	6	235	516	736	897	0	3	8	16.0	4.6
原子力	-	17	366	498	626	750	-	5	7	n.a.	2.4
水力	127	222	1,322	1,480	1,669	1,800	20	17	16	8.1	1.0
地熱	0	0	0	0	0	1	0	0	0	2.7	4.8
太陽光	0	0	261	453	680	945	0	3	8	48.1	4.4
風力	0	1	466	905	1,373	1,712	0	6	15	51.0	4.4
太陽熱・海洋	0	0	2	3	4	9	0	0	0	20.1	5.6
バイオマス・廃棄物	-	2	141	171	239	298	-	2	3	n.a.	2.5
水素	-	-	-	-	-	-	-	-	-	n.a.	n.a.

エネルギー・経済指標他							年平均伸び率(%)	
	1990	2000	2020	2030	2040	2050	1990 /2020	2020 /2050
GDP (2015年価格10億ドル)	1,027	2,770	14,632	23,979	34,465	44,383	9.3	3.8
人口(100万人)	1,135	1,263	1,411	1,404	1,368	1,305	0.7	-0.3
エネルギー起源CO_2排出*2(100万t)	2,202	3,217	10,081	10,703	9,680	8,272	5.2	-0.7
一人あたりGDP (2015年価格1,000ドル/人)	0.9	2.2	10.4	17.1	25.2	34.0	8.5	4.0
一人あたり一次エネルギー消費(toe/人)	0.8	0.9	2.5	2.7	2.7	2.6	4.0	0.2
GDPあたり一次エネルギー消費*2	850.4	409.1	239.2	158.1	106.3	76.8	-4.1	-3.7
GDPあたりCO_2排出量*3	2,143.3	1,161.4	689.0	446.3	280.9	186.4	-3.7	-4.3
一次エネルギー消費あたりCO_2排出(t/toe)	2.5	2.8	2.9	2.8	2.6	2.4	0.4	-0.6

*1 電力、熱、水素の輸出入を掲載していないため、合計と内訳は必ずしも一致しない

*2 toe/2015年価格100万ドル, *3 t/2015年価格100万ドル

3. IEEJアウトルック2023

(11)中国のエネルギー消費見通し（技術進展シナリオ）

	(石油換算百万トン＝Mtoe)						シェア(%)			年平均伸び率(%)	
	1990	2000	2020	2030	2040	2050	1990	2020	2050	1990/2020	2020/2050
一次エネルギー消費合計[*1]	874	1,133	3,499	3,617	3,172	2,592	100	100	100	4.7	-1.0
石炭	531	668	2,125	1,944	1,398	796	61	61	31	4.7	-3.2
石油	119	221	661	705	571	433	14	19	17	5.9	-1.4
天然ガス	13	21	265	324	327	254	1	8	10	10.6	-0.1
原子力	-	4	95	151	209	269	-	2.7	10.4	n.a.	3.5
水力	11	19	114	129	149	165	1.2	3.2	6.4	8.1	1.2
地熱	-	2	21	23	20	16	-	0.6	0.6	n.a.	-1.0
太陽光･風力等	0	1	86	214	328	449	0.0	2.4	17.3	29.9	5.7
バイオマス･廃棄物	200	198	134	128	129	144	23	3.8	5.6	-1.3	0.2
最終エネルギー消費合計	658	781	2,182	2,229	1,961	1,676	100	100	100	4.1	0.2
[部門別]											
産業	30	84	323	396	336	275	36	49	34	5.2	-0.8
運輸	351	338	587	616	615	593	5	15	16	8.2	2.1
民生･農業他	43	58	199	227	238	235	53	27	35	1.7	0.5
非エネルギー	311	274	576	431	286	185	7	9	14	5.2	1.4
[エネルギー源別]											
石炭	311	274	576	431	286	185	47	26	11	2.1	-3.7
石油	85	180	577	619	505	386	13	26	23	6.6	-1.3
天然ガス	9	12	192	185	145	96	1	9	6	10.8	-2.3
電力	39	89	587	766	841	852	6	27	51	9.5	1.2
熱	13	26	121	124	99	69	2	6	4	7.7	-1.9
水素	-	-	-	0	7	24	-	-	1	n.a.	n.a.
再生可能	200	199	128	104	79	66	30	6	4	-1.5	-2.2

発電量	(TWh)						シェア(%)			年平均伸び率(%)	
	1990	2000	2020	2030	2040	2050	1990	2020	2050	1990/2020	2020/2050
合計	621	1,356	7,732	10,138	11,039	11,164	100	100	100	8.8	1.2
石炭	441	1,060	4,928	5,100	3,651	1,784	71	64	16	8.4	-3.3
石油	50	47	11	9	5	2	8	0	0	-4.8	-6.0
天然ガス	3	6	235	515	669	599	0	3	5	16.0	3.2
原子力	-	17	366	580	803	1,034	-	5	9	n.a.	3.5
水力	127	222	1,322	1,497	1,728	1,917	20	17	17	8.1	1.2
地熱	0	0	0	0	1	1	0	0	0	2.7	6.2
太陽光	0	0	261	653	1,074	1,719	0	3	15	48.1	6.5
風力	0	1	466	1,574	2,492	3,238	0	6	29	51.0	6.7
太陽熱･海洋	0	0	2	4	12	32	0	0	0	20.1	10.3
バイオマス･廃棄物	-	2	141	206	276	352	-	2	3	n.a.	3.1
水素	-	-	-	-	329	486	-	-	4	n.a.	n.a.

エネルギー・経済指標他							年平均伸び率(%)	
	1990	2000	2020	2030	2040	2050	1990/2020	2020/2050
GDP (2015年価格10億ドル)	1,027	2,770	14,632	23,979	34,465	44,383	9.3	3.8
人口(100万人)	1,135	1,263	1,411	1,404	1,368	1,305	0.7	-0.3
エネルギー起源CO_2排出[*2](100万t)	2,202	3,217	10,081	9,549	6,818	3,802	5.2	-3.2
一人あたりGDP (2015年価格1,000ドル/人)	0.9	2.2	10.4	17.1	25.2	34.0	8.5	4.0
一人あたり一次エネルギー消費(toe/人)	0.8	0.9	2.5	2.6	2.3	2.0	4.0	-0.7
GDPあたり一次エネルギー消費[*2]	850.4	409.1	239.2	150.8	92.0	58.4	-4.1	-4.6
GDPあたりCO_2排出量[*3]	2,143.3	1,161.4	689.0	398.2	197.8	85.7	-3.7	-6.7
一次エネルギー消費あたりCO_2排出(t/toe)	2.5	2.8	2.9	2.6	2.1	1.5	0.4	-2.2

*1 電力、熱、水素の輸出入を掲載していないため、合計と内訳は必ずしも一致しない

*2 toe/2015年価格100万ドル, *3 t/2015年価格100万ドル

3. IEEJアウトルック2023

(12)インドのエネルギー消費見通し（レファレンスシナリオ）

	(石油換算百万トン＝Mtoe)						シェア(%)			年平均伸び率(%)	
	1990	2000	2020	2030	2040	2050	1990	2020	2050	1990 /2020	2020 /2050
一次エネルギー消費合計*1	280	418	872	1,299	1,712	2,172	100	100	100	3.9	3.1
石炭	93	146	379	571	760	935	33	43	43	4.8	3.1
石油	61	112	207	321	444	601	22	24	28	4.2	3.6
天然ガス	11	23	53	99	161	229	4	6	11	5.5	5.0
原子力	2	4	11	36	46	60	0.6	1.3	2.8	6.7	5.7
水力	6	6	14	21	28	37	2.2	1.6	1.7	2.7	3.3
地熱	-	-	-	-	-	-	-	-	-	n.a.	n.a.
太陽光・風力等	0	0	12	35	55	82	0.0	1.4	3.8	26.6	6.5
バイオマス・廃棄物	108	126	196	217	218	229	39	22.5	10.6	2.0	0.5
最終エネルギー消費合計	215	290	596	859	1,122	1,443	100	100	100	3.5	3.7
[部門別]											
産業	21	32	93	154	228	344	27	38	42	4.6	4.8
運輸	122	147	223	259	295	345	10	16	24	5.1	5.2
民生・農業他	13	27	55	85	115	148	57	37	24	2.0	1.5
非エネルギー	38	33	96	151	191	228	6	9	10	4.8	4.4
[エネルギー源別]											
石炭	38	33	96	151	191	228	18	16	16	3.1	2.9
石油	50	94	194	303	420	570	23	32	39	4.6	3.7
天然ガス	6	12	33	59	88	119	3	6	8	5.8	4.4
電力	18	32	102	179	267	373	8	17	26	5.9	4.4
熱	-	-	-	-	-	-	-	-	-	n.a.	n.a.
水素	-	-	-	-	-	-	-	-	-	n.a.	n.a.
再生可能	102	119	173	167	155	153	48	29	11	1.8	-0.4

発電量	(TWh)						シェア(%)			年平均伸び率(%)	
	1990	2000	2020	2030	2040	2050	1990	2020	2050	1990 /2020	2020 /2050
合計	289	561	1,533	2,689	3,897	5,240	100	100	100	5.7	4.2
石炭	189	387	1,097	1,685	2,356	3,006	65	72	57	6.0	3.4
石油	13	25	3	-	-	-	4	0	-	-4.5	-100.0
天然ガス	10	56	66	165	319	529	3	4	10	6.5	7.2
原子力	6	17	43	137	176	230	2	3	4	6.7	5.7
水力	72	74	161	242	330	428	25	10	8	2.7	3.3
地熱	-	-	-	-	-	-	-	-	-	n.a.	n.a.
太陽光	-	0	61	205	367	592	-	4	11	n.a.	7.9
風力	0	2	67	164	224	297	0	4	6	29.1	5.1
太陽熱・海洋	-	-	-	3	6	9	-	-	0	n.a.	n.a.
バイオマス・廃棄物	-	0	35	89	118	149	-	2	3	n.a.	4.9
水素	-	-	-	-	-	-	-	-	-	n.a.	n.a.

エネルギー・経済指標他							年平均伸び率(%)	
	1990	2000	2020	2030	2040	2050	1990 /2020	2020 /2050
GDP (2015年価格10億ドル)	475	817	2,551	4,958	8,483	13,446	5.8	5.7
人口(100万人)	873	1,057	1,380	1,498	1,596	1,657	1.5	0.6
エネルギー起源CO_2排出*2(100万t)	531	891	2,075	3,206	4,391	5,633	4.7	3.4
一人あたりGDP (2015年価格1,000ドル/人)	0.5	0.8	1.8	3.3	5.3	8.1	4.2	5.1
一人あたり一次エネルギー消費(toe/人)	0.3	0.4	0.6	0.9	1.1	1.3	2.3	2.5
GDPあたり一次エネルギー消費*2	590.2	511.5	341.9	262.0	201.8	161.5	-1.8	-2.5
GDPあたりCO_2排出量*3	1,117.6	1,091.0	813.2	646.6	517.6	418.9	-1.1	-2.2
一次エネルギー消費あたりCO_2排出(t/toe)	1.9	2.1	2.4	2.5	2.6	2.6	0.8	0.3

*1 電力、熱、水素の輸出入を掲載していないため、合計と内訳は必ずしも一致しない

*2 toe/2015年価格100万ドル, *3 t/2015年価格100万ドル

3. IEEJアウトルック2023

(13)インドのエネルギー消費見通し（技術進展シナリオ）

	(石油換算百万トン = Mtoe)						シェア(%)			年平均伸び率(%)	
	1990	2000	2020	2030	2040	2050	1990	2020	2050	1990/2020	2020/2050
一次エネルギー消費合計*1	280	418	872	1,230	1,429	1,590	100	100	100	3.9	2.0
石炭	93	146	379	484	490	424	33	43	27	4.8	0.4
石油	61	112	207	295	334	341	22	24	21	4.2	1.7
天然ガス	11	23	53	101	138	151	4	6	10	5.5	3.6
原子力	2	4	11	49	95	128	0.6	1.3	8.1	6.7	8.5
水力	6	6	14	24	34	46	2.2	1.6	2.9	2.7	4.1
地熱	-	-	-	-	-	-	-	-	-	n.a.	n.a.
太陽光・風力等	0	0	12	63	149	294	0.0	1.4	18.5	26.6	11.2
バイオマス・廃棄物	108	126	196	213	186	182	39	22.5	11.4	2.0	-0.2
最終エネルギー消費合計	215	290	596	813	934	1,052	100	100	100	3.5	3.1
[部門別]											
産業	21	32	93	141	175	224	27	38	37	4.6	4.3
運輸	122	147	223	243	258	285	10	16	21	5.1	4.3
民生・農業他	13	27	55	85	115	148	57	37	27	2.0	0.9
非エネルギー	38	33	96	140	144	133	6	9	14	4.8	4.4
[エネルギー源別]											
石炭	38	33	96	140	144	133	18	16	13	3.1	1.1
石油	50	94	194	279	316	324	23	32	31	4.6	1.7
天然ガス	6	12	33	56	71	76	3	6	7	5.8	2.8
電力	18	32	102	189	297	435	8	17	41	5.9	5.0
熱	-	-	-	-	-	-	-	-	-	n.a.	n.a.
水素	-	-	-	0	2	6	-	-	1	n.a.	n.a.
再生可能	102	119	173	149	104	78	48	29	7	1.8	-2.6

発電量	(TWh)						シェア(%)			年平均伸び率(%)	
	1990	2000	2020	2030	2040	2050	1990	2020	2050	1990/2020	2020/2050
合計	289	561	1,533	2,823	4,217	6,097	100	100	100	5.7	4.7
石炭	189	387	1,097	1,341	1,264	885	65	72	15	6.0	-0.7
石油	13	25	3	-	-	-	4	0	-	-4.5	-100.0
天然ガス	10	56	66	188	328	399	3	4	7	6.5	6.2
原子力	6	17	43	190	364	492	2	3	8	6.7	8.5
水力	72	74	161	279	396	533	25	10	9	2.7	4.1
地熱	-	-	-	-	-	-	-	-	-	n.a.	n.a.
太陽光	-	0	61	393	926	1,783	-	4	29	n.a.	11.9
風力	0	2	67	309	748	1,541	0	4	25	29.1	11.0
太陽熱・海洋	-	-	-	5	12	27	-	-	0	n.a.	n.a.
バイオマス・廃棄物	-	0	35	118	158	210	-	2	3	n.a.	6.1
水素	-	-	-	-	21	227	-	-	4	n.a.	n.a.

エネルギー・経済指標他							年平均伸び率(%)	
	1990	2000	2020	2030	2040	2050	1990/2020	2020/2050
GDP (2015年価格10億ドル)	475	817	2,551	4,958	8,483	13,446	5.8	5.7
人口(100万人)	873	1,057	1,380	1,498	1,596	1,657	1.5	0.6
エネルギー起源CO_2排出*2(100万t)	531	891	2,075	2,739	2,799	2,450	4.7	0.6
一人あたりGDP (2015年価格1,000ドル/人)	0.5	0.8	1.8	3.3	5.3	8.1	4.2	5.1
一人あたり一次エネルギー消費(toe/人)	0.3	0.4	0.6	0.8	0.9	1.0	2.3	1.4
GDPあたり一次エネルギー消費*2	590.2	511.5	341.9	248.1	168.4	118.2	-1.8	-3.5
GDPあたりCO_2排出量*3	1,117.6	1,091.0	813.2	552.4	330.0	182.2	-1.1	-4.9
一次エネルギー消費あたりCO_2排出(t/toe)	1.9	2.1	2.4	2.2	2.0	1.5	0.8	-1.4

*1 電力、熱、水素の輸出入を掲載していないため、合計と内訳は必ずしも一致しない

*2 toe/2015年価格100万ドル, *3 t/2015年価格100万ドル

4. 石油製品・石油ガス需要見通し

(1)石油製品需要見通し

油種＼年度	実績 2020年度	実績見込 2021年度	2022年度	2023年度
ガソリン	45,233	45,220 - 0.0	45,382 + 0.4	44,391 - 2.2
ナフサ	40,323	42,561 + 5.6	41,372 - 2.8	41,615 + 0.6
ジェット燃料油	2,733	3,506 + 28.3	4,072 + 16.1	4,321 + 6.1
灯油	14,498	13,933 - 3.9	13,486 - 3.2	13,074 - 3.1
軽油	31,869	32,146 + 0.9	32,650 + 1.6	32,579 - 0.2
A重油	10,226	10,021 - 2.0	9,730 - 2.9	9,400 - 3.4
B・C 重 油(一般用)	4,794	5,253 + 9.6	4,894 - 6.8	4,672 - 4.5
燃料油計 (電力用C重油除)	149,676	152,639 + 2.0	151,586 - 0.7	150,052 - 1.0
(参考) 電力用C重油	1,864	2,481 + 33.1	-	-
(参考) 燃料油計	151,540	155,121 + 2.4	-	-

出所:石油通信社「石油資料」

(単位：上段　千kL、下段　%)

見通し			年率平均	全体伸び率
2024年度	2025年度	2026年度	2021-2026	2021-2026
43,177 - 2.7	42,016 - 2.7	40,808 - 2.9	- 2.0	- 9.8
41,374 - 0.6	40,974 - 1.0	40,154 - 2.0	- 1.2	- 5.7
4,376 + 1.3	4,433 + 1.3	4,484 + 1.2	+ 5.0	+ 27.9
12,669 - 3.1	12,259 - 3.2	11,957 - 2.5	- 3.0	- 14.2
32,395 - 0.6	32,252 - 0.4	32,043 - 0.6	- 0.1	- 0.3
9,017 - 4.1	8,680 - 3.7	8,355 - 3.7	- 3.6	- 16.6
4,442 - 4.9	4,235 - 4.7	4,045 - 4.5	- 5.1	- 23.0
147,450 - 1.7	144,849 - 1.8	141,846 - 2.1	- 1.5	- 7.1
-	-	-	-	-
-	-	-	-	-

注：(1)上段の数字は燃料油内需量、下段の数字は前年度比。
(2)(参考)燃料油計は燃料油計に電力用C重油を加えた値。

4. 石油製品・石油ガス需要見通し

(2)石油ガス需要見通し

年度 / 用途	実績	実績見込		
	2020年度	2021年度	2022年度	2023年度
家庭業務用	5,927 - 1.2	5,977 + 0.8	6,024 + 0.8	5,985 - 0.6
工業用	3,098 - 1.3	2,623 - 15.3	2,749 + 4.8	2,763 + 0.5
都市ガス用	1,097 - 0.3	1,217 + 10.9	1,244 + 2.2	1,310 + 5.3
自動車用	529 - 31.6	523 - 1.1	518 - 1.0	513 - 1.0
化学原料用	2,136 - 24.8	2,268 + 6.2	2,736 + 20.6	2,763 + 1.0
需要合計	12,787 - 7.7	12,608 - 1.4	13,271 + 5.3	13,334 + 0.5
(参考)電力用	0	-	-	-
(参考)需要合計	12,787 - 8.2	-	-	-

出所:石油通信社「石油資料」

（単位：上段　千t、下段　%）

見通し			年率平均	全体伸び率
2024年度	2025年度	2026年度	2021-2026	2021-2026
5,895 - 1.5	5,803 - 1.6	5,694 - 1.9	- 1.0	- 4.7
2,780 ＋0.6	2,794 ＋0.5	2,810 ＋0.6	＋1.4	＋7.1
1,389 ＋6.0	1,461 ＋5.2	1,521 ＋4.1	＋4.6	＋25.0
508 - 1.0	503 - 1.0	499 - 0.8	- 0.9	- 4.6
2,712 - 1.8	2,684 - 1.0	2,621 - 2.3	＋2.9	＋15.6
13,284 - 0.4	13,245 - 0.3	13,145 - 0.8	＋0.8	＋4.3
-	-	-	-	-
-	-	-	-	-

注:(1)上段の数字は需要量、下段の数字は前年度比。
(2)(参考)需要合計は需要合計に電力用の見込みを足したもの。

5. 長期電力需要想定

(1)今後の需要電力量の見通し（全国）

用途別＼年度	2022(推定実績)	2023	2024	2025	2026
最大需要電力(送電端)	16,118	16,182	16,220	16,190	16,152
年負荷率(%)	61.7	61.5	61.5	61.5	61.5
需要電力量合計(送電端)	870,564	873,537	873,292	871,640	869,618
需要電力量合計(需要端)	829,498	832,048	831,882	830,320	828,406
需要電力量合計(使用端)	828,379	830,930	830,765	829,202	827,288
家庭用その他	303,029	302,244	299,784	298,032	296,235
業務用	198,001	199,459	199,187	199,329	199,199
産業用その他	327,348	329,226	331,793	331,841	331,854
8月15時における供給予備力					
最大需要電力	16,044	16,021	15,995	15,962	15,926
供給力	17,948	18,482	18,306	18,092	18,311
供給予備率(%)	11.9	15.4	14.4	13.3	15.0

出所：電力広域的運営推進機関「全国及び供給区域ごとの需要想定（2023年度）」、「2022年度供給計画の取りまとめ」

(単位:電力量 百万kWh、最大需要電力 万kW)

2027	2028	2029	2030	2031	2032	平均増加率(%) 2022～2032
16,113	16,078	16,041	16,000	15,958	15,918	-0.1
61.5	61.5	61.5	61.5	61.5	61.5	-
870,011	865,673	863,672	861,482	861,753	857,189	-0.2
828,796	824,679	822,788	820,722	821,000	816,665	-0.2
827,676	823,561	821,670	819,604	819,880	815,547	-0.2
295,216	292,600	290,744	288,847	287,738	285,017	-0.6
199,690	199,104	199,077	198,963	199,392	198,736	0.0
332,770	331,857	331,850	331,795	332,750	331,794	0.1

15,891	15,857	15,817	15,782	15,746	-	-0.2
18,363	18,324	18,364	18,464	18,435	-	0.3
15.6	15.6	16.1	17.0	17.1	-	-

注:8月15時における供給予備力の年平均増加率は、2022～2031年度。

5. 長期電力需要想定

(2)全国電源種別発電設備容量

(単位：万kW、%)

電源＼年度	2022年度末(推定実績)		2026年度末		2031年度末	
火力	15,549	(48.5)	15,353	(45.6)	15,408	(43.6)
石炭	5,079	(15.8)	5,234	(15.5)	5,233	(14.8)
LNG	7,814	(24.4)	8,244	(24.5)	8,301	(23.5)
石油他	2,657	(8.3)	1,875	(5.6)	1,874	(5.3)
原子力	3,308	(10.3)	3,308	(9.8)	3,308	(9.4)
新エネルギー等	13,109	(40.9)	14,907	(44.3)	16,533	(46.8)
一般水力	2,184	(6.8)	2,191	(6.5)	2,199	(6.2)
揚水	2,747	(8.6)	2,747	(8.2)	2,747	(7.8)
風力	531	(1.7)	1,026	(3.0)	1,575	(4.5)
太陽光	6,940	(21.6)	8,165	(24.3)	9,238	(26.1)
地熱	49	(0.2)	54	(0.2)	55	(0.2)
バイオマス	575	(1.8)	656	(1.9)	650	(1.8)
廃棄物	82	(0.3)	68	(0.2)	69	(0.2)
その他	97	(0.3)	98	(0.3)	98	(0.3)
合計	32,063	(100)	33,666	(100)	35,348	(100)

出所：電力広域的運営推進機関「2022年度供給計画の取りまとめ」
注：(1) 電気事業者の保有発電設備に加えて、小売電気事業者及び一般送配電事業者が「その他事業者」からの調達分として計上した電気事業者以外の者の保有発電設備を集計。
(2) 石油他は、石油・LPG・その他ガス・歴青質混合物の合計値。
(3) その他は調達先未決定や調達する電源の種別が特定不能。
(4) 四捨五入の関係で合計値と合わない場合がある。

(3)原子力発電所開発計画

事業者名	発電所名	出力 (万kW)	着工年月	運転開始年月	備考
東北電力	東通2号	138.5	未 定	未 定	ABWR
東京電力	東通1号	138.5	2011年 1月	未 定	ABWR
	東通2号	138.5	未 定	未 定	ABWR
中国電力	島根3号	137.3	2005年12月	未 定	ABWR
	上関1号	137.3	未 定	未 定	ABWR
	上関2号	137.3	未 定	未 定	ABWR
九州電力	川内3号	159.0	未 定	未 定	APWR
電源開発	大間原子力	138.3	2008年 5月	未 定	ABWR
日本原子力発電	敦賀3号	153.8	未 定	未 定	APWR
	敦賀4号	153.8	未 定	未 定	APWR
合 計		1,432.3	万kW (10基)		

出所：各社HP等

5. 長期電力需要想定

(4)全国電源種別送電端電力量

(単位: 億kWh、%)

年度 電源	2022年度末 (推定実績)		2026年度末		2031年度末	
水力	829	(9.2)	850	(9.4)	871	(9.6)
一般水力	764	(8.5)	790	(8.7)	801	(8.8)
揚水	65	(0.7)	60	(0.7)	69	(0.8)
火力	6,226	(69.3)	6,104	(67.3)	5,869	(64.7)
石炭	2,974	(33.1)	3,004	(33.1)	2,897	(32.0)
LNG	3,026	(33.7)	2,894	(31.9)	2,772	(30.6)
石油他	226	(2.5)	206	(2.3)	200	(2.2)
原子力	599	(6.7)	551	(6.1)	552	(6.1)
新エネルギー等	1,268	(14.1)	1,516	(16.7)	1,727	(19.1)
風力	95	(1.1)	179	(2.0)	274	(3.0)
太陽光	829	(9.2)	967	(10.7)	1,082	(11.9)
地熱	26	(0.3)	28	(0.3)	29	(0.3)
バイオマス	293	(3.3)	317	(3.5)	316	(3.5)
廃棄物	26	(0.3)	25	(0.3)	25	(0.3)
その他	56	(0.6)	51	(0.6)	46	(0.5)
合計	8,978	(100)	9,072	(100)	9,065	(100)

出所:電力広域的運営推進機関「2022年度供給計画の取りまとめ」

注:(1) 各発電事業者や各一般送配電事業者が一定の仮定の下で計算した各年度の電源種別の発電電力量(送電端)を合計した試算であり、実際の発電電力量とは異なる点について留意が必要。発電事業者の保有する発電設備に加えて、小売電気事業者及び一般送配電事業者が発電事業者以外の者から調達する発電設備(FIT電源等)の発電電力量も計上。

(2) 石油他は、石油・LPG・その他ガス・歴青質混合物の合計値。

(3) その他は電源種が特定できない設備。公表されている合計値から水力・火力・原子力・新エネルギー等を差し引いた残差を記載。

(4) 四捨五入の関係で合計値と合わない場合がある。

6. 一般ガス需給計画

1. 需給計画

(1m³当たり46MJ)

項目＼年度	単位	2021年度	2022年度	2023年度
年間需要量	千m^3/年	36,331,169	36,920,773	36,982,186
需要量	千m^3/時間	9,112	9,240	9,228

出所：日本ガス協会「ガス事業便覧」

注：(1)一般ガス導管事業者が2021年度供給計画として作成した導管第1表を基に集計したものである。

(2)各年度の数値は見込みである。

(3)「年間需要量」とは、当該年度の託送供給量の総量のこと。

(4)「需要量」とは、当該年度の最大受入日における最大受入時ガス量（製造所等からのガスの受入量にガスホルダーからの最大時ガス送出量を合算したもの。）のこと。

2. 普及計画

項目＼年度		2021年度	2022年度	2023年度	対前年度伸び率 (%)	
					22/21	23/22
一般世帯数	供給区域内(千戸)	42,314	42,730	43,073	1.0	0.8
ガスメーター取付数	供給区域内(千個)	31,447	31,679	31,913	0.7	0.7
普及率	供給区域内 (%)	74.3	74.1	74.1	-	-
導管延長	供給区域内 (km)	267,702	269,425	271,096	0.6	0.6
面積	供給区域内(km2)	23,030.3	23,294.5	23,443.1	1.1	0.6
1km^2当り導管延長	供給区域内 (km)	11.6	11.6	11.6	-	-

出所：日本ガス協会「ガス事業便覧」

注：(1)一般ガス導管事業者が2021年度供給計画として作成した導管第2表を基に集計したものである。

(2)各年度の数値は見込みである。

3. 一般ガス導管事業者の託送供給用設備計画

(1) ガス導管

項目	単位＼年度			2021年度	2022年度	2023年度
新設	高圧	1MPa以上	(m)	12,694	18,679	2,755
	中圧	1MPa未満0.1MPa以上	(m)	301,688	311,694	277,344
	低圧	0.1MPa未満	(m)	2,140,294	2,161,961	2,144,967
廃止	高圧	1MPa以上	(m)	20	404	1,070
	中圧	1MPa未満0.1MPa以上	(m)	71,557	59,144	59,905
	低圧	0.1MPa未満	(m)	722,916	708,979	695,042
年度末導管総延長	高圧	1MPa以上	(m)	2,484,868	2,503,143	2,504,828
	中圧	1MPa未満0.1MPa以上	(m)	35,499,685	35,752,235	35,969,674
	低圧	0.1MPa未満	(m)	229,803,324	231,256,306	232,706,231
	合計		(m)	267,787,878	269,511,685	271,180,733
取替	合計		(m)	1,235,215	1,280,018	1,276,045

出所：日本ガス協会「ガス事業便覧」
注：(1)一般ガス導管事業者が、2021年度供給計画として作成した導管第4表の「ガス導管」を基に集計したものである。
(2)各年度の数値は見込みである。
(3)端数は四捨五入のため合計に合わない場合がある。

(2) ガスホルダー

単位＼年度			2021年度	2022年度	2023年度
年度末ガスホルダー計画	基数	(基)	345	342	341
	貯蔵容量	(千m^3)	21,733	21,639	21,434

出所：日本ガス協会「ガス事業便覧」
注：(1)一般ガス導管事業者が、2021年度供給計画として作成した導管第4表の「年度末ガスホルダー計画」を基に集計したものである。
(2)各年度の数値は見込みである。
(3)一般ガス導管事業者として設置しているガスホルダーの基数、容量である。
(4)ガス製造事業者として製造計画に、ガス小売事業者として供給計画に記載されているガスホルダーは含めない。

7. 世界の人口予測

地域・国名	年央推計人口(百万人)						年平均人口増加率(%)		
	1970年	2000年	2020年	2030年	2050年	2070年	1970〜2020年	2020〜2050年	2050〜2070年
世界全域	3,695.4	6,148.9	7,841.0	8,546.1	9,709.5	10,297.2	1.5	1.4	0.2
先進地域	999.2	1,189.9	1,276.2	1,282.1	1,266.3	1,215.1	0.5	-0.1	-0.1
発展途上地域	2,696.2	4,959.0	6,564.8	7,264.1	8,443.2	9,082.1	1.8	1.7	0.2
アフリカ	365.5	819.0	1,360.7	1,710.7	2,485.1	3,205.8	2.7	4.1	0.7
エチオピア	28.3	67.0	117.2	149.3	214.8	272.8	2.9	4.1	0.7
タンザニア	13.6	34.5	61.7	81.9	129.9	181.3	3.1	5.1	1.0
DRコンゴ	20.2	48.6	92.9	127.6	217.5	315.7	3.1	5.8	1.1
エジプト	34.8	71.4	107.5	125.2	160.3	186.0	2.3	2.7	0.4
ナイジェリア	55.6	122.9	208.3	262.6	377.5	473.9	2.7	4.0	0.7
アジア	2,145.5	3,736.0	4,664.3	4,958.8	5,292.9	5,204.3	1.6	0.8	0.0
中国	822.5	1,264.1	1,424.9	1,415.6	1,312.6	1,085.3	1.1	-0.5	-0.5
日本	105.4	126.8	125.2	118.5	103.8	89.1	0.3	-1.2	-0.4
韓国	32.6	46.8	51.8	51.3	45.8	35.9	0.9	-0.8	-0.7
バングラデシュ	67.5	129.2	167.4	184.4	203.9	204.7	1.8	1.3	0.0
インド	557.5	1,059.6	1,396.4	1,515.0	1,670.5	1,690.2	1.9	1.2	0.0
イラン	28.4	65.5	87.3	92.9	99.0	94.3	2.3	0.8	-0.1
パキスタン	59.3	154.4	227.2	274.0	367.8	440.4	2.7	3.3	0.5
インドネシア	115.2	214.1	271.9	292.2	317.2	317.7	1.7	1.0	0.0
フィリピン	37.4	78.0	112.2	129.5	157.9	175.1	2.2	2.3	0.3
タイ	35.8	63.1	71.5	72.1	67.9	58.4	1.4	-0.3	-0.4
ベトナム	41.9	79.0	96.6	102.7	107.0	103.2	1.7	0.7	-0.1
トルコ	35.5	64.1	84.1	88.9	95.8	93.9	1.7	0.9	-0.1
ヨーロッパ	656.5	727.0	746.2	736.6	703.0	648.3	0.3	-0.4	-0.2
ロシア	130.1	146.8	145.6	141.4	133.1	122.5	0.2	-0.6	-0.2
イギリス	55.7	58.9	67.1	69.2	71.7	71.6	0.4	0.4	0.0
イタリア	53.3	57.0	59.5	57.5	52.3	44.3	0.2	-0.9	-0.5
フランス	50.5	58.7	64.5	65.5	65.8	63.9	0.5	0.1	-0.1
ドイツ	78.3	81.6	83.3	82.8	78.9	73.8	0.1	-0.4	-0.2
中南米	573.1	1,045.0	1,303.7	1,395.2	1,498.3	1,477.0	1.7	0.9	0.0
メキシコ	50.3	97.9	126.0	134.5	143.8	139.1	1.9	0.9	-0.1
ブラジル	96.4	175.9	213.2	223.9	230.9	219.0	1.6	0.5	-0.2
北アメリカ	221.9	313.2	374.0	393.3	421.4	436.4	1.0	0.8	0.1
カナダ	21.4	30.7	37.9	41.0	45.9	49.5	1.1	1.3	0.2
アメリカ	200.3	282.4	335.9	352.2	375.4	386.8	1.0	0.7	0.1
オセアニア	19.5	31.2	43.9	49.2	57.8	63.9	1.6	1.8	0.3
オーストラリア	12.6	19.0	25.7	28.2	32.2	35.1	1.4	1.5	0.2

出所: UN「World Population Prospects 2022」

注: 先進地域は、ヨーロッパ、北アメリカ、日本、オーストラリア、及びニュージーランドからなる地域、それ以外の地域が発展途上地域。また、予測数値は中位ケースによる。

1. 日本の関連統計＜その1＞

区分	統計資料名	作成・編集
経済・価格	*「国民経済計算年報」	内閣府
	*「機械受注統計調査年報」	内閣府
	*「鉱工業指数年報」	経済産業省
	*「金融経済統計月報」	日本銀行
	*「経済産業統計」	経済産業省
	*「全産業活動指数」	経済産業省
	*「農林水産統計月報」	農林水産省
	*「鉄鋼・非鉄金属・金属製品統計月報」	経済産業省
	*「化学工業統計月報」	経済産業省
	*「窯業・建材統計月報」	経済産業省
	*「紙・印刷・プラスチック・ゴム製品統計月報」	経済産業省
	*「生産動態統計年報」	経済産業省
	*「商業販売統計年報」	経済産業省
	*「セメントハンドブック」	一般社団法人セメント協会
	*「建築統計年報」	国土交通省
	*「消費動向調査年報」	内閣府
	*「家計調査年報」	総務省
	*「気象庁年報」	気象庁
	*「住民基本台帳人口要覧」	公益財団法人国土地理協会
	*「人口推計」	総務省
	*「労働力調査報告」	総務省
	*「消費者物価指数年報」	総務省
	*「物価指数年報」	日本銀行
	*「企業物価指数」	日本銀行
	*「小売物価統計調査」	総務省
	*「住民基本台帳に基づく全国人口・世帯数表及び人口動態表」	総務省
	*「外国貿易概況」	財務省
	*「国際収支統計」	日本銀行
	*「日本貿易月表」	財務省
	*「自動車輸送統計年報」	国土交通省
	*「鉄道輸送統計年報」	国土交通省
	*「航空輸送統計年報」	国土交通省
	*「交通経済統計要覧」	国土交通省
	*「内航船舶輸送統計年報」	国土交通省
	*「海事レポート」	国土交通省
	*「自動車燃費一覧」	国土交通省
	*「自動車保有車両数」	一般財団法人自動車検査登録情報協会
	*「自動車産業ハンドブック」	㈱日刊自動車新聞社
	*「自動車年鑑」	㈱日刊自動車新聞社 一般社団法人日本自動車会議所共編
	*「自動車統計月報」	一般社団法人日本自動車工業会
	*「主要国自動車統計」	一般社団法人日本自動車工業会
	*「世界自動車統計年報」	一般社団法人日本自動車工業会

注：*印は本書で利用した統計である。

1. 日本の関連統計<その2>

区分	統計資料名	作成・編集
国内エネルギー全般	*「総合エネルギー統計」	経済産業省資源エネルギー庁/EDMC
	*「資源・エネルギー統計年報」	経済産業省
	*「石油等消費動態統計年報」	経済産業省
	「石油等消費構造統計表」	経済産業省
	*「省エネルギー便覧」	一般財団法人省エネルギーセンター
	*「省エネ性能カタログ」	一般財団法人省エネルギーセンター
石炭	*「日本貿易月表」	財務省
	*「石油等消費動態統計年報」	経済産業省
	*「電力調査統計月報」	経済産業省
	*「コールノート」	一般財団法人石炭エネルギーセンター
	*「石炭年鑑」	㈱テレックスレポート
石油	*「資源・エネルギー統計年報」	経済産業省
	*「生産動態統計」	経済産業省
	*「石油資料」	㈱石油通信社
	*「石油資料月報」	石油連盟
	*「石油製品市況調査」	石油情報センター
	「出光石油資料」	出光興産㈱
	*「LPガス資料年報」	㈱石油化学新聞社
	*「LPガス価格動向」	石油情報センター
	*「液化石油ガス需給見通し」	㈱石油化学新聞社
	「内外石油資料」	石油連盟
	*「LPガス需給の推移」	日本LPガス協会
	*「石油50年の歩み」	㈱石油通信社
LNG 都市ガス	*「ガス事業便覧」	一般社団法人日本ガス協会
	*「ガス事業生産動態統計月報」	経済産業省資源エネルギー庁
	*「資源・エネルギー統計年報」	経済産業省
	*「生産動態統計」	経済産業省
電力	*「電力調査統計月報」	経済産業省資源エネルギー庁
	*「電力需給の概要」	経済産業省資源エネルギー庁
	*「電気事業便覧」	電気事業連合会
	*「電気事業30年の統計」	通産省/電気事業連合会
	*「電気事業40年の統計」	通産省/電気事業連合会
	*「電力取引の状況」	電力・ガス取引監視委員会
新エネルギー	*「総合エネルギー統計」	経済産業省資源エネルギー庁/EDMC
	*「コージェネレーションシステム導入実績表」	一般財団法人コージェネレーション・エネルギー高度利用センター
	*「コージェネ導入実績報告」	一般財団法人コージェネレーション・エネルギー高度利用センター
	*「ソーラーシステム会報」	電気事業連合会

注:*印は本書で利用した統計である。

2. 海外の関連統計＜その1＞

区分	統計資料名	作成・編集
海外経済	*「World Development Indicators」	世界銀行
	*「Handbook of Economic Statistics」	米国/CIA
	*「International Financial Statistics(IFS)」	国際通貨基金(IMF)
	*「Main Economic Indicators」	OECD
	*「Monthly Bulletin of Statistics」	国連
	*「Survey of Current Business」	米国/商務省(DOC)
	*「世界自動車統計年報」	一般社団法人日本自動車工業会
	*「Ward's World Motor Vehicle Data」	Wards Intelligence
海外エネルギー全般	*「World Energy Balances」	OECD/IEA
	*「World Energy Statistics」	OECD/IEA
	*「Statistical Review of World Energy 」	BP
	*「Monthly Energy Review」	米国/エネルギー省(DOE/EIA)
	*「Annual Energy Review」	米国/エネルギー省(DOE/EIA)
	*「Digest of United Kingdom Energy Statistics」	英国/DECC
	*「Bulletin Mensuel」	仏/CPDP
	*「Mineraloel-Zahlen Mineralolwirtschaftsverband」	独/MWV
	*「Yearbook of Energy Statistics」	韓国/韓国エネルギー経済協会
		韓国商業産業エネルギー省
	*「International Energy Annual」	米国/エネルギー省(DOE/EIA)
	「CO_2 Emissions from Fuel Combustion」	OECD/IEA

注：*印は本書で利用した統計である。

2. 海外の関連統計＜その2＞

区分	統計資料名	作成・編集
価格	*「Energy Prices & Taxes」	OECD/IEA
	*「Oil Market Report」	OECD/IEA
	*「Notizie Statistiche Petrolifere」	伊/Unione Petrolifera
	「Petroleum Intelligence Weekly」	Energy Intelligence
	*「OPEC Bulletin」	OPEC
石油	「Oil Market Report」	OECD/IEA
	「Oil & Gas Journal (OGJ)」	PENNWELL社
	「Petroleum Intelligence Weekly」	Energy Intelligence
	「World Oil Trade」	BLACKWELL社
	「Oil Information」	OECD/IEA
電力	*「Electricity Information」	OECD/IEA
	「海外電気事業統計」	海外電力調査会
	「Electrical World」	Mcgrawhill社
	「Energy Business & Technology」	Mcgrawhill社
石炭	「International Coal」	全米鉱業協会
	「Coal Information」	OECD/IEA
	「International Coal Report」	Financial Times
	「Coal Statistics International」	Coal Week International
	「Annual Prospects for World Coal Trade」	米国/エネルギー省(DOE/EIA)
天然ガス	「BP Review of World Gas」	BP
	「Natural Gas Information」	OECD/IEA
	「Natural Gas Prospects & Policies」	OECD/IEA
原子力	*「World Uranium Mining Production」	World Nuclear Association
新エネルギー	「Trends in Photovoltaic Applications」 「Renewables Information」	OECD/IEA

注:*印は本書で利用した統計である。

1. 各種エネルギーの発熱量

エネルギー	単位	平均発熱量 (kcal)	
原料炭 (国内)	kg	1953～55年	7,400
		1956～60年	7,500
		1961～65年	7,600
		1966年～	7,700
原料炭 (輸入)	kg	1953～99年	7,600
		2000～04年	6,904
		2005～12年	6,928
		2013～17年	6,877
		2018年～	6,866
一般炭 (国内)	kg	1953～65年	5,900
		1966～70年	5,800
		1971～80年	5,600
		1981～99年	5,800
		2000～12年	5,375
		2013年～	6,040
一般炭 (輸入)	kg	1953～99年	6,200
		2000～04年	6,354
		2005～12年	6,139
		2013～17年	6,203
		2018年～	6,231
無煙炭 (国内)	kg	1953～65年	5,700
		1966～70年	5,600
		1971～75年	6,100
		1976年～	4,300
無煙炭 (輸入)	kg	1953～99年	6,500
		2000～04年	6,498
		2005～12年	6,426
		2013年～	6,642
亜炭	kg	1953～99年	4,100
		2000～12年	4,109
		2013年～	3,117
コークス	kg	1953～99年	7,200
		2000～04年	7,191
		2005～12年	7,023
		2013～17年	6,971
		2018年～	6,930
コークス炉ガス	m^3	1953～99年	4,800
		2000～12年	5,041
		2013～17年	4,508
		2018年～	4,391
高炉ガス	m^3	1953～99年	800
		2000～12年	815
		2013～17年	774
		2018年～	772
転炉ガス	m^3	1953～99年	2,000
		2000～12年	2,009
		2013～17年	1,801
		2018年～	1,798
練豆炭	kg	1953～99年	5,700
		2000年～	5,709
原油	L	1953～55年	9,300
		1956～60年	9,350
		1961～70年	9,400
		1971～80年	9,300
		1981～99年	9,250
		2000～12年	9,126
		2013～17年	9,145
		2018年～	9,139
NGL	L	1953～99年	8,100
		2000～12年	8,433
		2013～17年	8,343
		2018年～	8,312
ガソリン	L	1953～99年	8,400
		2000～12年	8,266
		2013～17年	7,973
		2018年～	7,970
ナフサ	L	1953～99年	8,000
		2000～04年	8,146
		2005～12年	8,027
		2013年～	7,957
ジェット燃料油	L	1953～99年	8,700
		2000～12年	8,767
		2013～17年	8,681
		2018年～	8,672

エネルギー	単位	平均発熱量 (kcal)	
灯油	L	1953～99年	8,900
		2000～12年	8,767
		2013年～	8,718
軽油	L	1953～99年	9,200
		2000～04年	9,126
		2005～12年	9,006
		2013年～	9,088
A重油	L	1953～99年	9,300
		2000～12年	9,341
		2013年～	9,293
B重油	L	1953～99年	9,600
		2000年～	9,651
C重油	L	1953～99年	9,800
		2000～04年	9,962
		2005～12年	10,009
		2013年～	9,980
潤滑油	L	1953～99年	9,600
		2000年～	9,603
その他石油製品	kg	1953～99年	10,100
		2000～04年	10,105
		2005～12年	9,771
		2013～17年	10,003
		2018年～	9,555
製油所ガス	m^3	1953～99年	9,400
		2000～12年	10,726
		2013年～	11,017
オイルコークス	kg	1953～99年	8,500
		2000～04年	8,504
		2005～12年	7,143
		2013年～2020年	7,953
		2021年	8,148
LPG	kg	1953～99年	12,000
		2000～04年	11,992
		2005～12年	12,136
		2013～17年	11,958
		2018年～	11,963
天然ガス	m^3	1953～99年	9,800
国産天然ガス	m^3	2000～04年	9,771
		2005～12年	10,392
		2013～17年	9,466
		2018年～	9,168
LNG	kg	1953～99年	13,000
輸入天然ガス	kg	2000～04年	13,019
		2005～12年	13,043
		2013～17年	13,016
		2018年～	13,068
炭鉱抜きガス	m^3	1953～99年	8,600
		2000～12年	3,989
		2013年～	3,607
都市ガス	m^3	1953～99年	10,000
		2000～04年	9,818
		2005～12年	10,702
		2013～17年	9,715
		2018年～	9,547
電力	kWh	()内は熱効率	
(20.7%)		1953年	4,150
(22.2%)		1954年	3,850
(24.0%)		1955年	3,600
(25.8%)		1956年	3,350
(26.8%)		1957年	3,200
(28.6%)		1958年	3,000
(31.1%)		1959年	2,750
(31.9%)		1960年	2,700
(32.7%)		1961年	2,650
(33.9%)		1962年	2,550
(36.0%)		1963年	2,400
(36.5%)		1964年	2,350
(36.9%)		1965年	2,350
(37.4%)		1966～70年	2,300
(38.2%)		1971～99年	2,250
(40.0%)		2000～04年	2,150
(40.9%)		2005～12年	2,105
(41.5%)		2013～17年	2,074
(42.1%)		2018年～	2,045

出所：経済産業省/EDMC「総合エネルギー統計」

2. エネルギー源別炭素排出係数

(単位：$Gg\text{-}CO_2/10^{10}kcal$)

	1990年度 ～2012年度	2013年度 ～2017年度	2018年度～
石炭			
原料炭	3.7620	3.7649	3.7763
輸入一般炭	3.7927	3.7480	3.7278
国産一般炭	3.8219	3.6441	3.7167
無煙炭	3.9078	3.9792	3.9792
石炭製品			
コークス	4.5095	4.6379	4.5859
コールタール	3.2079	3.2079	3.2079
練豆炭	4.5095	3.9792	-
コークス炉ガス	1.6868	1.6773	1.6699
高炉ガス	(2012年度) 4.0192	(2017年度) 4.0706	(2020年度) 4.0480
転炉ガス	5.9001	6.4031	6.4410
電気炉ガス	-	6.4031	6.4410
原油			
原油	2.8641	2.9163	2.9137
瀝青質混合物	3.0636	3.0636	3.0636
NGL・コンデンセート	2.8242	2.8035	2.7971
石油製品			
ナフサ	2.7889	2.8596	2.8596
ガソリン	2.8073	2.8738	2.8715
ジェット燃料油	2.8104	2.8552	2.8536
灯油	2.8411	2.8712	2.8712
軽油	2.8748	2.8847	2.8847
A重油	2.9009	2.9659	2.9659
C重油	2.9992	3.0966	3.0966
潤滑油	2.9500	3.0524	3.0524
他重質油	3.1880	3.1323	3.1888
オイルコークス	3.8909	3.7605	3.8063
製油所ガス	2.1719	2.2165	2.2165
液化石油ガス(LPG)	2.4753	2.5148	2.5126
天然ガス			
輸入天然ガス(LNG)	2.0675	2.1413	2.1295
国産天然ガス	2.1335	2.1438	2.1348
都市ガス	(2012年度) 2.1531	(2017年度) 2.1550	(2020年度) 2.1431

出所：経済産業省「総合エネルギー統計」
注：(1)高炉ガス、都市ガスの排出係数は、それぞれの製造工程における炭素収支に基づき、毎年度設定している。
(2)オイルコークスの排出量係数は、2020年度まで2017年度と同じ。2021年度から適用。

3. 単位換算表

(1)重量

～から ＼ ～へ	グラム gram (g)	キログラム kilogram (kg)	トン ton (t)	トン(米) short ton (tn)	トン(英) long ton (l.tn)	ポンド pound (lb)	オンス ounce (oz)
グラム	1	1×10^{-3}	1×10^{-6}	1.10231×10^{-6}	9.84206×10^{-7}	2.20462×10^{-3}	3.52740×10^{-2}
キログラム	1×10^{3}	1	1×10^{-3}	1.10231×10^{-3}	9.84206×10^{-4}	2.20462	3.52740×10^{1}
トン	1×10^{6}	1×10^{3}	1	1.10231	9.84206×10^{-1}	2.20462×10^{3}	3.52740×10^{4}
トン(米)	9.07185×10^{5}	9.07185×10^{2}	9.07185×10^{-1}	1	8.92857×10^{-1}	2.00000×10^{3}	3.20000×10^{4}
トン(英)	1.01605×10^{6}	1.01605×10^{3}	1.01605	1.12000	1	2.24000×10^{3}	3.58400×10^{4}
ポンド	4.53592×10^{2}	4.53592×10^{-1}	4.53592×10^{-4}	5.00000×10^{-4}	4.46429×10^{-4}	1	1.60000×10^{1}
オンス	2.83495×10^{1}	2.83495×10^{-2}	2.83495×10^{-5}	3.12500×10^{-5}	2.79018×10^{-5}	6.25000×10^{-2}	1

(2)容量

～から ＼ ～へ	リットル liter (L)	キロリットル kiloliter (kL)	立方フィート cubic feet (ft^3)	ガロン(米) United States gallon (U.S. gal)	ガロン(英) Imperial gallon (U.K. gal)	バレル(米) United States barrel (bbl)	立方インチ cubic inch (in^3)
リットル	1	1×10^{-3}	3.53147×10^{-2}	2.64172×10^{-1}	2.19969×10^{-1}	6.28981×10^{-3}	6.10237×10^{1}
キロリットル	1×10^{3}	1	3.53147×10^{1}	2.64172×10^{2}	2.19969×10^{2}	6.28981	6.10237×10^{4}
立方フィート	2.83169×10^{1}	2.83169×10^{-2}	1	7.48052	6.22884	1.78108×10^{-1}	1.72800×10^{3}
ガロン(米)	3.78541	3.78541×10^{-3}	1.33681×10^{-1}	1	8.32674×10^{-1}	2.38095×10^{-2}	2.31000×10^{2}
ガロン(英)	4.54609	4.54609×10^{-3}	1.60544×10^{-1}	1.20095	1	2.85940×10^{-2}	2.77419×10^{2}
バレル(米)	1.58987×10^{2}	1.58987×10^{-1}	5.61458	4.20000×10^{1}	3.49723×10^{1}	1	9.70200×10^{3}
立方インチ	1.63871×10^{-2}	1.63871×10^{-5}	5.78704×10^{-4}	4.32900×10^{-3}	3.60465×10^{-3}	1.03072×10^{-4}	1

3. 単位換算表

(3)熱量

～から＼～へ	メガジュール megajoule (MJ)	キロワット時 kilowatthour (kWh)	キロカロリー$_{IT}$ kilocalorie (kcal$_{IT}$) 国際定義 *1	キロカロリー$_{JP}$ kilocalorie (kcal$_{JP}$) 国内定義 *2	原油換算キロリットル kiloliter of crude oil equivalent *3	石油換算トン ton of oil equivalent (toe) *4	British thermal unit (Btu)
メガジュール	1	2.77778×10^{-1}	2.38846×10^{2}	2.38889×10^{2}	2.58258×10^{-5}	2.38846×10^{-5}	9.47817×10^{2}
キロワット時	3.60000	1	8.59845×10^{2}	8.59999×10^{2}	9.29729×10^{-5}	8.59845×10^{-5}	3.41214×10^{3}
キロカロリー$_{IT}$	4.18680×10^{-3}	1.16300×10^{-3}	1	1.00018	1.08127×10^{-7}	1×10^{-7}	3.96832
キロカロリー$_{JP}$	4.18605×10^{-3}	1.16279×10^{-3}	9.99821×10^{-1}	1	1.08108×10^{-7}	9.99821×10^{-8}	3.96761
原油換算キロリットル	3.87210×10^{4}	1.07558×10^{4}	9.24834×10^{6}	9.25000×10^{6}	1	9.24834×10^{-1}	3.67004×10^{7}
石油換算トン	4.18680×10^{4}	1.16300×10^{4}	1×10^{7}	1.00018×10^{7}	1.08127	1	3.96832×10^{7}
Btu	1.05506×10^{-3}	2.93071×10^{-4}	2.51996×10^{-1}	2.52041×10^{-1}	2.72477×10^{-8}	2.51996×10^{-8}	1

*1 International System of Units (Bureau International des Poids et Mesures)による定義から計算

*2 計量法(日本)による定義から計算

*3 原油換算 1L=9,250kcal$_{JP}$として計算

*4 1toe = 10^7kcal$_{IT}$として計算

3. 単位換算表

(4)簡易換算率

バレル／日(B／D) ×5倍 (＝30日÷6.29バレル／kL) →キロリットル／月

バレル／日(B／D) ×58倍 (＝365日÷6.29バレル／kL) →キロリットル／年

バレル／日(B／/D) ×50倍 ＝トン／年(比重0.85)

百万kL／年×1.7倍＝(6.29÷365日×10^2) →万バレル／日

千 kL／月×210倍＝(6.29÷30日×10^3) →バレル／日

(5)接頭語

単位に乗ぜられる倍数		接頭語	備　考
千	10^3	キ ロ (kilo):k	thousand
百万	10^6	メ ガ (mega):M	million
十億	10^9	ギ ガ (giga):G	billion or milliard
兆	10^{12}	テ ラ (tera):T	trillion
千兆	10^{15}	ペ タ (peta):P	quadrillion
百京	10^{18}	エクサ (exa):E	quintillion

例：

GWh (ギガワットアワー) ＝10^9Wh＝10^6kWh＝百万キロワットアワー

MWh (メガワットアワー) ＝10^6Wh＝10^3kWh＝千キロワットアワー

TJ (テラジュール) ＝10^{12}J

注：エネルギーで使用されるQ (キュー) は、次のように定義される単位。

Q＝10^{18}Btu＝10^3quads

EDMC/エネルギー・経済統計要覧（2023年版）

2023年4月22日　初版第1刷発行

編　者　一般財団法人　日本エネルギー経済研究所　計量分析ユニット

発行者　柴山　斐呂子

発行所　理工図書株式会社

〒102-0082　東京都千代田区一番町27-2
電話 03（3230）0221（代表）
FAX 03（3262）8247
振替口座　00180-3-36087番
http://www.rikohtosho.co.jp

ISBN978-4-8446-0924-7
印刷・製本　丸井工文社